전기회로 해석의 지침서!

[이해하기 쉬운 회로이론]

Guide to Electric Circuit Analysis:
Easy-to-Understand Circuit Theory

| 최병재 지음 |

도서출판 홍릉

저자소개

최병재

대구대학교 전자전기공학부 교수
KAIST 공학석사 / 공학박사

전기회로 해석의 지침서!
이해하기 쉬운 회로이론

인　쇄: 2025년 1월 30일 초판 1쇄
발　행: 2025년 2월 10일 초판 1쇄

저　자: 최병재
발행인: 송 준
발행처: 도서출판 홍릉
주　소: 01093 서울시 강북구 인수봉로 50길 10
등　록: 1976년 10월 21일 제5-66호

전　화: 02-999-2274~5, 903-7037
팩　스: 02-905-6729
e-mail: hongpub@hongpub.co.kr
http://www.hongpub.co.kr
ISBN: 979-11-5600-224-6(93560)

정　가: 28,000원

머리말

IT 분야의 산업이 급속하게 발전해 가면서 전기회로의 설계와 해석이라는 분야는 오늘날 우리 산업사회의 근간을 이루는 기술이 되고 있습니다. 다양한 응용 분야의 소규모 전기회로에서 가전제품, 자동차, 항공기, 컴퓨터, 스마트폰, 그리고 로봇에 이르기까지 전기회로의 원리와 응용 없이는 구현될 수 없는 분야가 지속적으로 늘어나고 있습니다. 더욱이 전기회로의 해석 분야는 회로이론이라는 명칭으로 전기, 전자 분야의 국가기술자격 시험의 주요 교과목이면서 공무원 시험과 변리사 시험 등에서도 가장 선호도가 높은 IT 분야의 핵심 교과목입니다.

본 교재에서는 전기회로의 기본개념부터 주요 응용 예제까지를 자세하게 다루었으며, 전기회로의 전 분야에 대한 기초지식을 습득하고 문제를 해결할 수 있는 능력을 기를 수 있도록 집필하였습니다.

본 교재는 크게 직류회로 해석과 교류회로 해석이라는 두 개의 분야로 구분하였으며, 퓨리에 변환 관련 내용은 제외하였습니다. 연산증폭기 관련 부분도 전기회로의 해석에서 꼭 필요한 핵심 내용만 제시하는 수준으로 집필하였습니다. 퓨리에 변환의 경우는 통신이론에서, 연산증폭기 관련 부분은 전자회로에서 핵심 주제로 다루게 되는 내용이며 이 교재의 범위를 벗어난다고 판단하였습니다.

직류회로 해석 분야에서는 전기회로를 구성하는 수동소자와 능동소자라는 기본적인 전기소자와 전류, 전압, 전력 등의 주요 물리량을 제1장에서 소개하였고, 제2장에서는 옴의 법칙과 키르히호프의 전류 법칙과 전압 법칙 등 전기회로의 해석을 위한 기본 법칙들을 다루었습니다. 그리고 제3장에서는 전기회로의 해석을 위한 마디 해석법과 망로 해석법을 다루었습니다. 이를 용이하게 풀이하기 위한 크래머의 법칙도 본문의 주요 내용으로 추가하였습니다. 제4장에서는 전기회로를 더욱 간편하게 또는 유용하게 해석할 수 있는 중첩의 원리, 테브낭과 노턴의 정리, 델타-와이 변환 등을 소개하였습니다. 제5장에서 제7장까지는 커패시터와 인덕터의 소개, 그리고 이들 전기소자를 포함하는 전기회로의 해석을 다루었습니다. 여기에서는 전기회로에서의 응답이라는 개념이 소개되며, 고유응답과 강제응답, 과도응답과 정상상태응답이 명확하게 설명됩니다.

교류회로 해석 분야에서는 전기회로에 교류 형태의 전원이 인가되는 경우의 회로 해석을 중점적으로 다루었습니다. 제8장에서는 페이저의 개념과 이를 이용한 회로 해석, 그리고 제9장에서는 교류 전원이 인가된 전기회로에서의 전력과 공진의 개념을 다루었습니다. 제10장에서는 3상 전원의 개념과 3상 전원에서의 전원 및 부하의 구성, 그리고 변압기의 원리를 설명하는 자기결합회로를 다루었습니다. 제11장에서는 라플라스 변환과 그 역변환, 그리고 이를 이용한 회로 해석을 자세하게 다루었습니다. 마지막으로 제12장에서는 입력포트와 출력포트라는 두 개의 포트를 가지는 전기회로로 구분하여 복잡한 전기회로를 보다 쉽게 해석할 수 있는 2-포트 회로망의 해석을 소개하였습니다.

각 장의 마지막에 제시된 연습문제는 각 장의 전반적인 내용을 확인할 수 있는 문제는 물론 국가기술자격 시험과 공무원 시험에서 출제된 문제를 발췌, 제시하여 각 장의 중요한 부분이 각종 시험에서 어떻게 출제되는지를 확인할 수 있도록 하였습니다. 이러한 집필 과정에 아래의 귀중한 자료들을 참고하였습니다.

1. Charles K. Alexander 외, Fundamentals of Electric Circuits
2. William Hayt 외, Engineering Circuit Analysis
3. Richard C. Dorf 외, Introduction to Electric Circuits
4. J. David Irwin 외, Engineering Circuit Analysis
5. James W. Nilsson 외, Electric Circuits
6. 사이버국가고시센터: https://www.gosi.kr/
7. Q-net: https://www.q-net.or.kr/
8. https://www.comcbt.com/
9. K-MOOC: 회로이론

전기회로의 해석은 전기 및 전자공학 관련 엔지니어는 물론 기계, 자동차 등 대부분의 공학자, 그리고 IT 분야의 기술을 이해하고자 하는 사람들에게 매우 유용한 기술입니다. 본 교재를 통해 전기회로의 기본개념과 해석에 대한 이해를 넘어서 다양한 전자기기의 동작 원리에 대한 이해, 나아가 주요 전자기기를 설계할 수 있는 능력을 기를 수 있기를 소망합니다.

오랜 시간동안 회로이론이라는 교과목을 강의한 경험을 바탕으로 심혈을 기울여 저술하였습니다만, 여러 가지로 부족한 부분이 있을 것으로 사료됩니다. 독자 여러분의 넓으신 이해를 부탁드리며, 조언해 주시는 주요 내용은 추후 보완해 나가는 과정에 정성을 다하여 참고하겠습니다.

끝으로 본 교재의 편집과 출판을 위해 수고해 주신 도서출판홍릉의 관계자 여러분께 깊이 감사드립니다.

2025년 1월

최병재 드림

차례

I 직류회로 해석

Ⅱ 교류회로 해석

CONTENTS

PART

I

직류회로 해석

CHAPTER

01 전기회로의 기본 개념

학습목표

❶ 전기회로의 구성을 이해할 수 있다.
❷ 전기회로에 사용되는 전류, 전압, 전력 등의 주요 물리량과 그 단위를 이해할 수 있다.
❸ 독립전원과 종속전원을 이해할 수 있다.
❹ 종속전원의 네 가지 종류를 구분하여 설명할 수 있다.

1.1 전기회로의 구성과 해석

IT(Information Technology) 분야, 특히 하드웨어 기반의 IT 분야를 전공하는 학생이나 산업체, 연구기관 관계자들이 가장 중요한 지식으로 여기는 기술 분야가 회로이론(electric circuit analysis), 즉 전기회로의 해석 분야이다.

통상 전기 및 전자공학 분야에서는 한 지점에서 다른 지점까지 에너지를 전달하거나 두 지점 상호간에 통신을 하는 등의 기능을 구현하는데 많은 관심을 가진다. 이러한 동작을 실제로 구현하기 위해서는 회로소자들 간의 상호 연결이 필요한데, 이를 전기회로라고 한다.

그림 1.1은 수동 회로소자인 R(resistor), L(inductor), C(capacitor)와 부하(load), 그리고 전원(power source)으로 연결되어 있는 **전기회로**의 예를 보이고 있다.

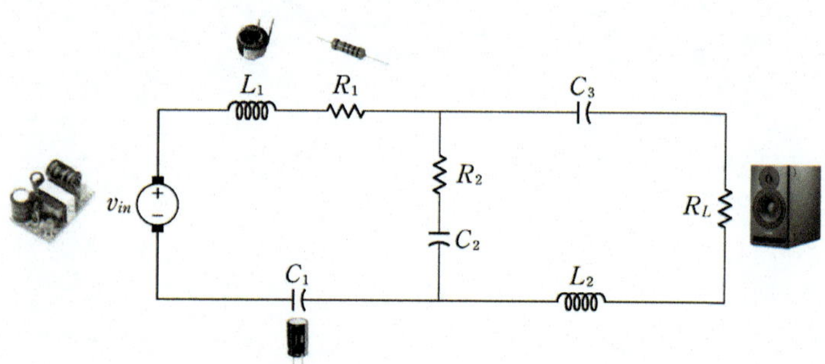

| 그림 1.1 | 전기회로의 예

그림 1.1에 제시된 회로에서 공학자들은 오른쪽 끝에 연결된 부하에 전달되는 에너지와 관련있는 주요 물리량의 정확한 값을 알기를 원한다. 즉, 부하(load)인 스피커에 전달되는 전류와 전압, 전력은 얼마인지, 그리고 이 전력이 전기요금을 결정하는 전기 사용량 측면에서는 어떻게 되는지 등에 관하여 깊은 관심을 가진다. 이러한 과정을 전기회로에 대한 **해석(analysis)**이라고 할 수 있다.

즉, 해석은 문제를 이해하고, 그 문제를 해결하는 데 필요한 주요 정보를 얻은 후에 관심의 대상이 되는 지점의 물리량, 예를 들어서 전류와 전압 등을 찾아내는 과정이다. 이와는 달리 **설계(design)**는 다소는 광범위하게 이해할 수 있다. 즉, 설계는 각종 시스템, 이론 등의 요구 조건을 만족시키면서 합리적이고 경제적인 안을 구현하기 위하여 계획을 종합하고, 구체적으로 내용을 명시하는 일이라고 할 수 있다. 따라서 설계의 경우는 해석과는 달리 유일한 해가 존재하지 않을 수도 있다. 특히 사용자가 원하는 회로나 시스템을 구현해 내는 과정도 설계에 포함되는데, 그 결과는 서로 다를 수도 있다.

1.2 물리량의 단위

어떤 물리량을 측정하면, 그 값을 누구나 공통적으로 알 수 있어야 한다. 이를 위하여 수치와 단위(unit)를 사용하게 된다. 수치 정보가 아라비아 숫자와 같이 공통적으로 이해할 수 있듯이 단위도 공통적으로 통용될 수 있는 용어가 있어야 한다. 이를 국제단위계, 즉, **SI(International System of Units)**라고 한다. 국제표준화기구(ISO)에서는 ISO 규격에 국제단위계를 사용하고 있고, 국제전기표준회의(IEC)에서도 IEC 규격에 국제 단위계를 사용하고 있다. 우리나라는 1974년부터 국제단위계를 도입하였고, 1990년부터는 모든 규격에서 SI 단위만을 사용하도록 결정하였다.

SI 단위계에는 표 1.1과 같이 7개의 기본단위가 있다.

| 표 1.1 | SI 단위계의 기본 단위

단위(기호, 명칭)	단위를 정의하는 상수
시간(s, 초)	세슘-133원자의 전이 주파수(9,192,631,770[Hz])를 이용
길이(m, 미터)	진공에서의 빛의 속력(299,792,458[m/s])을 이용
광도(cd, 칸델라)	단색광의 시감효능(683[lm/W])을 이용
질량(kg, 킬로그램)	플랑크 상수(6.62607015×10^{-34}[Js])를 이용
전류(A, 암페어)	기본 전하($1.602176634\times10^{-19}$[C])를 이용
온도(K, 켈빈)	볼츠만 상수(1.380649×10^{-23}[J/K])를 이용
물질의 양(mol, 몰)	아보가드로 상수(6.02214076×10^{23}[1/mol])를 이용

표 1.1에서 알 수 있듯이 7개의 기본단위는 초(s), 미터(m), 칸델라(cd), 킬로그램(kg), 암페어(A), 켈빈(K), 몰(mol)이다. 이것을 미터법이라고 하며, 대부분의 국가에서 이를 사용하고 있다. 그러나 미국은 미터 대신에 인치, 피트 등의 다른 단위를, 영국은 킬로그램 대신 파운드 등의 다른 단위를 사용하고 있다.

힘, 에너지, 전력 등과 같은 물리량을 나타내는 단위는 이들 기본단위를 사용하여 유도해서 사용하고 있는데, 이를 **유도단위**라고 한다. 예를 들어서 에너지의 단위인 주울(J)은 $[kg \cdot m^2 s^{-2}]$의 SI 단위들로 구성된다.

측정한 물리량의 크기가 매우 큰 값이거나 매우 작은 값일 경우에는 그 값을 간단하게 나타낼 필요가 있다. 예를 들면 다음과 같다.

$$1,000,000,000[m] = 1 \times 10^9 [m] = 1[Gm]$$

즉, 10의 9승이라는 큰 값을 "G"라는 특정한 기호로 표기하면 훨씬 쉽게 나타낼 수 있다. 이와 같이 큰 수와 작은 수를 위한 특정한 기호를 단위 앞에 추가하는데 이것을 접두어(prefix)라고 한다. 주요 승수별 나타내는 접두어는 표 1.2와 같다. 예를 들어서 $5[\mu A] = 0.000005[A]$이다.

| 표 1.2 | 수의 크기를 나타내는 접두어

승수	이름	기호	승수	이름	기호
10^{-24}	yocto	y	10^{24}	yotta	Y
10^{-21}	zepto	z	10^{21}	zetta	Z
10^{-18}	atto	a	10^{18}	exa	E
10^{-15}	femto	f	10^{15}	peta	P
10^{-12}	pico	p	10^{12}	tera	T
10^{-9}	nano	n	10^{9}	giga	G
10^{-6}	micro	μ	10^{6}	mega	M
10^{-3}	milli	m	10^{3}	kilo	k
10^{-2}	centi	c	10^{2}	hecto	h
10^{-1}	deci	d	10^{1}	deka	da

1.3 전하, 전류 그리고 전압

전하(electric charge)는 모든 전기적 현상을 설명하는 근본 개념이다. 특히, 전하 보존의 법칙은 전기회로 해석을 위한 기본 개념이다. 전하는 물질을 구성하는 원자들의 전기적 성질 혹은 물체가 가지는 전기의 양이며, 양전하와 음전하가 있다.

모든 물질은 원소(chemical element)의 성질을 갖는 최소 단위인 원자로 구성되고, 원자는 다시 전자, 양성자, 중성자로 구성된다. 전자는 음의 전하를 가지며, 전자가 가지는 전하의 크기는 -1.602×10^{-19}[C]이다. 즉, 전하의 단위로는 쿨롬(C, Coulomb)을 사용하고, 기호로는 $q(t)$혹은 Q를 사용한다. 이를 다시 표현하면, 1[C]의 전하에는 $6.24 \times 10^{18} (= 1/(1.602 \times 10^{-19}))$개의 전자가 존재한다고 할 수 있다.

예제 1.1

1,000개의 전자가 가지는 전하의 양은 얼마인가? [fC] 단위로 구하라.

풀이

$$-1.602 \times 10^{-19}[\text{C}/\text{개}] \times 1,000[\text{개}] = -1.602 \times 10^{-16}[\text{C}]$$
$$= -0.1602[\text{fC}]$$

전하는 이동성이 있어서 한 곳에서 다른 곳으로 이동할 수 있으며, 이런 이동을 통해서 에너지가 이동될 수도 있고, 하나의 에너지가 다른 형태의 에너지로 변환될 수도 있다. 그림 1.2는 전원에 의한 전하의 흐름을 보여주고 있다.

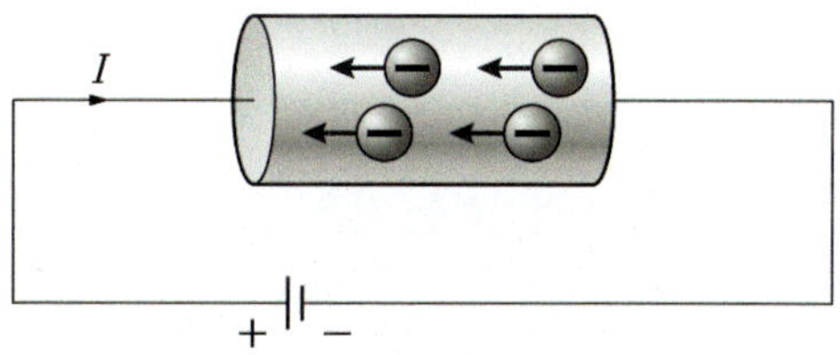

| 그림 1.2 | 전하의 흐름

그림 1.2와 같이 전도성의 도선에 전원을 연결하면 전하가 이동하게 되고, 이러한 전하의 이동이 **전류(current)**를 만든다. 즉, 1[C]의 전하는 1[A]의 전류가 흐르는 도선의 단면을 1[s] 동안 통과한 전기량을 나타낸다. 따라서 전류는 시간에 따른 전하의 변화량이며, 단위로는 암페어(A, Ampere)를 사용하고, 기호로는 $i(t)$ 혹은 I를 사용한다.

수학적으로 전하(q), 전류(i), 그리고 시간(t) 사이에는 다음의 관계가 성립한다.

$$i(t) = \frac{dq(t)}{dt} \tag{1.1}$$

따라서 임의의 시간 t_0에서 t까지의 전달된 총전하량(Q)은 다음의 식과 같이 구할 수 있다.

$$Q = \int_{t_0}^{t} i dt \tag{1.2}$$

여기서 우리는 영문자의 소문자와 대문자를 구분하여 사용하고 있는 것을 알 수 있다. 즉, 소문자는 시간의 함수와 같이 시간에 따라서 변할 때 사용하고, 대문자는 어떤 상수 값과 같이 시간에 따라서 변하지 않는 경우에 사용한다. 또한 소문자는 이탤릭체로 사용하고, 시간함수를 나타내는 "(t)"는 종종 생략한다.

전류는 크기와 함께 방향이 중요하다. 따라서 전류는 그림 1.3과 같이 크기와 방향을 같이 나타내어야 한다. 전류가 흐르는 방향은 양전하가 움직이는 방향, 즉 음전하가 이동하는 방향과 반대의 방향으로 흐른다.

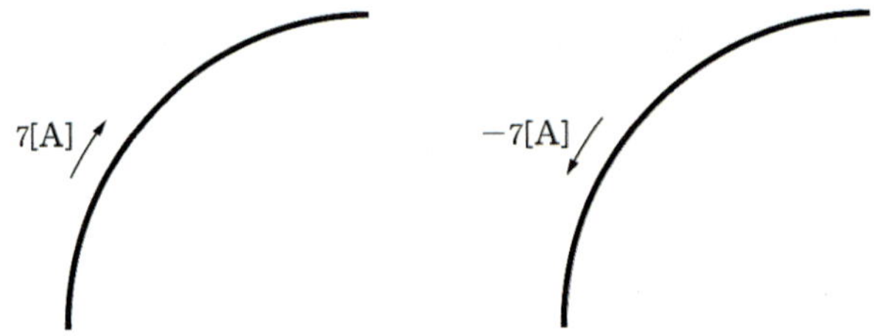

| 그림 1.3 | 전류의 표기

그림 1.3에서 알 수 있듯이 전류의 방향이 바뀌면 그 크기의 부호가 바뀌게 된다. 즉, 표시한 전류의 방향은 실제 전류가 흐르는 방향을 의미하는 것은 아니다. 만약 위로 흐르는 양의 전류를 아래로 흐르도록 방향을 바꾸면, 전류의 절대 크기는 같지만 그 부호가 반대로 된다. 그림 1.4에서 전류의 올바른 표기를 알 수 있다.

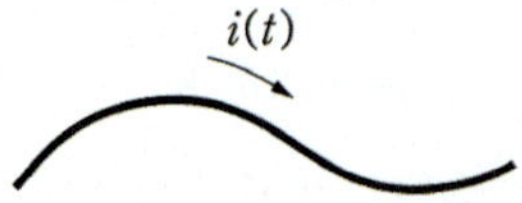

| 그림 1.4 | 전류의 올바른 표기

전류는 시간에 따라서 그 값이 변하지 않고 일정한 값을 유지하는 **직류 전류(dc, direct current)**와 시간에 따라서 방향이 바뀌는 **교류 전류(ac, alternative current)**로 나눌 수 있다. 그림 1.5에서 직류 전류와 교류 전류의 예를 보여주고 있다.

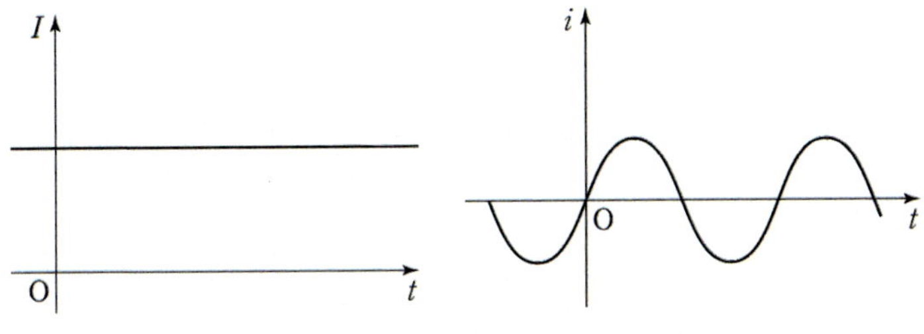

| 그림 1.5 | 직류 전류(a)와 교류 전류(b)의 예

예제 1.2

회로소자를 통해 흐르는 전하량이 $q(t)=10\sin 120\pi t[\mathrm{C}]$ **일 때, 이 회로소자를 통해서 흐르는 전류를 구하라.**

풀이

$$i(t)=\frac{dq(t)}{dt}=1200\pi\cos 120\pi t=1.2\pi\cos 120\pi t[\mathrm{kA}]$$

예제 1.3

그림에서 I_1**이** 8[A]**일 때** I_2**를 구하라.**

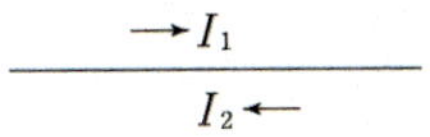

풀이

$I_2=-I_1=-8[\mathrm{A}]$

그림 1.2에서 보았듯이 전하가 한 지점에서 다른 지점으로 이동하기 위해서는 전원과 같은 에너지가 요구된다. 즉, 그림 1.6에서 단위 전하를 기준점(−)에서 다른 지점(+)까지 옮기기 위해서는 에너지가 필요한데, 이것을 **전압(voltage) 혹은 전위차(potential difference)**라고 한다.

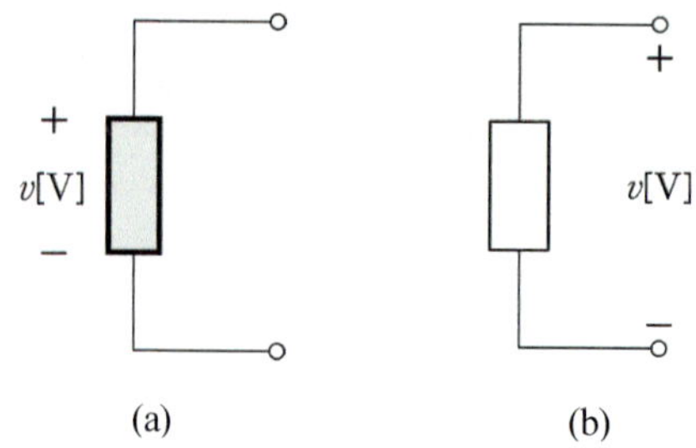

| 그림 1.6 | 전압의 올바른 표기

즉, 전압은 일정한 전기장에서 단위 전하를 한 지점에서 다른 지점으로 이동하는 데 필요한 일(에너지)이며, 도체 내에 있는 두 점 사이의 단위 전하당 전기적인 위치 에너지의 차이이다. 다른 말로는 전기회로에 전류를 흐르게 하는 능력이라고도 할 수 있다. 따라서 다음의 식이 성립한다.

$$v(t) = \frac{dw(t)}{dq(t)} \tag{1.3}$$

여기서 $w(t)$는 에너지를 나타내는 기호이다.

전압의 단위는 볼트(V, Volt)이며, 기호로는 $v(t)$ 혹은 V를 사용한다. 전류는 크기와 방향으로 표기했는데, **전압은 크기와 양단 지점의 극성으로 표기한다.** 기준점을 "−"로 표기하고, 그 기준점을 기준으로 "+"로 표기한 지점에서 전압의 크기를 기호나 수치로 나타낸다. 그림 1.6은 "−" 지점에 비하여 "+" 지점의 전압이 v[V] 만큼 높다는 것을 의미한다. 여기서 -와 +는 실제 전압의 극성을 나타내는 것은 아니며, 전압을 표기하는 일종의 규약일 뿐이다. 예를 들어서 극성의 표기를 서로 바꾸게 되면 전압의 크기 부호가 바뀌게 된다. 즉, 그림 1.6에서 위쪽을 "−"로, 아래쪽을 "+"로 바꾸면 전압의 크기 v[V]는 $-v$[V]가 된다. 그림 1.7에 그 예를 제시하였다.

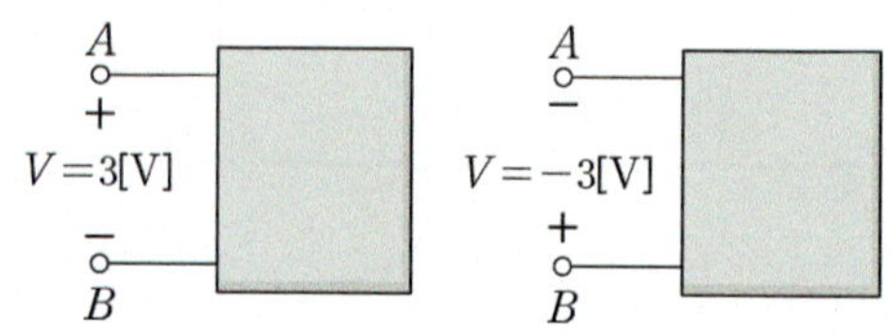

| 그림 1.7 | 극성에 따른 동일한 전압의 다른 표기

전압 또한 전류와 마찬가지로 시간에 따라 변하지 않는 dc 전압과 시간에 따라 변하는 ac 전압으로 구분되는데, dc 전압은 건전지 혹은 배터리에서 공급되고, ac 전압은 발전기 등에서 공급된다.

예제 1.4

그림에서 V_1이 5[V]일 때, V_2를 구하라.

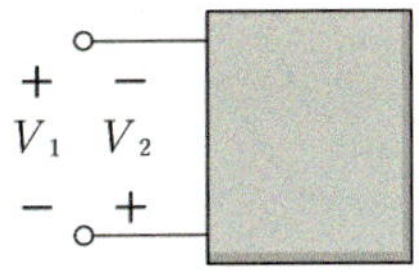

풀이

$V_2 = -V_1 = -5[\mathrm{V}]$

1.4 전력과 에너지

전기회로의 해석에서 가장 기본이 되는 변수는 전류와 전압이지만, 실용적인 목적의 측면에서는 전력(power)이 매우 유용하게 사용된다. 예를 들어서 전구를 교체할 때 30[W] 보다는 60[W]가 더 밝을 것이라는 것을 짐작할 수 있다. 여기서 [W]는 전력의 단위를 나타내는 와트(W, Watt)이다. 전력을 나타내는 기호는 $p(t)$ 혹은 P를 사용한다.

전력과 전류, 전압의 상관관계는 다음과 같다.

$$p = vi = \frac{dw}{dq} \times \frac{dq}{dt} = \frac{dw}{dt} \tag{1.4}$$

식 (1.4)로 부터 **전력은 전류와 전압의 곱**으로 구할 수 있음을 안다. 즉, 특정 시간에서의 순시 전력은 특정 시간에서의 순시 전압과 순시 전류의 곱이다.

그런데 전류는 방향이 바뀌면 크기의 부호가 바뀌고, 전압은 극성이 바뀌면 크기의 부호가 바뀐다고 설명하였다. 그렇다면 전력의 부호는 어떻게 결정되는가가 궁금할 수 밖에 없다. 전력의 부호는 **수동부호규정(passive sign convention)**을 따른다. **수동부호규정은 어떤 회로소자로 전류가 흘러 들어갈 때, 그 흘러 들어가는 지점이 양(+)의 극성을 갖는 전압이면 이 때 전력은 양(+)의 값을 갖는다는 것이다.** 즉, $p = +vi$가 된다. 다시 말하면, 전력의 부호는 전력을 소비(흡수)하는 경우를 양으로 정한다. 따라서 양의 극성을 가지는 지점에서 전류가 흘러 나오거나, 전류가 흘러 들어가는 지점의 전압의 극성이 음(−)이면 전력은 음(−)의 값을 갖게 된다. 즉, $p = -vi$이다.

그리고 어떤 회로소자에서 구한 전력의 값이 양이면 그 회로소자는 전력을 흡수한다(혹은 소비한다)고 하고, 전력의 값이 음이면 그 회로소자는 전력을 공급한다고 한다. 즉, 5[W]를 흡수하는 회로소자는 -5[W]를 공급한다고 말할 수 있다.

그림 1.8은 p[W]의 전력을 흡수하는 경우와 공급하는 경우를 각각 보여주고 있다.

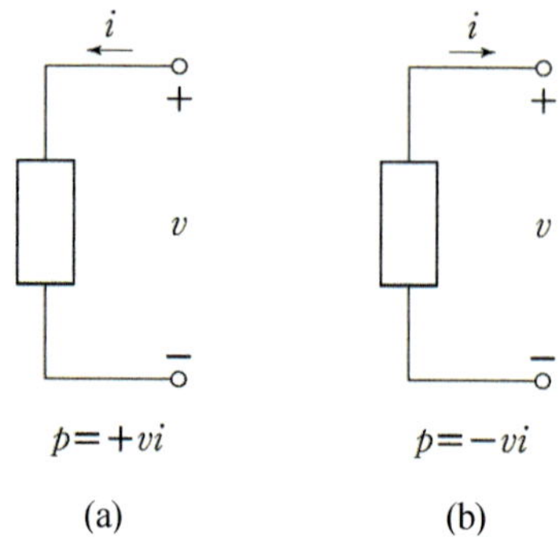

| 그림 1.8 | p[W]의 전력을 흡수하는 경우(a)와 공급하는 경우(b)

에너지 보존법칙은 전기회로에서도 성립한다. 즉, 어떤 회로에서 모든 시간에 대하여 전력의 대수합은 영(0)이다. 이것은 어떤 전기회로에서 공급한 전체 전력과 흡수한 전체 전력은 서로 같다는 것을 의미한다. 다른 표현으로는 식 (1.5)와 같이 **"어떤 회로의 모든 회로소자에서 공급 또는 흡수되는 전력의 전체 대수합은 영이다"**라고 할 수 있다.

$$\sum p = 0 \tag{1.5}$$

식 (1.4)로부터 전력은 에너지 혹은 일의 시간 변화분과 같다는 사실도 알 수 있다. 따라서 에너지는 다음의 식 (1.6)과 같이 유도할 수 있다.

$$w(t) = \int_{t_0}^{t} p(t)dt \tag{1.6}$$

즉, 기호 $w(t)$를 사용하는 에너지는 전력을 특정 시간 영역 동안 적분한 값과 같다. 에너지는 일을 할 수 있는 능력을 나타내며, 단위는 줄(J, Joule)을 사용한다.

전력회사의 전기요금은 [Wh]의 에너지 단위를 사용하여 부과되는데, [Wh]는 Watt−Hour로 다음의 일을 의미한다.

$$1[\text{Wh}] = 1[\text{W}]\times 3600[\text{s}] = 3600[\text{J}] \tag{1.7}$$

예제 1.5

아래 그림에서 각 회로의 흡수전력 P를 구하라.

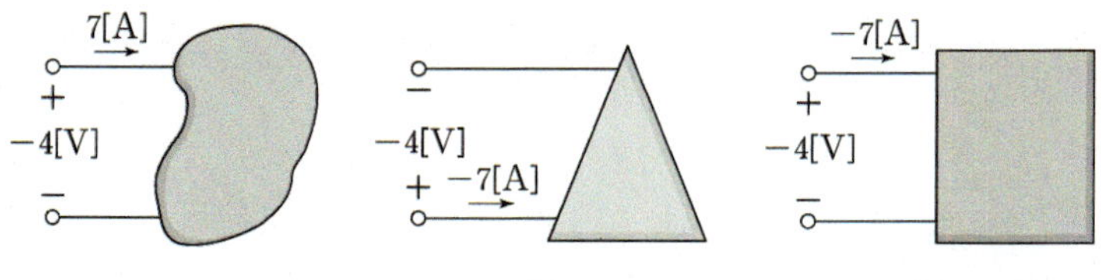

풀이

(a) $P=7\times(-4)=-28[\mathrm{W}]$

(b) $P=(-7)\times(-4)=28[\mathrm{W}]$

(c) $P=(-7)\times(-4)=28[\mathrm{W}]$

1.5 독립전원과 종속전원

전기회로를 구성하는 소자는 크게 수동소자와 능동소자로 나눌 수 있다. 전기회로의 구성 요소로는 이들 소자 외에도 이들을 상호 연결하는 도선이 있지만, 도선은 저항이 영인 완전 도체로 가정하므로 회로 해석의 측면에서는 전기회로의 구성 요소로 고려하지 않는다.

수동소자(passive element)는 저항과 같이 에너지를 소모하는 소자를 의미한다. 보다 더 정확하게는 입력으로 받은 에너지 그 이상을 내어 놓을 수 없는 소자를 말한다. 그러므로 입력받은 전류와 전압을 열 등의 형태로 소비하는 저항은 수동소자이다. 나중에 다루겠지만 인덕터와 커패시터는 에너지를 소비하기 보다는 저장할 수 있는데, 이들 또한 입력받은 양 이상은 공급할 수 없으므로 수동소자이다. 그림 1.9에 여러 가지 수동소자를 제시하였다.

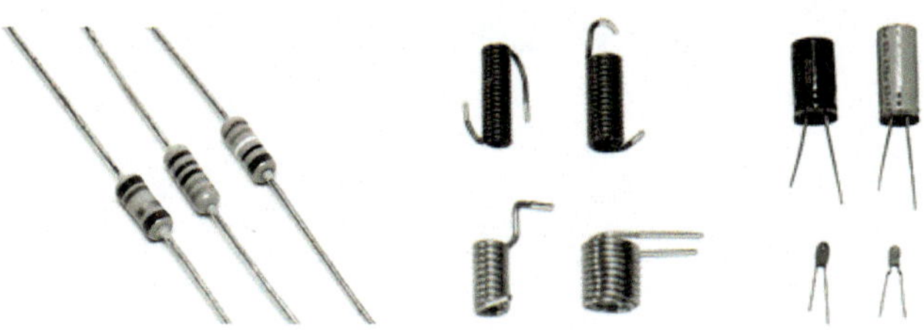

| 그림 1.9 | 여러 가지 수동소자

능동소자(active element)는 수동소자와 달리 입력받은 에너지의 양 그 이상을 공급할 수 있는 회로소자를 말한다. 능동소자의 예로는 연산증폭기, 발전기, 그리고 전원이 있다. 그림 1.10에 여러 가지 능동소자를 제시하였다.

| 그림 1.10 | 여러 가지 능동소자

전원(power source)에는 전류원(current source)과 전압원(voltage source)이 있다. 전류원은 전류를 공급하는 능동소자이고, 전압원은 전압을 공급하는 능동소자이다. 이들 전원은 다시 독립전원 independent source)과 종속전원(dependent source)으로 나눌 수 있다. 그리고 여기서 다루는 전원은 모두 이상적인 전원(ideal power source)으로 가정한다. 즉 **이상적인 독립전원은 그것에 연결되어 있는 다른 회로소자에 관계없이 항상 일정한 전류 혹은 전압을 공급하는 전원을 말한다.**

이상적인 독립전원에는 독립전류원과 독립전압원이 있는데, 여기서는 간략히 전류원 혹은 전압원으로 표기한다. 그림 1.11과 1.12는 각각 여러 가지 전압원과 전류원의 종류를 제시하였다. 교류전원의 경우 보다 명확히 표현하기 위하여 정현함수 형태의 파형을 추가하였으나, 많은 참고도서에서는 이를 생략하고 있다. 그렇다 하더라도 회로를 해석하는 과정에 우리는 쉽게 그 전원이 직류전원인지 교류전원인지를 인지할 수 있다.

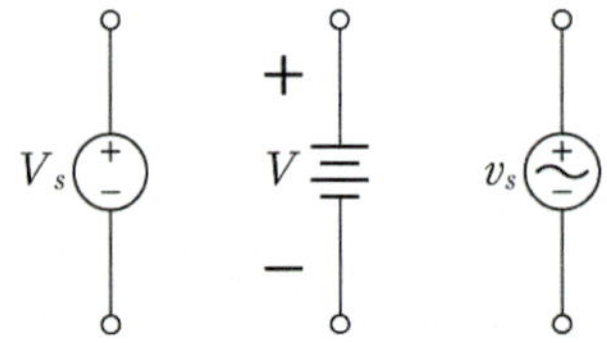

(a) (b) (c)

| 그림 1.11 | 직류전압원(a), 전지(b), 교류전압원(c)

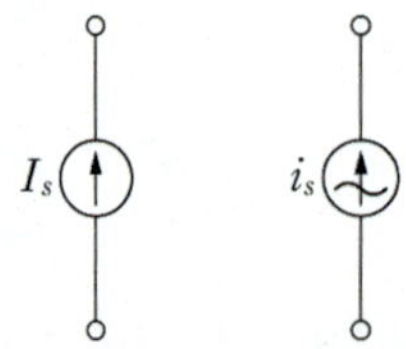

(a) (b)

| 그림 1.12 | 직류전류원(a)과 교류전류원(b)

다음으로 종속전원을 살펴보자. 종속전원은 회로의 구성 요소 어딘가에 위치한 다른 회로소자의 전압이나 전류에 의해서 그 크기가 제어되는 전원이다. 종속전원은 독립전원과 구분하기 위하여 다이아몬드 형태의 기호를 사용한다. 그림 1.13에 여러 가지 종속전원을 제시하였다.

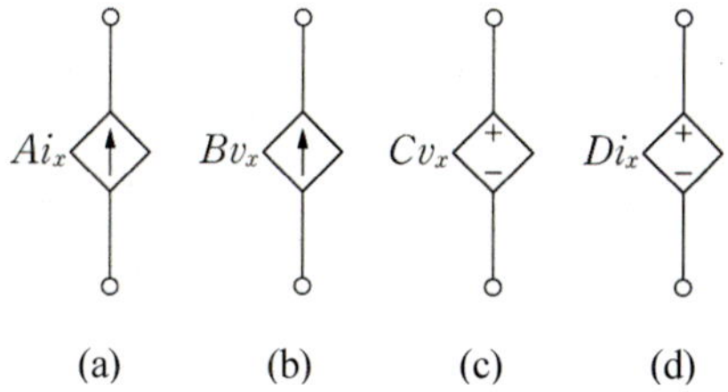

| 그림 1.13 | 여러 가지 종속전원

그림 1.13에서 A, B, C, D는 상수 값이다. 그림 1.13의 (a)는 회로 구성 요소의 어느 특정 회로소자를 통해 흐르는 전류 i_x의 값에 의해 그 크기가 제어되는 전류제어 전류원(CCCS, Current Controlled Current Source)을 나타내고, (b)는 회로 구성 요소의 어느 특정 회로소자 양단의 전압 v_x의 값에 의해 그 크기가 제어되는 전압제어 전류원(VCCS, Voltage Controlled Current Source)을 나타낸다. 비슷하게 (c)와 (d)는 각각 전압제어 전압원(VCVS, Voltage Controlled Voltage Source)과 전류제어 전압원(CCVS, Current Controlled Voltage Source)을 나타낸다.

종속전원은 트랜지스터나 연산증폭기의 등가 모델 등에서 자주 볼 수 있다. 예를 들면 그림 1.14에서 독립전원 V_s와는 달리 종속전압원은 제어변수 V의 값에 따라 공급하는 전압의 값이 제어되는 전압제어 전압원이다.

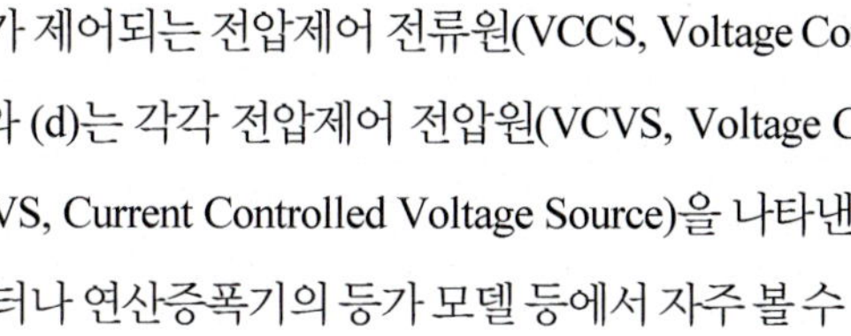

| 그림 1.14 | 전압원과 전압제어 전압원이 포함된 회로의 예

예제 1.6

그림에서 회로소자 ①, ②, ③, ④가 각각 공급하는 전력을 구하라.

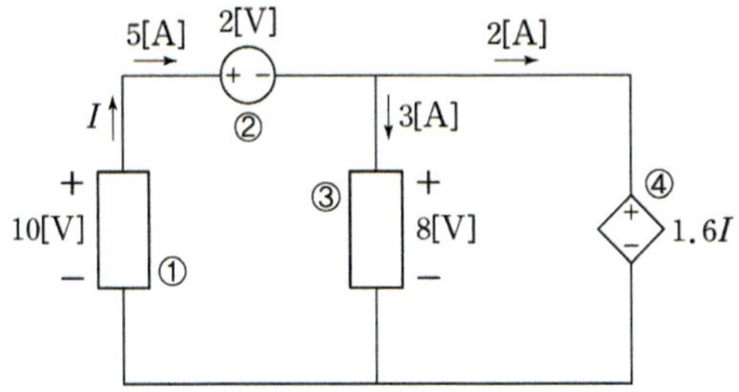

풀이

① $P=10\times(5)=50$[W]

② $P=-(5)\times(2)=-10$[W]

③ $P=-(3)\times(8)=-24$[W]

④ $P=-(2)\times(1.6)\times(5)=-16$[W]

연습문제

1 다음을 구분하여 설명하시오.

① 단위(unit) [W]와 기호(symbol) W

② 단위(unit) [K]과 접두어(prefix) k

2 전하량이 다음과 같을 때, 전류를 구하라.

① $q(t) = 5[\mathrm{C}]$

② $q(t) = 7t - 5[\mathrm{nC}]$

3 그림 P3 회로에서 V_s가 7[V]일 때, V와 I를 구하라.

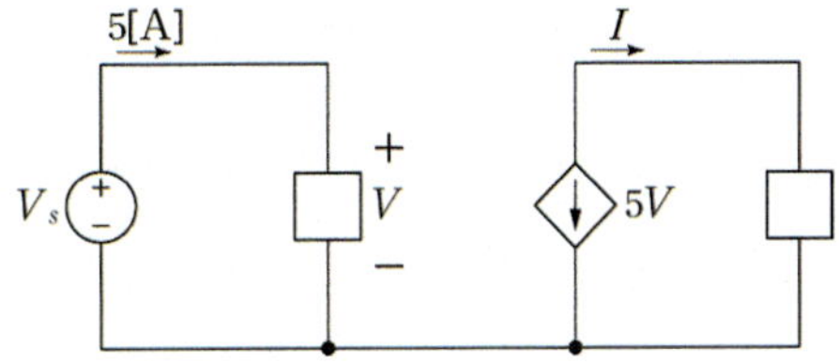

| 그림 P3 |

4 그림 P4 회로의 모든 회로소자(A, B, C, D, E, F)에서 소비되는 전력을 각각 구하라. 그리고 전체 회로에서 흡수 혹은 공급되는 전력의 총합은 얼마인가?

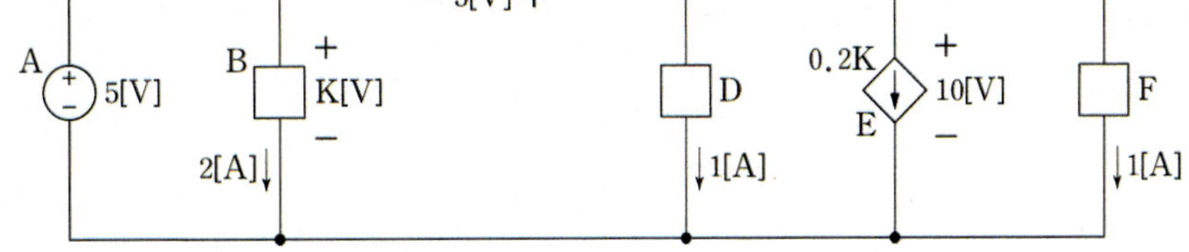

| 그림 P4 |

5 그림 P5에서 I=5[A]일 때, 모든 회로소자에서 소비되는 전력을 각각 구하라. 단, 각 소자에 표기된 값은 전압은 [V], 전류는 [A]의 단위를 가지는 값이다.

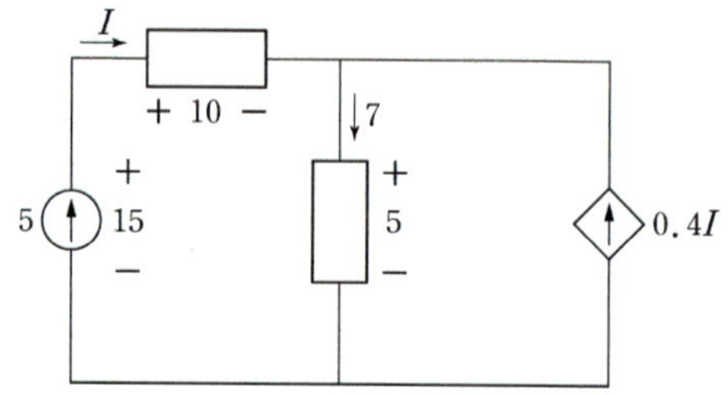

| 그림 P5 |

CHAPTER 02

회로 해석을 위한 기본 법칙

학습목표

❶ 회로망에 사용되는 주요 용어를 이해할 수 있다.
❷ 전기회로 해석을 위한 옴의 법칙, 키르히호프의 법칙을 이해할 수 있다.
❸ 전원과 저항의 다양한 연결과 전류, 전압의 분배를 이해할 수 있다.

2.1 저항과 옴의 법칙

전기회로에서 가장 널리 사용되는 수동 회로소자로 저항기(resistor)가 있다. 이것은 간단히 저항이라고 부른다. 그리고 저항은 저항성분(resistance), 즉 물질에서 전하의 흐름을 방해하는 특성을 나타내기도 한다. 이렇게 두 가지를 단순히 "저항"으로 표현하지만, 이것이 사용되는 곳에서 저항기를 의미하는지 아니면 저항성분을 의미하는지는 쉽게 구분되기 때문에 통상적으로 혼용해서 사용하는 것이 문제되지는 않는다. 여기서는 먼저 저항과 옴의 법칙을 학습한다.

그림 2.1은 어떤 물체의 저항을 구하기 위한 주요 변수와 저항의 기호를 나타내고 있다.

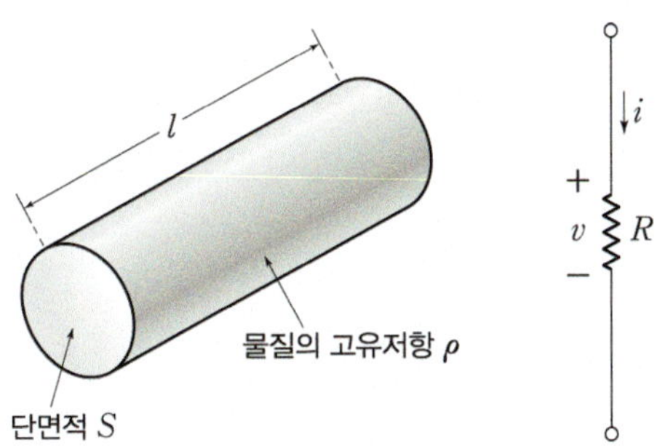

| 그림 2.1 | 저항과 저항의 기호

어떤 물체의 저항 R은 길이에 비례하고, 그 단면적에 반비례한다. 따라서 다음의 식 (2.1)로 나타

낼 수 있다.

$$R = \rho\frac{l}{S} \tag{2.1}$$

여기서 비례상수 ρ는 물체의 고유저항을 나타내며, **비저항(resistivity)**이라고도 한다. 그리고 S는 단면적, l은 길이를 나타낸다. ρ가 매우 작은 물질로는 금, 은, 알루미늄, 구리 등이 있다. 그러나 저항이 거의 0에 가까운 도선의 재료로는 가격이 상대적으로 저렴한 구리를 사용한다. 구리의 비저항은 $1.72 \times 10^{-18}[\Omega\,\mathrm{m}]$이다.

저항의 기호는 R, 단위는 $[\Omega$, Ohm]을 사용한다. 저항에서 전류와 전압의 관계는 식 (2.2)와 같다는 옴의 법칙(Ohm's law)은 독일의 물리학자 옴에 의해 발견되었다. 하지만 실제로는 옴의 법칙은 옴이 발견하기 전에 영국의 헨리 카벤디시(Henry Cavendish)에 의해 발견되었음이 확인되었다.

$$v = Ri \tag{2.2}$$

식 (2.2)에 의하면, 도체의 양단에 걸리는 전압은 그 도체를 흐르는 전류에 정비례한다. 옴의 법칙을 만족하는 저항을 선형저항이라고 하며, 이것은 0에서 무한대의 저항 값을 가질 수 있다. 실제로는 음의 저항 값을 가지는 경우도 있고, 전류와 전압 사이의 관계가 선형이 아닌 경우도 있지만, 여기서는 전압은 전류와 정(+)의 선형 관계를 만족하는 선형저항으로 가정한다.

저항의 값으로 0과 무한대라는 두 극단이 있을 수 있는데, 먼저 저항이 0인 경우를 고려하자. 저항이 0인 경우는 $R = \dfrac{V}{I}$라는 옴의 법칙으로부터 전류가 무한대이거나 전압이 0이어야 한다. 전류가 무한대인 경우는 물리적으로 불가능하므로, 전압이 0인 경우에 저항이 0인 된다. 전압이 0이라는 의미는 두 지점 사이의 전위차가 없는, 즉 두 지점 사이가 저항이 0인 도선으로 연결되어 있거나 두 지점이 동일한 지점이라는 것을 의미한다. 이것을 **단락회로(short circuit)**라고 부른다. 즉, **저항이 0인 회로는 단락회로이다**. 그림 2.2는 저항이 0인 단락회로를 보여주고 있다.

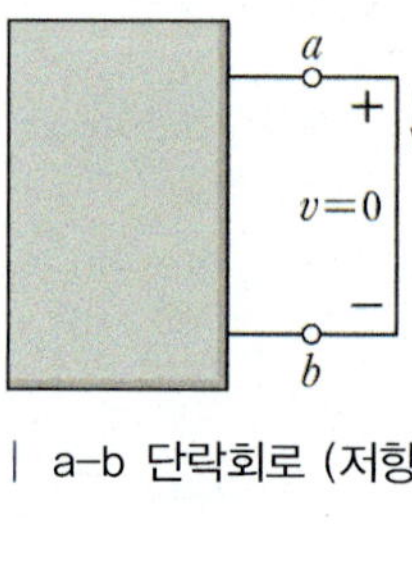

| **그림 2.2** | a–b 단락회로 (저항이 0인 회로)

저항이 무한대인 경우는 $R = \dfrac{V}{I}$라는 옴의 법칙으로부터 전압이 무한대이거나 전류가 0이어야 한다. 전압이 무한대인 경우는 물리적으로 불가능하므로, 전류가 0인 경우에 저항이 무한대가 된다. 전류가 0이라는 의미는 두 지점 사이에 전류가 흐르지 못하는 경우를 의미하며, 이것은 두 지점 사이가 저항이 무한대로 큰 소자로 연결되어 있거나 두 지점이 개방되어 있을 때 가능하다. 이것을 **개방회로(open circuit)**라고 부른다. 즉, **저항이 무한대인 회로는 개방회로이다.** 그림 2.3은 저항이 무한대인 개방회로를 보여주고 있다.

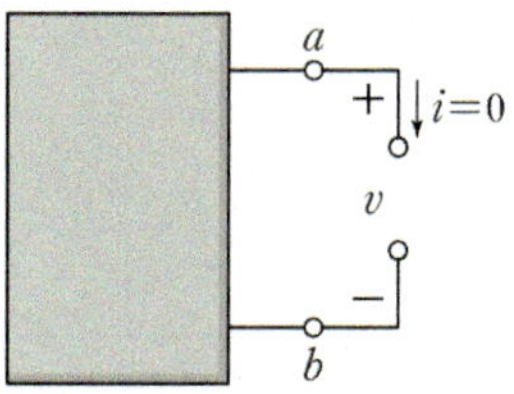

| **그림 2.3** | a–b 개방회로 (저항이 무한대인 회로)

회로 해석에서는 저항의 역수인 **전도도(conductance)**가 사용되기도 한다. 전도도는 기호로 G, 단위는 [℧, mho] 혹은 [S, Siemens]를 사용한다.

$$G = \frac{I}{R} = \frac{i}{v} \tag{2.3}$$

예를 들면, 5[Ω]은 0.2[S]와 같다.

지금까지 저항에서 전압과 전류 사이에는 선형의 관계가 있음을 알았다. 이러한 사실을 저항에서 흡수하는 소비전력을 구하는데 적용하면, 전력 P는 다음과 같이 요약될 수 있다.

$$P = IV = I^2R = \frac{V^2}{R} = GV^2 = \frac{I^2}{G} \tag{2.4}$$

전력을 구하는 식 (2.4)로부터 두 가지 사실을 알 수 있다. 즉, 저항에서 전력은 전압 혹은 전류의 제곱(square)에 비례하므로 항상 양의 값을 가진다. 따라서 저항은 전력을 소비 혹은 흡수하는 수동소자이다. 다른 하나의 사실은 저항에서 소모되는 전력은 전류 또는 전압의 비선형 함수이다.

예제 2.1

그림에서 R=2[kΩ]일 때, i와 v, 그리고 저항의 흡수전력을 구하라.

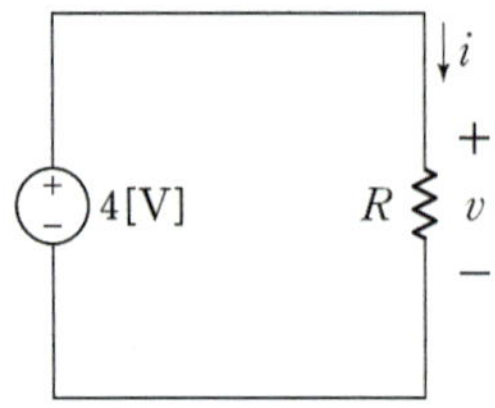

풀이

$v = 4[\text{V}],\ i = 4/2\text{k} = 2[\text{mA}]$

$$P = Ri^2 = 8[\text{mW}]$$
$$= \frac{v^2}{R} = 8[\text{mW}]$$
$$= iv = 8[\text{mW}]$$

2.2 마디와 루프

전기회로의 해석에서 회로(circuit) 혹은 회로망(network)이라는 용어를 구분없이 혼용해서 사용하고 있다. 하지만 이들은 엄밀하게는 구분된다. 회로(circuit)는 하나 혹은 그 이상의 폐로(closed path)를 가지는 경우이고, 회로망(network)은 폐로 형성 여부에 관계없이 회로소자들의 상호 연결을 나타내는 용어이다. 그러나 일반적으로 이 둘은 구분없이 사용된다. 여기서는 회로 해석에서 사용되는 몇 가지 용어를 살펴본다.

이제 회로 해석에 널리 사용되는 몇 가지 용어를 정의하고자 한다. 먼저 둘 이상의 회로소자가 만나는 점을 **마디(node)**라고 한다. 그리고 하나의 소자가 그 소자의 양 끝에 연결선을 가질 때, 이 회로소자와 연결선을 묶어서 **가지(branch)**라고 한다. 다음으로 **경로(path)**가 있다. 경로는 회로소자와 가지로 구성되는 일종의 통로를 의미한다. 따라서 가지는 하나의 소자로 구성되는 단일 경로라고 생각할 수 있다. 경로에 포함되는 회로소자의 수, 즉 가지에는 제한이 없다. 더욱이 경로가 닫힌 경우를 **루프(loop)**라고 한다. 즉, 루프는 출발 마디와 도착 마디가 동일한 회로를 의미한다.

그림 2.4를 살펴보자.

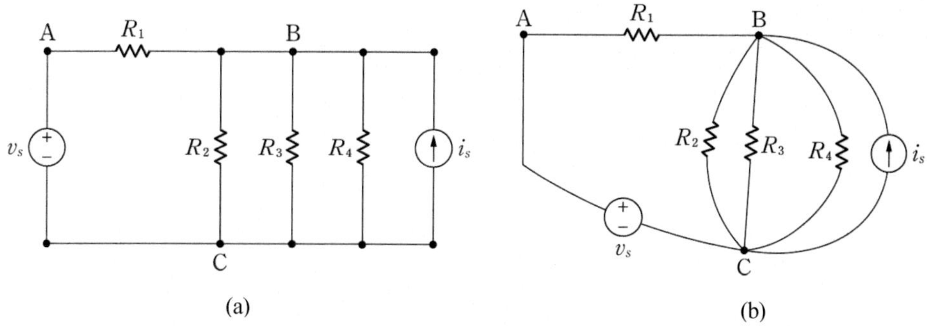

| 그림 2.4 | 마디와 루프를 이해하기 위한 회로

그림 2.4의 (a)와 (b)는 동일한 회로이다. 그러나 (a)에서는 마디가 열 개처럼 보일 수 있다. 그러나 실제 마디의 수는 세 개 뿐이다. 즉, (a)의 B로 묶은 네 개의 마디는 저항이 0인 도선으로 연결되어 있어서 동일한 마디이다. 마찬가지로 마디가 다섯 개로 보이는 C의 경우도 실제는 하나의 마디뿐이다. 마디 A에 연결된 가지의 수는 두 개이고, 마디 B 및 C에 연결된 가지의 수는 두 경우 모두 다섯 개이다. 가지의 수는 회로소자의 수와 동일하게 여섯 개뿐이다. 그러나 경로의 수는 많다. 하나 혹은 둘 이상의 회로소자를 포함할 수 있기 때문이다. 그리고 루프는 네 개로 보이지만, 모두 열 개이다. 루프는 가능한 모든 폐로를 모두 포함하기 때문에 루프 안에 또 다른 루프가 포함되는 경우도 허용된다.

예제 2.2

그림에서 마디의 수와 루프의 수를 찾아라.

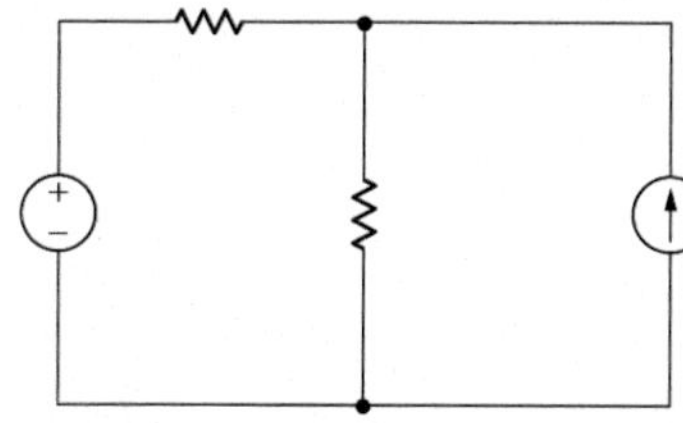

풀이

- 마디의 수: 3개
- 루프의 수: 3개

2.3 키르히호프의 법칙

전기회로의 해석에 가장 널리 사용되는 법칙은 옴의 법칙이다. 그러나 옴의 법칙만으로는 다소 복잡한 회로를 해석하기는 매우 어렵다. 여기서는 옴의 법칙과 함께 널리 사용되는 키르히호프의 두 법칙을 살펴본다.

키르히호프의 법칙은 독일의 물리학자 키르히호프(Robert Kirchhoff)에 의해 발견되었으며, 전류법칙(KCL, Kirchhoff's Current Law)과 전압법칙(KVL, Kirchhoff's Voltage Law)이 있다.

키르히호프의 전류법칙(KCL)은 다음과 같다:

임의의 마디(혹은 루프)로 흘러 들어가는 전류의 대수합은 0이다.

수학적으로는 다음과 같이 표현된다.

$$\sum_{n=1}^{N} i_n = 0 \tag{2.5}$$

여기서 N은 임의의 하나의 마디에 연결된 가지의 수이고, i_n은 n번째 가지로 흘러 들어가는 전류이다. "흘러 들어가는"의 표현은 "흘러 나오는"으로 바꿀 수도 있다. 즉, 특정 가지로 전류가 흘러 들어갈 때를 양으로 가정했다면, 만약 특정 가지에서 전류가 흘러 나오는 경우는 음으로 정의하면 된다.

예를 들어, 그림 2.5를 고려하자.

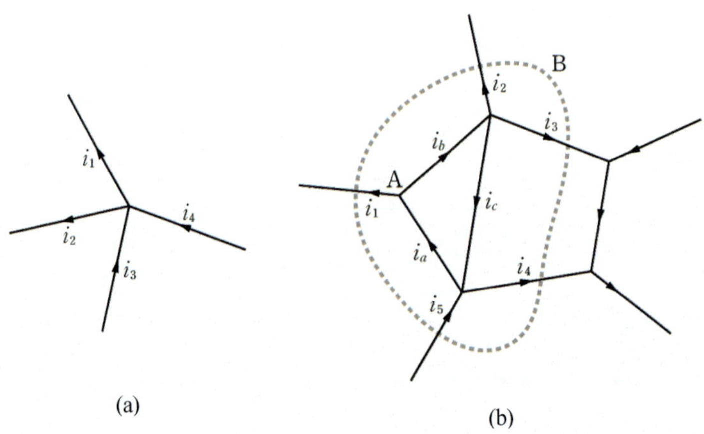

| 그림 2.5 | KCL 적용을 위한 예

그림 2.5의 (a)에서 KCL을 적용하면 다음과 같다.

$$-i_1+(-i_2)+i_3+i_4=0 \text{ 혹은 } i_1+i_2+(-i_3)+(-i_4)=0 \tag{2.6}$$

위의 식은 다음과 같이 표현할 수도 있다.

$$i_3+i_4=i_1+i_2 \tag{2.7}$$

즉, KCL은 다음과 같이 요약할 수 있다:

임의의 마디로 흘러 들어가는 전류의 합과 흘러 나오는 전류의 합은 같다.

다음으로 그림 2.5의 (b)를 고려하자. 여기서 A는 세 개의 가지가 만나는 마디이고, B는 $i_a-i_b-i_c$가 만드는 루프를 하나의 큰 **초마디(super node)**로 가정한 경우이다. 여기서 **초마디는 2개 이상의 마디를 포함하는 하나의 폐로 혹은 루프가 구성하는 마디**이다. 그림 2.5의 (b)의 A를 포함하는 좌측 3개 마디(초마디 B)에 KCL을 적용하면 다음의 3개 식을 구할 수 있다.

$$i_1+(-i_a)+i_b=0 \tag{2.8}$$

$$i_2+i_3+(-i_b)+i_c=0$$

$$i_4+i_a+(-i_5)+(-i_c)=0$$

식 (2.8)의 3개 식을 모두 더하면 다음의 식을 얻을 수 있다.

$$i_1+i_2+i_3+i_4+(-i_5)=0 \tag{2.9}$$

식 (2.9)는 점선으로 표시한 전체를 하나의 큰 마디, 즉 초마디로 가정할 때, **"초마디에 연결된 다섯 개의 가지에서 흘러 나가는 전류의 대수합은 0이다"**를 표현한 것과 같다. 즉 KCL은 임의의 마디는 물론 폐로인 루프를 하나의 초마디로 가정하는 경우에도 성립한다.

KCL의 의미는 전하는 마디에 저장되지 않는다는 것이다. 마디는 회로소자가 아니며, 따라서 마디에서는 전하를 만들어 내거나 파괴하거나 저장할 수 없다. 그러므로 하나의 마디로 흘러 들어오거나 흘러 나가는 전류를 모두 합하면 0이 되는 것이다. 즉, 흘러 들어오는 전류와 흘러 나가는 전류의 합은 같다.

예제 2.3

그림에서 I_s가 15[A]일 때, I_1과 I_2를 구하라.

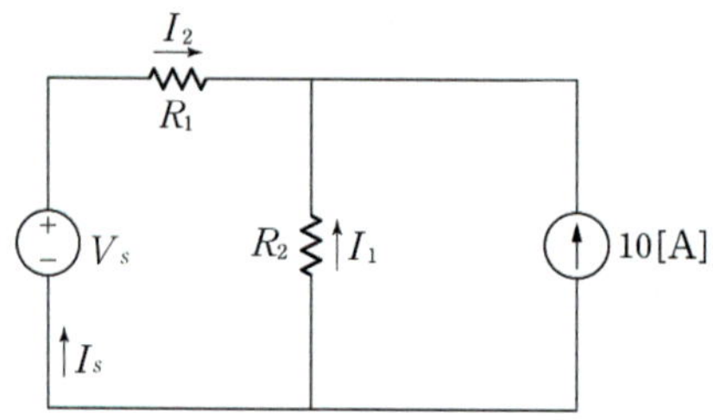

풀이

$I_2 = I_s = 15[\text{A}]$

$I_1 = -(I_2 + 10) = -25[\text{A}]$

다음으로 키르히호프의 전압법칙(KVL)을 살펴보자. KVL은 다음과 같다:

임의의 루프에 포함된 모든 회로소자의 전압의 대수합은 0이다.

수학적으로는 다음과 같이 표현된다.

$$\sum_{n=1}^{N} v_n = 0 \tag{2.10}$$

여기서 N은 임의의 하나의 루프에 연결된 회로소자의 수이고, v_n은 n번째 회로소자의 양단에 걸리는 전압이다.

예를 들어, 그림 2.6을 고려하자.

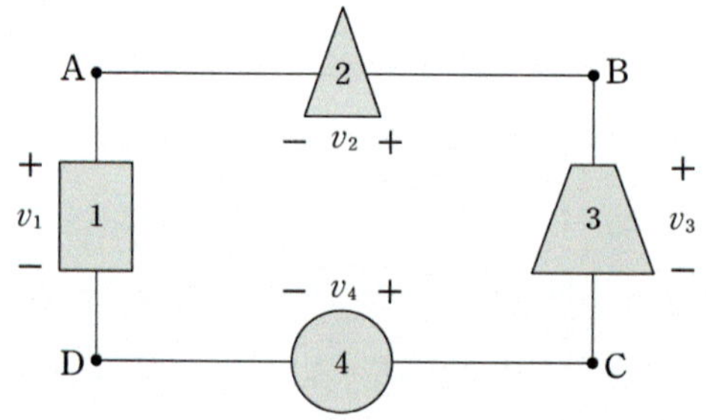

| 그림 2.6 | KVL을 적용하기 위한 예

그림 2.6은 세 개의 회로소자가 연결된 전기회로의 예이다. 이 회로는 세 개의 마디를 가지고, 루프는 하나 뿐이다. 이 하나의 루프에서 전압의 대수합은 다음과 같이 구할 수 있다.

먼저 마디 A에서 출발하여 마디 A에서 끝나는 하나의 루프에서 시계방향으로 회전하면서 구하면 다음과 같다.

$$(-v_2)+v_3+v_4+(-v_1)=0 \tag{2.11}$$

다음으로 마디 A에서 출발하여 마디 A에서 끝나는 하나의 루프에서 반시계방향으로 회전하면서 구하면 다음과 같다.

$$v_1+(-v_4)+(-v_3)+v_2=0 \tag{2.12}$$

식 (2.11) 및 (2.12)로부터 다음의 사실을 알 수 있다. 즉, 전압의 대수합을 구하기 위하여 루프를 회전하는 방향을 전류가 흐르는 방향이라고 가정할 때, 전류가 흘러 들어가는 쪽 전압의 극성이 양이면 전압은 양의 값으로 표현하였고, 전류가 흘러 들어가는 쪽 전압의 극성이 음이면 전압의 값을 음으로 나타내었다. 여기서 전압강하와 전압상승을 정의할 수 있다. 즉, **전압강하**는 전류가 회로소자로 흘러 들어가는 쪽에 전압의 극성이 양인 경우이고, **전압상승**은 전류가 회로소자로 흘러 들어가는 쪽에 전압의 극성이 음인 경우이다. 이 사실은 전력에서의 수동부호규약과 연관해서 생각하면 보다 쉽게 이해할 수 있다. 즉, 수동소자에서는 전압강하가 일어나고, 대부분의 능동소자에서는 전압상승이 일어난다. 다시 말해서 수동소자는 전력을 흡수하고, 대부분의 능동소자는 전력을 공급한다.

식 (2.11) 및 (2.12)는 다음과 같이 표현할 수 있다.

$$v_1+v_2=v_3+v_4 \tag{2.13}$$

즉,

전압상승의 합 = 전압강하의 합

다른 표현으로 KVL은 다음과 같이 요약할 수 있다:

임의의 루프를 회전하면서 발생하는 전압상승의 합과 전압강하의 합은 같다.

그림 2.7을 가정하자. 그림 2.7은 마디 세 개, 가지 네 개, 루프 세 개로 구성된 회로이다.

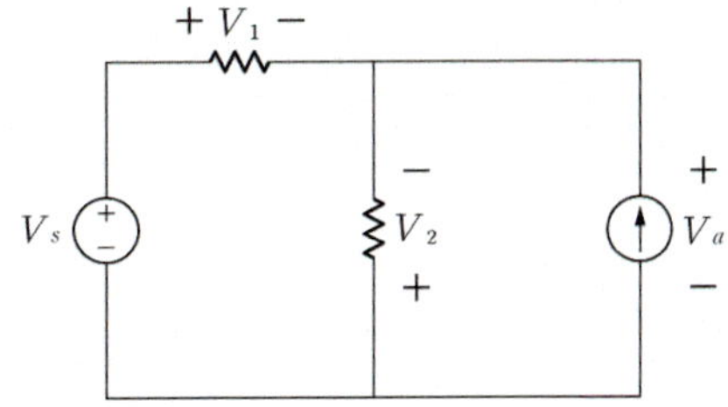

| 그림 2.7 | KVL의 이해를 위한 회로 예

그림 2.7의 세 개 루프에 KVL을 적용하면 다음 세 개의 식을 유도할 수 있다.

$$V_s - V_1 + V_2 = 0 \tag{2.14}$$

$$V_2 + V_a = 0 \tag{2.15}$$

$$V_s - V_1 + (-V_a) = 0 \tag{2.16}$$

식 (2.14)와 (2.15)는 각각 그림 2.7의 좌측 및 우측의 루프에 KVL을 적용하여 유도한 식이고, 식 (2.16)은 그림 2.7의 " $V_s - V_1 - V_a$ "가 만드는 외곽의 루프에 대하여 KVL을 적용하여 유도한 식이다. 즉, KVL은 어떠한 루프에도 성립한다.

예제 2.4

그림에서 $v_1 = 5[\text{V}]$, $v_2 = 3[\text{V}]$, $v_3 = -3[\text{V}]$, $v_4 = 8[\text{V}]$일 때, v_5를 구하라.

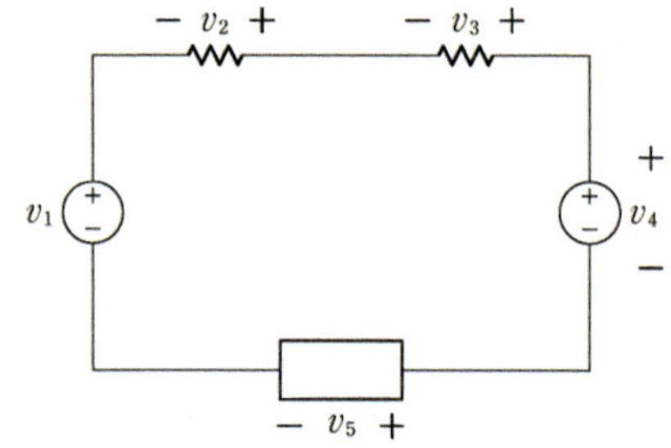

풀이

$v_5 = v_1 + v_2 + v_3 - v_4 = -3[\text{V}]$

예제 2.5

그림에서 v_R과 v_x를 각각 구하라.

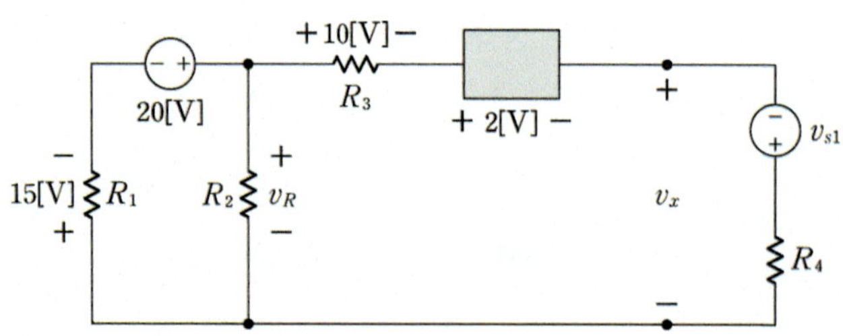

풀이

$v_R = 20 - 15 = 5[\text{V}]$

$v_x = -2 - 10 + 20 - 15 = -7[\text{V}]$

2.4 직렬연결과 병렬연결

옴의 법칙과 KCL, 그리고 KVL을 적용하면 대부분의 전기회로를 해석할 수 있다. 여기서는 옴의 법칙과 키르히호프의 법칙에서 상세하게 설명하지 않은 부분을 자세하게 살펴보고자 한다. 즉, 예제 2.1에서 v는 왜 4[V]인지, 그리고 예제 2.3에서 I_2는 왜 I_s와 같은 값을 가지는지를 자세히 알아본다.

그림 2.8의 회로를 가정하자.

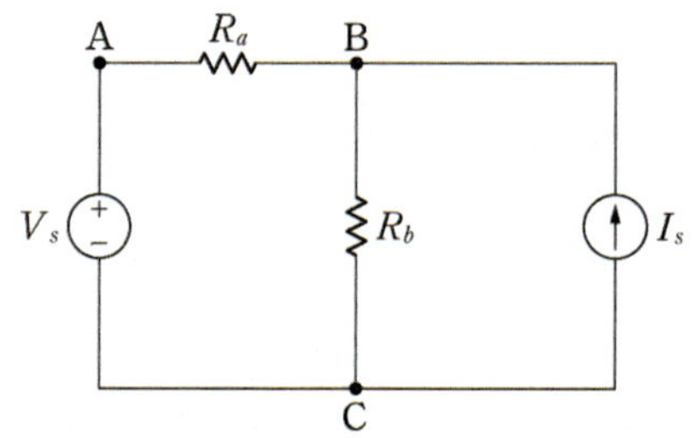

| 그림 2.8 | 직렬연결 및 병렬연결 설명을 위한 회로 예

그림 2.8에서 V_s와 R_a는 마디 A에서 만난다. 즉, 마디 A는 두 개의 회로소자만이 만나는 점이다. 그래서 마디 A에서 KCL을 적용하여 전류를 구하면, V_s를 통해서 흐르는 전류와 동일한 전류가 R_a를 통해서 흐르게 된다는 것을 안다. 이런 연결을 **직렬연결(series connection)**이라고 한다. 즉, **직렬연결은 전류가 동일하게 흐르는 회로소자들의 꼬리에 꼬리를 무는 연결이다.**

그림 2.8에서 R_b와 I_s로 연결되는 우측 루프에 KVL을 적용하여 전압을 구하면, R_b 양단의 전압과 I_s 양단의 전압은 같다는 것을 안다. 이런 연결을 **병렬연결(parallel connection)**이라고 한다. 즉, **병렬연결은 전압이 동일한 마디쌍으로 연결된 회로 소자들의 연결이다.**

그림 2.9의 두 회로를 고려하자.

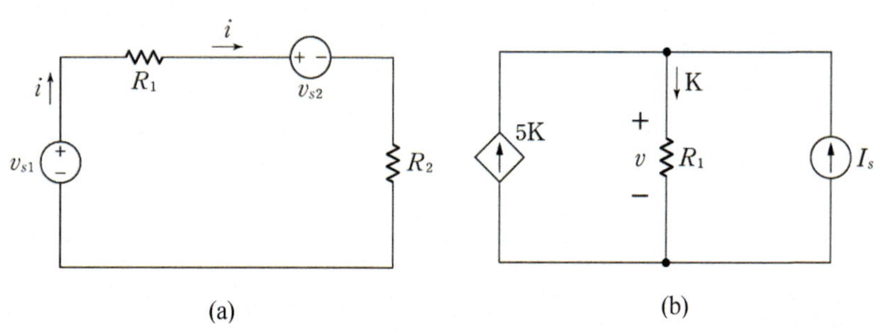

| 그림 2.9 | 직렬연결(a)과 병렬연결(b)의 예

그림 2.9의 (a)에서 4개의 회로소자를 통해 흐르는 전류는 모두 동일하며, 그 값은 i이다. 따라서 이들 네 개의 회로소자는 직렬로 연결되어 있다고 한다. 그림 2.9의 (b)에서 세 개의 회로소자는 하나의 마디쌍에 연결되어 있으며, 각 소자 양단의 전압은 모두 동일하고 그 값은 v이다. 하나의 마디쌍에서 동일한 전압을 가지도록 연결된 세 개 회로소자는 병렬로 연결되어 있다고 한다. 특히 그림 2.9의 (a)를 단일 루프 회로라고 하고, (b)를 단일 마디쌍 회로라고 한다.

다음으로 전원의 직렬연결과 병렬연결을 고려하자. 그림 2.10은 전압원이 직렬로 연결된 경우와 그 등가회로(equivalent circuit)를 보여주고 있다. 즉, 전압원이 직렬연결된 경우는 KVL에 따라 하나의 등가 전압원으로 바꾸어서 해석할 수 있다.

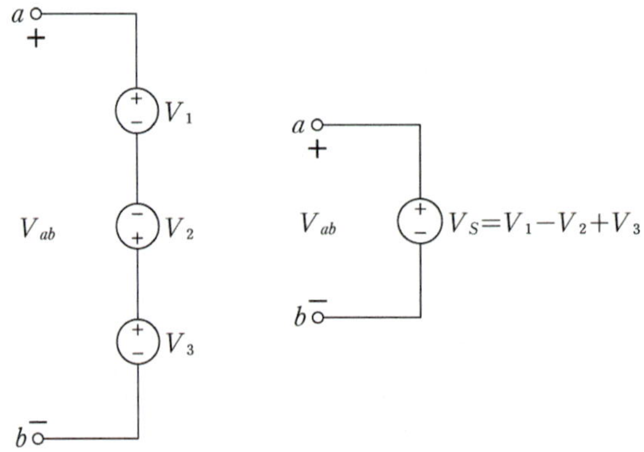

(a) (b)

| 그림 2.10 | 전압원의 직렬연결과 등가회로

그림 2.11은 전류원이 병렬연결된 경우와 그 등가회로를 보여주고 있다. 즉, 전류원이 병렬연결된 경우는 KCL에 따라 하나의 등가 전류원으로 바꾸어서 해석할 수 있다.

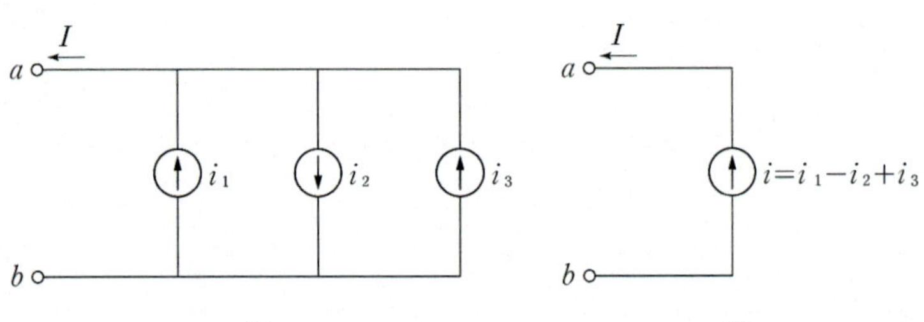

(a) (b)

| 그림 2.11 | 전류원의 병렬연결과 등가회로

그러나 그림 2.12의 회로는 유효하지 않다. 왜냐하면 그림 2.12의 (a)는 KVL이 성립하지 않고,

(b)는 KCL이 성립하지 않기 때문이다.

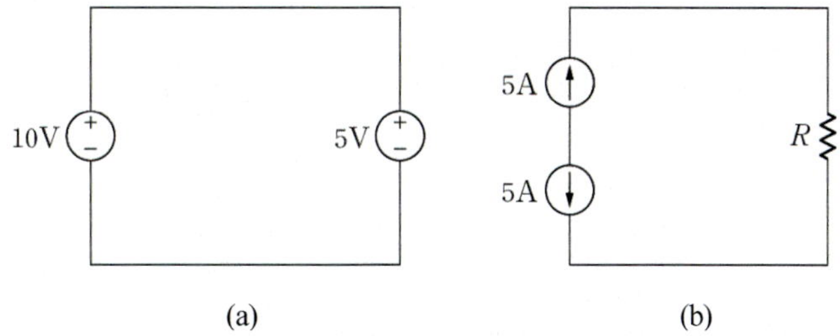

| 그림 2.12 | 유효하지 않는 회로

예제 2.6

그림에서 R을 통해 흐르는 전류를 구하라.

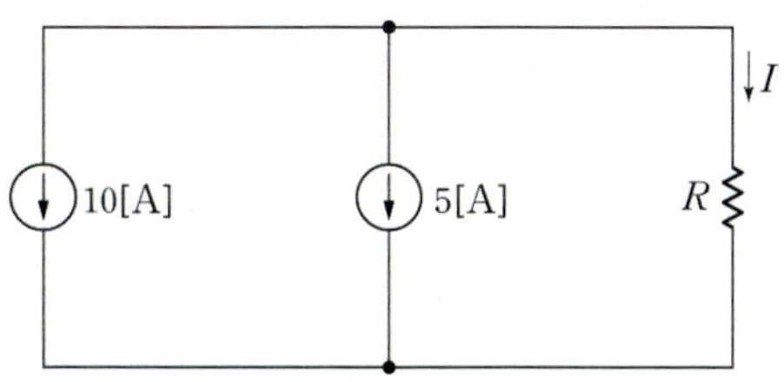

풀이

$I = -(10+5) = -15[A]$

예제 2.7

그림에서 R 양단의 전압을 구하라.

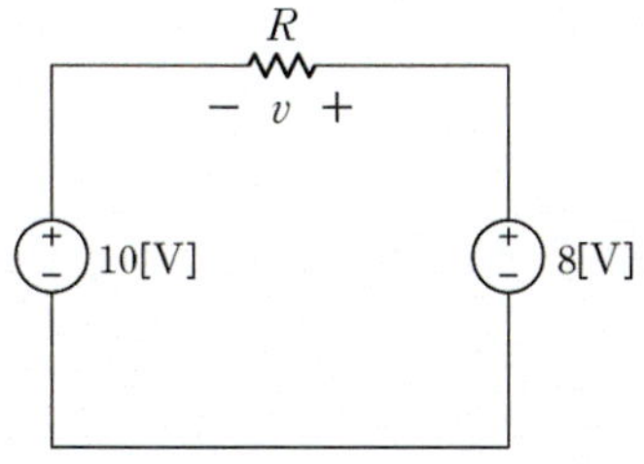

풀이

$v = 8 - 10 = -2[V]$

이제 둘 이상 다수 저항의 직렬연결과 병렬연결을 고려하자. 그림 2.13은 N개의 저항이 직렬연결된 회로와 그 등가회로를 나타내고 있다.

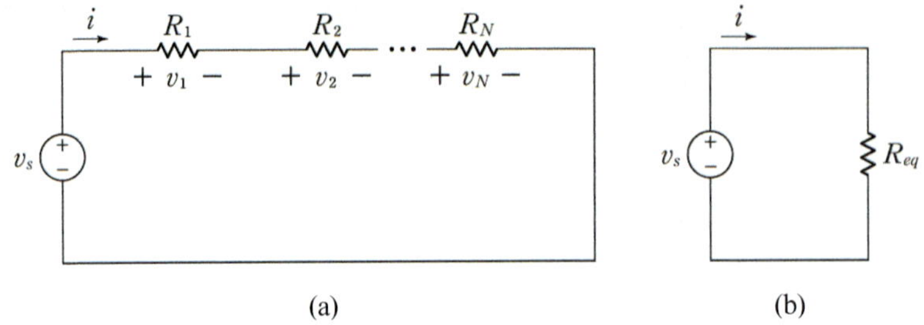

| 그림 2.13 | N개 저항의 직렬연결과 등가회로

그림 2.13에서 (a)는 원래의 회로이고, (b)는 (a)의 등가회로이다. 복잡한 (a)에 비하여 등가회로인 (b)는 매우 간단하다. 따라서 다수의 직렬연결된 저항을 하나의 등가 저항으로 바꾸면 회로 해석이 간편해질 수 있다.

이제 R_{eq}를 구해보자. 먼저 (a)의 회로에 KVL을 적용하면 다음의 식을 얻는다.

$$v_s = v_1 + v_2 + \cdots + v_N \tag{2.17}$$

다시 옴의 법칙을 적용하면 다음의 식을 얻는다.

$$\begin{aligned} v_s &= v_1 + v_2 + \cdots + v_N \\ &= R_1 i + R_2 i + \cdots + R_N i \\ &= (R_1 + R_2 + \cdots + R_N) i \end{aligned} \tag{2.18}$$

이제 (b)의 회로에 옴의 법칙을 적용하면 다음의 식을 얻는다.

$$v_s = R_{eq} i \tag{2.19}$$

그림 2.13의 (b)는 (a)의 등가회로이므로 식 (2.18)과 (2.19)를 등가로 놓으면, 다음의 식을 얻는다.

$$R_{eq} = R_1 + R_2 + \cdots + R_N \tag{2.20}$$

즉, **저항 N개가 직렬로 연결되어 있을 경우 등가저항(equivalent resistance) R_{eq}는 직렬 연결된 모든 저항의 대수합과 같다.** 등가저항은 합성저항(composite resistance)이라고도 한다.

이제 그림 2.14와 같이 N개의 저항이 병렬연결된 경우를 고려하자. 그림 2.14의 (b)는 원래 회로 (a)의 등가회로이다.

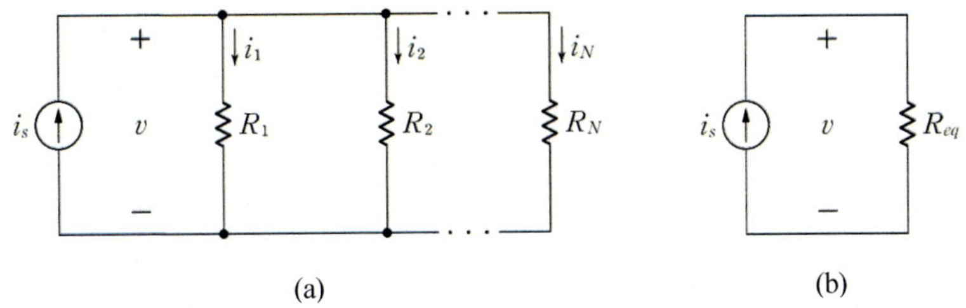

| 그림 2.14 | N개 저항의 병렬연결과 등가회로

그림 2.14에서 (b)는 복잡한 (a)에 비하여 매우 간단하므로, 직렬연결과 유사하게 다수의 병렬연결된 저항을 하나의 등가 저항으로 바꾸면 회로 해석이 간편해질 수 있다.

이제 R_{eq}를 구해보자. 먼저 (a)의 회로에 KCL을 적용하면 다음의 식을 얻는다.

$$i_s = i_1 + i_2 + \cdots + i_N \tag{2.21}$$

다시 옴의 법칙을 적용하면 다음의 식을 얻는다.

$$\begin{aligned} i_s &= i_1 + i_2 + \cdots + i_N \\ &= \frac{v}{R_1} + \frac{v}{R_2} + \cdots + \frac{v}{R_N} \\ &= \left(\frac{1}{R_1} + \frac{1}{R_2} + \cdots + \frac{1}{R_N}\right)v \end{aligned} \tag{2.22}$$

이제 (b)의 회로에 옴의 법칙을 적용하면 다음의 식을 얻는다.

$$i_s = \frac{v}{R_{eq}} \tag{2.23}$$

그림 2.14의 (b)는 (a)의 등가회로이므로 식 (2.22)와 (2.23)을 등가로 놓으면, 다음의 식을 얻는다.

$$\frac{1}{R_{eq}} = \frac{1}{R_1} + \frac{1}{R_2} + \cdots + \frac{1}{R_N} \tag{2.24}$$

그러므로 N개 저항이 병렬로 연결된 경우의 등가저항은 다음의 식으로 구해진다.

$$R_{eq} = \frac{1}{\dfrac{1}{R_1} + \dfrac{1}{R_2} + \cdots + \dfrac{1}{R_N}} \tag{2.25}$$

식 (2.24)는 전도도를 사용하여 다음과 같이 나타낼 수도 있다.

$$G_{eq} = G_1 + G_2 + \cdots + G_N \tag{2.26}$$

즉, **저항 N개가 병렬로 연결되어 있을 경우 등가 전도도(equivalent conductance) G_{eq}는 병렬 연결된 각 저항의 전도도의 대수합과 같다.**

예제 2.8

그림에서 전류 i를 구하라. 단, 각 소자에 표기된 값은 전압은 [V], 저항은 [Ω]의 단위를 가지는 값이다.

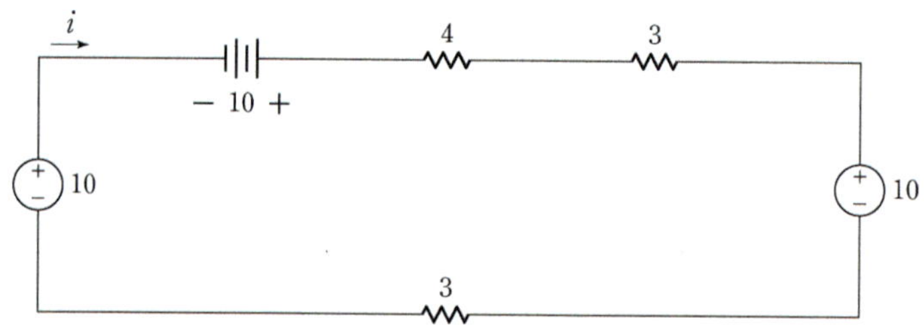

풀이

1) KVL을 적용하면, $10 = -10 + 4i + 3i + 10 + 3i \rightarrow i = 1$[A]

2) 주어진 회로를 등가회로로 변경하면,

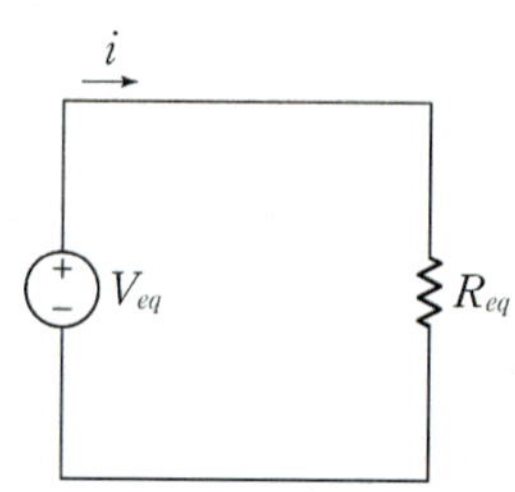

$\rightarrow V_{eq} = 10 + 10 - 10 = 10$[V], $R_{eq} = 4 + 3 + 3 = 10$[Ω]

$\rightarrow i = \dfrac{V_{eq}}{R_{eq}} = 1$[A]

예제 2.9

그림에서 전류 i를 구하라. 단, 각 소자에 표기된 값은 전압은 [V], 저항은 [Ω]의 단위를 가지는 값이다.

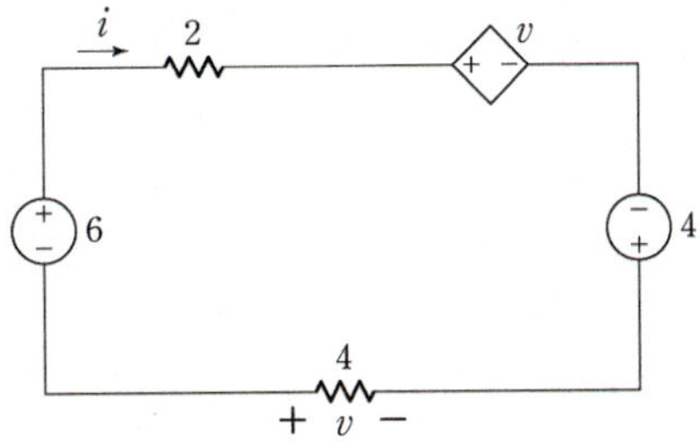

풀이

1) KVL을 적용하면, $6 = 2i + v - 4 + 4i,\ v = -4i \rightarrow i = 5[A]$

2) 주어진 회로는 등가회로로 변경할 경우, 두 전원 6[V]와 4[V]를 10[V]라는 하나의 전압원으로 등가 변환하는 것 외에는 더 이상 간소화할 수 없다. 왜냐하면 종속전원의 전압 값(v)이 4[Ω] 저항에 걸리는 전압으로 표기되어 있으므로, 4[Ω] 저항은 회로상에 변경없이 유지해야 되기 때문이다. 따라서 이 경우는 1)의 방법으로 구하는 것이 더 유리하다.

예제 2.10

그림에서 전압 v와 전류 i를 구하라. 단, 각 소자에 표기된 값은 전류는 [A], 저항은 [Ω]의 단위를 가지는 값이다.

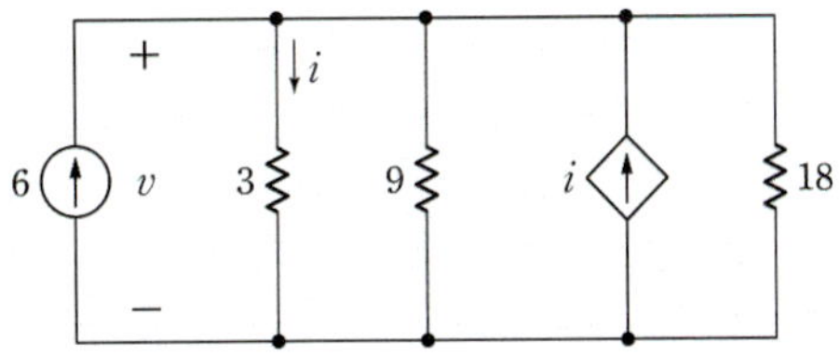

풀이

1) KCL을 적용하면, $6 = i + \frac{v}{9} - i + \frac{v}{18} \rightarrow v = 36[V],\ i = \frac{v}{3} = 12[A]$

2) 주어진 회로를 등가회로로 변경하면 다음과 같다.

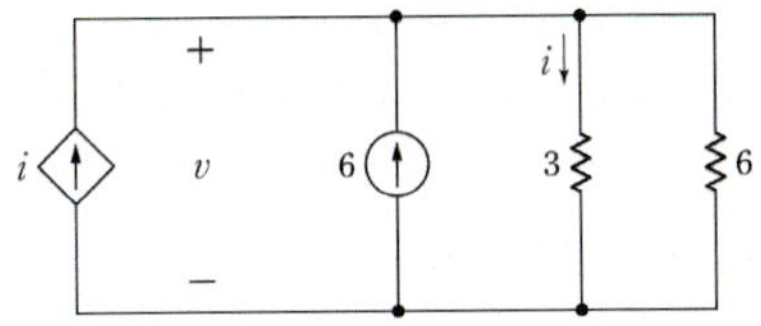

– 6[Ω]의 저항은 9//18의 합성저항이고, 단일 마디쌍 회로이므로 각 회로소자의 위치는 바꿀 수 있어서 전원은 왼쪽으로 저항은 오른쪽으로 이동하였다.

– KCL을 적용하면, $6 + i = i + \frac{v}{6} \rightarrow v = 36[V],\ i = \frac{v}{3} = 12[A]$

2.5 전압분배와 전류분배

두 개의 저항이 직렬 혹은 병렬로 연결되어 있는 경우에 각각의 저항에 걸리는 전압과 각각의 저항을 통해 흐르는 전류가 어떻게 분배되는지를 아는 것은 회로 해석에서 유용하다. 여기서는 두 저항의 직렬 혹은 병렬 연결에서 전압 분배와 전류 분배를 살펴본다.

그림 2.15는 전압원과 직렬로 연결된 두 개의 저항을 가지는 단일 루프 회로이다. 전압원 V_s의 값이 두 저항 R_1과 R_2에 어떻게 분배되는지를 구해보자.

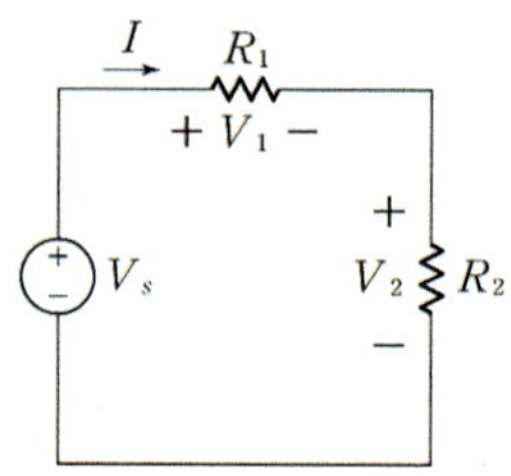

| 그림 2.15 | 전압 분배를 설명하기 위한 회로 예

KVL을 적용하면, $V_s = V_1 + V_2$이고, 다시 옴의 법칙을 적용하면 $V_1 = R_1 I$, $V_2 = R_2 I$이다. 따라서 전류 I는 다음의 식으로 구해진다.

$$I = \frac{V_s}{R_1 + R_2} \tag{2.27}$$

그러므로 직렬 연결된 두 저항에서의 전압은 각각 다음과 같이 전압분배가 이루어진다.

$$V_1 = \frac{R_1}{R_1 + R_2} V_s \tag{2.28}$$

$$V_2 = \frac{R_2}{R_1 + R_2} V_s$$

이를 일반화하면 다음과 같다: **하나의 전압원과 N개의 저항이 직렬 연결된 회로에서 k번째 저항의 양단에 걸리는 전압은 다음의 식으로 구해진다.**

$$V_k = \frac{R_k}{\sum_{n=1}^{N} R_n} V_s \tag{2.29}$$

그림 2.16은 전류원과 병렬로 연결된 두 개의 저항을 가지는 단일 마디쌍 회로이다. 전류원 I_s의 값이 두 저항 R_1과 R_2에 어떻게 분배되는지를 구해보자.

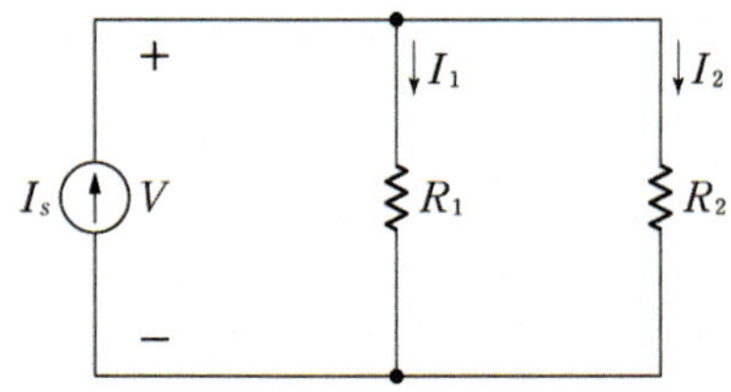

| 그림 2.16 | 전류 분배를 설명하기 위한 회로 예

KCL을 적용하면, $I_s = I_1 + I_2$이고, 다시 옴의 법칙을 적용하면 $I_1 = \dfrac{V}{R_1}$, $I_2 = \dfrac{V}{R_2}$이다. 따라서 전압 V는 다음의 식으로 구해진다.

$$V = \frac{R_1 R_2}{R_1 + R_2} I_s \tag{2.30}$$

그러므로 병렬 연결된 두 저항에서의 전류는 각각 다음과 같이 전류 분배가 이루어진다.

$$I_1 = \frac{R_2}{R_1 + R_2} I_s \tag{2.31}$$

$$I_2 = \frac{R_1}{R_1 + R_2} I_s$$

만약 저항 대신에 전도도를 사용하면 식 (2.31)은 다음과 같이 유도된다.

$$I_1 = \frac{G_1}{G_1 + G_2} I_s \tag{2.32}$$

$$I_2 = \frac{G_2}{G_1 + G_2} I_s$$

즉, 식 (2.32)는 전압 분배에서 유도한 식 (2.28)과 유사하다. 마찬가지로 전류 분배에서도 식 (2.29)와 유사한 일반화된 식을 유도할 수 있다. 즉, **하나의 전류원과 N개의 저항이 병렬 연결된 회로에서 k번째 저항을 통해 흐르는 전류는 다음의 식으로 구해진다.**

$$I_k = \frac{G_k}{\sum_{n=1}^{N} G_n} I_s \tag{2.33}$$

예제 2.11

그림에서 전압 V_1, V_2, V_3 및 전류 I_1, I_2, I_3을 구하라. 단, 각 소자에 표기된 값은 전압은 [V], 저항은 [Ω]의 단위를 가지는 값이다.

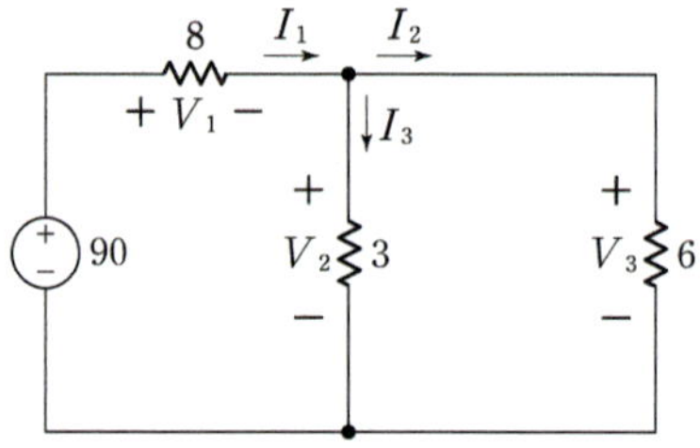

풀이

1) $I_1 = \dfrac{90}{8+3//6} = 9[\mathrm{A}] \rightarrow I_2 = \dfrac{3}{3+6} \times 9 = 3[\mathrm{A}],\ I_3 = \dfrac{6}{3+6} \times 9 = 6[\mathrm{A}]$

2) $V_1 = \dfrac{8}{8+3//6} \times 90 = 72[\mathrm{V}],\ V_2 = V_3 = \dfrac{3//6}{8+3//6} \times 90 = 18[\mathrm{V}]$

연습문제

1 그림 P1의 3개 회로에서 전류 I를 각각 구하라.

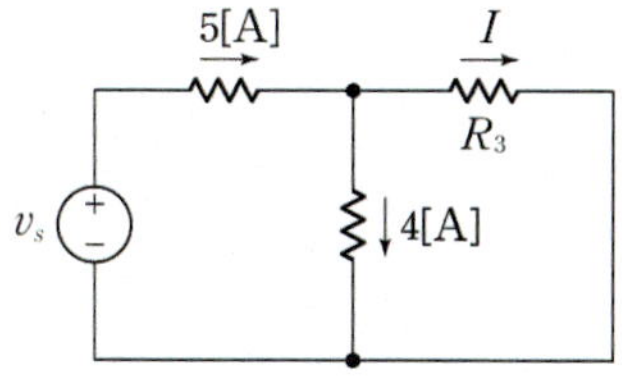

(a) 전압원에서 5[V] 공급

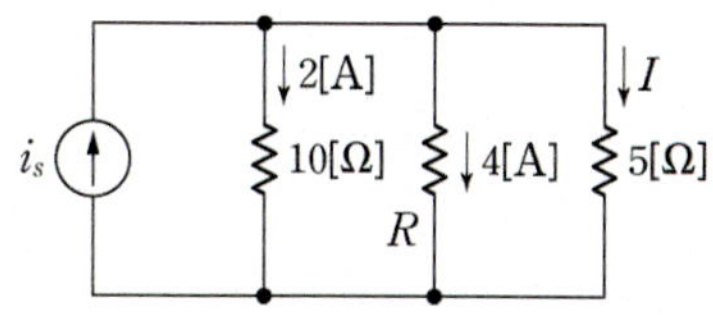

(b) 전류원에서 10[A] 공급

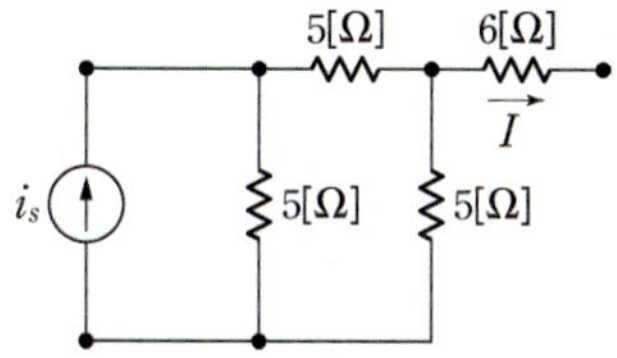

(c) 전류원에서 3[A] 공급

| 그림 P1 |

2 그림 P2에서 v_1, v_2, v_3, v_4를 구하라. 단, 표기된 전압은 모두 [V]의 단위를 가지는 값이다.

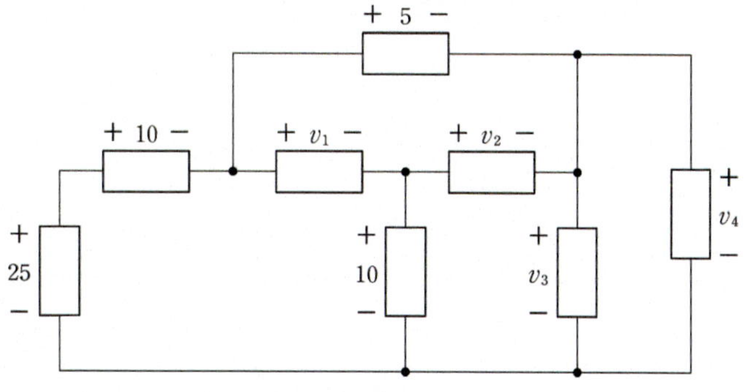

| 그림 P2 |

3 그림 P3의 회로에서 등가저항을 구하라. 단, 표기된 저항은 모두 [Ω]의 단위를 가지는 값이다.

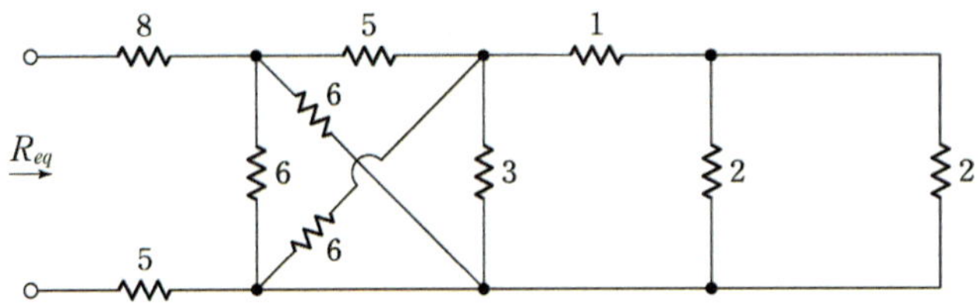

| 그림 P3 |

4 그림 P4의 회로에서 전류 i가 0일 때, V의 값을 구하라. 단, 회로에 표기된 값은 [V], [Ω]의 단위를 가지는 값이다.

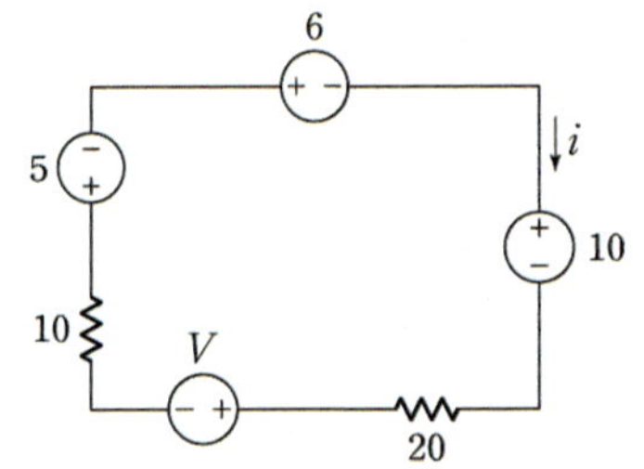

| 그림 P4 |

5 그림 P5의 회로에서 전압 v, 전류 i를 구하라. 단, 회로에 표기된 값은 [V], [Ω]의 단위를 가지는 값이다.

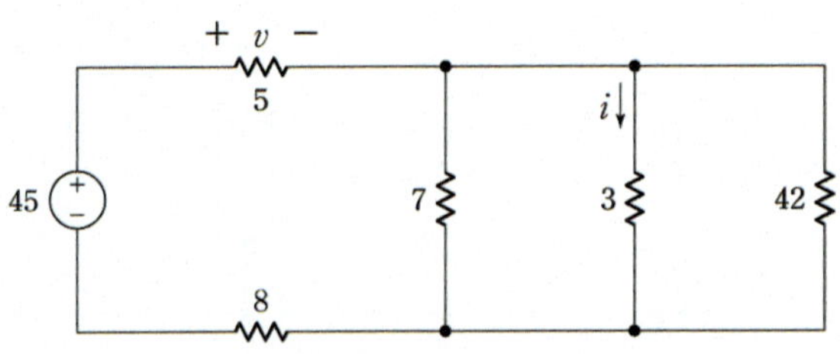

| 그림 P5 |

6. 2021년 전기/전기공사 회로에서 저항 $1[\Omega]$에 흐르는 전류 I[A]는?

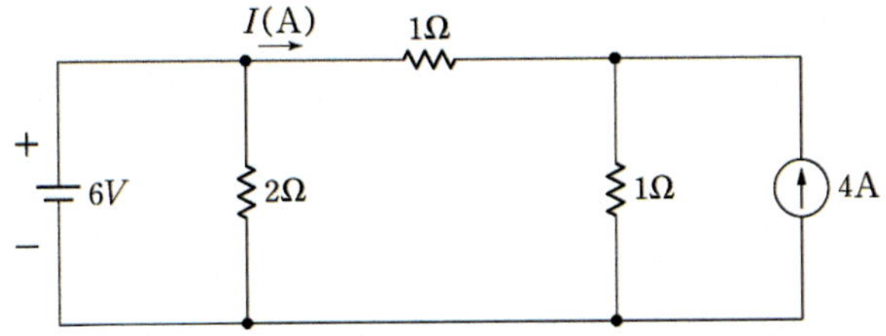

| 그림 P6 |

① 3　　② 2

③ 1　　④ −1

7. 2022년 전자 직류 전압원에 저항 R을 접속하였을 때 흐르는 전류를 30% 증가시키기 위해서는 저항값을 약 얼마로 변경시켜야 하는가?

① $0.3R$　　② $0.77R$

③ R　　④ $1.3R$

8. 2022년 전자 다음과 같이 두 개의 저항이 직렬로 연결되어 있는 회로에서 각 저항의 전압과의 관계식으로 옳은 것은?

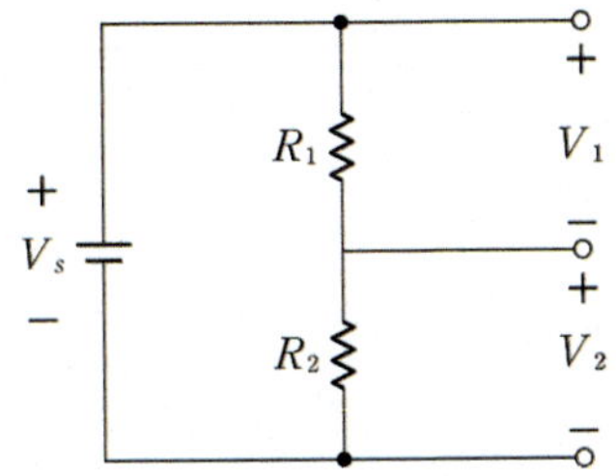

| 그림 P8 |

① $V_1 V_2 = R_1 R_2$　　② $V_1 V_2 = (R_1 R_2)^2$

③ $V_1 R_1 = V_2 R_2$　　④ $V_1 R_2 = V_2 R_1$

CHAPTER

03 마디 해석과 망로 해석

학습목표

❶ 크래머의 법칙을 이해할 수 있다.
❷ 마디 해석법을 이해하고, 마디 해석법으로 회로를 해석할 수 있다.
❸ 망로 해석법을 이해하고, 망로 해석법으로 회로를 해석할 수 있다.

3.1 크래머의 법칙

전기회로의 해석에는 일차 연립방정식의 해를 구하는 과정이 자주 나온다. 일차 연립방정식의 해는 가우스 소거법 등이 널리 사용되는데 여기서는 행렬(matrix)의 개념을 적용하는 크래머의 법칙을 소개한다.

다음과 같은 일차 연립방정식을 고려하자.

$$\begin{aligned} a_{11}x_1 + a_{12}x_2 + \quad \cdots \quad + a_{1n}x_n &= y_1 \\ a_{21}x_1 + a_{22}x_2 + \quad \cdots \quad + a_{2n}x_n &= y_2 \\ &\vdots \\ a_{n1}x_1 + a_{n2}x_2 + \quad \cdots \quad + a_{nn}x_n &= y_n \end{aligned} \tag{3.1}$$

여기서 a_{ij} $(i=1,\ 2,\ \cdots,\ n,\ \ j=1,\ 2,\ \cdots,\ n)$는 상수이고, $y_1,\ y_2,\ \cdots,\ y_n$은 어떤 상숫값으로 주어지는 기지의 값이다. 따라서 미지의 변수는 $x_1,\ x_2,\ \cdots,\ x_n$의 n개이다.

식 (3.1)은 다음과 같이 행렬로 표현할 수 있다.

$$\begin{bmatrix} a_{11} & a_{12} & \cdots & a_{1n} \\ a_{21} & a_{22} & \cdots & a_{27} \\ & \vdots & & \\ a_{n1} & a_{n2} & \cdots & a_{nn} \end{bmatrix} \begin{bmatrix} x_1 \\ x_2 \\ \vdots \\ x_n \end{bmatrix} = \begin{bmatrix} y_1 \\ y_2 \\ \vdots \\ y_n \end{bmatrix} \tag{3.2}$$

이 식은 다음과 같이 간단하게 표현할 수 있다.

$$\mathrm{Ax} = \mathrm{y} \tag{3.3}$$

여기서 A는 다음과 같이 주어지는 $(n \times n)$ **정방행렬(square matrix)**이고, x와 y는 **열행렬 (column matrix)**, 즉 **벡터(vector)**이다.

$$\mathrm{A} = \begin{bmatrix} a_{11} & a_{12} & \cdots & a_{1n} \\ a_{21} & a_{22} & \cdots & a_{27} \\ & \vdots & & \\ a_{n1} & a_{n2} & \cdots & a_{nn} \end{bmatrix}, \quad \mathrm{x} = \begin{bmatrix} x_1 \\ x_2 \\ \vdots \\ x_n \end{bmatrix}, \quad \mathrm{y} = \begin{bmatrix} y_1 \\ y_2 \\ \vdots \\ y_n \end{bmatrix} \tag{3.4}$$

만약 정방행렬 A의 역행렬 A^{-1}을 쉽게 구할 수 있다면, 미지의 벡터 x는 다음과 같이 쉽게 구할 수 있다.

$$\mathrm{x} = \mathrm{A}^{-1}\mathrm{y} \tag{3.5}$$

그러나 일반적으로 역행렬을 구하는 것은 쉽지 않은 과정이므로, 여기서는 크래머의 법칙(Cramer's rule)을 소개한다. 특히 크래머의 법칙은 전체 미지의 변수 중에서 해를 구할 필요가 있는 변수의 수가 작을 경우에 유용하다.

크래머의 법칙은 다음과 같다. 즉, 식 (3.2)의 해는 다음 식으로 구해진다.

$$x_1 = \frac{\triangle_1}{\triangle}, \; x_2 = \frac{\triangle_2}{\triangle}, \; \cdots, \; x_n = \frac{\triangle_n}{\triangle} \tag{3.6}$$

여기서 $\triangle, \triangle_1, \triangle_2, \cdots, \triangle_n$은 다음과 같다.

$$\triangle = \begin{vmatrix} a_{11} & a_{12} & \cdots & a_{1n} \\ a_{21} & a_{22} & \cdots & a_{2n} \\ \vdots & \vdots & \vdots & \vdots \\ a_{n1} & a_{n2} & \cdots & a_{nn} \end{vmatrix} = |\mathrm{A}| \tag{3.7}$$

$$\triangle_1 = \begin{vmatrix} y_1 & a_{12} & \cdots & a_{1n} \\ y_2 & a_{22} & \cdots & a_{2n} \\ \vdots & \vdots & \vdots & \vdots \\ y_n & a_{n2} & \cdots & a_{nn} \end{vmatrix}, \; \triangle_2 = \begin{vmatrix} a_{11} & y_1 & \cdots & a_{1n} \\ a_{21} & y_2 & \cdots & a_{2n} \\ \vdots & \vdots & \vdots & \vdots \\ a_{n1} & y_n & \cdots & a_{nn} \end{vmatrix}, \ldots,$$

$$\triangle_n = \begin{vmatrix} a_{11} & a_{12} & \cdots & y_1 \\ a_{21} & a_{22} & \cdots & y_2 \\ \vdots & \vdots & \vdots & \vdots \\ a_{n1} & a_{n2} & \cdots & y_n \end{vmatrix} \tag{3.8}$$

즉, $\triangle$는 $n\times n$ 정방행렬 A의 행렬식(determinant)이고, $\triangle_i$는 $\triangle$의 i-번째 열(column)을 벡터 y로 대체하고 난 후의 행렬에서 구한 행렬식이다.

$\triangle$와 $\triangle_i$의 값은 다음과 같이 구할 수 있다. 먼저 $n\times n$ 정방행렬 A에서 n이 2 혹은 3인 경우를 살펴보자.

1) $n=2$인 경우

$$\triangle = \begin{vmatrix} a_{11} & a_{12} \\ a_{21} & a_{22} \end{vmatrix} = a_{11}a_{22} - a_{12}a_{21} \tag{3.9}$$

$$\triangle_1 = \begin{vmatrix} y_1 & a_{12} \\ y_2 & a_{22} \end{vmatrix} = y_1a_{22} - a_{12}y_2, \ \triangle_2 = \begin{vmatrix} a_{11} & y_1 \\ a_{21} & y_2 \end{vmatrix} = a_{11}y_2 - y_1a_{21} \tag{3.10}$$

이므로 x_1과 x_2는 식 (3.6)으로부터 다음과 같이 구해진다.

$$x_1 = \frac{\triangle_1}{\triangle} = \frac{y_1a_{22} - a_{12}y_2}{a_{11}a_{22} - a_{12}a_{21}}, \ x_2 = \frac{\triangle_2}{\triangle} = \frac{a_{11}y_2 - y_1a_{21}}{a_{11}a_{22} - a_{12}a_{21}} \tag{3.11}$$

2) $n=3$인 경우

$$\begin{aligned}\triangle = \begin{vmatrix} a_{11} & a_{12} & a_{13} \\ a_{21} & a_{22} & a_{23} \\ a_{31} & a_{32} & a_{33} \end{vmatrix} &= a_{11}a_{22}a_{33} + a_{12}a_{23}a_{31} + a_{13}a_{21}a_{32} \\ &\quad - a_{13}a_{22}a_{31} - a_{12}a_{21}a_{33} - a_{11}a_{23}a_{32}\end{aligned} \tag{3.12}$$

$$\triangle_1 = \begin{vmatrix} y_1 & a_{12} & a_{13} \\ y_2 & a_{22} & a_{23} \\ y_3 & a_{32} & a_{33} \end{vmatrix}, \ \triangle_2 = \begin{vmatrix} a_{11} & y_1 & a_{13} \\ a_{21} & y_2 & a_{23} \\ a_{31} & y_3 & a_{33} \end{vmatrix}, \ \triangle_3 = \begin{vmatrix} a_{11} & a_{12} & y_1 \\ a_{21} & a_{22} & y_2 \\ a_{31} & a_{32} & y_3 \end{vmatrix} \tag{3.13}$$

식 (3.13)에서 $\triangle_1$, $\triangle_2$, $\triangle_3$는 식 (3.12)를 참고하여 다항식으로 표현할 수 있다. 따라서 x_1, x_2, x_3는 식 (3.6)으로부터 다음과 같이 쉽게 구할 수 있다.

$$x_1 = \frac{\triangle_1}{\triangle}, \ x_2 = \frac{\triangle_2}{\triangle}, \ x_3 = \frac{\triangle_3}{\triangle} \tag{3.14}$$

3) n이 4 이상인 경우

이 경우는 다소 복잡하며, 여인수 전개(cofactor expansion)와 소행렬식의 개념을 도입해서 구할 수 있다. 즉,

$$\Delta = \sum_{k=1}^{n} a_{ik} C_{ik} \tag{3.15}$$

또는

$$\Delta = \sum_{k=1}^{n} a_{kj} C_{kj} \tag{3.16}$$

여기서 i와 j는 1에서 n 사이의 임의의 수이고, C_{ik} 혹은 C_{kj}는 다음의 식으로 표현되는 여인수(cofactor)이다.

$$C_{ik} = (-1)^{i+k} M_{ik} \tag{3.17}$$

여기서 M_{ik}는 소행렬식(minor determinant)으로, $n \times n$ 정방행렬에서 $i-$번째 행과 $k-$번째 열을 제거한 후 만들어지는 $(n-1) \times (n-1)$ 정방행렬의 행렬식이다. 식 (3.15)는 임의의 $i-$번째 행을 기준으로 여인수 전개한 경우이고, 식 (3.16)은 임의의 $j-$번째 열을 기준으로 여인수 전개한 경우이다.

이제 수치 값을 적용하여 예를 들어보자. 먼저 $n=2$인 경우의 예를 들어보자.

아래 연립방정식의 해를 크래머의 법칙으로 구해보자.

$$\begin{aligned} 4x_1 + 5x_2 &= 23 \\ -3x_1 + 4x_2 &= 6 \end{aligned}$$

주어진 식에서 Δ, Δ_1, Δ_2는 식 (3.9) 및 (3.10)으로부터 다음과 같이 구해진다.

$$\Delta = \begin{vmatrix} 4 & 5 \\ -3 & 4 \end{vmatrix} = 16 + 15 = 31$$

$$\Delta_1 = \begin{vmatrix} 23 & 5 \\ 6 & 4 \end{vmatrix} = 92 - 30 = 62,\ \Delta_2 = \begin{vmatrix} 4 & 23 \\ -3 & 6 \end{vmatrix} = 24 + 69 = 93$$

따라서 식 (3.6)으로부터 $x_1 = \dfrac{\Delta_1}{\Delta} = 2$, $x_2 = \dfrac{\Delta_2}{\Delta} = 3$을 구할 수 있다.

예제 3.1

다음 연립방정식의 해를 크래머의 법칙으로 구하라.

$$\begin{aligned} -3x_1 + 5x_2 + 10x_3 &= 11 \\ 5x_1 - 8x_2 + 15x_3 &= 14 \\ x_1 + x_3 &= 4 \end{aligned}$$

풀이

1) 식 (3.12) 및 (3.13)으로부터

$$\triangle = \begin{vmatrix} a_{11} & a_{12} & a_{13} \\ a_{21} & a_{22} & a_{23} \\ a_{31} & a_{32} & a_{33} \end{vmatrix} = \begin{vmatrix} -3 & 5 & 10 \\ 5 & -8 & 15 \\ 1 & 0 & 1 \end{vmatrix} = 24+75+0-(-80)-0-25 = 154$$

$$\triangle_1 = \begin{vmatrix} y_1 & a_{12} & a_{13} \\ y_2 & a_{22} & a_{23} \\ y_3 & a_{32} & a_{33} \end{vmatrix} = \begin{vmatrix} 11 & 5 & 10 \\ 14 & -8 & 15 \\ 4 & 0 & 1 \end{vmatrix} = -88+300+0-(-320)-70 = 462,$$

$$\triangle_2 = \begin{vmatrix} a_{11} & y_1 & a_{13} \\ a_{21} & y_2 & a_{23} \\ a_{31} & y_3 & a_{33} \end{vmatrix} = \begin{vmatrix} -3 & 11 & 10 \\ 5 & 14 & 15 \\ 1 & 4 & 1 \end{vmatrix} = -42+200+165-140-55-(-180) = 308,$$

$$\triangle_3 = \begin{vmatrix} a_{11} & a_{12} & y_1 \\ a_{21} & a_{22} & y_2 \\ a_{31} & a_{32} & y_3 \end{vmatrix} = \begin{vmatrix} -3 & 5 & 11 \\ 5 & -8 & 14 \\ 1 & 0 & 4 \end{vmatrix} = 96+70+0-(-88)-0-100 = 154$$

2) 식 (3.14)로부터

$$x_1 = \frac{\triangle_1}{\triangle} = 3,\ x_2 = \frac{\triangle_2}{\triangle} = 2,\ x_3 = \frac{\triangle_3}{\triangle} = 1$$

3.2 마디 해석법

대부분의 전기회로는 기본적으로 옴의 법칙과 키르히호프의 전류법칙(KCL), 그리고 키르히호프의 전압법칙(KVL)을 적용하여 해석할 수 있다. 이제는 이들 기본법칙을 체계적으로 적용하여 전기회로의 해석을 보다 간편하게 할 수 있는 방법을 살펴보자.

마디 해석법(nodal analysis)은 KCL 기반의 회로 해석법이다. 마디 해석법은 주어진 전기회로에서 마디를 찾아서 마디마다 마디 전압을 설정하고, 이들 마디에서 KCL을 적용하여 유도한 다수의 방정식을 크래머의 법칙 등을 사용하여 해를 찾는 방법이다. 마디 해석법에서는 주어진 회로의 정확한 마디의 수가 매우 중요하며, 미지의 방정식은 모두 각각의 마디에서 KCL을 적용하여 유도된다. 더욱이 마디 전압은 어떤 특정 지점의 기준점을 기준으로 전압의 값을 설정하게 되므로, 전체 마디 중에서 기준 마디를 제외한 나머지 마디에서만 방정식을 유도하면 된다. 예를 들어서 마디의 총 수가 N개이면, 기준 마디 하나를 제외한 나머지 마디에서 유도되는 미지의 방정식의 수는 $(N-1)$ 개가 된다.

그림 3.1을 고려하자.

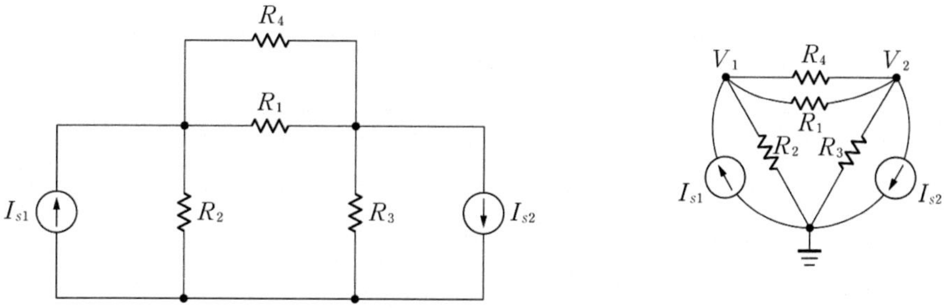

(a) 세 개의 마디를 가지는 회로 (b) 마디 해석을 위해 변경한 회로

| 그림 3.1 | 마디 해석을 위한 회로 예

그림 3.1의 (a)는 원래 회로이고, (b)는 주어진 회로를 마디 해석법으로 해석하기 용이하도록 변경한 회로이다. 주어진 회로에서 마디는 모두 세 개이며, 맨 아래쪽의 마디를 기준 마디(접지 표시)로 정하고, 나머지 두 개의 마디에 임의의 전압 V_1과 V_2를 정의한 경우이다. 즉, V_1과 V_2는 기준 마디에 비하여 그 점에서의 전위차가 각각 V_1 및 V_2만큼 높다는 것을 의미한다. 이렇게 변경하고 나면, 미지의 마디 전압이 정의된 각각의 마디에서 KCL을 적용하여 각각의 방정식을 유도할 수 있다.

그림 3.1의 회로에서는 두 개의 방정식이 유도되며, 유도된 연립방정식에 가우스 소거법이나 크래머의 법칙을 사용하여 해를 구할 수 있다. 즉, 그림 3.1의 미지의 전압을 설정한 두 마디에서 KCL을 적용하면 다음 두 개의 방정식을 얻을 수 있다.

$$I_{s1} = \frac{V_1 - V_2}{R_1} + \frac{V_1}{R_2} + \frac{V_1 - V_2}{R_4} \tag{3.18}$$

$$\frac{V_2 - V_1}{R_1} + \frac{V_2 - V_1}{R_4} + \frac{V_2}{R_3} + I_{s2} = 0 \tag{3.19}$$

예를 들어서 I_{s1}과 I_{s2}가 각각 2[mA]와 3[mA]이고, $R_1 = 2[\mathrm{k\Omega}]$, $R_2 = 5[\mathrm{k\Omega}]$, $R_3 = 10[\mathrm{k\Omega}]$, $R_4 = 10[\mathrm{k\Omega}]$일 때, 전류원 I_{s1}이 공급하는 전력을 구해보자.

식 (3.18)과 (3.19)로부터 다음의 연립방정식을 얻을 수 있다.

$$2\mathrm{m} = \frac{V_1 - V_2}{2\mathrm{k}} + \frac{V_1}{5\mathrm{k}} + \frac{V_1 - V_2}{10\mathrm{k}} \tag{3.20}$$

$$\frac{V_2 - V_1}{2\mathrm{k}} + \frac{V_2 - V_1}{10\mathrm{k}} + \frac{V_2}{10\mathrm{k}} + 3\mathrm{m} = 0 \tag{3.21}$$

식 (3.20) 및 식 (3.21)을 정리하면 다음의 식을 얻는다.

$$4V_1 - 3V_2 = 10 \tag{3.22}$$

$$6V_1 - 7V_2 = 30 \tag{3.23}$$

크래머의 법칙을 적용하기 위하여 $\triangle$, $\triangle_1$, $\triangle_2$를 구하면 각각 다음과 같다.

$$\triangle = \begin{vmatrix} 4 & -3 \\ 6 & -7 \end{vmatrix} = -10,\ \triangle_1 = \begin{vmatrix} 10 & -3 \\ 30 & -7 \end{vmatrix} = 20,\ \triangle_2 = \begin{vmatrix} 4 & 10 \\ 6 & 30 \end{vmatrix} = 60 \tag{3.24}$$

따라서 미지의 두 전압은 다음과 같이 구해진다.

$$V_1 = \frac{\triangle_1}{\triangle} = -2[\mathrm{V}] \tag{3.25}$$

$$V_2 = \frac{\triangle_2}{\triangle} = -6[\mathrm{V}] \tag{3.26}$$

그러므로 전류원 I_{s1}이 공급하는 전력은 -4[mW]이다. 전류원에서 오히려 전력을 흡수하는 형태의 결과를 얻었다. 이것은 전체 회로의 흡수 전력을 구해서 모두 확인할 수 있을 것이다. 즉, 각각의 회로소자에서 흡수하는 모든 전력을 구해 보면, 전류원 I_{s2}가 공급하는 18[W]의 전력이 전류원 I_{s1}을 포함하여 나머지 회로소자에서 각각 흡수하고 있음을 확인할 수 있다.

그런데 그림 3.1의 회로에서 두 개의 전류원이 전압원으로 바뀐 회로를 고려해 보자. 이것을 그림 3.2에 제시하였다.

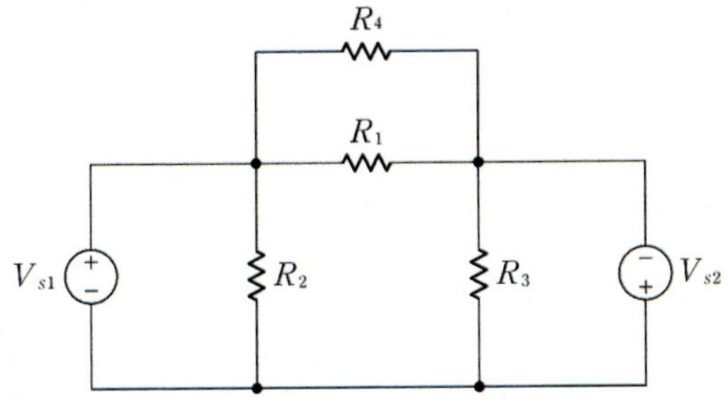

| 그림 3.2 | 그림 3.1의 전류원이 전압원으로 바뀐 경우

그림 3.2의 경우는 회로의 해석이 너무나 간단하다. 왜냐하면 저항 R_2 및 R_3 양단의 전압이 각각 V_{s1} 및 $-V_{s2}$로 주어지는 경우이므로 이들을 통해서 흐르는 전류를 쉽게 구할 수 있다. 더욱이 R_1 양단의 전압은 V_{s1} 및 V_{s2} 로부터 쉽게 구해지므로 그 저항을 통해서 흐르는 전류 또한 쉽게 구해진다. 따라서 이 경우는 마디 해석법 등의 복잡한 해석법을 사용할 필요없이 단순히 옴의 법칙, KCL, KVL 만으로도 해를 쉽게 구할 수 있다.

다음으로 그림 3.3의 회로를 가정하자.

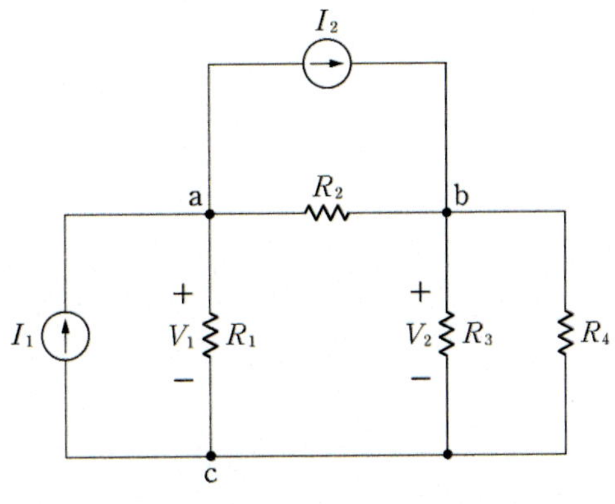

| 그림 3.3 | 마디 해석을 위한 회로 예

그림 3.3의 회로는 세 개의 마디를 가지고 있다. 이 회로를 마디 해석법으로 해석하기 위해서는 먼저 기준 마디를 정해야 한다. 세 개의 마디는 모두 네 개의 가지가 만나는 마디이다. 통상적으로 많은 가지를 만나는 마디를 기준 마디로 정하는 것이 회로의 해석에 도움이 된다, 또는 가능한 아래 쪽에 위치한 마디를 기준 마디로 정하는 것이 회로 해석의 측면에서 더 편리하다. 이를 적용하면 마디 c가 기준 마디로 적당하다.

먼저 그림 3.3의 회로 해석을 위하여 마디 c를 기준 마디로 정하는 경우를 가정하자. 마디 c를 기준 마디로 정하면 나머지 마디 a와 b에는 각각 미지의 마디 전압 V_a 및 V_b를 정의할 수 있다. 이제 그림 3.3은 그림 3.4와 같다.

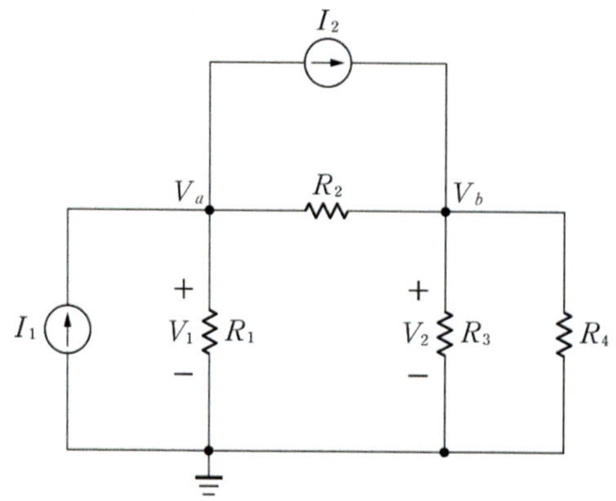

| 그림 3.4 | 그림 3.3의 회로에서 c를 기준 마디로 정한 경우

그림 3.4로부터 다음의 식을 얻는다.

$$V_a = V_1,\ V_b = V_2 \tag{3.27}$$

이제 마디 a와 b에서 KCL을 적용하면 다음의 두 방정식을 유도할 수 있다.

$$-I_1 + I_2 + \frac{V_a}{R_1} + \frac{V_a - V_b}{R_2} = 0 \tag{3.28}$$

$$\frac{V_b}{R_4} + \frac{V_b}{R_3} + \frac{V_b - V_a}{R_2} = I_2 \tag{3.29}$$

만약 전류원이 공급하는 전류의 값과 저항의 값이 주어지면 우리는 크래머의 법칙을 사용해서 연립방정식의 해인 V_a와 V_b를 구할 수 있으며, 식 (3.27)로부터 V_1과 V_2도 구해진다.

다음으로 마디 a를 기준 마디로 정하는 경우를 가정하자. 마디 a를 기준 마디로 정하면 나머지 마디 b와 c에는 각각 미지의 마디 전압 V_b' 및 V_c를 정의할 수 있다. 여기서는 b점에서의 미지 전압을 그림 3.4의 V_b 대신에 V_b'으로 정의하였다. 이렇게 하고 난 후의 회로는 그림 3.5와 같다.

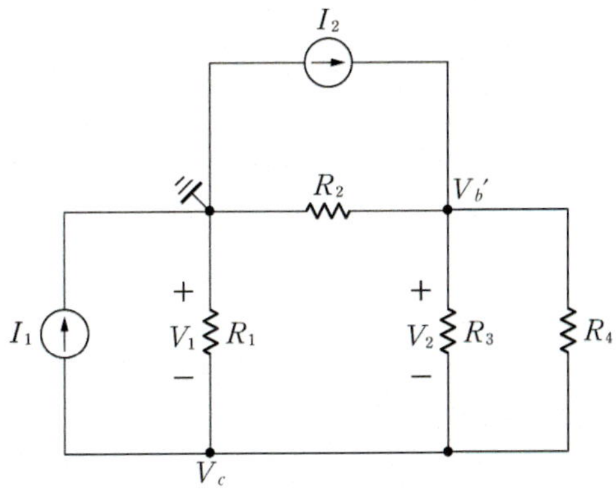

| 그림 3.5 | 그림 3.3의 회로에서 a를 기준 마디로 정한 경우

그림 3.5에서는 다음의 식이 유도된다.

$$V_c = -V_1,\ V_b' = V_2 - V_1 \tag{3.30}$$

이제 마디 b와 c에서 KCL을 적용하면 다음의 두 방정식을 유도할 수 있다.

$$\frac{V_b'}{R_2} + \frac{V_b' - V_c}{R_3} + \frac{V_b' - V_c}{R_4} = I_2 \tag{3.31}$$

$$I_1 + \frac{V_c}{R_1} + \frac{V_c - V_b'}{R_3} + \frac{V_c - V_b'}{R_4} = 0 \tag{3.32}$$

그림 3.4의 경우와 마찬가지로 전류원이 공급하는 전류의 값과 저항의 값이 주어지면 우리는 크래머의 법칙을 사용해서 연립방정식의 해인 V_b'과 V_c를 구하고, 이를 식 (3.30)에 적용하여 V_1과 V_2를 구할 수 있다.

그런데 그림 3.5를 자세히 관찰하면 이 회로는 그림 3.1과 동일한 구성이라는 것을 알 수 있다. 그림 3.3만을 볼 때는 전혀 그런 생각을 할 수 없었겠지만, 회로를 해석하는 방법을 고민해 나가는 과정에 다양한 방법을 떠 올릴 수 있으며, 이를 통해 회로 해석을 보다 간편하게 할 수 있는 형태로 변경하는 것이 가능해진다. 다시 말해서 주어진 회로를 여러 측면에서 살펴보면, 회로의 해석을 더 용이하게 진행할 수 있다. 그러나 이러한 능력은 많은 경험과 사례를 통한 학습에서만 가능하다.

그림 3.6의 회로를 가정하자.

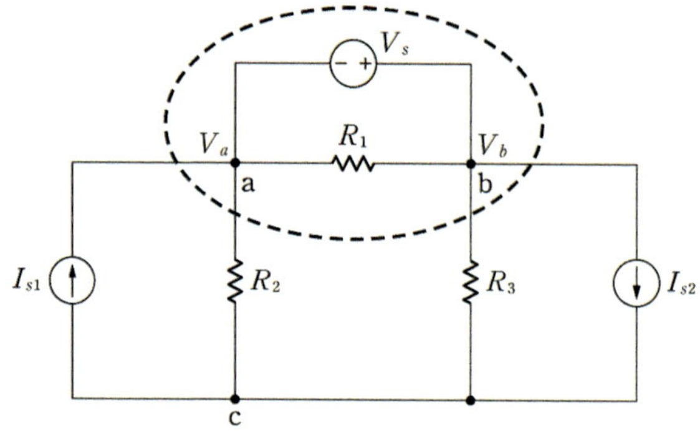

| 그림 3.6 | 초마디를 가지는 회로의 예

그림 3.6의 회로는 그림 3.1의 회로에서 마디 a와 b사이에 저항 R_4 대신에 하나의 전압원이 추가된 새로운 회로이다. 이 회로를 해석하기 위하여 마디 해석법을 적용할 수 있는가?

이 의문은 "마디 a와 마디 b에서 KCL을 적용하여 방정식을 유도할 수 있는가?"라는 의문에서 온다. 이미 우리가 알고 있듯이 전압원은 어떠한 환경에서도 공급하는 전압의 값은 항상 일정하지만, 전압원을 통해서 흐르는 전류의 값은 주변 회로로부터 구해야만 알 수 있다. 따라서 현재 상태에서 전압원 V_s를 통해서 흐르는 전류의 값은 알 수가 없다. 알 수가 없다는 표현은 전류를 미지의 변수로 설정하더라도 의미가 없다는 것이다. 왜냐하면 전압원을 통해서 흐르는 전류를 또 다른 하나의 미지의 변수로 정하게 되면, 그 해를 구하는 과정에 또 다른 방정식 하나를 더 유도해 내어야 하기 때문이다. 결론적으로 전압원을 통해서 흐르는 전류를 미지의 변수로 정하는 것이 의미가 없으므로, 마디 a 혹은 마디 b에서 KCL을 적용하여 방정식을 유도하는 것은 적절하지 않다.

그림 3.6과 같이 마디 해석에서 전압원을 가지는 경우는 제2장에서 잠깐 소개했었던 초마디(super node)의 개념을 적용해야 한다. 비록 마디 a와 마디 b의 각각에서는 KCL을 적용할 수 없지만, 전압원 V_s와 양단의 마디를 묶어서 하나의 큰 마디, 즉 초마디로 구성하여 KCL을 적용할 수 있다. 이 경우는 두 마디가 묶여서 하나의 초마디가 되면서 마디는 하나로 가정되므로 KCL에 의해서 하나의 방정식만 유도된다. 그러나 마디 해석법에서는 일반적으로 두 마디에서 두 개의 방정식이 유도되어야 한다. 그래서 나머지 하나의 방정식을 더 유도해 내어야 한다. 그것은 전압원과 그 양 끝의 마디 전압 사이에 KVL을 적용함으로써 가능하다. 즉, 그림 3.6에서는 초마디에서 KCL을 적용하여 유도할 수 있는 하나의 방정식 외에 초마디 자체에 KVL을 적용하여 $V_s = V_b - V_a$라는 하나의 방정식을 추가로 유도해야 한다.

"초마디는 반드시 전압원 소자 하나만 포함되어야 하는가?"라는 의문이 든다. 만약 마디 a와 마디 b에 연결되어 루프를 형성하는 전압원과 저항 R_1까지를 포함하는 초마디도 가능한 것인가? 이것은 KCL로부터 명확하게 가능하다는 사실을 안다. 따라서 마디 해석에서 초마디의 형성은 회로 해석을 용이하게 할 수 있도록 구성하는 것이 유리하다.

그림 3.6에서 마디 a와 마디 b에 연결된 전압원과 저항 R_1까지를 포함하는 루프 전체를 하나의 초마디로 구성할 경우 KCL을 적용해 보자. 초마디에 연결된 가지는 모두 네 개이다. 따라서 초마디에서 KCL을 적용하면 다음의 방정식을 얻을 수 있다.

$$-I_{s1}+\frac{V_a}{R_2}+\frac{V_b}{R_3}+I_{s2}=0 \tag{3.33a}$$

식 (3.33a)는 초마디를 두 마디와 전압원만 포함한다고 가정할 경우에 비하여 더 간단하다. 즉, 초마디를 두 마디와 전압원만 포함한다고 가정할 경우에는 KCL에 의해 다음의 방정식이 유도되며, 비록 결과는 동일하지만 조금은 더 복잡하다.

$$-I_{s1}+\frac{V_a-V_b}{R_1}+\frac{V_b-V_a}{R_1}+\frac{V_a}{R_2}+\frac{V_b}{R_3}+I_{s2}=-I_{s1}+\frac{V_a}{R_2}+\frac{V_b}{R_3}+I_{s2}=0 \tag{3.33b}$$

미지의 마디 전압은 V_a와 V_b의 두 개이므로 이들 해를 구하기 위해서는 두 개의 방정식이 필요하다. 하나의 방정식은 식 (3.33a)로 유도했지만, 나머지 하나의 방정식은 어디서 유도할 수 있을까?

앞에서 설명했듯이 초마디 자체에서 하나의 다른 방정식을 유도할 수 있다. 즉, 전압원을 포함하는 초마디에 KVL을 적용하여 다음의 방정식을 유도할 수 있다.

$$V_b-V_a=V_s \tag{3.34}$$

그러므로 그림 3.6에서 두 미지의 전압 V_a와 V_b는 식 (3.33a) 혹은 (3.33b) 그리고 (3.34)의 두 방정식으로부터 구할 수 있다.

이제 지금까지 설명한 **마디 해석법의 자세한 해석 과정**을 다음과 같이 요약할 수 있다.

① 회로의 마디를 모두 확인한다.

② 기준 마디를 정한다. 가능하면 많은 가지가 만나는 마디 혹은 회로의 아래 쪽에 위치한 마디를 기준 마디로 우선적으로 고려한다.

③ 기준 마디를 제외한 나머지 모든 마디에 미지의 마디 전압을 각각 설정한다. 예를 들어서 총 마디의 수가 N개이면 미지의 마디는 (N−1) 개이므로 미지의 마디 전압 또한 (N−1) 개이다.

④ 초마디를 구성해야 되는지를 검사한 후, 필요할 경우 초마디를 구성한다.

⑤ 기준 마디를 제외한 모든 마디에 KCL을 적용하여 각각의 방정식을 유도한다. 초마디가 있을 경우에는 초마디에 포함되는 개별 마디에서 방정식을 유도하는 대신에 초마디에 대하여

KCL을 적용하여 방정식을 유도한다. 그리고 초마디 자체에서 KVL을 적용하여 추가의 방정식을 더 유도한다.

⑥ 유도된 방정식에 크래머의 법칙 등을 사용하여 미지의 마디 전압을 구한다.

이제 조금 복잡한 회로인 그림 3.7을 고려하자.

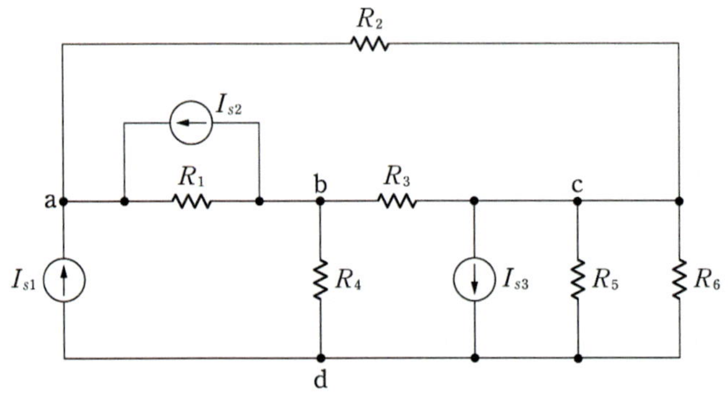

| 그림 3.7 | 마디 해석을 위한 회로 예

그림 3.7은 네 개의 마디를 가지고 있으며, 각각의 마디는 네 개 또는 다섯 개의 가지를 가지고 있다. 그러므로 우리는 마디 해석 과정의 ②에 따라서 아래 쪽의 마디를 기준 마디로 정한다. 이를 적용하여 마디 해석을 용이하게 하기 위한 회로로 다시 그리면 그림 3.8과 같다.

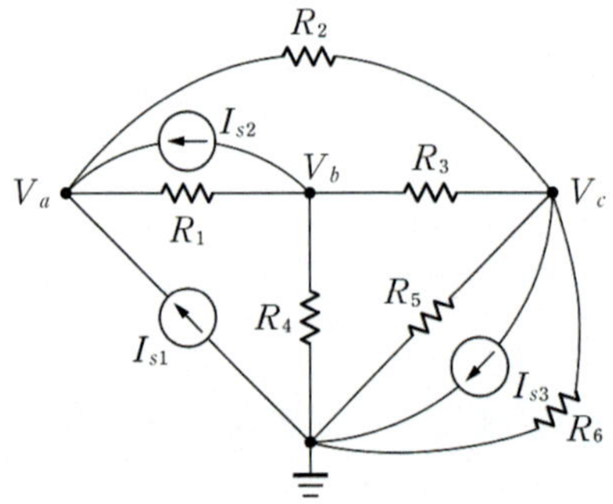

| 그림 3.8 | 그림 3.7을 다시 그린 회로

그림 3.8에는 마디 해석 과정 ③에 따라서 기준 마디를 제외한 세 개의 모든 마디에 미지의 마디 전압 V_a, V_b, V_c를 정의하였다.

마디 해석 과정 ④에 따라서 초마디를 구성할 필요성을 검사한다. 그러나 그림 3.8의 회로는 전압원을 포함하고 있지 않으므로 초마디를 구성할 필요는 없다.

다음으로 마디 해석 과정 ⑤에 따라서 미지의 마디 전압을 정의한 세 개의 마디에서 KCL을 적용하면 세 개의 서로 다른 방정식을 유도할 수 있다.

먼저 V_a마디에서 KCL을 적용하면 다음의 방정식이 유도된다.

$$\frac{V_a - V_b}{R_1} + \frac{V_a - V_c}{R_2} = I_{s1} + I_{s2} \tag{3.35}$$

다음으로 V_b마디에서 KCL을 적용하면 다음의 방정식이 유도된다.

$$\frac{V_b}{R_4} + \frac{V_b - V_a}{R_1} + \frac{V_b - V_c}{R_3} = -I_{s2} \tag{3.36}$$

마지막으로 V_c마디에서 KCL을 적용하면 다음의 방정식이 유도된다.

$$\frac{V_c}{R_6} + \frac{V_c}{R_5} + \frac{V_c - V_b}{R_3} + \frac{V_c - V_a}{R_2} = -I_{s3} \tag{3.37}$$

이제 세 개의 미지 전압 V_a, V_b, V_c는 식 (3.35), (3.36), (3.37)로부터 크래머의 법칙 등을 사용하여 구할 수 있다.

예제 3.2

그림 3.7에서 $I_{s1} = 5[\text{A}]$, $I_{s2} = 2[\text{A}]$, $I_{s3} = 10[\text{A}]$, $R_1 = 10[\Omega]$, $R_2 = 5[\Omega]$, $R_3 = 2[\Omega]$, $R_4 = 4[\Omega]$, $R_5 = 20[\Omega]$, $R_6 = 20[\Omega]$**일 때, 전류원** I_{s2}**가 공급하는 전력을 구하라.**

풀이

1) 식 (3.35), (3.36), (3.37)로부터 V_a와 V_b를 구하면 된다.

$$\frac{V_a - V_b}{10} + \frac{V_a - V_c}{5} = 7 \rightarrow 3V_a - V_b - 2V_c = 70 \cdots ①$$

$$\frac{V_b}{4} + \frac{V_b - V_a}{10} + \frac{V_b - V_c}{2} = -2 \rightarrow 2V_a - 17V_b + 10V_c = 40 \cdots ②$$

$$\frac{V_c}{20} + \frac{V_c}{20} + \frac{V_c - V_b}{2} + \frac{V_c - V_a}{5} = -10 \rightarrow 2V_a + 5V_b - 8V_c = 100 \cdots ③$$

2) 연립방정식 ①, ②, ③에 크래머의 법칙을 적용하면 다음과 같다.

$$\begin{aligned}\Delta = \begin{vmatrix} 3 & -1 & -2 \\ 2 & -17 & 10 \\ 2 & 5 & -8 \end{vmatrix} &= ((3)\times(-17)\times(-8)) + ((-2)\times(2)\times(5)) + ((-1)\times(10)\times(2)) - \\ &\quad ((-2)\times(-17)\times(2)) - ((-1)\times(2)\times(-8)) - ((3)\times(10)\times(5)) \\ &= 134\end{aligned}$$

$$\triangle_1 = \begin{vmatrix} 70 & -1 & -2 \\ 40 & -17 & 10 \\ 100 & 5 & -8 \end{vmatrix} = ((70)\times(-17)\times(-8))+((-2)\times(40)\times(5))+((-1)\times(10)\times(100))-$$
$$((-2)\times(-17)\times(100))-((-1)\times(40)\times(-8))-((70)\times(10)\times(5))$$
$$=900$$

$$\triangle_2 = \begin{vmatrix} 3 & 70 & -2 \\ 2 & 40 & 10 \\ 2 & 100 & -8 \end{vmatrix} = ((3)\times(40)\times(-8))+((-2)\times(2)\times(100))+((70)\times(10)\times(2))-$$
$$((-2)\times(40)\times(2))-((70)\times(2)\times(-8))-((3)\times(10)\times(100))$$
$$=1680$$

3) 그러므로

$$V_a = \frac{\triangle_1}{\triangle} = \frac{900}{134} \approx 6.7[\mathrm{V}]$$

$$V_b = \frac{\triangle_2}{\triangle} = \frac{1680}{134} \approx 12.5[\mathrm{V}]$$

4) 전류원 I_{s2}가 공급하는 전력은

$$P = I_{s2}\times(V_a - V_b) = -11.6[\mathrm{W}]$$

다른 예제로 종속 전원을 포함하는 그림 3.9를 고려하자. 여기서 각 소자에 표기된 값은 전압은 [V], 전류는 [A], 저항은 [Ω]의 단위를 가지는 값이다.

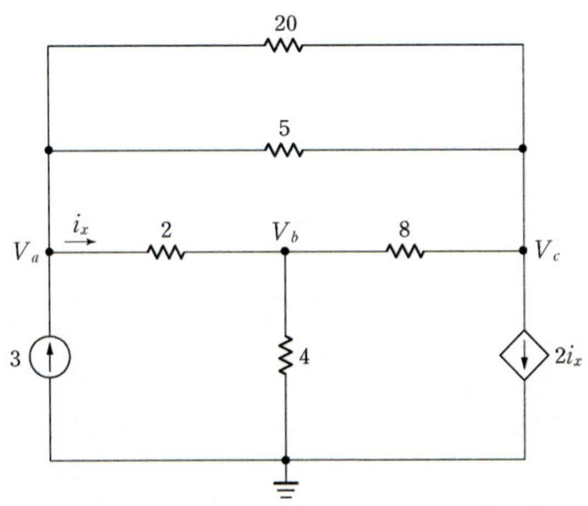

| 그림 3.9 | 종속 전원을 가지는 경우의 마디 해석을 위한 회로 예

그림 3.9의 회로는 비교적 간단하지만 종속 전원을 가지고 있다. **종속 전원을 포함하는 회로를 해석할 경우, 종속 전원과 그 종속 전원의 값을 변경시키는 변수(전류 혹은 전압)를 가지는 회로소자는 어떤 형태의 등가 변환(저항 합성, 전원 합성 등)도 해서는 안된다.** 이를 제외하면 나머지 해

석 절차는 동일하다. 따라서 그림 3.9는 앞에서 정리한 마디 해석 과정에 의해서 해석할 수 있다.

먼저 그림 3.9의 회로는 마디가 네 개이고, 각 마디에는 세 개 또는 네 개의 가지가 연결되어 있다. 여기서는 아래 쪽 마디를 기준 마디로 정하고, 나머지 세 개의 마디에 V_a, V_b, V_c의 미지 마디 전압을 정의하였다.

이제 각 마디에서 KCL을 적용하여 방정식을 유도하자. 먼저 V_a에서는 다음의 방정식이 유도된다.

$$\frac{V_a - V_b}{2} + \frac{V_a - V_c}{5} + \frac{V_a - V_c}{20} = 3 \rightarrow 3V_a - 2V_b - V_c = 12 \tag{3.38}$$

V_b에서는 다음의 방정식이 유도된다.

$$\frac{V_b}{4} + \frac{V_b - V_a}{2} + \frac{V_b - V_c}{8} = 0 \rightarrow 4V_a - 7V_b + V_c = 0 \tag{3.39}$$

V_c에서는 다음의 방정식이 유도된다.

$$\frac{V_c - V_b}{8} + \frac{V_c - V_a}{5} + \frac{V_c - V_a}{20} + 2i_x = 0 \tag{3.40}$$

그리고, $i_x = \frac{V_a - V_b}{2}$이므로, 식 (3.40)은 다음과 같이 요약된다.

$$2V_a - 3V_b + V_c = 0 \tag{3.41}$$

식 (3.38), (3.39), (3.41)의 연립방정식을 크래머의 법칙으로 풀면 다음과 같다.

$$\Delta = \begin{vmatrix} 3 & -2 & -1 \\ 4 & -7 & 1 \\ 2 & -3 & 1 \end{vmatrix} = -10 \tag{3.42}$$

$$\Delta_1 = \begin{vmatrix} 12 & -2 & -1 \\ 0 & -7 & 1 \\ 0 & -3 & 1 \end{vmatrix} = -48 \tag{3.43}$$

$$\Delta_2 = \begin{vmatrix} 3 & 12 & -1 \\ 4 & 0 & 1 \\ 2 & 0 & 1 \end{vmatrix} = -24 \tag{3.44}$$

$$\Delta_3 = \begin{vmatrix} 3 & -2 & 12 \\ 4 & -7 & 0 \\ 2 & -3 & 0 \end{vmatrix} = 24 \tag{3.45}$$

따라서 V_a, V_b, V_c는 다음과 같이 구해진다.

$$V_a = \frac{\Delta_1}{\Delta} = 4.8[\mathrm{V}],\ V_b = \frac{\Delta_2}{\Delta} = 2.4[\mathrm{V}],\ V_c = \frac{\Delta_3}{\Delta} = -2.4[\mathrm{V}] \tag{3.46}$$

다른 예제로 그림 3.10의 회로를 가정하자.

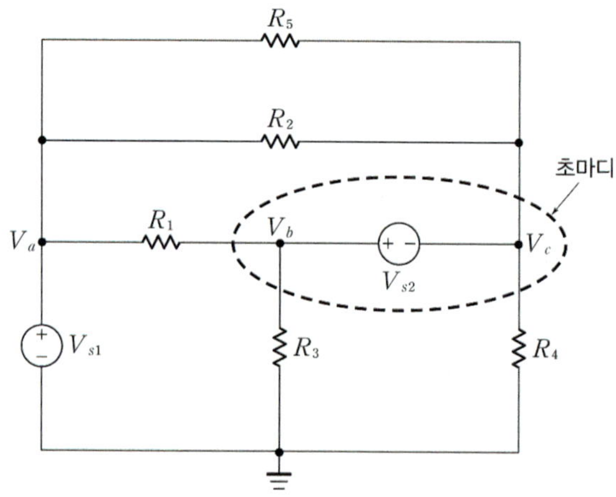

| 그림 3.10 | 전압원만 가지는 회로의 마디 해석을 위한 회로 예

그림 3.10은 네 개의 마디를 가지며, 각 마디는 세 개 또는 네 개의 가지를 가지고 있다. 여기서는 아래 쪽 마디를 기준 마디로 정하고, 나머지 세 개의 마디에 미지의 마디 전압 V_a, V_b, V_c를 정의할 수 있다. 세 개의 미지 마디 전압을 구하기 위하여 세 개의 서로 다른 방정식이 필요하다. 그런데 회로로부터 V_a는 V_{s1}과 동일한 값이라는 사실을 알 수 있다. 따라서 이제 V_b와 V_c를 구하기 위한 두 개의 방정식이 필요하다. 이것은 점선으로 표시한 초마디에서 KCL을 적용하여 하나의 방정식을 얻고, 초마디 자체에서 KVL을 적용하여 또 다른 하나의 방정식을 유도하여 해석할 수 있다.

먼저 초마디로부터 다음의 두 방정식이 유도된다.

$$\frac{V_b - V_a}{R_1} + \frac{V_b}{R_3} + \frac{V_c}{R_4} + \frac{V_c - V_a}{R_2} + \frac{V_c - V_a}{R_5} = 0 \tag{3.47}$$

$$V_b - V_c = V_{s2} \tag{3.48}$$

식 (3.47)에서 비록 미지의 전압은 세 개이지만, V_a는 앞에서 설명했듯이 $V_a = V_{s1}$이므로, 전압원의 값으로부터 알게 되는 기지의 값이 된다. 그러므로 이들 두 연립방정식의 해를 구함으로써 모든 소자의 전류, 전압을 구할 수 있다.

다음의 예제를 풀이하는 것으로 마디 해석을 마무리하고자 한다. 그림 3.11을 가정하자.

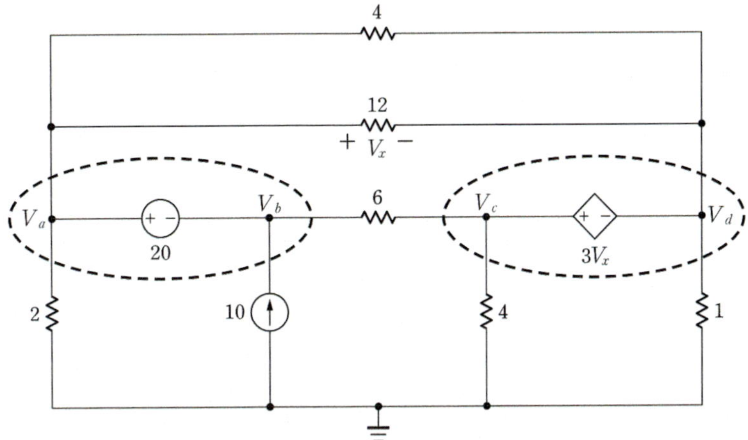

| 그림 3.11 | 마디 해석을 위한 회로 예

그림 3.11은 다섯 개의 마디를 가지는 회로이며, 여기서는 네 개의 가지를 만나는 아래쪽 마디를 기준 마디로 정하였다. 그리고 기준 마디를 제외한 네 개의 마디에 미지의 마디 전압 V_a, V_b, V_c, V_d를 정의하였다. 이제 네 개의 미지 전압을 구하기 위하여 네 개의 방정식을 유도해 보자. 그런데 두 개의 전압원으로 인하여 마디 전압 V_a, V_b, V_c, V_d의 어느 점에서도 KCL을 적용할 수가 없다. 왜냐하면 전압원을 통해서 흐르는 전류를 정의하는 것은 의미가 없기 때문이다. 만약 전압원을 통해서 흐르는 전류를 미지의 변수로 정의한다면 또 다른 미지의 변수가 추가로 생기게 되므로, 이것은 방정식의 수를 하나 더 요구하게 되어서 의미가 없다. 따라서 초마디 구성을 검토해야 한다. 초마디는 우선 그림 3.11에서 점선으로 표기한 두 개가 가능하다.

이제 네 개의 방정식을 유도하자. 다만, 그림 3.11의 각 소자에 표기된 값은 전압은 [V], 저항은 [Ω], 전류는 [A]의 단위를 가지는 값이다.

먼저 $V_a - V_b$가 만드는 초마디에서 KCL과 KVL을 적용하여 다음의 두 방정식을 유도할 수 있다.

$$\frac{V_a}{2} + \frac{V_b - V_c}{6} + \frac{V_a - V_d}{12} + \frac{V_a - V_d}{4} = 10 \rightarrow 5V_a + V_b - V_c - 2V_d = 60 \tag{3.49}$$

$$V_a - V_b = 20 \tag{3.50}$$

다음으로 $V_c - V_d$가 만드는 초마디에서 KCL과 KVL을 적용하여 다음의 두 방정식을 유도할 수 있다.

$$\frac{V_c}{4}+\frac{V_c-V_b}{6}+\frac{V_d-V_a}{12}+\frac{V_d-V_a}{4}+V_d=0 \rightarrow 4\mathrm{V}_a+2\mathrm{V}_b-5\mathrm{V}_c-16\mathrm{V}_d=30 \tag{3.51}$$

$$V_c - V_d = 3V_x \tag{3.52}$$

회로에서 $V_x = V_a - V_d$이므로, 이를 식 (3.52)에 적용하면 다음의 식 (3.53)을 얻는다.

$$3V_a - V_c - 2V_d = 0 \tag{3.53}$$

따라서 네 개의 식 (3.49), (3.50), (3.51), (3.53)을 크래머의 법칙에 적용하면 네 개의 마디 전압을 모두 구할 수 있다. 그런데 네 개의 방정식은 4차 정방행렬에 대한 행렬식을 구해야 되므로 다소 복잡하다. 이런 경우는 식 (3.50)과 같이 다소 간단한 식을 나머지 세 개의 식에 대입하고, 정리하여 하나의 변수를 줄이는 것이 더 편리하다.

식 (3.50)을 식 (3.49) 및 (3.51)에 적용하여 정리하면 다음의 두 식을 얻는다.

$$6V_a - V_c - 2V_d = 80 \tag{3.54}$$

$$6V_a - 5V_c - 16V_d = 40 \tag{3.55}$$

그러므로 식 (3.53), (3.54), (3.55)의 세 식으로부터 미지의 마디 전압 V_a, V_c, V_d를 구하고, 이를 식 (3.50)에 적용하여 나머지 마디 전압 V_b를 구하면 된다.

크래머의 법칙을 적용하여 구해보자.

$$\Delta = \begin{vmatrix} 3 & -1 & -2 \\ 6 & -1 & -2 \\ 6 & -5 & -16 \end{vmatrix} = -18 \tag{3.56}$$

$$\Delta_1 = \begin{vmatrix} 0 & -1 & -2 \\ 80 & -1 & -2 \\ 40 & -5 & -16 \end{vmatrix} = -480,\ \Delta_2 = \begin{vmatrix} 3 & 0 & -2 \\ 6 & 80 & -2 \\ 6 & 40 & -16 \end{vmatrix} = -3120,\ \Delta_3 = \begin{vmatrix} 3 & -1 & 0 \\ 6 & -1 & 80 \\ 6 & -5 & 40 \end{vmatrix} = 840 \tag{3.57}$$

그러므로 V_a, V_c, V_d는 다음과 같다.

$$V_a = \frac{\Delta_1}{\Delta} = 26.7[\mathrm{V}],\ V_c = \frac{\Delta_2}{\Delta} = 173.3[\mathrm{V}],\ V_d = \frac{\Delta_3}{\Delta} = -46.7[\mathrm{V}] \qquad (3.58)$$

그리고 V_b는 식 (3.50)으로부터 다음과 같이 구해진다.

$$V_b = V_a - 20 = 6.7[\mathrm{V}] \qquad (3.59)$$

그런데 여기서 초마디는 그림 3.11에서 제시한 두 개 뿐인가? 회로를 더 자세히 살펴보면, 또 다른 초마디도 구성할 수 있음을 알 수 있다. 즉, 그림에 표시된 두 개의 초마디와 6[Ω], 12[Ω], 4[Ω] 저항을 모두 포함하는 하나의 큰 초마디를 구성할 수도 있다. 이 경우 유도되는 방정식이 기존의 방정식에 비하여 더 간단할 수도 있다. 여기서 새로 구성한 큰 초마디에 KCL을 적용하여 하나의 방정식을 유도하면 다음과 같다.

$$\frac{V_a}{2} + \frac{V_c}{4} + V_d = 10 \ \rightarrow 2V_a + V_c + 4V_d = 40 \qquad (3.60)$$

즉, 그림 3.11의 회로 해석을 위한 여분의 방정식이 하나 더 유도되었다. 이것은 위의 네 개 방정식과 합쳐서 다섯 개 중에서 네 개를 사용하여 네 개의 미지 변수의 해를 구하는데 사용하는 용도 혹은 이미 구한 최종 결과를 검증하는 용도로 사용할 수 있을 것이다. 여기서는 최종 결과의 검증을 위하여 식 (3.58)과 (3.59)에서 구한 결과를 식 (3.60)에 대입해 본다. (3.58)의 결과를 (3.60)에 대입하면 등식이 성립하므로, 구한 결과가 정확하다는 사실을 확인할 수 있다.

예제 3.3

그림에서 종속 전류원이 공급하는 전력을 구하라. 단, 각 소자에 표기된 값은 전류는 [A], 저항은 [Ω]의 단위를 가지는 값이다.

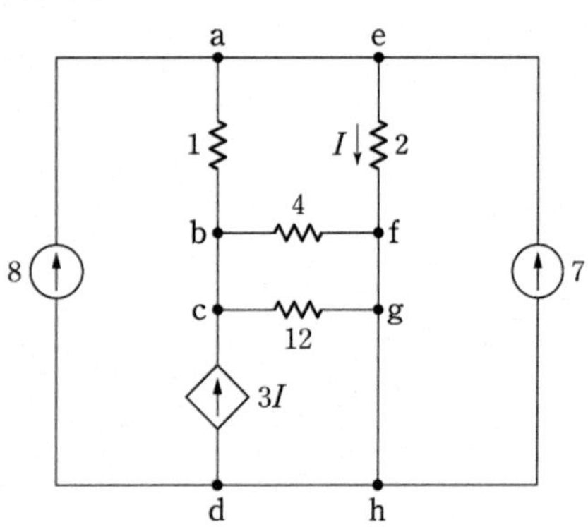

풀이

1) 마디의 수를 확인하면, 3개 뿐이다. 즉, 마디 a와 e, b와 c, 그리고 d-f-g-h는 동일한 마디이다.

2) d를 기준 마디로 정하고, 마디 a 및 b에 각각 미지의 마디 전압 V_a와 V_b를 정의한다.

3) 마디 a에 KCL을 적용하여 방정식을 유도한다:

$$\frac{V_a - V_b}{1} + \frac{V_a}{2} = 8 + 7 \ \rightarrow \ 3V_a - 2V_b = 30 \cdots ①$$

4) 마디 b에 KCL을 적용하여 방정식을 유도한다:

$$\frac{V_b - V_a}{1} + \frac{V_b}{12} + \frac{V_b}{4} = 3I \cdots ②$$

5) 회로에서 $I = \frac{V_a}{2}$이므로 이 식을 식 ②에 적용하여 정리하면 다음과 같다.

$$15V_a - 8V_b = 0 \cdots ③$$

6) 식 ①과 ③을 크래머의 법칙으로 풀면, 다음의 마디 전압을 얻는다.

$$V_a = -40[\mathrm{V}],\ V_b = -75[\mathrm{V}]$$

7) $I = \frac{V_a}{2}$이므로 I는 $-20[\mathrm{A}]$이다.

8) 종속 전류원에서 공급하는 전력은 다음과 같다.

$$P = V_b \times 3I = 4500[\mathrm{W}] = 4.5[\mathrm{kW}]$$

예제 3.4

그림에서 전압 V_x를 구하라. 단, 각 소자에 표기된 값은 전류는 [A], 전압은 [V], 저항은 [Ω]의 단위를 가지는 값이다.

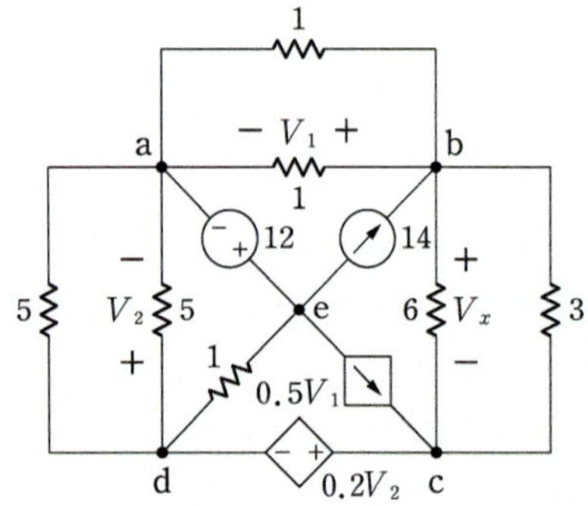

풀이

1) 마디의 수는 다섯 개이다.

2) 마디 e가 네 개의 가지를 가지지만, 기준마디로 가장 적당하다. 그래서 마디 e를 기준 마디로 정한다.

3) 마디 a, b, c, d에 각각 미지의 마디 전압 V_a, V_b, V_c, V_d를 정의한다.

4) 독립 전압원으로부터 V_a의 값은 알 수 있다. 즉,

$$V_a = -12[\mathrm{V}] \cdots ①$$

5) 현재 상태에서 KCL을 적용할 수 있는 단일 마디는 b뿐이며, 다음의 방정식을 유도한다:

$$(V_b - V_a) + (V_b - V_a) + \frac{V_b - V_c}{6} + \frac{V_b - V_c}{3} = 14 \cdots ②$$

6) 초마디 구성의 필요성을 확인한다. 독립전압원에서는 V_a를 구했으므로 초마디로 구성하여 방정식을 유도할 필요가 없다. 따라서 초마디는 마디 c-d를 묶어서 구성할 수 있다. 여기에 KCL을 적용하면 다음의 방정식을 유도할 수 있다.

$$\frac{V_c - V_b}{3} + \frac{V_c - V_b}{6} + \frac{V_d}{1} + \frac{V_d - V_a}{5} + \frac{V_d - V_a}{5} = 0.5\,V_1 \cdots ③$$

7) 회로에서 다음 두 식을 유도할 수 있다.

$V_1 = V_b - V_a,\ V_2 = V_d - V_a \cdots ④$

8) 마디 c-d가 형성하는 초마디에서 KVL을 적용하면 다음 방정식을 얻는다.

$0.2\,V_2 = V_c - V_d \cdots ⑤$

9) 미지의 마디 전압을 구하기 위한 충분한 방정식을 유도하였으므로, 이들을 정리하여 크래머의 법칙을 적용하면 다음의 마디 전압을 구할 수 있다.

$V_a = -12[\mathrm{V}],\ V_b = -4[\mathrm{V}],\ V_c = 0[\mathrm{V}],\ V_d = -2[\mathrm{V}] \cdots ⑥$

10) V_x는 다음과 같다.

$V_x = V_b - V_c = -4[\mathrm{V}]$

3.3 망로 해석법

마디 해석법은 기본적으로 키르히호프의 전류법칙(KCL)을 기반으로 하는 해석 기법이었다. 전기회로의 해석은 쌍대성(duality)의 개념이 성립하므로 키르히호프의 전압법칙(KVL)을 기반으로 하는 회로 해석 기법도 가능하다. 여기서는 마디 해석법과 쌍대성의 개념을 가지는 망로 해석법을 살펴본다.

망로(mesh) 해석법은 KVL 기반의 회로 해석법이다. 망로 해석법을 이해하기 위해서는 먼저 망로와 평면 회로(planar circuit)를 이해해야 된다.

평면 회로는 2차원 평면에서 위 또는 아래로 겹침없이, 즉 점핑(jumping)없이 그릴 수 있는 회로이다. 그림 3.12의 두 회로를 고려하자.

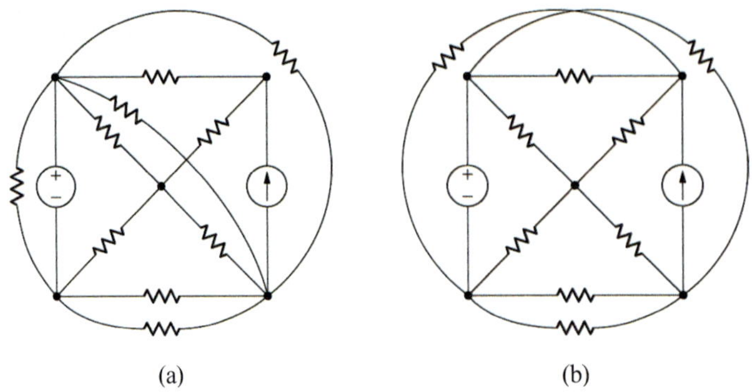

| 그림 3.12 | 평면회로와 비평면회로의 예

그림 3.12에서 교차점에 점이 있는 경우(그림 3.12 (a)의 모서리 및 가운데)는 접속을 의미하고, 점이 없는 경우는 비접속을 의미한다. 그림 3.12의 (a)는 얼핏 보면 위로 겹침이 있는 비평면회로 같이 보이지만 실제로는 겹침으로 보이는 가지를 회로 바깥으로 돌려서 2차원의 평면상에 그릴 수 있다. 따라서 평면 회로이다. 그러나 그림 3.12의 (b)는 어떤 방법을 사용하더라도 2차원의 평면상에서는 위 혹은 아래로 겹침없이 회로를 그릴 수 없다. 즉, 3차원의 공간이 있어야만 가능하다. 그러므로 비평면 회로이다. 참고로 3.2절까지 예로 든 모든 회로는 평면 회로였다.

망로는 루프 안에 또 다른 루프가 존재하지 않는 루프를 의미한다. 그림 3.13의 회로를 고려하자.

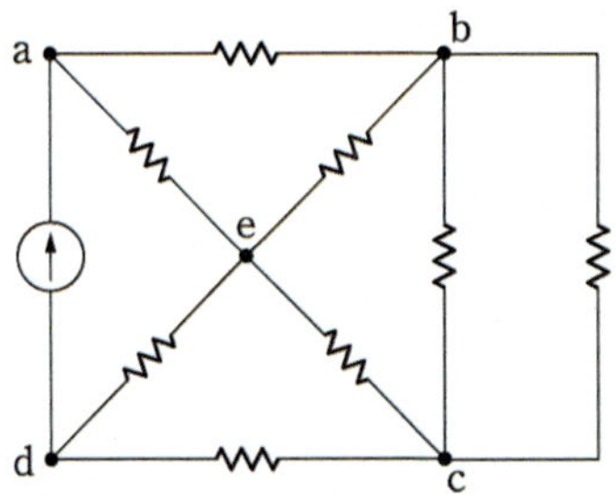

| 그림 3.13 | 망로를 정의하기 위한 회로 예

그림 3.13의 회로는 가지와 마디가 각각 아홉 개, 다섯 개로 구성된 회로이다. 이 회로에서 루프는 열 개 이상이 존재한다. 그렇다면 망로는 몇 개인가? 망로는 루프이면서 그 루프 안에 다른 루프가 없는 루프라고 정의하였다. 따라서 망로는 다섯 개 뿐이다. 즉, e−a−b−e, e−b−c−e, e−c−d−e, e−a−d−e, b−c−b의 루프만이 망로이다, 예를 들어서 루프 a−b−d−a는 루프이지만, 그 루프 속에 또 다른 두 개의 루프, 즉 e−a−b−e 루프와 e−a−d−e 루프가 존재하므로 망로가 아니다. 마찬가지로 a−b−c−d−a 루프도 그 내부에 많은 다른 루프가 존재하기 때문에 망로가 아니다.

이제 망로 해석법을 살펴보자. 망로 해석법은 **주어진 전기회로에서 망로를 찾아서 각 망로마다 망로 전류를 설정하고, 이들 각 망로에서 KVL을 적용하여 유도한 방정식을 크래머의 법칙 등을 사용하여 해를 찾는 방법**이다. 망로 전류는 모든 망로에 고유하게 정의되어야 하므로, 망로의 총 수가 N개이면 KVL 등을 적용하여 유도해야 되는 미지 방정식의 수도 N개가 되어야 한다.

그림 3.14를 고려하자.

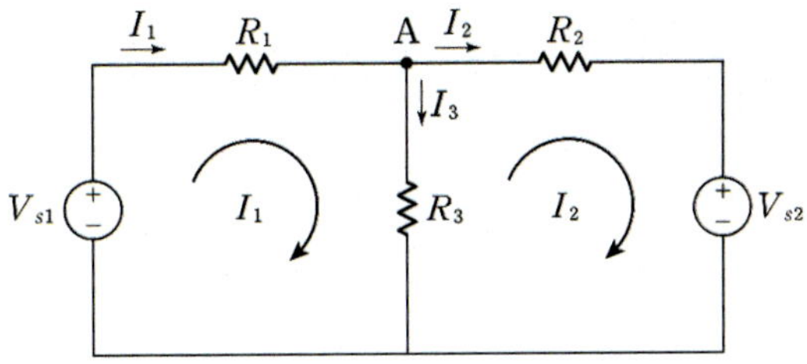

| 그림 3.14 | 망로 해석을 위한 회로 예

그림 3.14의 회로는 두 개의 망로를 가지고 있으므로, 각각의 망로에 미지의 망로 전류 I_1과 I_2를 정의하였다. 미지의 망로 전류가 정의된 각각의 망로에서 KVL을 적용하여 다음 두 개의 방정식을 유도할 수 있다.

$$V_{s1} = R_1 I_1 + R_3 I_3 \tag{3.61}$$

$$V_{s2} - R_3 I_3 + R_2 I_2 = 0 \tag{3.62}$$

그리고 그림 3.14의 마디 A에서 KCL을 적용하면 다음의 식을 얻을 수 있다.

$$I_3 = I_1 - I_2 \tag{3.63}$$

식 (3.63)은 저항 R_3를 통해 흐르는 전류와 인접한 두 망로 전류 사이에서 유도해 낼 수 있는 관계식이기도 하다. 식 (3.63)을 식 (3.61) 및 (3.62)에 대입하여 정리하면 다음의 두 방정식을 얻는다.

$$(R_1 + R_3)I_1 - R_3 I_2 = V_{s1} \tag{3.64}$$

$$R_3 I_1 - (R_2 + R_3)I_2 = V_{s2} \tag{3.65}$$

결론적으로 그림 3.14의 회로에서 두 개의 망로 방정식이 유도되며, 마디 해석법에서와 마찬가지로 유도된 연립방정식에 가우스 소거법이나 크래머의 법칙을 사용하여 미지의 망로 전류를 구할 수 있다.

예를 들어서 V_{s1}과 V_{s2}가 각각 42[V]와 −10[V]이고, $R_1 = 6[\Omega]$, $R_2 = 4[\Omega]$, $R_3 = 3[\Omega]$ 일 때, 전압원 V_{s1}이 공급하는 전력을 구해보자.

식 (3.64)와 (3.65)로부터 다음의 연립방정식을 얻을 수 있다.

$$9I_1 - 3I_2 = 42 \tag{3.64}$$

$$-3I_1 + 7I_2 = 10 \tag{3.65}$$

크래머의 법칙을 적용하기 위하여 $\triangle$, $\triangle_1$, $\triangle_2$를 구하면 각각 다음과 같다.

$$\triangle = \begin{vmatrix} 9 & -3 \\ -3 & 7 \end{vmatrix} = 54,\ \triangle_1 = \begin{vmatrix} 42 & -3 \\ 10 & 7 \end{vmatrix} = 324,\ \triangle_2 = \begin{vmatrix} 9 & 42 \\ -3 & 10 \end{vmatrix} = 216 \tag{3.66}$$

따라서 미지의 두 전류는 다음과 같이 구해진다.

$$I_1 = \frac{\triangle_1}{\triangle} = \frac{324}{54} = 6[\mathrm{A}] \tag{3.67}$$

$$I_2 = \frac{\triangle_2}{\triangle} = 4[\mathrm{A}] \tag{3.68}$$

그러므로 전압원 V_{s1}이 공급하는 전력은 다음과 같다.

$$P = V_{s1}I_1 = 252[\mathrm{W}] \tag{3.69}$$

그런데 그림 3.14의 회로에서 두 개의 전압원이 전류원으로 바뀐 회로를 고려해 보자. 이것을 그림 3.15에 제시하였다.

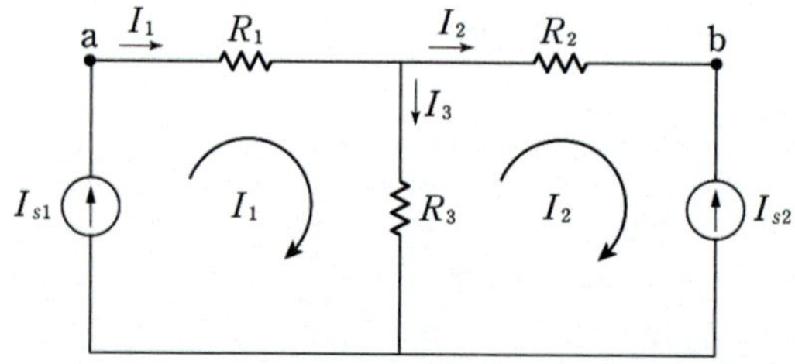

| 그림 3.15 | 그림 3.14의 전압원이 전류원으로 바뀐 경우

그림 3.15의 경우는 회로의 해석이 너무나 간단하다. 왜냐하면 여기서 구하고자 하는 망로 전류는 마디 a와 마디 b에 KCL을 적용함으로써 다음과 같이 바로 구해지기 때문이다.

$$I_1 = I_{s1} \tag{3.70}$$

$$I_2 = - I_{s2} \tag{3.71}$$

그러므로 이 경우는 망로 해석법 등의 복잡한 해석법을 사용할 필요없이 단순히 옴의 법칙, KCL, KVL 만으로도 쉽게 해석할 수 있다.

다음으로 그림 3.16의 회로를 가정하자.

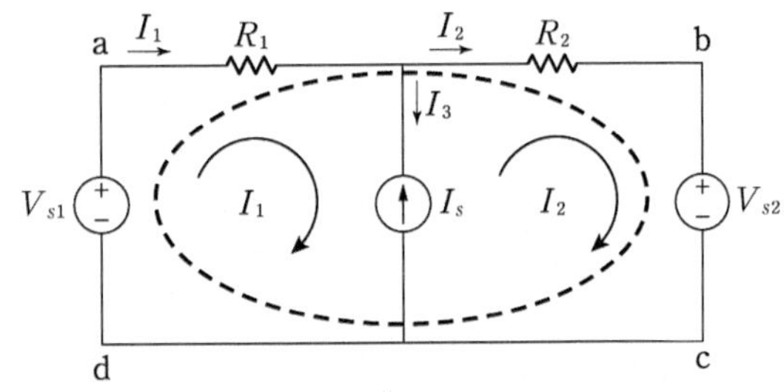

| **그림 3.16** | 그림 3.14의 저항 R_3가 전류원으로 바뀐 경우

그림 3.16의 회로는 그림 3.14의 회로에서 저항 R_3가 전류원 I_s로 바뀐 새로운 회로이다. 이 회로를 해석하기 위하여 망로 해석법을 적용할 수 있는가? 이 의문은 "망로 I_1과 망로 I_2에서 KVL을 적용하여 방정식을 유도할 수 있는가?"에서 온다. 이러한 의문은 전류원은 어떠한 환경에도 일정한 전류를 공급하지만, 그 전류원 양단의 전압은 주변 회로로부터 구해야만 알 수 있다는 사실에서 온다. 따라서 현재 상태에서 전류원 I_s 양단의 전압은 알 수가 없다. 그렇다면 전류원 양단의 전압을 또 다른 하나의 미지의 변수로 정의하면 되지 않는가? 그렇다. 하나의 미지의 변수를 추가하면 된다. 그러나 미지의 변수가 하나 더 추가되면 나머지 방정식과 독립인 또 다른 하나의 방정식을 더 유도해 내어야 한다. 그러므로 그림 3.6의 전류원 양단에 미지의 전압 변수를 정의하고, KVL을 적용하여 방정식을 유도하는 것은 의미가 없다. 결론적으로 전류원 양단의 전압을 새로운 미지의 변수로 정의하는 것은 의미가 없으므로, 망로 I_1과 망로 I_2의 각각에서 KVL을 적용하여 방정식을 유도하는 것은 적절하지 않다.

그림 3.16과 같이 망로 해석에서 전류원을 가지는 경우는 마디 해석법에서 소개했었던 초마디의 개념과 유사하게 **초망로(super mesh)**의 개념을 적용할 수 있다. 초망로는 둘 이상의 망로가 구

성하는 하나의 큰 망로로 정의할 수 있다. 그림 3.16에서는 a−b−c−d−a가 만드는 루프(점선으로 표시)가 초망로가 된다.

초망로 또한 하나의 루프이므로 키르히호프의 전압 법칙, 즉 KVL이 성립한다. 그러므로 이 경우에는 그림 3.16의 망로 I_1과 망로 I_2에 각각 KVL을 적용하는 대신에 a−b−c−d−a의 초망로에 KVL을 적용할 수 있다. 즉, 두 망로로 구성되는 하나의 초망로에 KVL을 적용하여 하나의 방정식을 유도할 수 있다. 그러나 일반적으로 망로 해석법을 적용하기 위해서는 두 망로에서 두 개의 방정식이 유도되어야 한다. 그래서 나머지 하나의 방정식을 더 유도해 내어야 한다. 그것은 전류원의 가지에 흐르는 전류와 인접한 두 망로 전류 사이의 관계로부터 다음의 식을 유도할 수 있다. 이것은 이미 식 (3.63)의 유도 과정에 자세히 설명하였다.

$$I_s = I_2 - I_1 \tag{3.72}$$

이제 그림 3.16에서 a−b−c−d−a의 초망로에 KVL을 적용해 보자. 초망로에 연결된 회로소자는 모두 네 개이다. 따라서 초망로에서 KVL을 적용하면 다음의 방정식을 얻을 수 있다.

$$-V_{s1} + R_1 I_1 + R_2 I_2 + V_{s2} = 0 \tag{3.73}$$

미지의 망로 전류는 I_1과 I_2의 두 개이므로 이들 해를 구하기 위해서는 두 개의 방정식이 필요하다. 즉, 하나의 방정식은 식 (3.73)이고, 나머지 하나의 방정식은 식 (3.72)이다.

그러므로 그림 3.16에서 두 미지의 전류 I_1과 I_2는 식 (3.72) 및 (3.73)의 두 방정식으로부터 구해질 수 있다.

이제 지금까지 설명한 **망로 해석법의 자세한 해석 과정**을 다음과 같이 요약할 수 있다.

① 회로가 평면 회로인지를 확인한다. 비평면 회로는 망로 해석법을 사용할 수 없다.

② 평면회로인 경우 망로의 수를 확인한다.

③ 모든 망로에 각각의 망로 전류를 설정한다. 망로의 수가 N개이면 미지의 망로 전류도 N개이다.

④ 초망로를 구성해야 되는지를 확인한 후, 필요할 경우 초망로를 구성한다.

⑤ 모든 망로에 KVL을 적용하여 각각의 방정식을 유도한다. 초망로가 있을 경우에는 초망로에 포함된 개별 망로에서 방정식을 유도하는 대신에 초망로에 대하여 KVL을 적용하여 방정식을 유도한다. 그리고 초망로에 포함된 전류원의 가지를 흐르는 전류와 인접 망로 전류 사이에서 하나의 방정식을 추가로 유도한다.

⑥ 유도된 방정식에 크래머의 법칙 등을 사용하여 미지의 망로 전류를 구한다.

그림 3.17에서 전류 I_0를 구하는 예를 들어보자. 단, 각 소자에 표기된 값은 전압은 [V], 저항은 [Ω]의 단위를 가지는 값이다.

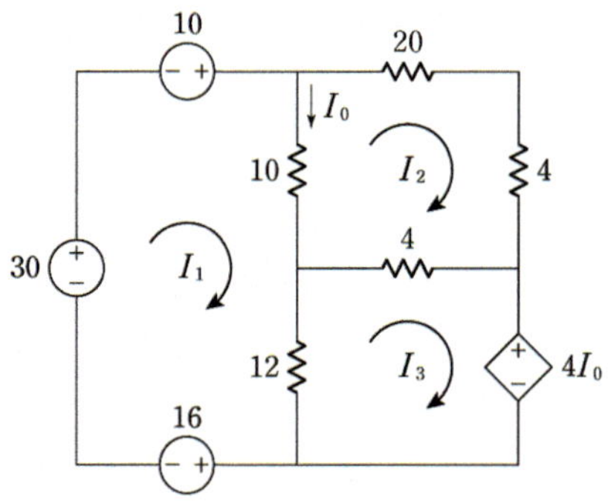

| 그림 3.17 | 망로 해석을 위한 회로 예

앞에서 설명한 망로 해석법의 과정을 따라서 회로를 해석해 보자. 먼저 그림 3.17의 회로는 평면 회로이며, 세 개의 망로를 가지고 있다. 그래서 세 개의 망로에 각각 망로 전류 I_1, I_2, I_3를 설정하였다.

다음으로 초망로 구성이 필요한 지를 검토한다. 주어진 회로는 전류원을 포함하고 있지 않으므로 초망로를 구성할 필요가 없다. 따라서 정의한 망로 전류를 기반으로 KVL을 적용하여 세 개의 방정식을 유도한다.

먼저 I_1 망로에서 KVL을 적용하면 다음의 방정식이 유도된다.

$$10(I_1 - I_2) + 12(I_1 - I_3) = -16 + 30 + 10 \tag{3.74}$$

다음으로 I_2 망로에서 KVL을 적용하면 다음의 방정식이 유도된다.

$$20I_2 + 4I_2 + 4(I_2 - I_3) + 10(I_2 - I_1) = 0 \tag{3.75}$$

마지막으로 I_3 망로에서 KVL을 적용하면 다음의 방정식이 유도된다.

$$4I_0 + 12(I_3 - I_1) + 4(I_3 - I_2) = 0 \tag{3.76}$$

종속 전압원의 전압을 결정하는 변수 I_0는 10[Ω] 저항에 설정되어 있으므로, I_0를 구하면 다음과 같다.

$$I_0 = I_1 - I_2 \tag{3.77}$$

식 (3.74) 와 (3.75)를 정리하고, 식 (3.77)을 식 (3.76)에 대입하여 정리하면 다음 세 개의 방정식을 얻는다.

$$11I_1 - 5I_2 - 6I_3 = 12 \tag{3.78}$$

$$5I_1 - 19I_2 + 2I_3 = 0 \tag{3.79}$$

$$I_1 + I_2 - 2I_3 = 0 \tag{3.80}$$

이제 미지의 망로 전류 I_1, I_2, I_3를 식 (3.78), (3.79), (3.80)으로부터 다음과 같이 구할 수 있다.

$$\triangle = \begin{vmatrix} 11 & -5 & -6 \\ 5 & -19 & 2 \\ 1 & 1 & -2 \end{vmatrix} = 192 \tag{3.81}$$

$$\triangle_1 = \begin{vmatrix} 12 & -5 & -6 \\ 0 & -19 & 2 \\ 0 & 1 & -2 \end{vmatrix} = 432 \tag{3.82}$$

$$\triangle_2 = \begin{vmatrix} 11 & 12 & -6 \\ 5 & 0 & 2 \\ 1 & 0 & -2 \end{vmatrix} = 144 \tag{3.83}$$

$$\triangle_3 = \begin{vmatrix} 11 & -5 & 12 \\ 5 & -19 & 0 \\ 1 & 1 & 0 \end{vmatrix} = 288 \tag{3.84}$$

따라서 I_1, I_2, I_3은 다음과 같이 구해진다.

$$I_1 = \frac{\triangle_1}{\triangle} = 2.25[\mathrm{A}],\ I_2 = \frac{\triangle_2}{\triangle} = 0.75[\mathrm{A}],\ I_3 = \frac{\triangle_3}{\triangle} = 1.5[\mathrm{A}] \tag{3.85}$$

예제 3.5

그림에서 5[V] 전압원이 공급하는 전력을 구하라. 단, 각 소자에 표기된 값은 전압은 [V], 저항은 [Ω]의 단위를 가지는 값이다.

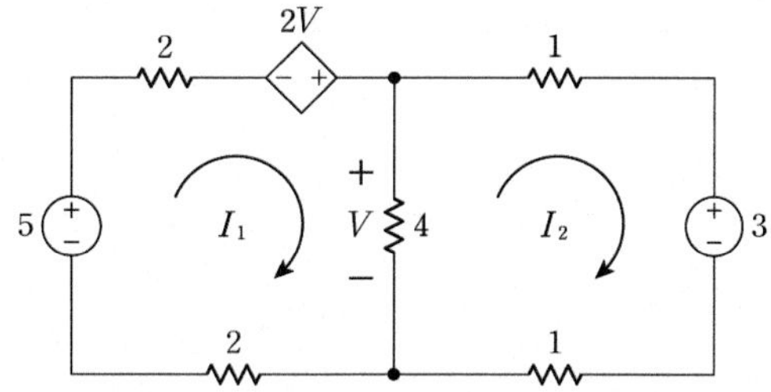

풀이

1) 망로 해석법을 사용한다.

2) 두 개의 망로가 존재하므로, 두 개의 망로 전류 I_1과 I_2를 정의하고, KVL을 적용하여 방정식을 유도한다.

$4(I_1 - I_2) + 2I_1 + 2I_1 = 5 + 2V$ ··· ①

$4(I_2 - I_1) + I_2 + I_2 = -3$ ··· ②

3) 식 ①의 V는 4[Ω] 저항 양단의 전압이므로 다음의 식을 유도할 수 있다.

$V = 4(I_1 - I_2)$ ··· ③

4) 식 ③을 식 ①에 대입하여 정리하면 I_2가 구해진다.

$8I_1 - 4I_2 = 5 + 8I_1 - 8I_2 \rightarrow I_2 = \frac{5}{4} = 1.25[A]$ ··· ④

5) 식 ④를 식 ②에 대입하여 정리하면 다음과 같이 I_1이 구해진다.

$4I_1 - 6I_2 = 3 \rightarrow I_1 = \frac{21}{8} = 2.625[A]$ ··· ⑤

6) 그러므로 5[V] 전압원이 공급하는 전력은 다음과 같다.

$P = 5 \times 2.625 = 13.125[W]$

다른 예제로 그림 3.18의 회로를 가정하자. 여기서 각 소자에 표기된 값은 전압은 [V], 전류는 [A], 저항은 [Ω]의 단위를 가지는 값이라고 할 때, 13[V] 전압원이 공급하는 전력을 구해보자.

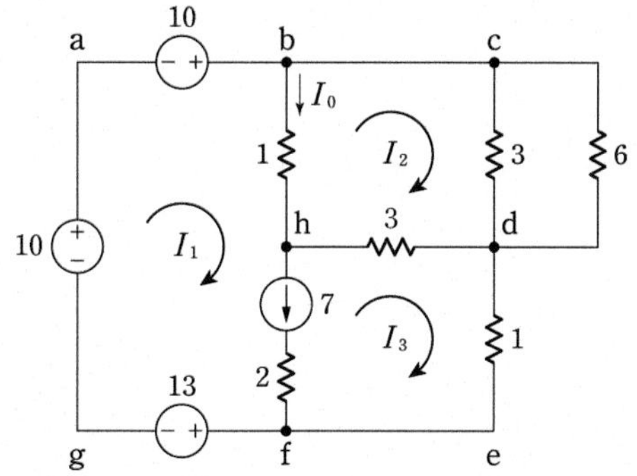

| 그림 3.18 | 전류원을 포함하는 회로의 망로 해석을 위한 회로 예

그림 3.18은 네 개의 망로를 가지지만, 3[Ω]과 6[Ω]의 두 저항은 병렬로 연결되어 있으므로, 병렬 합성저항 2[Ω]으로 대체 할 수 있다. 이제는 세 개의 망로를 가지므로, 세 개의 망로에 각각 미지의 망로 전류 I_1, I_2, I_3를 정의하였다. 세 개의 미지 망로 전류를 구하기 위하여 세 개의 서로 다른 방정식이 필요하다. 그런데 회로로부터 망로 I_1과 망로 I_3는 전류원을 포함하고 있어서 KVL을 적용하는 것이 적절하지 않다. 따라서 초망로의 개념을 적용해야 된다. 그런데 7[A]의 전류원을 포함하는 초망로는 하나 이상이 가능하다. 즉, 여기서는 a−b−h−d−e−f−g−a가 만드는 초망로와 a−b−c−d−e−f−g−a가 만드는 초망로의 두 개가 가능하다. 그러나 a−b−c−d−e−f−g−a가 만드는 초망로에는 세 개의 회로소자만을 가지고 있으므로, 네 개의 회로소자를 가지는 a−b−h−d−e−f−g−a가 만드는 초망로에 비하여 더 간단하다. 따라서 여기서는 a−b−c−d−e−f−g−a가 만드는 초망로를 사용한다. 나머지 하나의 방정식은 7[A]의 전류원과 인접한 망로 전류인 I_1과 I_3 사이의 관계식을 사용한다.

마디 c와 d에 연결된 두 병렬저항의 합성저항 2[Ω]을 구한 후, 망로 I_2에 KVL을 적용하여 방정식을 유도한다.

$$2I_2 + 3(I_2 - I_3) + (I_2 - I_1) = 0 \rightarrow I_1 - 6I_2 + 3I_3 = 0 \tag{3.86}$$

다음으로 a−b−c−d−e−f−g−a가 만드는 초망로에 KVL을 적용하여 방정식을 유도한다.

$$2I_2 + I_3 = 10 + 10 - 13 = 7 \tag{3.87}$$

생각보다는 간단한 식이 유도되었다. 마지막으로 7[A]의 전류원과 인접한 망로 전류인 I_1과 I_3 사이의 관계로부터 다음의 식이 유도된다.

$$I_1 - I_3 = 7 \tag{3.88}$$

비록 세 개의 방정식이 모두 간단하지만, 다음과 같이 크래머의 법칙을 적용하여 구해보자.

$$\Delta = \begin{vmatrix} 1 & -6 & 3 \\ 0 & 2 & 1 \\ 1 & 0 & -1 \end{vmatrix} = -14 \tag{3.89}$$

$$\Delta_1 = \begin{vmatrix} 0 & -6 & 3 \\ 7 & 2 & 1 \\ 7 & 0 & -1 \end{vmatrix} = -126,\ \Delta_2 = \begin{vmatrix} 1 & 0 & 3 \\ 0 & 7 & 1 \\ 1 & 7 & -1 \end{vmatrix} = -35,\ \Delta_3 = \begin{vmatrix} 1 & -6 & 0 \\ 0 & 2 & 7 \\ 1 & 0 & 7 \end{vmatrix} = -28 \tag{3.90}$$

따라서 미지의 망로 전류 I_1, I_2, I_3는 다음과 같다.

$$I_1 = \frac{\Delta_1}{\Delta} = 9[\mathrm{A}],\ I_2 = \frac{\Delta_2}{\Delta} = 2.5[\mathrm{A}],\ I_3 = \frac{\Delta_3}{\Delta} = 2[\mathrm{A}] \tag{3.91}$$

그러므로 7[V] 전압원이 공급하는 전력은 다음과 같이 구해진다.

$$P = -13 \times 9 = -117[\mathrm{W}] \tag{3.92}$$

예제 3.6

그림에서 망로 전류 I_1, I_2, I_3, I_4를 모두 구하라. 단, 각 소자에 표기된 값은 전압은 [V], 전류는 [A], 저항은 [Ω]의 단위를 가지는 값이다.

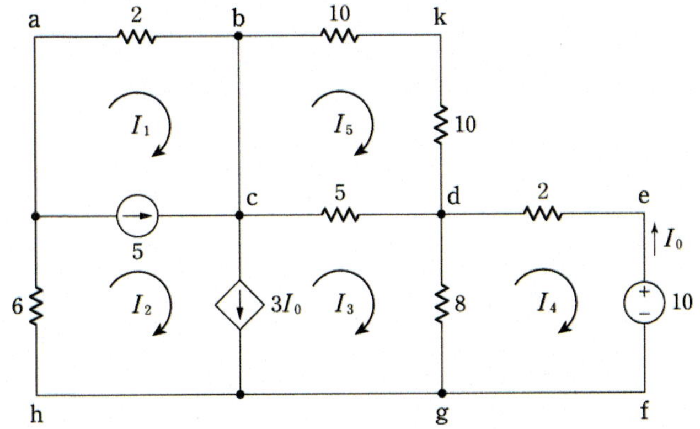

풀이

1) 다섯 개의 망로가 존재하며, 각각의 망로 전류는 그림과 같이 정의되었다. 그런데 b−k−d에 접속된 10[Ω]의 두 저항은 단순히 직렬 연결되어 있으므로 합성저항 20[Ω]으로 대체할 수 있다. 또 이 합성저항은 c−d에 접속된 5[Ω]의 저항과 병렬 연결되어 있으므로, 동일 마디인 b·c와 d사이는 하나의 4[Ω] 저항만으로 등가화 된다. 따라서 망로 전류 I_5는 더 이상 고려할 필요가 없다.
2) KVL을 적용할 수 있는 망로는 I_4 망로이므로 여기서 하나의 방정식을 유도하면 다음과 같다.
   $2I_4 + 8(I_4 - I_3) = -10$ … ①
3) 두 개의 전류원과 인접 망로 전류 사이의 관계식으로부터 다음의 두 방정식을 유도할 수 있다. 먼저 마디 e에서 KCL을 적용하여 $I_0 = -I_4$를 유도하고, 이를 다음 식의 유도과정에 적용하였다.
   $I_2 - I_1 = 5$ … ②
   $I_2 - I_3 = 3I_0 = -3I_4 \rightarrow I_2 - I_3 + 3I_4 = 0$ … ③
4) 미지의 변수는 네 개이지만, 방정식은 세 개 뿐이므로 하나의 방정식을 더 유도해야 한다. 이것은 초망로에서 유도해 낼 수 있다. 그런데 주어진 회로에서 전류원을 포함은 하지만, 전류원 자체를 경유하지는 않는 초망로는 두 개가 가능하다. 하나는 a−b−c−d−g−h−a로 구성되는 초망로이고, 다른 하나는 a−b−c−d−e−f−g−h−a로 구성되는 초망로이다. 전자의 초망로에 KVL을 적용하면 다음의 방정식을 유도할 수 있다.
   $2I_1 + 4I_3 + 8(I_3 - I_4) + 6I_2 = 0 \rightarrow 2I_1 + 6I_2 + 12I_3 - 8I_4 = 0$ … ④

후자의 초망로에 KVL을 적용하면 다음의 방정식을 유도할 수 있다.

$2I_1 + 4I_3 + 2I_4 + 10 + 6I_2 = 0 \;\rightarrow\; 2I_1 + 6I_2 + 4I_3 + 2I_4 = -10$ ⋯ ⑤

5) 다섯 개의 방정식 중에서 네 개를 사용하여 크래머의 법칙 등을 적용하면, 다음과 같이 미지의 변수 네 개를 구할 수 있다.

$I_1 = -7.5[\text{A}],\ I_2 = -2.5[\text{A}],\ I_3 \approx 3.93[\text{A}],\ I_4 \approx 2.14[\text{A}]$

3.4 마디 해석법과 망로 해석법

다소 복잡한 전기회로의 해석에 필수 기법인 마디 해석법과 망로 해석법을 살펴보았다. 그렇다면 해석이 필요한 어떤 회로가 주어졌을 때 두 방법 중에서 어느 방법이 더 유리할까? 여기서는 마디 해석법과 망로 해석법의 두 가지 회로 해석 기법을 검토해 본다.

3.2절과 3.3절을 통해서 회로 해석에 가장 널리 사용되는 두 가지의 중요한 회로 해석 방법을 다루었다. 마디 해석법은 임의의 마디 혹은 초마디에 KCL을 적용하여 방정식을 이끌어 내는 방법이고, 망로 해석법은 임의의 망로 혹은 초망로에 KVL을 적용하여 방정식을 이끌어 내는 방법이다. "마디와 망로", "전압과 전류", "KCL과 KVL", 이들의 쌍으로 마디 해석법과 망로 해석법이 구별되고 있는 것이다. 이것은 전기회로에서 일종의 **쌍대성(duality)** 개념이다.

그림 3.19에서 5[A]의 전류원이 공급하는 전력을 마디 해석법으로 구하는 예를 들어보자. 그림 3.19의 각 소자에 표기된 값은 전류는 [A], 전압은 [V], 저항은 [Ω]의 단위를 가지는 값이다.

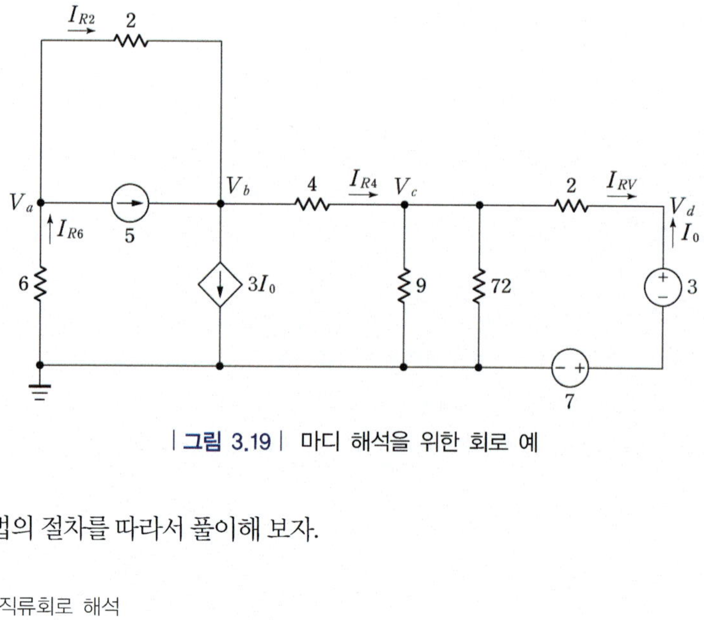

| 그림 3.19 | 마디 해석을 위한 회로 예

마디 해석법의 절차를 따라서 풀이해 보자.

1) 마디의 수는 여섯 개다. 그러나 오른쪽 끝단의 두 전압원은 10[V]의 하나로 바꿀 수 있으므로 마디의 수는 다섯 개로 줄어든다.

2) 각각의 마디는 다수의 가지와 접속되어 있다. 특히 아래 쪽의 마디는 접속 가지의 수도 다섯 개로 많기 때문에 이 회로의 마디 해석을 위한 기준 마디로 적당하다.

3) 기준 마디를 제외한 네 개의 마디에 미지의 마디 전압 V_a, V_b, V_c, V_d를 정의한다.

4) V_d는 기준 마디와 독립 전압원으로 연결되어 있으므로, V_d의 값은 바로 10[V]임을 알 수 있다. 즉,

$$V_d = 10[\mathrm{V}] \tag{3.93}$$

5) 이제 나머지 세 개의 마디에 KCL을 적용하여 필요한 방정식을 유도한다. 먼저 V_a에서 KCL을 적용하면, 다음의 방정식을 유도할 수 있다.

$$\frac{V_a}{6} + \frac{V_a - V_b}{2} = -5 \rightarrow 4V_a - 3V_b = -30 \tag{3.94}$$

6) V_b에서 KCL을 적용하면, 다음의 방정식을 유도할 수 있다.

$$\frac{V_b - V_a}{2} + \frac{V_b - V_c}{4} + 3I_0 = 5 \tag{3.95}$$

7) 그리고 회로에서 I_0는 다음과 같이 구해진다.

$$I_0 = \frac{10 - V_c}{2} \tag{3.96}$$

8) 식 (3.96)을 식 (3.95)에 대입하여 정리하면 다음의 식을 얻는다.

$$2V_a - 3V_b + 7V_c = 40 \tag{3.97}$$

9) V_c에서 KCL을 적용하면, 다음의 방정식을 유도할 수 있다:

$$\frac{V_c}{9} + \frac{V_c}{72} + \frac{V_c - V_b}{4} + \frac{V_c - 10}{2} = 0 \rightarrow -2V_b + 7V_c = 40 \tag{3.98}$$

10) 미지의 마디 전압 V_a, V_b, V_c는 식 (3.95), (3.97), (3.98)로부터 구할 수 있다. 크래머의 법칙을 적용하면 다음과 같다.

$$\Delta = \begin{vmatrix} 4 & -3 & 0 \\ 2 & -3 & 7 \\ 0 & -2 & 7 \end{vmatrix} = 14 \tag{3.99}$$

$$\Delta_1 = \begin{vmatrix} -30 & -3 & 0 \\ 40 & -3 & 7 \\ 40 & -2 & 7 \end{vmatrix} = 210,\ \Delta_2 = \begin{vmatrix} 4 & -30 & 0 \\ 2 & 40 & 7 \\ 0 & 40 & 7 \end{vmatrix} = 420,\ \Delta_3 = \begin{vmatrix} 4 & -3 & -30 \\ 2 & -3 & 40 \\ 0 & -2 & 40 \end{vmatrix} = 20 \tag{3.100}$$

따라서 미지의 마디 전압 V_a, V_b, V_c는 다음과 같다.

$$V_a = \frac{\Delta_1}{\Delta} = 15[\mathrm{V}],\ V_b = \frac{\Delta_2}{\Delta} = 30[\mathrm{V}],\ V_c = \frac{\Delta_3}{\Delta} \approx 14.3[\mathrm{V}] \tag{3.101}$$

11) 그러므로 5[A]의 전류원이 공급하는 전력은 다음과 같다.

$$P = 5 \times (V_b - V_a) = 75[\mathrm{W}] \tag{3.102}$$

여기서 식 (3.101)에서 구한 미지의 마디 전압 V_a, V_b, V_c 그리고 식 (3.93)의 마디 전압 V_d를 이용하여 그림 3.19의 회로에 있는 주요 저항을 통해 흐르는 전류를 구해보자. 예를 들어서 I_{R6}는 다음과 같이 구할 수 있다.

$$I_{R6} = \frac{-V_a}{6} = -2.5[\mathrm{A}] \tag{3.103}$$

그림 3.19에 표기된 나머지 모든 전류를 다 구해보면 다음과 같다.

$$I_{R2} = \frac{V_a - V_b}{2} = -7.5[\mathrm{A}] \tag{3.104}$$

$$I_{R4} = \frac{V_b - V_c}{4} \approx 3.93[\mathrm{A}] \tag{3.105}$$

$$I_{RV} = \frac{V_c - V_d}{2} \approx 2.15[\mathrm{A}] \tag{3.106}$$

짐작했겠지만 그림 3.19의 회로는 예제 3.6의 회로와 동일하다. 그림 3.19와 관련된 상기 예제는 마디 해석법으로 모든 마디 전압을 찾아내는 과정을 설명하였고, 예제 3.6에서는 망로 해석법으로 모든 망로의 망로 전류를 구하는 예제였다. 그리고 식 (3.103) ~ (3.106)으로부터 그 결과는 예제 3.6의 결과와 동일하다는 것도 알 수 있다.

그렇다면 주어진 회로가 망로 해석이 불가능한 비평면 회로가 아닌 평면 회로라고 가정할 때, 어느 방법이 회로 해석을 더 용이하게 할 것인가?

이 질문에 대한 정답은 없다고 생각한다. 다만, 가장 중요한 요인의 하나는 풀어야 할 방정식의 수이다. 즉, 찾아야 할 미지의 변수 수가 더 작은 방법이 유리하다. 그러나 회로를 면밀히 살펴보지 않고는 미지 변수의 수 혹은 필요한 방정식의 수를 정확하게 짐작하는 것은 쉽지 않다.

또 하나의 고려 사항은 분수 형태의 항의 수가 작을수록 유리하다. 이 조건은 저항이 포함된 회로에서 KCL을 사용하는 마디 해석법이 다소 불리하다는 것을 암시한다. 그러나 저항의 값이 저항이 아닌 전도도의 값으로 주어지면 오히려 망로 해석법이 더 불리하다.

정답이 없는 물음이지만, 다음의 사항을 고려하면 더 도움이 될 것 같다.

1. 회로의 구성에 대한 검토: 병렬로 연결된 회로소자가 많을 경우는 마디 해석법을, 직렬로 연결된 회로소자가 많을 경우는 망로 해석법을 우선 고려하는 것을 추천한다.
2. 구하고자 하는 물리량에 대한 검토: 전압을 구하고자 하는 경우는 마디 해석법을, 전류를 구하고자 하는 경우는 망로 해석법을 우선 고려하는 것을 추천한다.

두 가지 해석법을 모두 익숙하게 풀이할 능력을 갖추어 두는 것이 중요하다. 하나의 방법으로부터 얻은 결과의 검증을 위해 다른 방법을 사용할 수도 있기 때문이다. 또한 많은 경험에 의한 충분한 지식과 능력은 회로 해석 방법을 직감적으로 결정하는 데 매우 유용하기 때문이다.

연습문제

1 그림 P1에서 I를 구하라. 단, 회로에 표기된 값은 [A], [Ω]의 단위를 가지는 값이다.

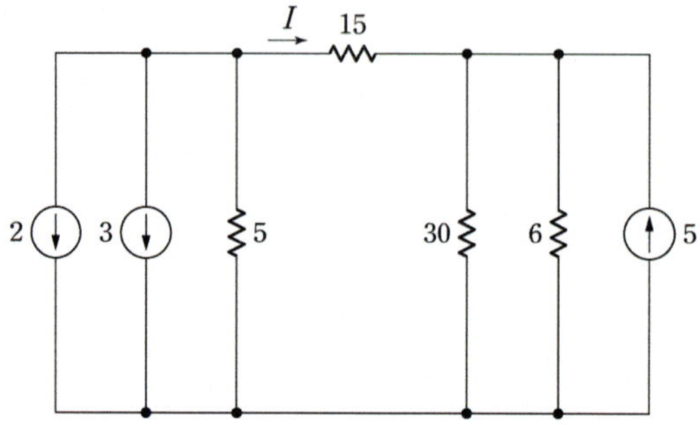

| 그림 P1 |

2 그림 P2에서 3[A]와 4[A] 전류원이 공급하는 전력을 구하라. 단, 회로에 표기된 값은 [A], [V], [Ω]의 단위를 가지는 값이다.

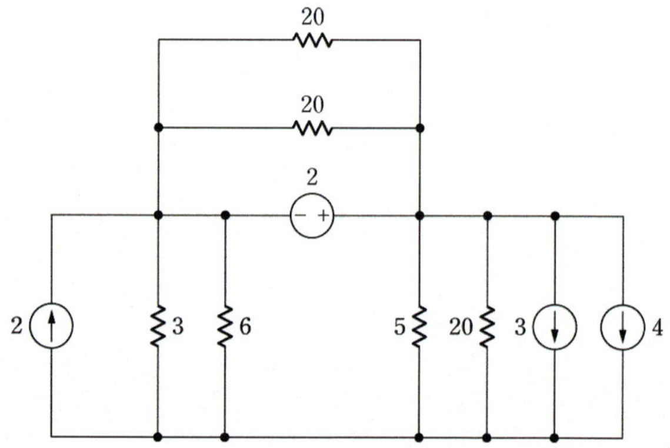

| 그림 P2 |

3 그림 P3에서 1[Ω] 저항에서 소비하는 전력을 구하라. 단, 회로에 표기된 값은 [A], [Ω]의 단위를 가지는 값이다.

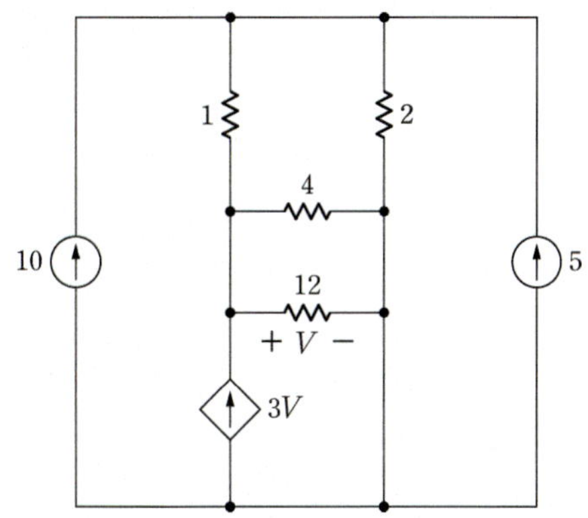

| 그림 P3 |

4 그림 P4의 회로에서 15[V] 전압원이 공급하는 전력을 구하라. 단, 회로에 표기된 값은 [V], [Ω]의 단위를 가지는 값이다.

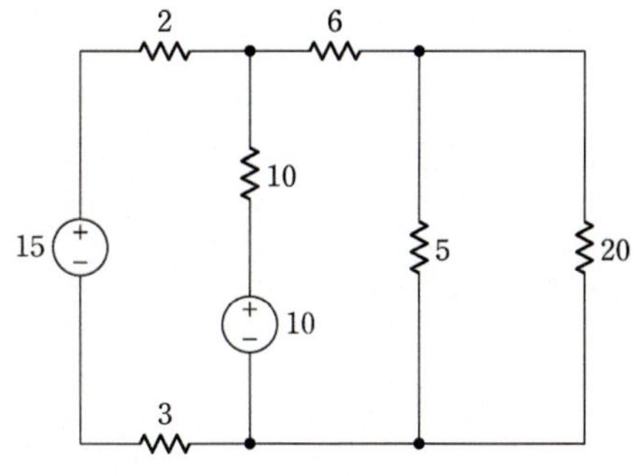

| 그림 P4 |

5 그림 P5의 회로에서 6(7//42)[Ω] 저항에서 흡수하는 전력을 구하라. 단, 회로에 표기된 값은 [V], [Ω]의 단위를 가지는 값이다.

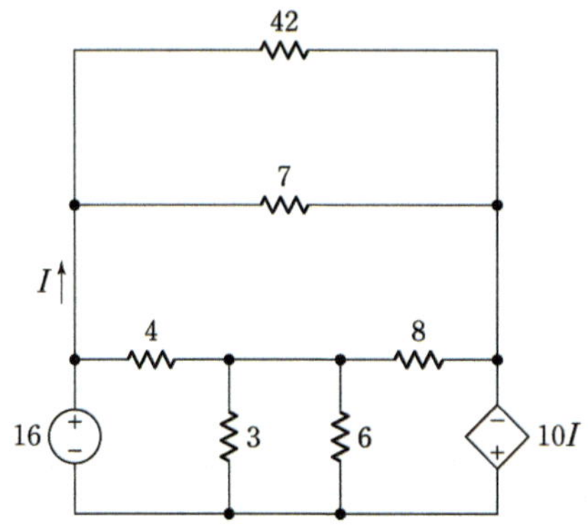

| 그림 P5 |

6 그림 P6의 회로에서 회로에서 4[V] 전압원이 공급하는 전력을 구하라. 단, 회로에 표기된 값은 [V], [Ω]의 단위를 가지는 값이다.

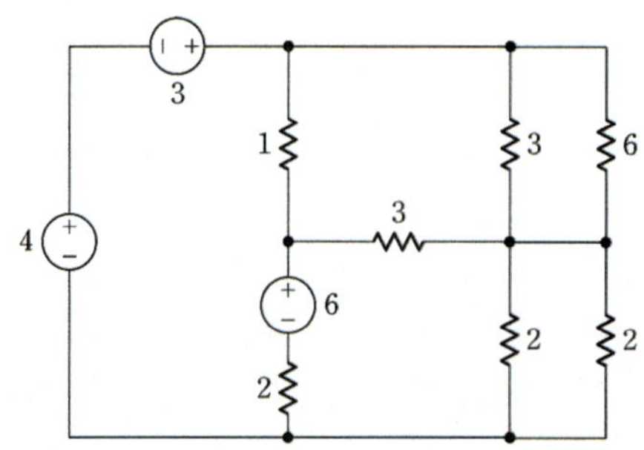

| 그림 P6 |

7 그림 P7의 회로에서 전압 V를 구하라. 단, 회로에 표기된 값은 [V], [A], [Ω]의 단위를 가지는 값이다.

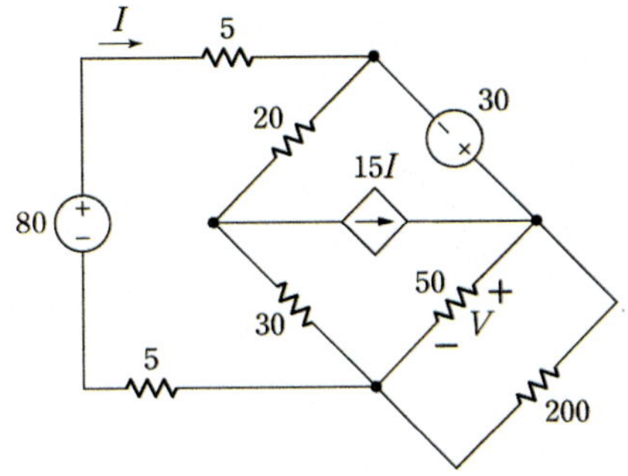

| 그림 P7 |

8 2022년 전기 다음 회로에서 6[Ω]에 흐르는 전류([A])는?

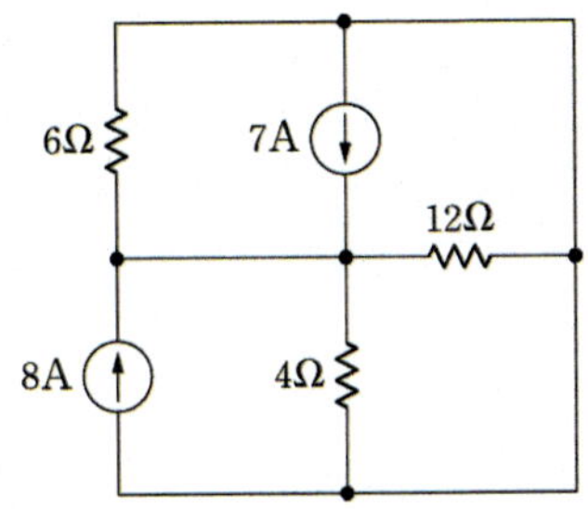

| 그림 P8 |

① 2.5 ② 5

③ 7.5 ④ 10

9 2022년 공무원 다음 회로의 저항 $2\,[\Omega]$에서 소비되는 전력[W]은?

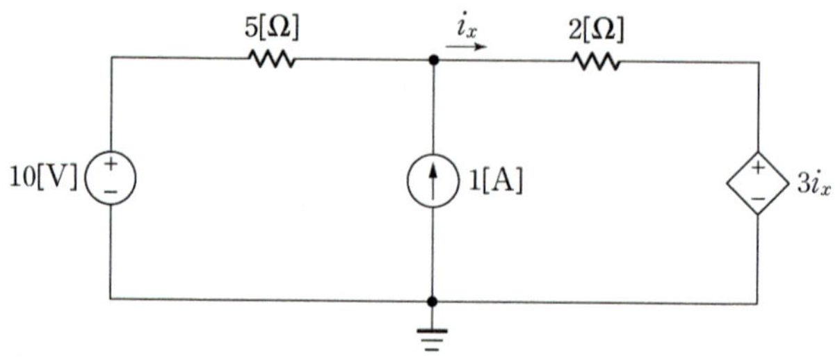

| 그림 P9 |

① 1.5　　② 3
③ 4.5　　④ 6

10 2022년 전기 그림의 회로에서 120V와 30V의 전압원(능동소자)에서의 전력은 각각 몇 W인가? (단, 전압원(능동소자)에서 공급 또는 발생하는 전력은 양수(+)이고, 소비 또는 흡수하는 전력은 음수(-)이다.)

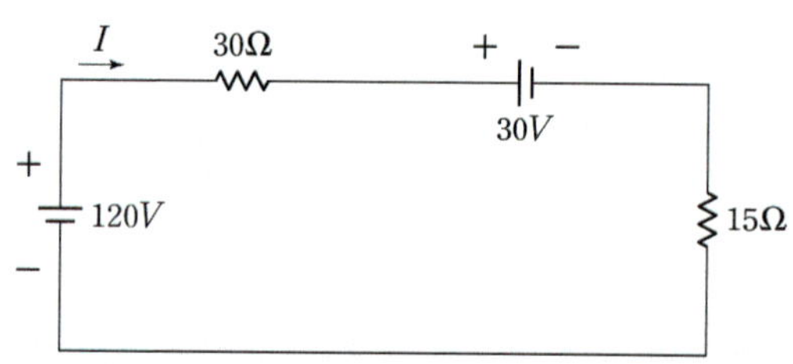

| 그림 P10 |

① 240W, 60W　　② 240W, −60W
③ −240W, 60W　　④ −240W, −60W

CHAPTER 04

회로해석을 위한 유용한 방법

학습목표

❶ 중첩의 원리를 이해하고, 이를 활용하여 회로를 해석할 수 있다.
❷ 전원 변환의 원리를 이해하고, 이를 활용하여 회로를 해석할 수 있다.
❸ 테브낭의 정리와 노턴의 정리를 이해하고, 이를 활용하여 회로를 해석할 수 있다.
❹ 저항의 델타망과 와이망을 이해하고, 이들을 상호 변환할 수 있다.
❺ 최대전력전달의 원리를 이해할 수 있다.

4.1 중첩의 원리와 회로 해석

전기회로의 응용범위가 넓어지면서 회로의 복잡성도 증가하고 있다. 그러나 여기서 다루는 대부분의 회로 시스템은 선형의 성질을 가진다. 선형은 무엇이며, 중첩의 원리는 무엇인가? 그리고 중첩의 원리는 어떻게 회로 해석에 유용하게 사용되는가를 살펴보자.

가법성(additivity)과 동질성(homogeneity)의 성질을 동시에 만족하는 경우를 **선형(linear)**의 특성을 가진다고 한다. 이러한 선형의 특성에는 두 가지 측면을 고려해야 한다. 하나는 신호(signal)의 측면이고, 다른 하나는 시스템(system)의 측면이다. 즉, "신호가 선형이다" 혹은 "시스템이 선형이다"라는 의미를 구분해서 이해해야 한다. 회로 해석의 측면에서는 대부분의 경우 회로 시스템이 선형이다, 즉 주어진 회로의 입출력 관계식이 선형인 상태를 의미한다.

예를 들어, 저항에서 전압과 전류의 관계식은 옴의 법칙으로부터 다음과 같다.

$$V = RI \tag{4.1}$$

식 (4.1)은 저항에서 전압-전류의 관계식이며, "입력 신호가 I이고, 출력 신호가 V일 때, 저항은 비례상수 R을 가지는 선형 시스템이다"라는 의미를 가진다. 왜냐하면 식 (4.1)은 선형의 조건이었던 가법성과 동질성의 성질을 모두 만족하기 때문이다.

그림 4.1을 고려하자.

| 그림 4.1 | 임의의 선형 시스템

그림 4.1의 시스템이 선형이기 때문에 다음의 두 성질을 만족한다.

1) 가법성(additivity)

입력 신호가 $x_1(t)$일 때 출력은 $y_1(t)$이고, 입력 신호가 $x_2(t)$일 때 출력이 $y_2(t)$라면, 가법성은 다음의 식이 만족된다는 의미이다.

$$y_1(t)+y_2(t)=x_1(t)+x_2(t) \tag{4.2}$$

2) 동질성(homogeneity)

입력 신호가 k배 되면 출력도 k배 된다. 즉, 다음의 식을 만족한다. $x_1(t)$가 $k_1x_1(t)$이고, $x_2(t)$가 $k_2x_2(t)$이면 출력 $y_1(t)$+$y_2(t)$는 다음과 같다.

$$y_1(t)+y_2(t)=k_1x_1(t)+k_2x_2(t) \tag{4.3}$$

여기서는 $y(t)$와 $x(t)$ 사이의 관계식이 선형이라는 의미이지, $x(t)$, $y(t)$ 자체가 선형이라는 의미는 아니다. 전자의 표현이 바로 "시스템이 선형이다"라는 의미이다. 그러나 후자의 표현은 입력 신호 혹은 출력 신호 자체를 의미하는 것으로, 여기서는 신호의 선형 여부는 고려하지 않는다.

결론적으로 **선형 회로는 입력 신호와 출력 신호 사이의 관계가 선형인 회로이다.**

선형 시스템은 가법성과 동질성이 성립된다. 이것이 바로 **중첩의 원리(principle of superposition)**이다. 즉, 회로 해석에서 중첩의 원리는 **회로에 포함된 다수의 전원에 의한 응답은 각각의 독립전원만을 연결하여 구한 응답을 대수적으로 합한 결과와 같다**는 것이다. 여기서는 특별히 독립전원으로 표현하였다. 지금까지 회로 해석에서 살펴 보았듯이 종속 전원은 변경하면 안된다고 하였다. 여기서도 마찬가지다. 종속 전원과 그 종속 전원의 크기를 결정하는 종속 변수와 관련있는 전자소자는 등가 저항 등의 어떠한 변경도 하면 안된다.

그림 4.2 및 4.3을 고려하자.

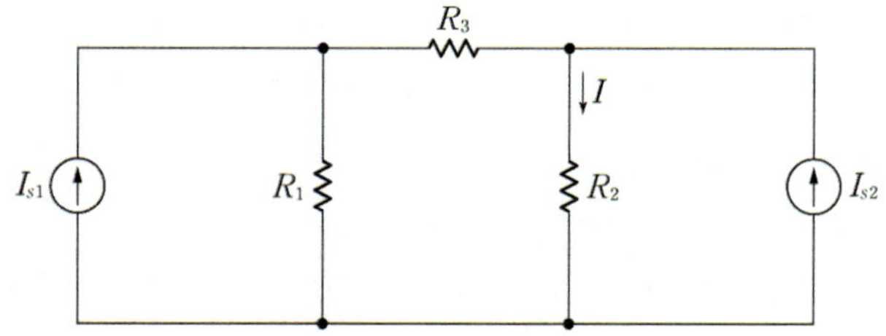

| 그림 4.2 | 중첩의 원리를 설명하기 위한 회로 예

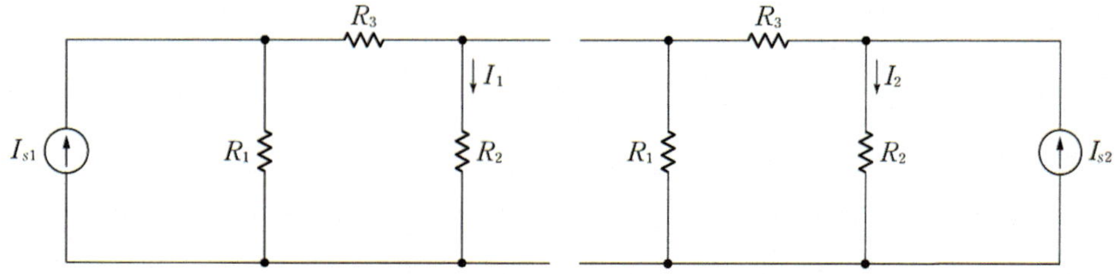

(a) I_{s1}만 연결한 경우 (b) I_{s2}만 연결한 경우

| 그림 4.3 | 그림 4.2에서 하나의 전원만을 포함한 회로

그림 4.2는 두 개의 독립 전류원을 가지는 회로이다. 그리고 그림 4.3은 그림 4.2의 두 전류원 중에서 각각 하나의 서로 다른 전류원만을 연결한 경우의 회로이다. 즉, 그림 4.3의 (a)는 전류원 I_{s1}만을 연결하였고, 이 때 그림 4.2의 I는 I_1으로 바뀌었다. 그리고 그림 4.3의 (b)는 전류원 I_{s2}만을 연결하였고, 이 때 그림 4.2의 I는 I_2로 바뀌었다.

그림 4.2의 회로에서 전류 I는 어떻게 구할 수 있을까? 우선 제3장에서 다루었던 마디 해석법과 망로 해석법으로 구할 수도 있다. 여기서는 중첩의 원리로 구해보자. 중첩의 원리에 의하면 다음의 식이 성립한다.

$$I = I_1 + I_2 \tag{4.4}$$

즉, 그림 4.2에서 전류 I는 전류원 I_{s1}만을 연결하였을 때의 I_1과 전류원 I_{s2}만을 연결하였을 때의 I_2의 대수합으로 구할 수 있다.

마디 해석법 혹은 망로 해석법을 적용해야 되는 그림 4.2의 I와 달리 I_1과 I_2는 전류 분배에 의해 다음과 같이 쉽게 구할 수 있다.

$$I_1 = \frac{R_1}{R_1 + (R_2 + R_3)} I_{s1} \tag{4.5}$$

$$I_2 = \frac{R_1 + R_3}{(R_1 + R_3) + R_2} I_{s2} \tag{4.6}$$

다음으로 그림 4.4 및 4.5를 고려하자.

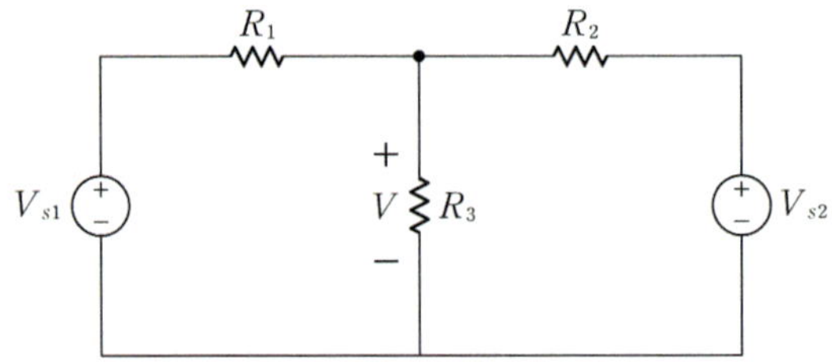

| 그림 4.4 | 중첩의 원리를 설명하기 위한 회로 예

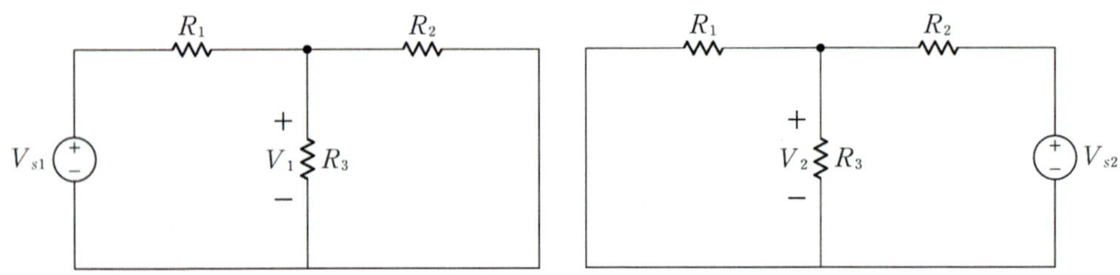

(a) V_{s1}만 연결한 경우　　　(b) V_{s2}만 연결한 경우

| 그림 4.5 | 그림 4.4에서 하나의 전원만을 포함한 회로

그림 4.4는 두 개의 독립 전압원을 가지는 회로이다. 그림 4.5는 그림 4.4의 두 전압원 중에서 각각 하나의 전압원만을 연결한 경우의 회로이다. 즉, 그림 4.5의 (a)는 전압원 V_{s1} 만을 연결하였고, 이 때 그림 4.4의 V는 V_1으로 바뀌었다. 그리고 그림 4.5의 (b)는 전압원 V_{s2}만을 연결하였고, 이 때 그림 4.2의 V는 V_2로 바뀌었다.

그림 4.4의 회로에서 전압 V는 마디 해석법과 망로 해석법 등으로 구할 수 있지만, 여기서는 중첩의 원리로 구해보자. 중첩의 원리에 의하면 다음의 식이 성립한다.

$$V = V_1 + V_2 \tag{4.7}$$

즉, 그림 4.4에서 전압 V는 전압원 V_{s1}만을 연결하였을 때의 V_1과 전압원 V_{s2}만을 연결하였을 때의 V_2의 대수합으로 구할 수 있다.

이제 V_1과 V_2는 전압 분배에 의해 다음과 같이 쉽게 구할 수 있다.

$$V_1 = \frac{R_2 // R_3}{R_1 + (R_2 // R_3)} V_{s1} \tag{4.8}$$

$$V_2 = \frac{R_1 // R_3}{R_2 + (R_1 // R_3)} V_{s2} \tag{4.9}$$

그런데 그림 4.3과 그림 4.5에서 큰 차이점을 확인할 수 있다. 즉, 그림 4.3의 (a)와 (b)는 전류원을 제거한 위치가 개방(open)되어 있지만, 그림 4.5의 (a)와 (b)는 전압원을 제거한 위치가 단락(short)되어 있다.

중첩의 원리를 적용할 때, 하나의 독립 전원만을 남기고 나머지 독립 전류원 및 독립 전압원은 제거(혹은 off)하게 된다. 이때 전압원은 단락회로로 대체하고, 전류원은 개방회로로 대체한다. 그 이유는 독립 전원을 제거한다는 의미는 독립 전원의 전원을 'off'한다는 의미이며, 이것은 다음과 같다.

$V_s = 0$, 즉 독립 전압원의 전원을 "0"으로 설정한다는 것은 전압을 공급하는 전압원 양단의 두 점 사이의 전위차가 "0"이라는 것을 의미한다. 다른 말로 독립 전압원이 연결된 두 점이 동전위라는 의미이며, 이것은 단락회로(short circuit)를 의미한다. 도식적으로 표현하면 그림 4.6과 같다.

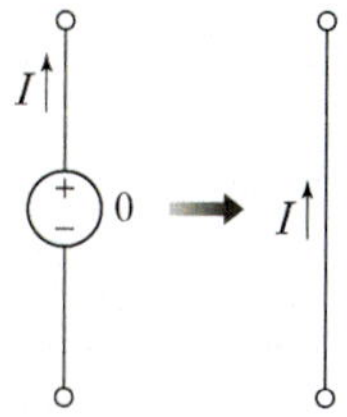

| 그림 4.6 | 전압원이 0[V]를 공급(off)하는 경우의 회로

$I_s = 0$, 즉 독립 전류원의 전원을 "0"으로 설정한다는 것은 전류원에서 전류가 공급되지 않아서 그 도선으로 전류가 흐르지 않는다는 것을 의미한다. 다른 말로 독립 전류원이 연결된 두 점 사이의 도선이 무한대의 저항을 가진다는 의미이며, 이것은 개방회로(open circuit)를 의미한다. 도식적으로 표현하면 그림 4.7과 같다.

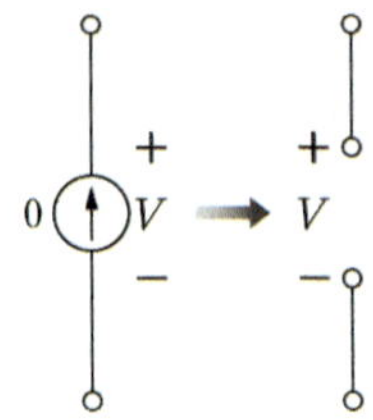

| 그림 4.7 | 전류원이 0[A]를 공급(off)하는 경우의 회로

그렇다면 중첩의 원리를 적용할 때 종속 전원은 어떻게 처리하는가? 종속 전원은 변경할 수 없다는 규칙이 여기서도 적용된다. 즉, 종속 전원과 그 종속 전원의 크기를 결정하는 제어 변수를 포함하는 회로 부분은 변경해서는 안된다.

그림 4.8의 회로에서 전압 V를 구하는 예제를 고려하자. 다만, 각 소자에 표기된 값은 전압은 [V], 전류는 [A], 저항은 [Ω]의 단위를 가지는 값이다.

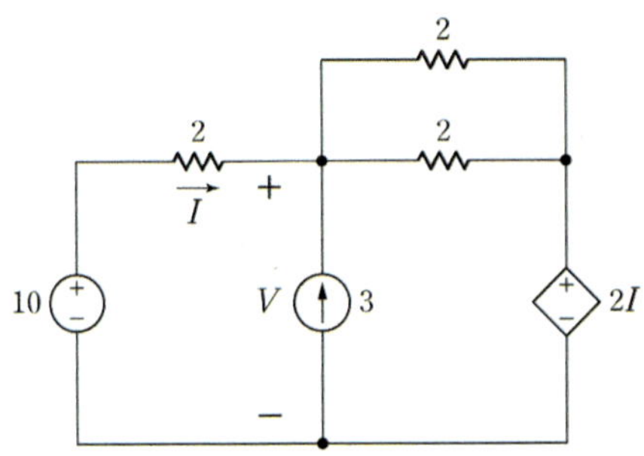

| 그림 4.8 | 종속 전원을 포함하는 회로 예

그림 4.8은 두 개의 독립 전원과 하나의 종속 전원을 포함하고 있다. 여러 가지 방법으로 해석할 수 있으나, 여기서는 중첩의 원리를 적용하는 과정을 설명한다.

1) 그림 4.8을 그림 4.9의 두 회로로 변경한다.

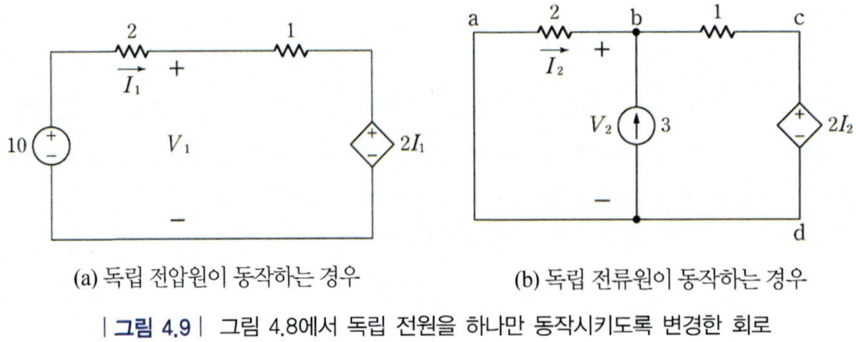

(a) 독립 전압원이 동작하는 경우 (b) 독립 전류원이 동작하는 경우

| 그림 4.9 | 그림 4.8에서 독립 전원을 하나만 동작시키도록 변경한 회로

그림 4.9 (a)는 독립 전압원만 남기고 다른 독립 전원은 제거한 경우의 회로이다. 그림에서 알 수 있듯이 종속 전원은 제거하지 않았으며, 제어 변수는 원래 회로와 구분하기 위하여 아래 첨자 "1"을 추가하였다. 그리고 미지의 전압 변수도 변경된 회로에서는 아래 첨자 "1"을 추가하여 구분하였다.

이제 V_1을 구해보자. 그림 4.9 (a)는 하나의 망로만 존재하므로 주어진 회로에 KVL을 적용하면 다음과 같이 V_1을 쉽게 구할 수 있다.

$$2I_1 + I_1 + 2I_1 = 10 \tag{4.10}$$

식 (4.10)으로부터 I_1이 2[A]이므로 V_1은 다음과 같다.

$$V_1 = -2I_1 + 10 = 6[\mathrm{V}] \tag{4.11}$$

그림 4.9 (b)는 독립 전류원만 남기고 다른 독립 전원은 제거한 경우의 회로이다. 그림에서 알 수 있듯이 종속 전원은 제거하지 않았으며, 제어 변수는 원래 회로 및 그림 (a)와 구분하기 위하여 아래 첨자 "2"를 추가하였다. 그리고 미지의 전압 변수도 (b)의 회로에서는 아래 첨자 "2"를 추가하여 구분하였다.

이제 V_2를 구해보자. 그림 4.9 (b)는 세 개의 마디와 두 개의 망로를 가지는 회로이다. 먼저 망로 해석법으로 구해보자. 독립 전류원을 포함하는 슈퍼 망로인 a–b–c–d–a의 루프에 KVL을 적용하고, 마디 b에 KCL을 적용하여 정리하면 다음의 식을 유도할 수 있다.

$$2I_2 + I_2 + 3 + 2I_2 = 0 \tag{4.12}$$

식 (4.12)로부터 I_2가 −0.6[A]이므로 V_2는 다음과 같다.

$$V_2 = 2 \times (-I_2) = 1.2[\mathrm{V}] \tag{4.13}$$

마디 해석법으로도 쉽게 구할 수 있다. a–d는 하나의 마디이므로, 이것을 기준 마디로 정하고, 마디 b에서 KCL을 적용하면 다음의 방정식을 유도할 수 있다.

$$\frac{V_2}{2} + (V_2 - 2I_2) = 3 \tag{4.14}$$

그리고 2[Ω] 저항을 흐르는 전류 I_2는 다음과 같이 유도된다.

$$I_2 = \frac{-V_2}{2} \tag{4.15}$$

그러므로, 식 (4.14)와 (4.15)로부터 식 (4.13)과 동일한 결과를 얻을 수 있다.

식 (4.11)과 (4.13)으로부터 미지의 전압은 중첩의 원리에 의해 다음과 같이 구해진다.

$$V = V_1 + V_2 = 6 + 1.2 = 7.2[\mathrm{V}] \tag{4.16}$$

중첩의 원리에 의한 회로 해석 방법을 간단하게 요약하면 다음과 같다.

① 주어진 회로에서 독립 전원을 하나만 남기고, 나머지 모든 독립 전원은 제거(off)한다. 당연히 종속 전원은 그대로 둔다.

② 미지의 변수 및 종속 전원의 제어 변수 등을 다른 기호로 구분하여 정의한다.

③ 회로 해석 기법으로 미지의 변수를 구한다.

④ 모든 독립 전원에 대하여 ①, ②, ③ 과정을 반복한다.

⑤ 각각의 독립 전원에서 구한 미지 변수의 값을 대수적으로 합하여 최종 결과를 구한다.

예제 4.1

그림에서 5[Ω] 양단의 전압 V를 중첩의 원리를 사용하여 구하라. 단, 각 소자에 표기된 값은 전압은 [V], 전류는 [A], 저항은 [Ω]의 단위를 가지는 값이다.

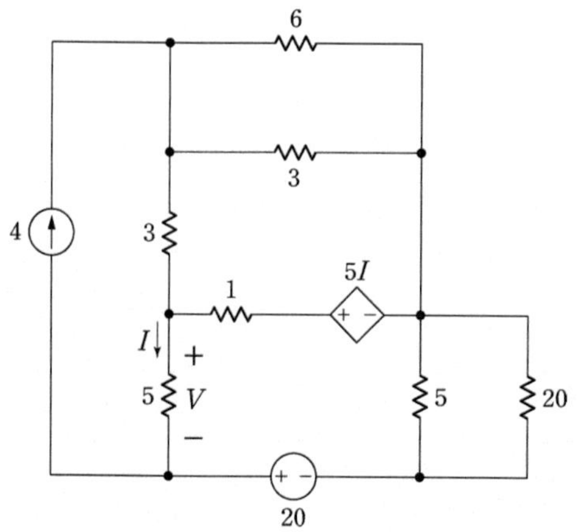

풀이

1) 먼저 $3//6=2[\Omega]$, $5//20=4[\Omega]$으로 간략화 한 후, 중첩의 원리를 적용하기 위한 두 회로로 구분한다.

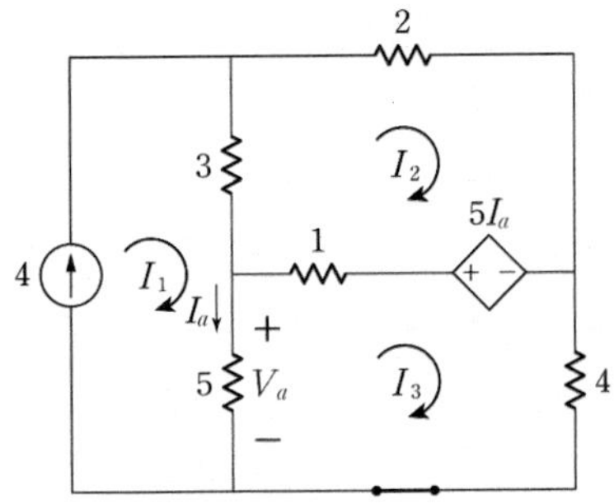

(a) 전류원만 동작하는 경우

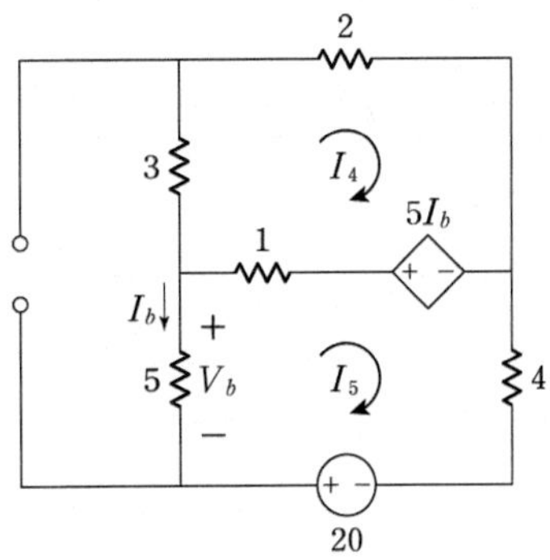

(b) 전압원만 동작하는 경우

2) 그림 (a)에 망로 해석법을 적용하여 풀이하면 다음과 같다.

망로 I_1 및 I_3으로부터 다음을 얻는다.

$I_1=4[\mathrm{A}]$ ⋯ ①

$I_a=I_1-I_3$ ⋯ ②

망로 I_2 및 I_3에 KVL을 적용하면 다음의 두 식을 유도할 수 있다.

$2I_2-5I_a+(I_2-I_3)+3(I_2-I_1)=0$ ⋯ ③

$4I_3+5(I_3-I_1)+(I_3-I_2)+5I_a=0$ ⋯ ④

3) 식 ①, ②, ③, ④로부터 I_a는 다음과 같이 구해진다.

$I_a=\dfrac{52}{17}[A]$ ⋯ ⑤

4) 그림 (b)에 망로 해석법을 적용하여 풀이하면 다음과 같다.

망로 I_4 및 I_5에 KVL을 적용하면 다음의 두 식을 유도할 수 있다.

$2I_4-5I_b+(I_4-I_5)+3I_4=0$ ⋯ ⑥

$4I_5+5I_5+(I_5-I_4)+5I_b=20$ ⋯ ⑦

망로 I_5로부터 다음 식을 얻는다.

$I_b=-I_5$ ⋯ ⑧

5) 식 ⑥, ⑦, ⑧로부터 I_b는 다음과 같이 구해진다.

$I_b=-\dfrac{60}{17}[\mathrm{A}]$ ⋯ ①

6) 중첩의 원리로부터 I와 V는 다음과 같이 구해진다.

$I=I_a+I_b=-\dfrac{8}{17}[\mathrm{A}] \rightarrow V=5I=-\dfrac{40}{17}[\mathrm{V}]$

4.2 전원 변환과 회로 해석

복잡한 전기회로는 다양한 등가회로를 통하여 회로의 해석을 간략화할 수 있다. 여기서는 전원 변환을 살펴본다. 전원 변환을 이용한 회로 해석은 원래의 회로와 등가이면서 보다 간단한 회로를 찾아내어 해석하는 방법이다. 등가회로란 회로의 물리적 구성은 원래의 회로와 변경될 수 있지만, I－V 특성은 동일한 회로를 의미한다.

전원 변환이란 원래 회로의 전부 또는 일부를 하나의 전원과 저항으로 변환하는 것을 말한다. 전원 변환은 크게 두 가지로 구분된다. 하나는 원래 회로의 전부 또는 일부를 하나의 전압원과 저항의 직렬 연결로 변환하는 것이고, 다른 하나는 원래 회로의 전부 또는 일부를 하나의 전류원과 저항의 병렬 연결로 변환하는 것이다. 즉, 전원 변환에 의한 회로 해석은 원래의 복잡한 회로를 그림 4.10과 같이 등가회로로 변경하여 해석하는 것을 의미한다.

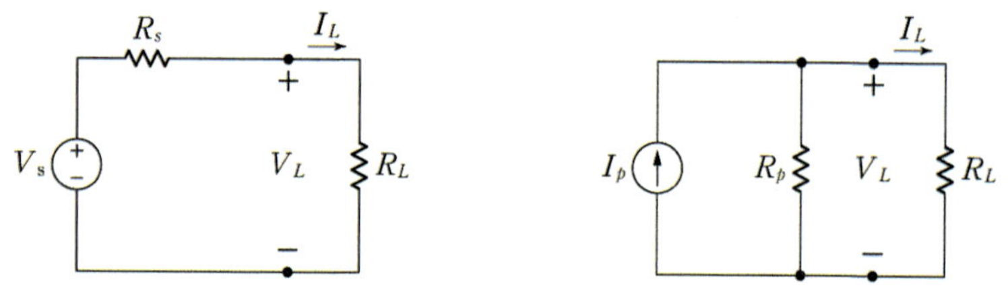

(a) 전압원과 저항의 직렬연결로 변환한 경우　(b) 전류원과 저항의 병렬연결로 변환한 경우

| 그림 4.10 | 전원 변환의 두 가지 구성

그림 4.10의 (a)와 (b)는 상호 등가 변환이 가능하며, 이때 전류, 전압, 저항의 관계는 다음의 식과 같다.

$$V_s = I_p R_p \tag{4.17}$$

$$I_p = \frac{V_s}{R_s} \tag{4.18}$$

$$R_p = R_s \tag{4.19}$$

예를 들어 그림 4.11에서 전압 V를 전원 변환 해석법으로 구해보자. 여기서 각 소자에 표기된 값은 전압은 [V], 전류는 [A], 저항은 [Ω]의 단위를 가지는 값이다.

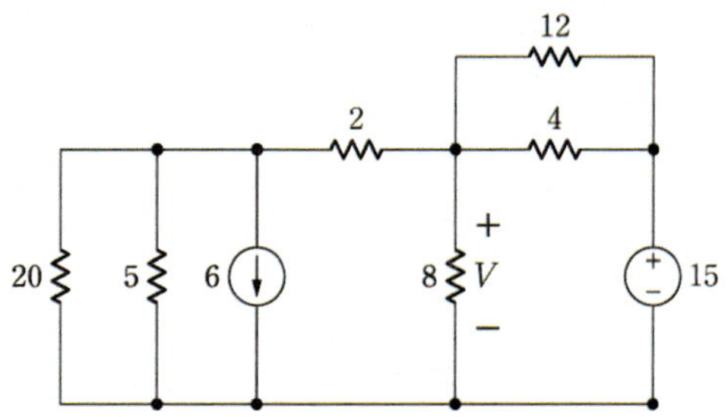

| **그림 4.11** | 전원 변환 해석을 위한 회로 예

먼저 단순히 병렬 접속된 5[Ω]과 20[Ω], 그리고 4[Ω]과 12[Ω]의 등가저항을 구하면 각각 4[Ω]과 3[Ω]이 된다. 이제 4[Ω] 저항과 3[A] 전류원, 그리고 3[Ω] 저항과 15[V] 전압원을 각각 전원 변환으로 등가회로를 찾으면 그림 4.12가 된다.

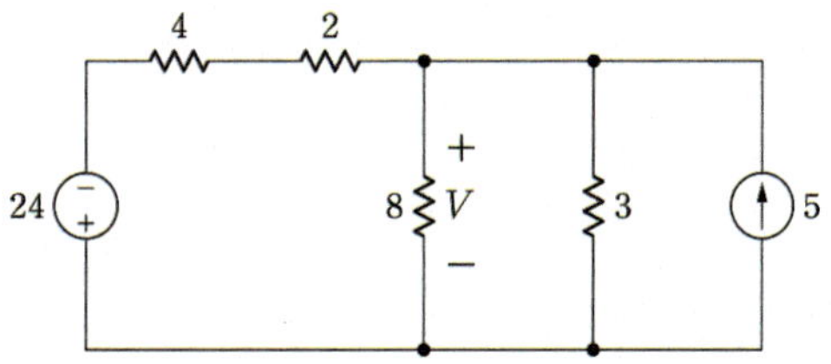

| **그림 4.12** | 그림 4.11의 회로를 전원 변환한 등가회로

그림 4.12의 왼쪽 24[V] 전압원의 극성에 유의해야 된다. 전압원이 공급하는 전압은 식 (4.17)로 구해지지만, 극성은 전류의 흐르는 방향과 밀접한 관련이 있다. 마찬가지로 그림 4.12의 오른쪽의 5[A] 전류원의 전류 방향에도 유의해야 된다. 전류원이 공급하는 전류는 식 (4.18)로 구해지지만, 전류의 방향은 전압원의 극성과 밀접한 관련이 있다.

다음으로 합성저항의 개념과 전원변환을 이용하면, 그림 4.13의 등가회로를 얻을 수 있다. 즉, 직렬로 연결된 4[Ω]과 2[Ω]의 합성저항(6[Ω])과 24[V] 전압원의 등가변환이 4[A] 전류원과 6[Ω] 저항의 병렬회로로 바뀌었다.

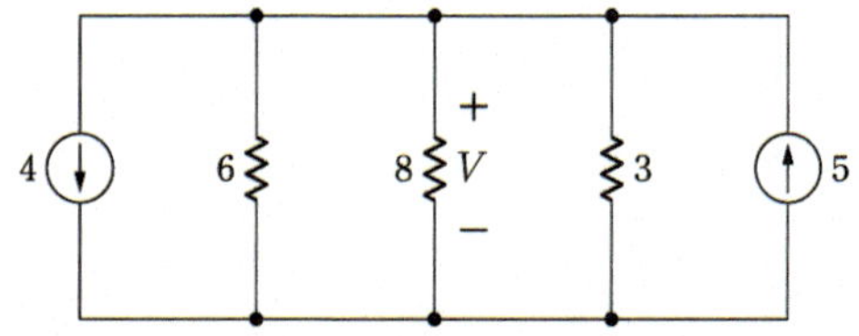

| **그림 4.13** | 그림 4.12의 회로를 전원 변환한 등가회로

그림 4.13의 모든 회로소자는 하나의 마디쌍에 병렬로 연결되어 있으므로 상호 이동이 가능하다. 따라서 그림 4.14의 등가회로를 얻을 수 있다.

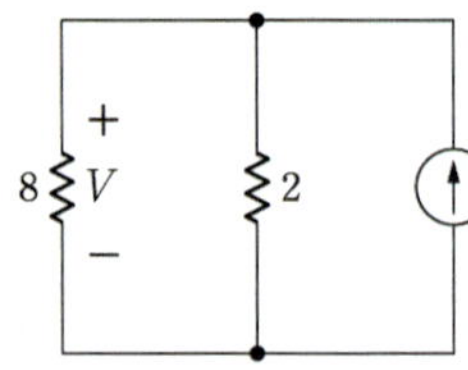

| 그림 4.14 | 그림 4.13의 회로를 전원합성 및 저항합성으로 변환한 등가회로

이제 그림 4.14로부터 전압 V는 전류 분배 법칙과 옴의 법칙으로부터 다음과 같이 쉽게 구할 수 있다.

$$V = \frac{2}{2+8} \times 1 \times 8 = 1.6[\mathrm{V}] \tag{4.20}$$

혹은 그림 4.14를 다시 전원 변환하여 그림 4.15의 등가회로를 구하고, 여기서 전압 분배 법칙을 사용하여 전압 V를 구할 수도 있다.

$$V = \frac{8}{2+8} \times 2 = 1.6[\mathrm{V}] \tag{4.21}$$

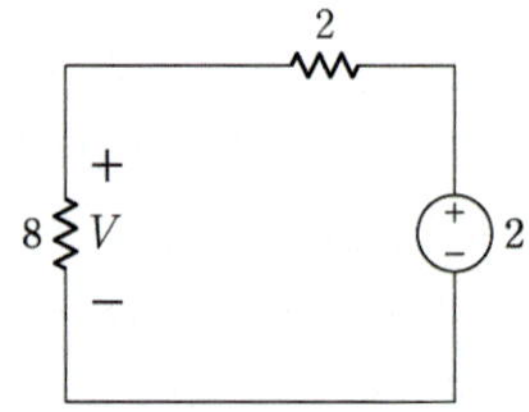

| 그림 4.15 | 그림 4.14의 회로를 전원 변환한 등가회로

그림 4.10의 전원 변환은 독립 전원 뿐만 아니라 종속 전원에도 적용할 수 있다. 그러나 이 경우에는 종속 전원의 제어 변수에 유의해야 한다.

종속 전원을 포함하는 그림 4.16의 회로에서 전압 V를 구하는 경우를 고려하자. 여기서 각 소자에 표기된 값은 전압은 [V], 전류는 [A], 저항은 [Ω]의 단위를 가지는 값이다.

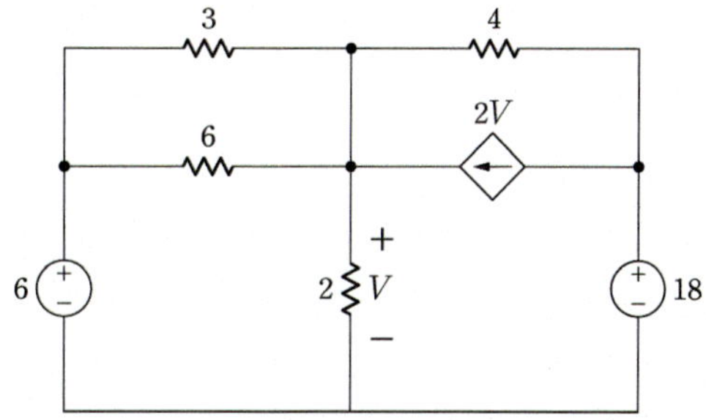

| 그림 4.16 | 종속 전원을 포함하는 전원 변환 회로 예

먼저 좌상단의 3[Ω]과 6[Ω]의 병렬 합성저항 2[Ω]을 구한 후, 그림 4.16의 4[Ω] 저항과 종속 전류원을 전원 변환하면 그림 4.17의 등가회로를 얻을 수 있다.

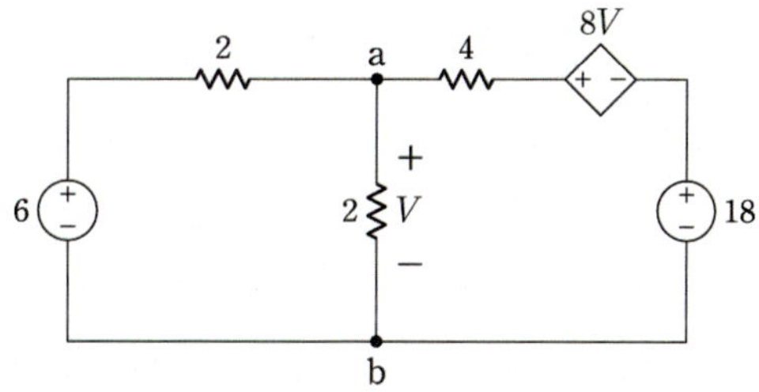

| 그림 4.17 | 그림 4.16 회로의 종속 전원 부분을 전원 변환한 등가회로

그림 4.17이 다소 복잡해 보이지만, 마디 b를 기준 마디로 하고, 마디 a에 KCL을 적용하면 전압 V는 다음과 같이 쉽게 구해진다.

$$\frac{V}{2}+\frac{V-6}{2}+\frac{V-8V-18}{4}=0 \rightarrow V=-10[\mathrm{V}] \tag{4.22}$$

그림 4.17로부터 식 (4.22)의 유추가 힘든 경우는 그림 4.17을 다음과 같이 그림 4.18의 (a), (b)로 전원 변환한 등가회로를 얻은 후, 망로 해석법을 적용하여 V를 구할 수도 있다.

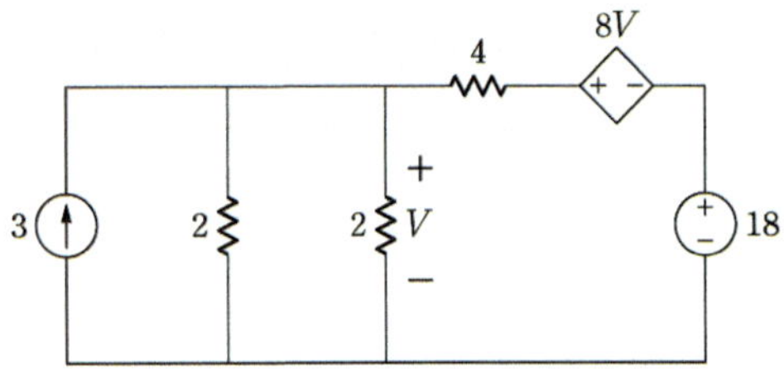

(a) 그림 4.17을 전원 변환한 등가회로

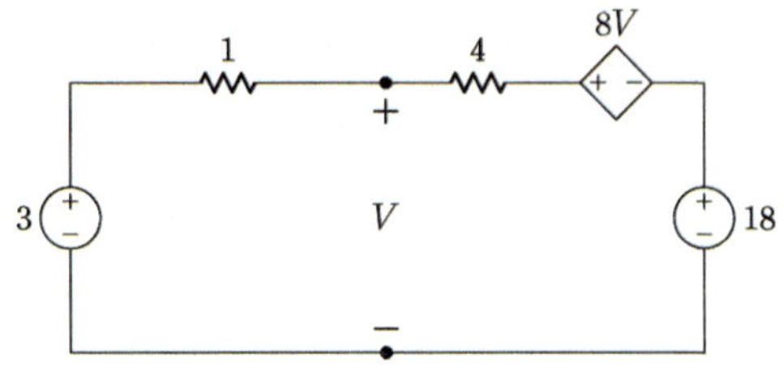

(b) (a)를 전원 변환한 등가회로

| 그림 4.18 | 그림 4.16 회로의 종속 전원 부분을 전원 변환한 등가회로

예제 4.2

그림에서 전류 I를 전원 변환의 원리를 적용하여 구하라. 단, 각 소자에 표기된 값은 전압은 [V], 전류는 [A], 저항은 [Ω]의 단위를 가지는 값이다.

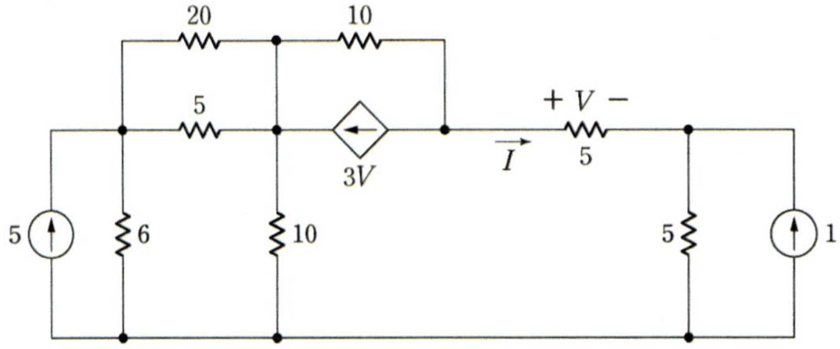

풀이

1) 먼저 20[Ω]과 5[Ω]의 병렬 합성저항 4[Ω]을 구한다. 그리고 나서 전원 변환, 합성저항 등의 주요 원리(principle)를 적용하여 등가회로를 찾으면, 다음의 그림 (a), (b), (c), (d)와 같이 정리된다.

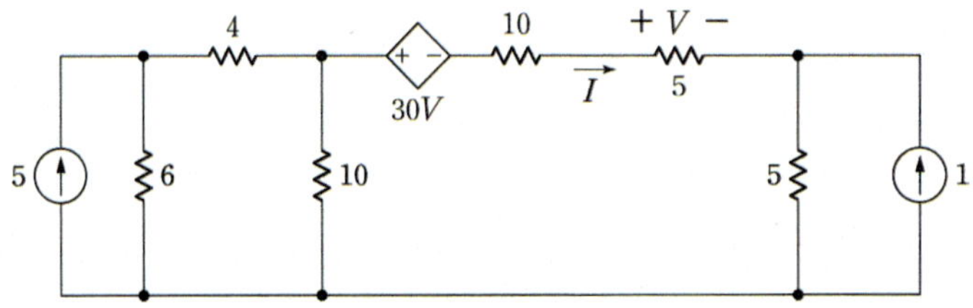

그림(a) 종속 전원 부분만 전원 변환한 회로

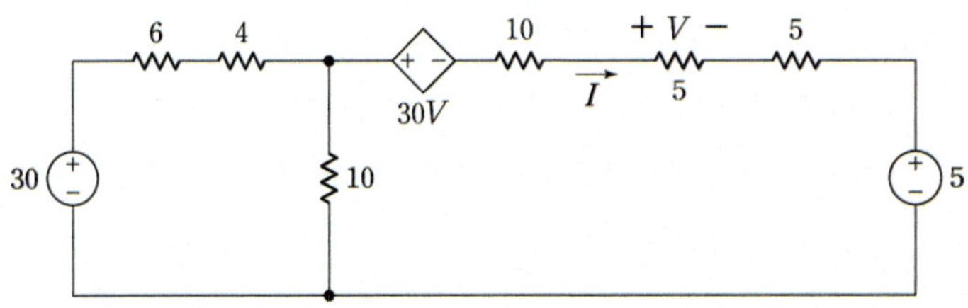

그림(b) 왼쪽 및 오른쪽의 전원을 전원 변환한 경우

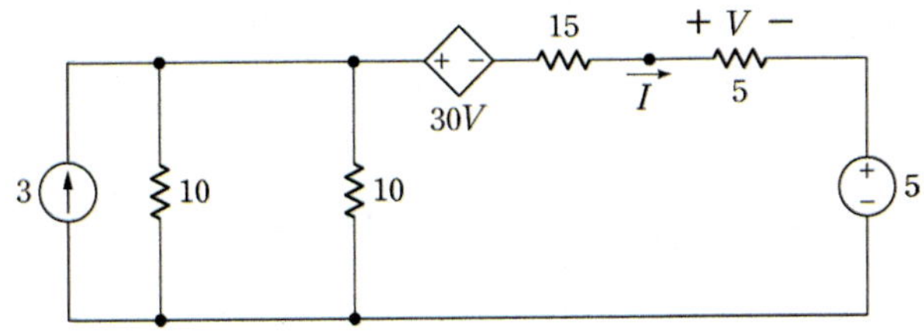

그림(c) 그림(b)의 등가회로

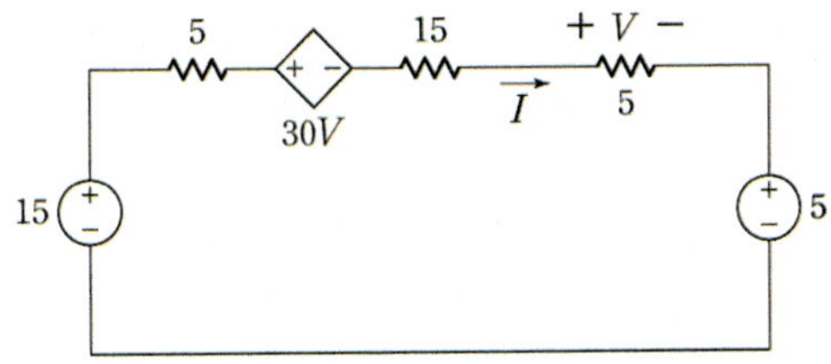

그림(d) 그림(c)의 등가회로

2) 그림(d)에 망로 해석법을 적용하여 풀이하면 다음과 같다.

$15-5=5I+30V+15I+5I, \quad V=5I \cdots ①$

3) 그러므로 I는 다음과 같이 구해진다.

$I=\dfrac{10}{175}\approx 57.1[\text{mA}] \cdots ②$

4.3 테브낭의 정리와 노턴의 정리를 이용한 회로 해석

전기회로는 다양한 구성과 형태를 가지며, 대부분의 응용에서 고유한 회로가 설계되어 사용된다. 그러나 종종 전체 회로에서 특정 부분만 가변되는 경우가 있다. 가변되는 특정한 부분은 대부분 부하(load)이며, 관련 회로의 출력 부분의 일종으로 이해하면 된다.

여기서는 앞에서 살펴본 전원 변환의 방법을 이용하여 가변 가능한 특정 부분을 제외한 회로의 나머지 전체를 전압원과 저항의 직렬 연결 회로로 혹은 전류원과 저항의 병렬 연결 회로로 변경하는 등가회로를 구하는 과정을 설명한다. 전자를 테브낭(M. L. Thevenin)의 등가회로, 후자를 노턴(E. L. Norton)의 등가회로라고 한다.

먼저 테브낭의 등가회로를 살펴보자. **테브낭의 등가회로는 그림 4.19에서 짐작할 수 있듯이 임의의 복잡한 회로를 하나의 전압원과 하나의 저항이 직렬로 연결된 형태로 등가 변환한 회로이다.**

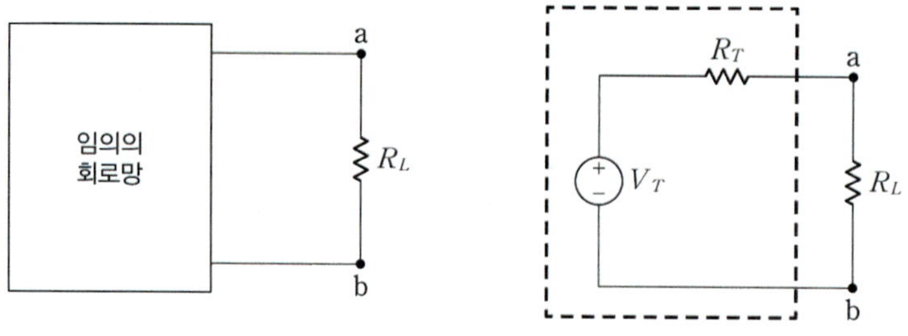

(a) 임의의 회로망 (b) 회로망 (a)의 테브낭 등가회로

| 그림 4.19 | 테브낭 등가회로

그림 4.19의 (a)는 원래의 복잡한 회로망을 부하(load, R_L)와 구분하여 도식화한 회로이고, (b)는 부하를 제외한 임의의 복잡한 회로망 부분을 테브낭 등가회로로 대체한 경우이다. 즉, 테브낭의 등가회로는 부하를 제외한 회로의 나머지 전체를 하나의 전압원(V_T)과 하나의 저항(R_T)이 직렬로 연결된 형태로 변환한 회로이다. 여기서 V_T와 R_T는 다음의 식으로 구해진다.

$$V_T = V_{oc} \tag{4.23}$$

$$R_T = R_{in} \tag{4.24}$$

식 (4.23)에서 V_{oc}는 개방회로(open circuit) 전압을 의미한다. 즉, V_T는 원래의 회로에서 부하 부분의 두 마디 a와 b에서 회로를 분리하고, 부하를 제외한 왼쪽의 회로에 걸리는 a−b 양단의 개방회로 전압이다. 그리고 R_T는 R_{in} 으로 표기했는데, 이것 또한 마찬가지로 a−b 양단에서 부하를 제외하고 왼쪽으로 들여다 본 입력 저항(input resistance)을 의미한다. 즉, R_T는 입력 저항이므로 모든 독립 전원을 제거(off)한 후의 합성저항을 구하는 것이다.

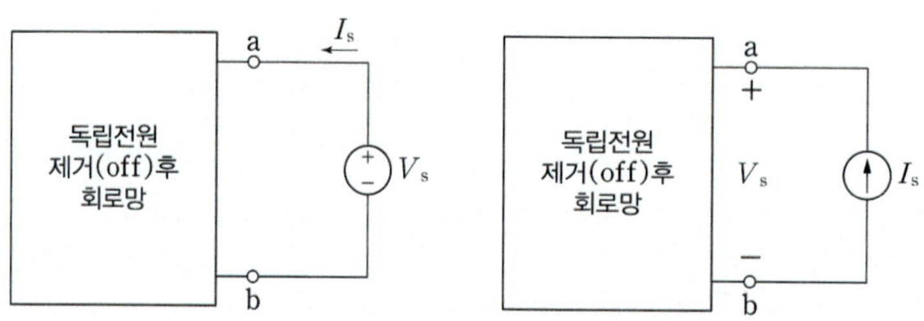

(a) 임의의 전압원 추가 (b) 임의의 전류원 추가

| 그림 4.20 | 종속 전원을 포함하는 경우 R_T를 구하기 위한 회로 구성 예

종속 전원을 포함하는 회로의 경우에는 R_T를 구하기가 쉽지 않다. 이 경우는 그림 4.20과 같이 개방한 a−b 마디 사이에 전압원 혹은 전류원을 추가하여 옴의 법칙으로부터 저항을 구할 수 있다. 이 때, 모든 독립 전원은 제거(off)되어야 한다.

즉, 모든 독립 전원이 제거(off)된 상태에서 임의의 독립 전압원 V_s 혹은 전류원 I_s를 추가한 후에 다음의 식으로 R_T를 구할 수 있다.

$$R_T = R_{in} = \frac{V_s}{I_s} \tag{4.25}$$

만약, 식 (4.25)에서 V_s를 1[V]로 가정하면 $1/I_s$의 값이 R_T가 된다. 그리고 I_s를 1[A]로 가정하면 V_s의 값이 R_T가 된다. 따라서 이 경우에는 R_T의 값이 음(negative)이 될 수 있는데, 이것은 임의의 회로망이 전력을 공급하는 경우로 이해하면 된다.

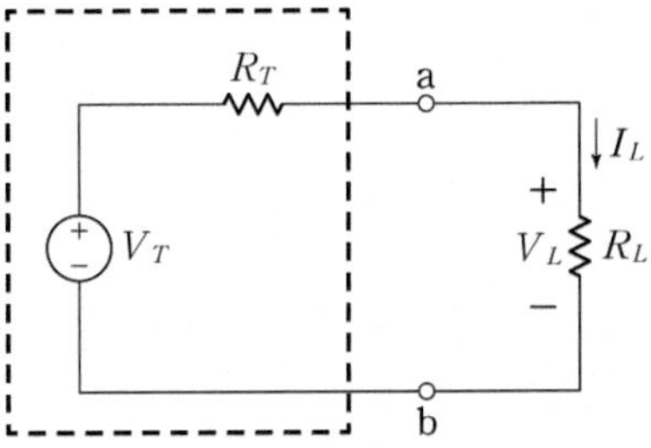

| 그림 4.21 | 테브낭 등가회로와 부하

그림 4.19 (b)와 같이 임의의 회로망을 테브낭 등가회로로 변경했다면, 이제 부하 저항(R_L)에 걸리는 전압과 전류는 그림 4.21로부터 다음과 같이 용이하게 구할 수 있다.

$$I_L = \frac{V_T}{R_T + R_L} \tag{4.26}$$

$$V_L = R_T I_L = \frac{R_T V_T}{R_T + R_L} \tag{4.27}$$

예제 4.3

그림에서 부하 저항 R_L이 각각 2[Ω], 4[Ω], 11[Ω]일 때, 부하가 흡수하는 전력을 구하라. 단, 각 소자에 표기된 값은 전압은 [V], 전류는 [A], 저항은 [Ω]의 단위를 가지는 값이다.

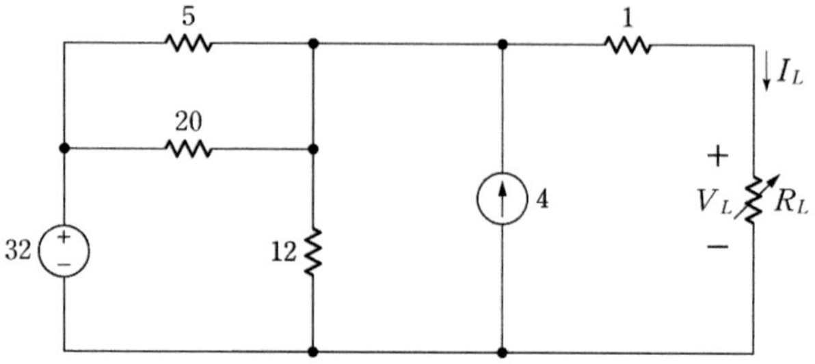

풀이

1) 테브낭의 등가회로를 찾으면 다음의 그림과 같다.

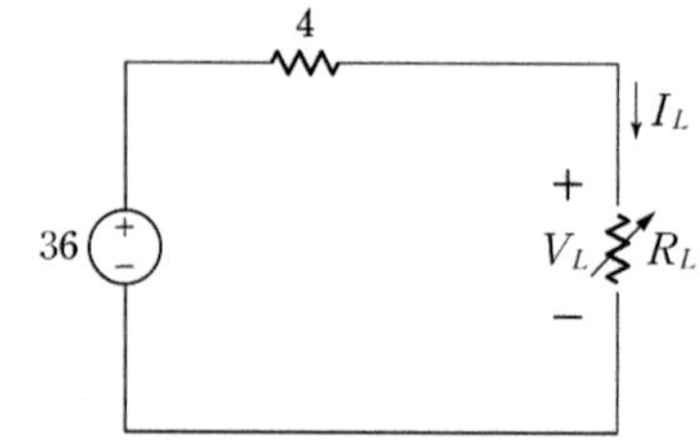

2) 테브낭 등가 저항 R_T는 부하 저항 R_L측의 두 마디를 분리하고, 모든 독립 전원을 제거한 후, 회로의 왼쪽으로 들여다 본 입력 저항이다. 따라서 다음과 같이 구해진다.

$R_T = 1 + 4//12 = 4[\Omega]$ ⋯ ①

3) 테브낭 등가 전압 V_T는 부하 저항 R_L측의 두 마디를 분리한 후의 회로의 개방전압이다. 따라서 중첩의 원리를 사용하면 다음과 같이 구해진다.

$V_T = (\frac{12}{4+12} \times 32) + (4//12) \times 4 = 36[\text{V}]$ ⋯ ②

4) R_L이 2[Ω]일 때, 부하가 흡수하는 전력은 다음과 같다.

$P = R_L I_L^2 = 2 \times (\frac{36}{4+2})^2 = 72[\text{W}]$ ⋯ ③

5) R_L이 4[Ω]일 때, 부하가 흡수하는 전력은 다음과 같다.

$P = R_L I_L^2 = 4 \times (\frac{36}{4+4})^2 = 81[\text{W}]$ ⋯ ④

6) R_L이 11[Ω]일 때, 부하가 흡수하는 전력은 다음과 같다.

$P = R_L I_L^2 = 11 \times (\frac{36}{4+11})^2 = 63.36[\text{W}]$⋯ ⑤

7) ③, ④, ⑤의 결과로부터 흥미있는 사실을 확인할 수 있다. 즉, 부하 저항이 너무 크거나 너무 작은 경우보다는 적절한 값일 때에 가장 큰 전력이 부하로 공급된다.

다음으로 노턴의 등가회로를 살펴보자. **노턴의 등가회로는 그림 4.22에서 짐작할 수 있듯이 임의의 복잡한 회로를 하나의 전류원과 하나의 저항이 병렬로 연결된 형태로 등가 변환한 회로이다.**

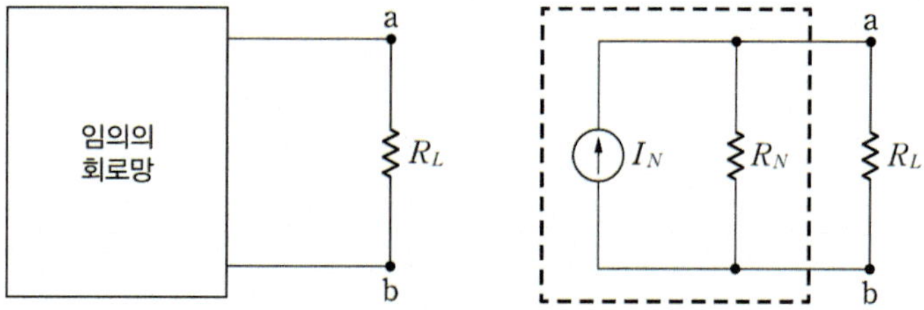

(a) 임의의 회로망 (b) 회로망 (a)의 노턴 등가회로

| 그림 4.22 | 노턴 등가회로

그림 4.22의 (b)는 부하를 제외한 임의의 복잡한 회로망 부분을 노턴 등가회로로 변경한 경우이다. 즉, 노턴의 등가회로는 부하를 제외한 회로의 나머지 전체를 하나의 전류원(I_N)과 하나의 저항(R_N)이 병렬로 연결된 형태로 변환한 회로이다. 여기서 I_N과 R_N은 다음의 식으로 구해진다.

$$I_N = I_{sc} \tag{4.28}$$

$$R_N = R_{in} \tag{4.29}$$

식 (4.28)에서 I_{sc}는 단락회로(short circuit) 전류를 의미한다. 즉, I_N은 원래의 회로에서 부하 부분의 두 마디 a와 b에서 회로를 분리한 후, 왼쪽 회로의 a−b 단자를 단락했을 때의 단락회로로 흐르는 전류이다. 그리고 R_N은 R_{in}으로 표기했는데, 이것은 테브낭 등가회로의 경우와 동일하게 a−b 양단에서 부하를 제외하고 왼쪽으로 들여다 본 입력 저항(input resistance)을 의미하며, R_T와 같다.

$$R_N = R_T \tag{4.30}$$

더욱이 그림 4.19 및 4.22의 (b)로부터 다음의 관계식을 얻을 수 있다.

$$V_T = R_N I_N \tag{4.31}$$

식 (4.31)은 또 다른 중요성을 가진다. 즉, 테브낭의 등가회로 혹은 노턴의 등가회로에서 등가 저항은 다음 식으로 구해질 수 있다는 것이다.

$$R_T = R_N = \frac{V_{oc}}{I_{sc}} \tag{4.32}$$

식 (4.30) 및 (4.31)로부터 테브낭의 정리와 노턴의 정리는 전원 변환과 동일하므로, 전원 변환을 테브낭–노턴 변환이라고도 한다.

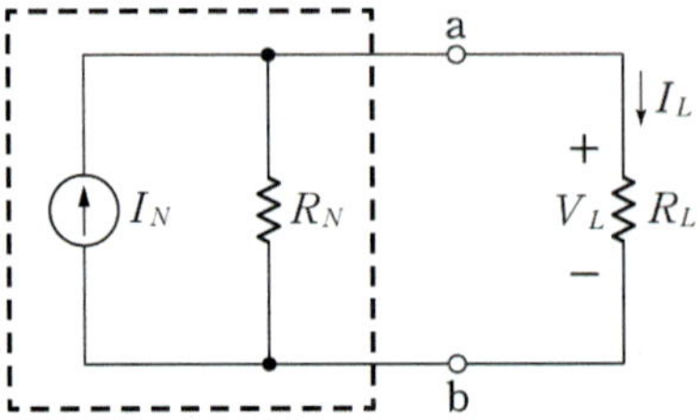

| 그림 4.23 | 노턴 등가회로와 부하

그림 4.22 (b)와 같이 임의의 회로망을 노턴 등가회로로 변경했다면, 이제 부하(R_L)에 걸리는 전압과 전류는 그림 4.23으로부터 다음과 같이 용이하게 구할 수 있다.

$$I_L = \frac{R_N}{R_N + R_L} I_N \tag{4.33}$$

$$V_L = R_L I_L = \frac{R_L R_N}{R_N + R_L} I_N \tag{4.34}$$

예제 4.4

그림에서 부하 저항을 1[Ω]저항이라고 가정하자. 노턴 등가회로(I_N, R_N)를 구하라. 단, 각 소자에 표기된 값은 전압은 [V], 전류는 [mA], 저항은 [kΩ]의 단위를 가지는 값이다.

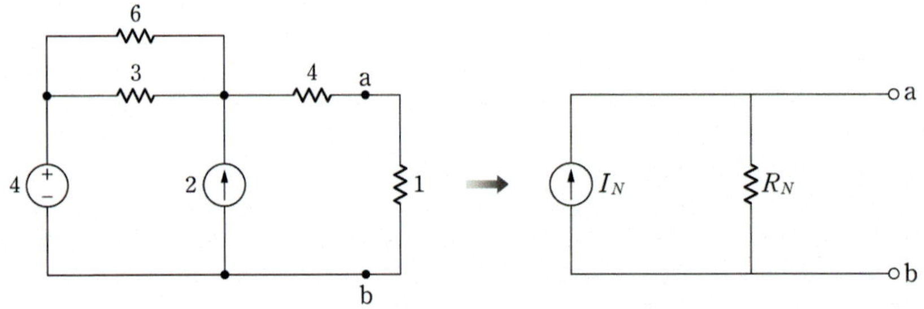

풀이

1) 노턴의 등가회로를 찾기 위하여 먼저 a–b 단자를 분리하여 다음 그림과 같이 a–b 단자를 단락한 후, 단락전류를 구한다. 단락전류는 두 개의 독립 전원에 대하여 중첩의 원리를 사용하면 쉽게 구할 수 있다.

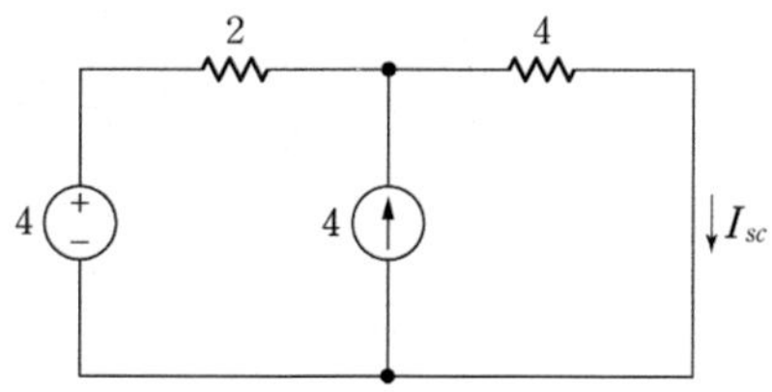

$I_{sc}=(\frac{4}{2+4})+(\frac{2}{2+4}\times 4)=2[\text{mA}]=I_N \cdots$ ①

2) 노턴 등가 저항 R_N은 부하 저항의 두 마디를 분리하고, 모든 독립 전원을 제거한 후 회로의 왼쪽으로 들여다 본 입력 저항이므로 다음과 같이 구해진다.

$R_N=2+4=6[\Omega] \cdots$ ②

예제 4.5

그림의 회로망을 노턴의 등가회로로 변경하라. 단, 각 소자에 표기된 값은 전압은 [V], 저항은 [Ω]의 단위를 가지는 값이다.

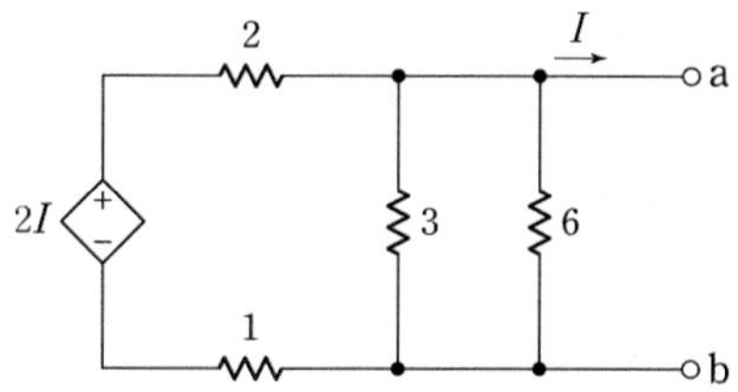

풀이

1) 노턴의 등가회로를 찾기 위하여 먼저 a−b 단자를 단락하면 단락전류 $I_{sc}=I_N$이므로, 다음 그림에 KVL을 적용하여 쉽게 구할 수 있다.

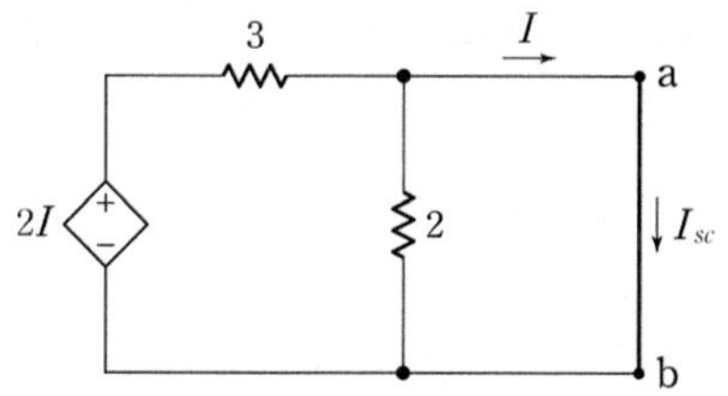

$-2I+3I=0 \rightarrow I=0 \cdots$ ①

$I_{sc}=I=0 \cdots$ ②

2) 노턴 등가 저항 R_N은 a−b 단자에서의 입력 저항이다. 그러나 종속 전원만을 포함하고 있어서 주어진 회로에서 R_N을 바로 구할 수는 없다. 그러므로 다음 그림과 같이 a−b 단자에 1[A]의 전류원을 추가하고 a−b 양단에서 전압을 구하면 그 값이 바로 R_N이 된다.

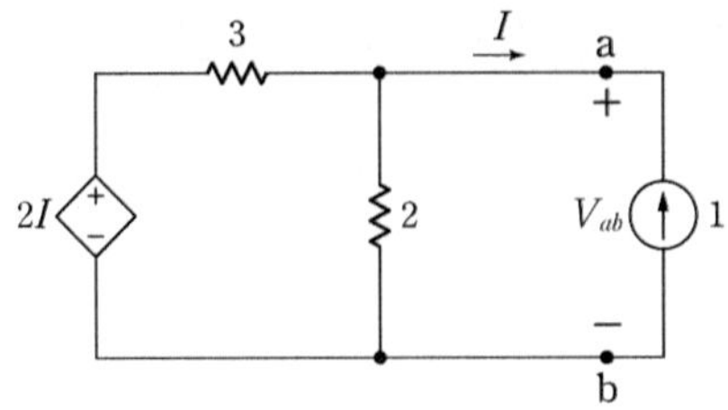

즉, 다음과 같다.

$$R_N = \frac{V_{ab}[V]}{1[A]} = V_{ab}[\Omega] \cdots ③$$

이제 마디 해석법을 사용하면 다음의 식을 유도할 수 있다.

$$\frac{V_{ab}}{2} + \frac{V_{ab} - 2I}{3} = 1 \cdots ④$$

그리고 $I = -1$[A] 이므로, ④로부터 V_{ab}는 다음과 같이 구해진다.

$$5V_{ab} = 6 - 4 = 2 \rightarrow V_{ab} = 0.4[\text{V}] \cdots ⑤$$

그러므로 노턴 등가 저항은 다음과 같다.

$$R_N = V_{ab} = 0.4[\Omega] \cdots ⑥$$

3) 노턴 등가회로는 다음과 같다.

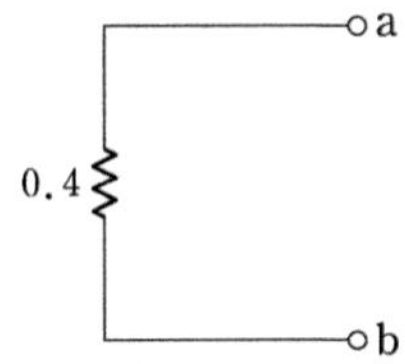

4.4 델타-와이 변환

복잡한 전기회로에서는 저항이 직렬 혹은 병렬로 연결되지 않고, 더 복잡하게 연결되는 경우를 흔히 볼 수 있다. △-형태의 혹은 Y-형태로 연결된 저항은 단순히 직렬 혹은 병렬 합성에 의한 방법으로는 합성저항을 구할 수 없다.

그림 4.24를 가정하자.

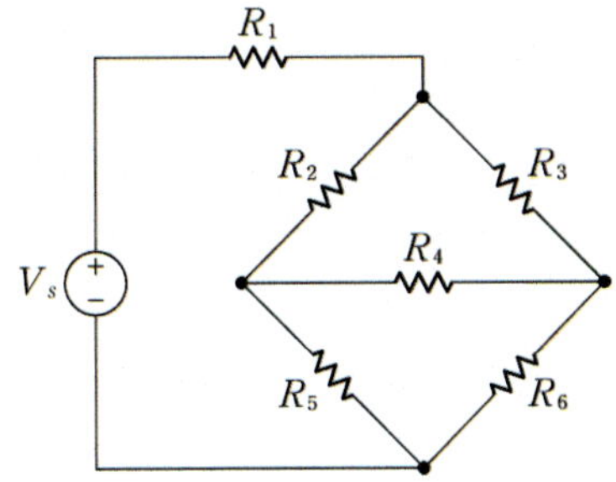

| 그림 4.24 | 임의의 브리지 회로망

그림 4.24에서 저항들은 직렬 연결도 병렬 연결도 아닌 형태로 연결되어 있다. 따라서 이 경우는 합성 저항 등을 구하기가 쉽지 않다. 이러한 형태의 일반적인 구성을 △-형태 혹은 Y-형태라고 한다.

세 개의 저항이 △-형태 혹은 Y-형태로 연결된 그림 4.25를 고려하자.

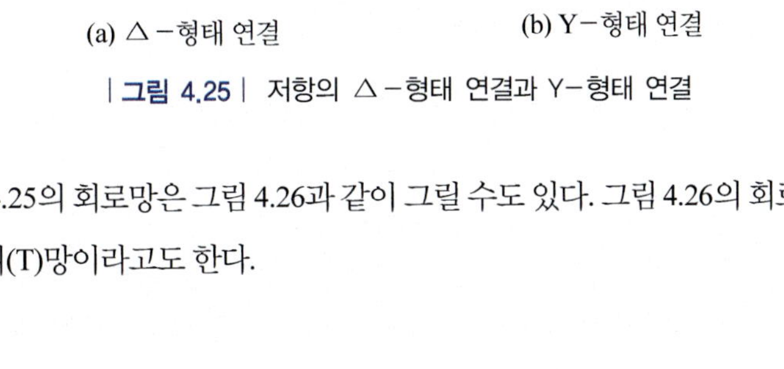

(a) △-형태 연결　　(b) Y-형태 연결

| 그림 4.25 | 저항의 △-형태 연결과 Y-형태 연결

그런데 그림 4.25의 회로망은 그림 4.26과 같이 그릴 수도 있다. 그림 4.26의 회로망을 각각 파이(Π)망 그리고 티(T)망이라고도 한다.

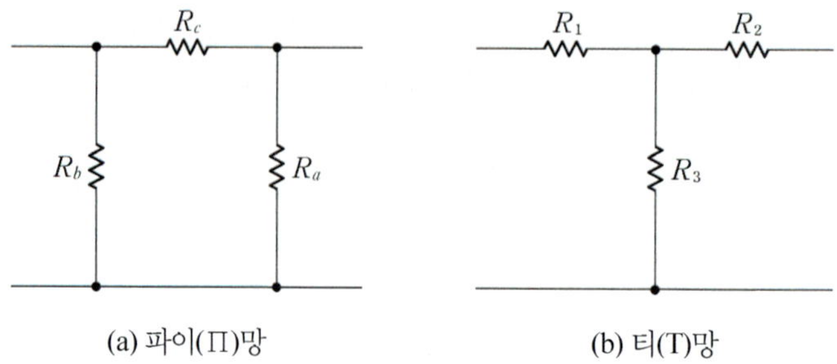

| 그림 4.26 | 저항의 파이(Π)망 연결과 티(T)망 연결

그림 4.26의 (a)는 그림 4.25의 (a)와 동일한 회로망이고, 그림 4.26의 (b)는 그림 4.25의 (b)와 동일한 회로망이다. 이제 우리는 Π망 대신에 △ 망, T망 대신에 Y망을 사용한다.

△ 망과 Y망이 상호 변환될 수 있으면 그림 4.24의 브리지 회로는 매우 쉽게 해석할 수 있다. 이제 이들 사이의 상호 변환을 위한 관계식을 유도해 보자. 이를 위하여 그림 4.26을 그림 4.27과 같이 다시 도시하였다.

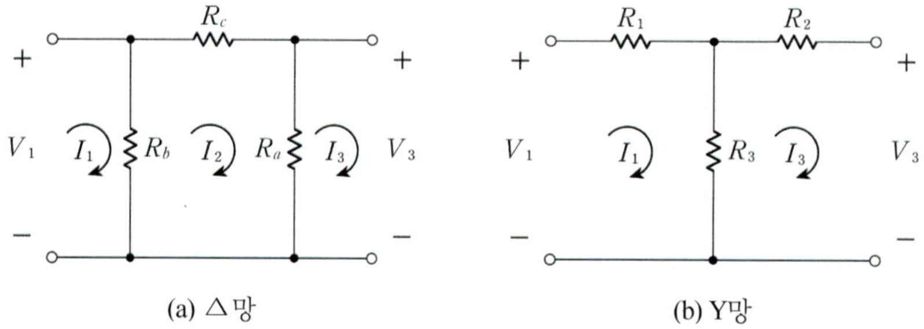

| 그림 4.27 | △ 망과 Y망의 상호 관계식을 유도하기 위한 회로

이제 그림 4.27의 두 회로망에 망로 방정식을 적용하여 상호 비교하면 두 망에 존재하는 저항의 상호 관계식이 유도된다.

먼저 그림 4.27의 (a) 회로망에서 다음과 같이 세 개의 망로 방정식을 유도할 수 있다.

$$R_bI_1 - R_bI_2 = V_1 \tag{4.35}$$

$$R_cI_2 + R_a(I_2 - I_3) + R_b(I_2 - I_1) = 0 \;\rightarrow\; R_bI_1 - (R_a + R_b + R_c)I_2 + R_aI_3 = 0 \tag{4.36}$$

$$R_aI_2 - R_aI_3 = V_3 \tag{4.37}$$

그리고 그림 4.27의 (b) 회로망에서 다음과 같이 두 개의 망로 방정식을 유도할 수 있다.

$$R_1I_1 + R_3I_1 - R_3I_3 = V_1 \ \rightarrow \ (R_1 + R_3)I_1 - R_3I_3 = V_1 \tag{4.38}$$

$$R_3I_1 - R_2I_3 - R_3I_3 = V_3 \ \rightarrow \ R_3I_1 - (R_2 + R_3)I_3 = V_3 \tag{4.39}$$

식 (4.37)을 식 (4.35) 및 (4.36)에 대입하여 식 (4.38) 및 (4.39)와 같이 미지의 변수를 I_1과 I_3만 가지도록 정리한다. 그 결과를 식 (4.38) 및 (4.39)와 각각의 항별로 비교하여 정리하면 다음의 식을 유도할 수 있다.

$$R_1 = \frac{R_bR_c}{R_a + R_b + R_c} \tag{4.40}$$

$$R_2 = \frac{R_cR_a}{R_a + R_b + R_c} \tag{4.41}$$

$$R_3 = \frac{R_aR_b}{R_a + R_b + R_c} \tag{4.42}$$

즉, 식 (4.40), (4.41), (4.42)를 적용하면 △망으로 연결된 저항이 Y망으로 연결되는 저항 회로로 변환된다. 이것은 그림 4.28과 같다. 그런데 그림 4.28을 자세히 살펴보면 흥미로운 사실을 확인할 수 있다. 식 (4.40)에서 R_1을 구하기 위한 식의 분자에 있는 두 저항 R_b와 R_c가 그림 4.28에서 R_1의 양쪽에 위치한다. 이것은 R_2와 R_3의 경우에도 성립한다.

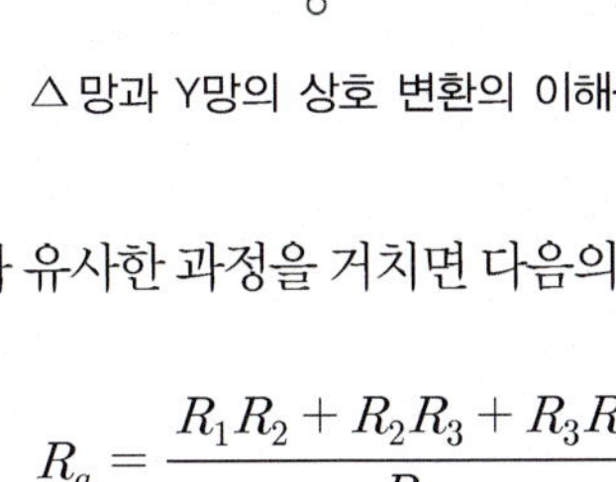

| 그림 4.28 | △망과 Y망의 상호 변환의 이해를 위한 회로망

식 (4.40)~(4.42)의 유도 과정과 유사한 과정을 거치면 다음의 식도 유도할 수 있다.

$$R_a = \frac{R_1R_2 + R_2R_3 + R_3R_1}{R_1} \tag{4.43}$$

$$R_b = \frac{R_1R_2 + R_2R_3 + R_3R_1}{R_2} \tag{4.44}$$

$$R_c = \frac{R_1R_2 + R_2R_3 + R_3R_1}{R_3} \tag{4.45}$$

그림 4.28과 식 (4.43)~(4.45)도 자세히 살펴보면 흥미로운 사실을 확인할 수 있다. 식 (4.43)에서 R_a를 구하기 위한 식의 분모에 있는 저항이 R_1 인데, R_1은 그림 4.28에서 R_a의 바라다 보이는 위치에 있다. 이것은 R_b와 R_c의 경우에도 성립한다.

예제 4.6

그림에서 $R_1=R_2=R_3=10[\Omega]$일 때, R_a, R_b, R_c를 각각 구하라.

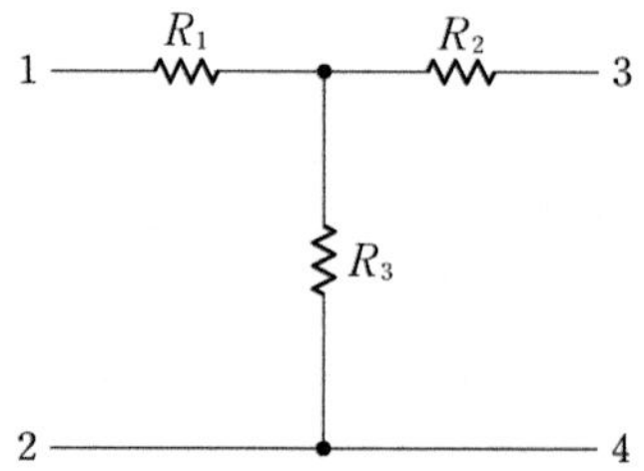

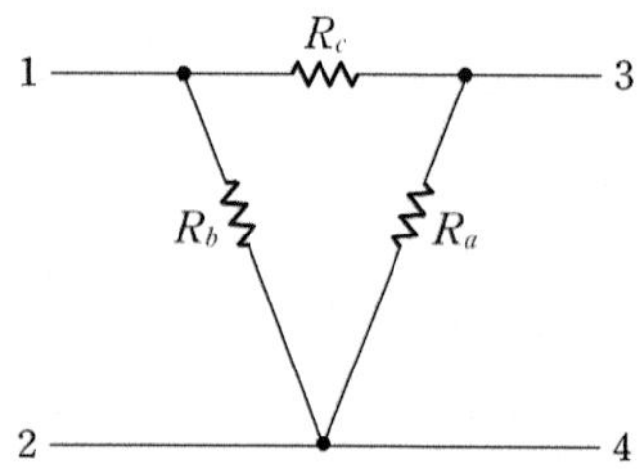

풀이

$$R_a = \frac{R_1R_2 + R_2R_3 + R_3R_1}{R_1} = 30[\Omega]$$

$$R_b = \frac{R_1R_2 + R_2R_3 + R_3R_1}{R_2} = 30[\Omega]$$

$$R_c = \frac{R_1R_2 + R_2R_3 + R_3R_1}{R_3} = 30[\Omega]$$

예제 4.7

그림에서 $R_a = R_b = R_c = 30[\Omega]$일 때, R_1, R_2, R_3를 각각 구하라.

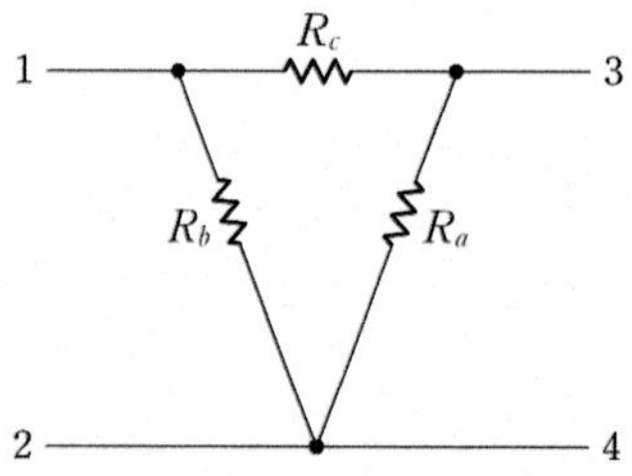

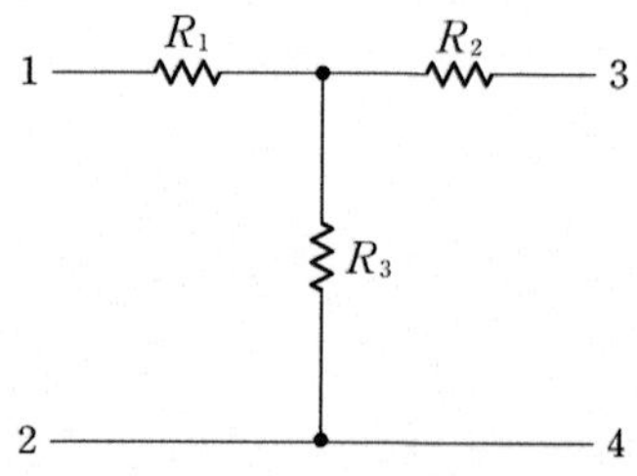

풀이

$$R_1 = \frac{R_b R_c}{R_a + R_b + R_c} = 10[\Omega]$$

$$R_2 = \frac{R_c R_a}{R_a + R_b + R_c} = 10[\Omega]$$

$$R_3 = \frac{R_a R_b}{R_a + R_b + R_c} = 10[\Omega]$$

4.5 최대전력전달

전기회로의 설계에서 공통적인 목적의 하나가 부하에 최대의 전력을 공급하는 것이다. 4.3절의 예제 4.3에서 부하 저항의 값에 따른 흡수 전력을 구해 보았다. 여기서 흥미있는 결과를 얻을 수 있었다. 부하 저항의 값이 크거나 작은 경우보다는 어떤 특정 값을 가질 때, 그 부하에 최대전력이 전달된다는 사실이었다.

그림 4.29를 고려하자.

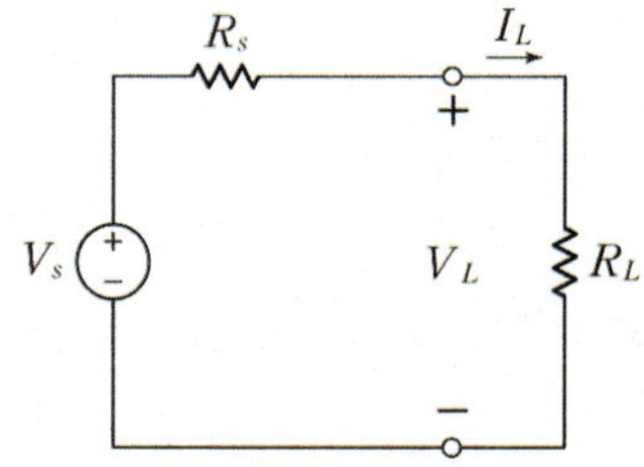

| 그림 4.29 | 최대전력전달을 위한 회로 예

그림 4.29는 전원 변환 혹은 테브낭의 등가회로와 동일한 구조의 회로이다. 즉, 그림 4.29는 임의의 회로를 부하 저항을 제외하고, 회로의 나머지 전체를 하나의 전압원과 하나의 저항이 직렬로 연결된 회로망으로 등가 변환한 경우이다. 이렇게 하면 전압원에서 공급되는 전력이 부하 저항 R_L에 최대로 전달되기 위한 부하 저항의 조건을 쉽게 찾을 수 있다.

부하 저항에서 흡수하는 전력은 다음과 같이 구해진다.

$$P_L = R_L I_L^2 = R_L \left(\frac{V_s}{R_s + R_L}\right)^2 \tag{4.46}$$

주어진 회로에서 V_s와 R_s는 고정되어 있으므로, 부하로 공급되는 전력이 최대가 되기 위해서는 R_L의 값을 적절하게 조정하면 된다.

식 (4.46)을 R_L에 따른 P_L로 도식화하면 그림 4.30과 같다.

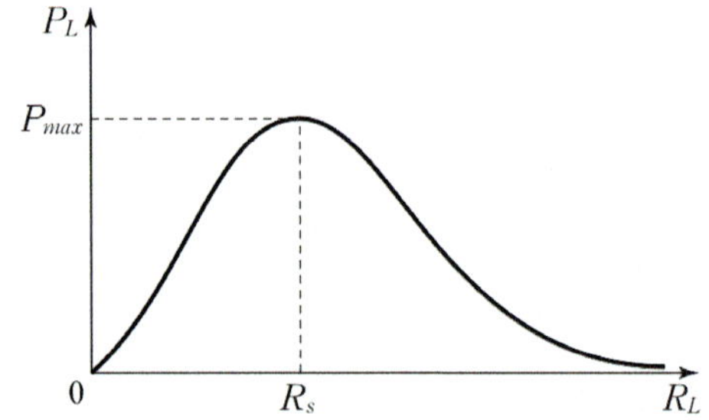

| 그림 4.30 | R_L에 따른 P_L의 변화 곡선

그림 4.30에서 알 수 있듯이 부하에 흡수되는 전력은 부하 저항 R_L이 전원 변환된 등가회로의 등가 저항 R_s의 값과 동일할 때이다. 이제 이를 유도해 보자.

P_L이 최대가 되는 R_L의 값은 다음과 같다. 즉, 식 (4.46)을 부하 저항 R_L로 미분해서 그 결과가 0이 되는 R_L의 값이다. 따라서 다음과 같이 유도된다.

$$\frac{dP_L}{dR_L} = \frac{(R_s + R_L)^2 - 2R_L(R_s + R_L)}{(R_s + R_L)^4} V_s^2 = 0 \tag{4.47}$$

식 (4.47)으로부터 다음의 결과를 얻는다.

$$R_L = R_s \tag{4.48}$$

즉, **부하 저항의 값이 전원 변환된 회로의 등가 저항의 값과 동일할 때, 가장 큰 전력을 부하에서 흡수할 수 있다.**

부하에 전달되는 최대 전력은 식 (4.48)을 식 (4.46)에 대입하여 정리하면 다음과 같이 얻을 수 있다.

$$P_{L|\max} = \frac{V_s^2}{4R_s} \tag{4.49}$$

그림 4.31의 회로를 가정하자. 부하 저항에 최대 전력이 전달되기 위한 R_L의 값과 이때, 전달되는 최대전력을 각각 구해보자. 여기서 각 소자에 표기된 값은 전압은 [V], 전류는 [A], 저항은 [Ω]의 단위를 가지는 값이다.

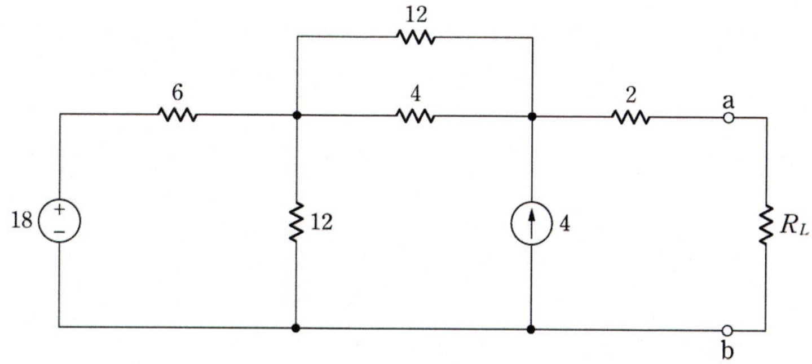

| 그림 4.31 | 예제 회로

테브낭 등가회로를 찾으면 쉽게 구할 수 있다. 먼저 12[Ω]과 4[Ω]의 병렬합성저항 3[Ω]을 구한 후, 테브낭 등가 전압 V_T는 중첩의 원리로부터 다음과 같이 구해진다.

$$V_T = \left(\frac{12}{6+12} \times 18\right) + \left((3 + 6//12) \times 4\right) = 40[\mathrm{V}] \tag{4.50}$$

그리고 테브낭 등가 저항 R_T는 다음과 같다.

$$R_T = 2 + 3 + (6//12) = 9[\Omega] \tag{4.51}$$

그러므로 최대 전력을 공급받기 위한 $\mathrm{R_L}$의 값과 그 때 전달되는 최대 전력은 다음과 같다.

$$R_L = R_T = 9[\Omega] \tag{4.52}$$

$$P_{L|\max} = \frac{V_T^2}{4R_T} = \frac{40^2}{4 \times 9} \approx 44.44[\mathrm{W}] \tag{4.53}$$

예제 4.8

그림에서 저항 R_L에 전달될 수 있는 최대전력을 구하라. 단, 각 소자에 표기된 값은 전압은 [V], 전류는 [A], 저항은 [Ω]의 단위를 가지는 값이다.

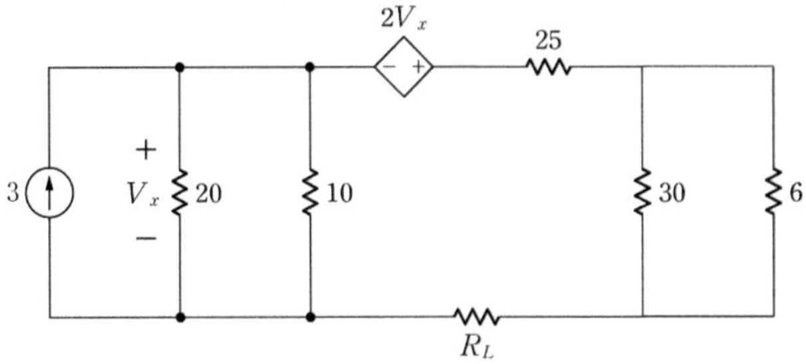

풀이

1) 먼저 테브낭의 등가회로를 찾기 위하여 V_{oc}와 R_T를 구한다. 저항 R_L 양단을 분리한 후에 V_{oc}를 구하면 다음과 같다.

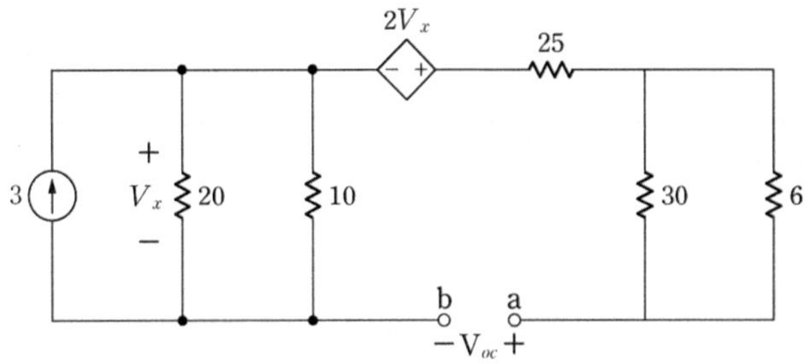

$V_{oc} = 3V_x$ ···· ①

$V_x = (10//20) \times 3 = 20$[V] ··· ②

그러므로 $V_{oc} = 60$[V]이다.

2) R_T를 구하기 위하여 독립 전원을 제거하고 나면 종속 전원만 남게 된다. 이 경우는 1[A]의 전류원을 추가함으로써 전압을 통해 R_T를 구할 수 있다.

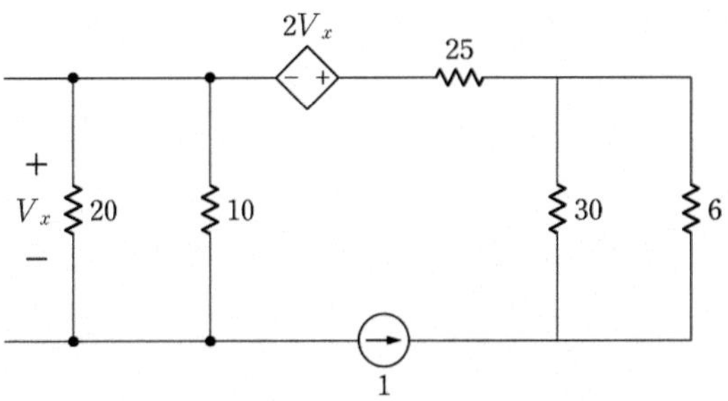

$R_T = 30 + 3V_x$ ··· ③

$V_x = \dfrac{20 \times 10}{20 + 10} \times 1$ ··· ④

그러므로 $R_T = 50[\Omega]$이다.

3) 최대 전력을 공급받기 위한 R_L의 값과 그 때 전달되는 최대 전력은 다음과 같다.

$$R_L = R_T = 50[\Omega],\ P_{\max} = \frac{V_{oc}^2}{4R_T} = \frac{60^2}{4\times 50} = 18[\mathrm{W}]$$

연습문제

1 그림 P1에서 전류 I를 중첩의 원리를 사용하여 구하라. 단, 회로에 표기된 값은 [A], [V], [Ω]의 단위를 가지는 값이다.

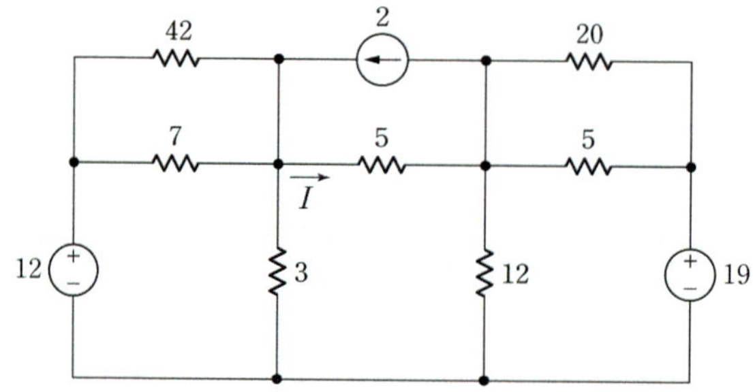

| 그림 P1 |

2 그림 P2의 a−b 단자에서 테브낭 등가회로를 구하라. 단, 회로에 표기된 값은 [A], [V], [Ω]의 단위를 가지는 값이다.

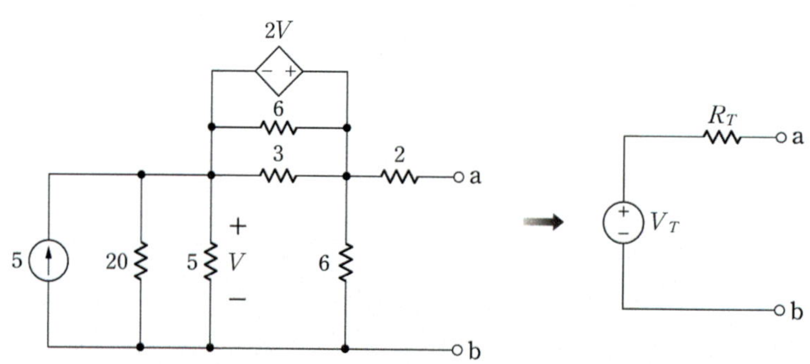

| 그림 P2 |

3 그림 P3에서 전류 I를 구하라. 단, 회로에 표기된 값은 [V], [Ω]의 단위를 가지는 값이다.

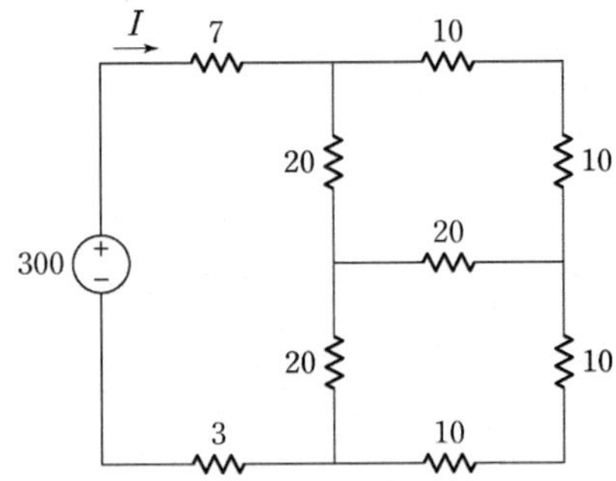

| 그림 P3 |

4 그림 P4에서 $R=5[\Omega]$일 때, 전압 V를 구하라. 단, 회로에 표기된 값은 [A], [Ω]의 단위를 가지는 값이다.

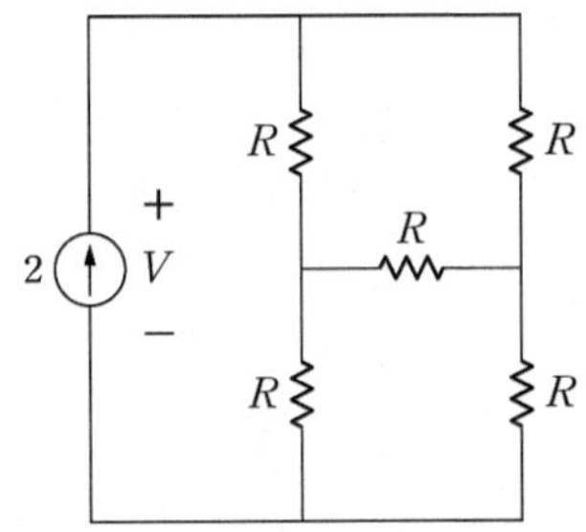

| 그림 P4 |

5 2021년 전기/전기공사 회로에서 전압 V_{ab} [V]는?

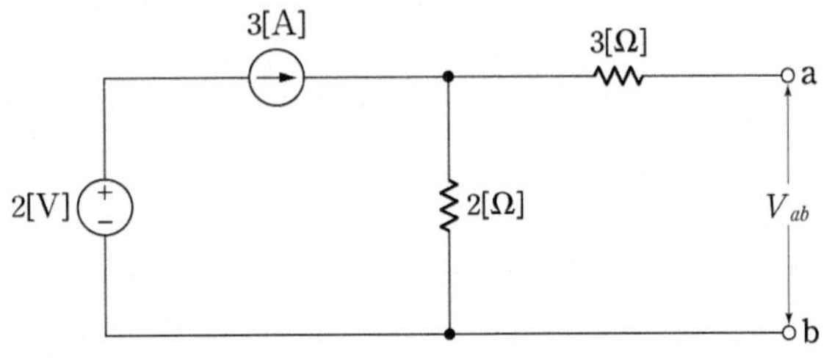

| 그림 P5 |

① 2 ② 3

③ 6 ④ 9

6 2022년 전자 **Norton의 정리에 대한 설명 중 (　) 안의 내용으로 바르게 나열된 것은?**

> 어떤 임의의 회로에서 해석하고자 하는 부하에 대한 Norton의 정리를 통한 해석은 부하를 제거 한 후, (㉠)과 등가 저항을 구한 후, 등가 회로를 (㉡)로 구성한 후, 부하를 연결하여 해석한다.

① ㉠ 등가 전압원, ㉡ 병렬
② ㉠ 등가 전류원, ㉡ 직렬
③ ㉠ 등가 전압원, ㉡ 직렬
④ ㉠ 등가 전류원, ㉡ 병렬

7 2021년 전기공사 **그림의 회로에서** a, b **양단에** 220[V]**의 전압을 인가했을 때 전류** I**가** 1[A]**이었다. 저항** R**은 몇** [Ω]**인가?**

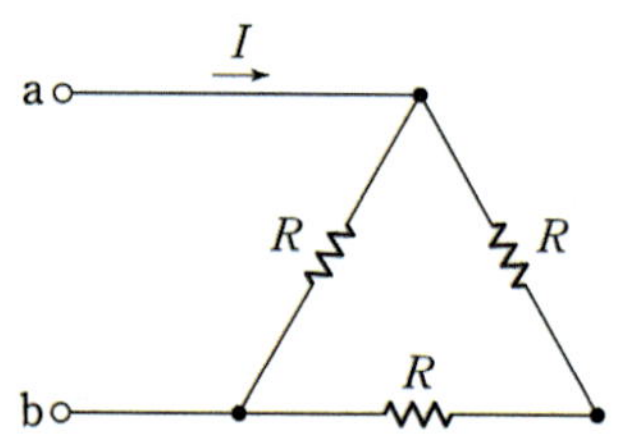

| 그림 P7 |

① 100　　② 150
③ 220　　④ 330

8 2022년 공무원 다음 회로에서 저항 R_L에 최대전력을 전달하기 위한 $R_L[\Omega]$은?

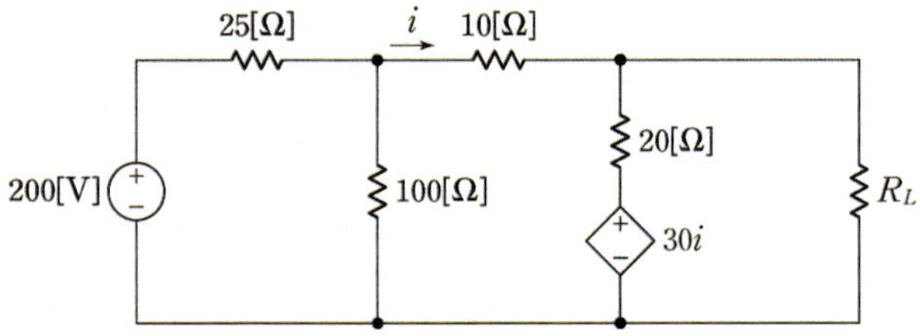

| 그림 P8 |

① 2.5 ② 5

③ 7.5 ④ 10

9 2022년 공무원 다음 회로에서 a-b단에서 좌측으로 본 테브난 등가저항 $R_{th}\,[\Omega]$는?

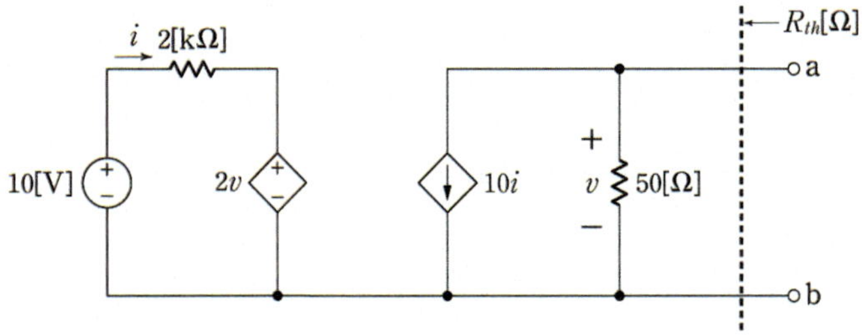

| 그림 P9 |

① 25 ② 50

③ 75 ④ 100

10 2024년 공무원 다음 회로에서 전류 I_o [A]는?

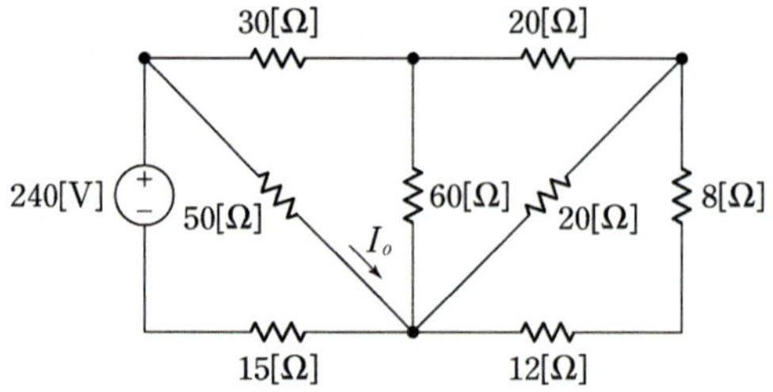

| 그림 P10 |

① 3　　② 4

③ 5　　④ 6

CHAPTER

05 커패시터와 인덕터

학습목표

❶ 커패시터와 커패시터의 전압-전류 특성을 이해할 수 있다.
❷ 인덕터와 인덕터의 전압-전류 특성을 이해할 수 있다.
❸ 커패시터와 인덕터의 직렬연결과 병렬연결의 특성을 이해할 수 있다.
❹ 이상 연산증폭기의 특성을 이해하고, 커패시터와 인덕터를 사용하여 미분기와 적분기를 구현할 수 있다.

5.1 커패시터

전기회로에 가장 흔하게 사용되는 회로소자는 저항이지만, 저항 하나만으로는 다양한 응용의 전기회로를 구현할 수가 없다. 전원회로, 필터회로, 동조회로, 변압회로 등의 응용 회로에는 에너지 저장 소자가 필수로 요구된다. 여기서는 먼저 커패시터라는 에너지 저장 소자를 살펴본다.

커패시터(capacitor)는 전기장의 개념으로 에너지를 저장할 수 있는 수동 회로소자이다. 커패시터는 충전과 방전 기능을 가지는 전원회로, 특정 주파수대의 신호를 필터링하는 회로, 정보의 저장 기능을 담당하는 컴퓨터 기억소자 등의 응용에서 널리 사용된다.

커패시터는 그림 5.1(a)와 같이 두 도체판 사이에 비전도성 물질인 절연체를 삽입한 구조이다.

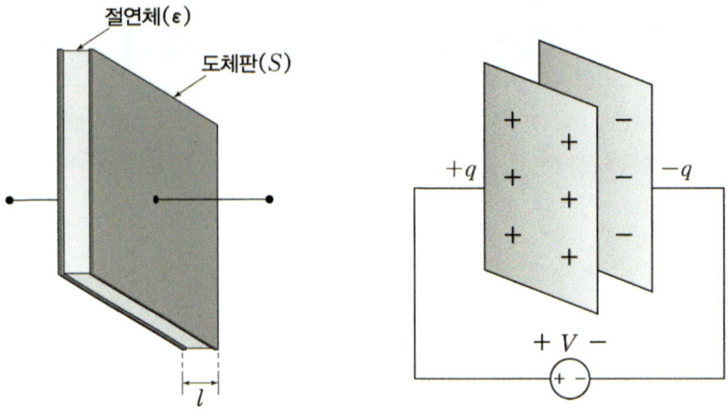

(a) 커패시터의 구성 (b) 커패시터의 전원 공급

| 그림 5.1 | 커패시터의 구성과 전원 공급 예

그림 5.1(b)와 같이 커패시터에 전원이 공급되면 커패시터의 한 쪽 도체판에는 양전하가 축적되고, 다른 쪽 도체판에는 음전하가 축적된다. 축적되는 전하량은 다음과 같이 공급하는 전압에 비례한다.

$$q(t) = Cv(t) \text{ 또는 } Q = CV \tag{5.1}$$

식 (5.1)에서 비례상수 C를 **커패시턴스(capacitance)**라고 한다. 커패시턴스의 값은 커패시터에 사용된 절연체의 종류, 도체판의 면적, 그리고 도체판 사이의 거리 등에 의해 식 (5.2)와 같이 결정된다.

$$C = \epsilon\frac{S}{l}[\mathrm{F}] \tag{5.2}$$

식 (5.2)에서 알 수 있듯이 커패시턴스는 두 도체판의 면적(S)에 비례하고, 두 도체판 사이의 거리(l)에 반비례하며, 비례상수는 절연체의 유전율(ϵ)이다. 참고로 공기 혹은 진공의 유전율(permittivity)은 8.854[pF/m]이다. 대부분의 커패시터는 크기를 줄이기 위하여 공기보다 훨씬 큰 유전율을 가진 절연체를 사용한다. 예를 들어서 운모(mica), 폴리에스테르(polyester), 세라믹(ceramic), 전해질(electrolyte) 등이 있으며, 사용된 절연체의 재질에 따라서 운모 커패시터, 폴리에스테르 커패시터, 세라믹 커패시터, 전해 커패시터라고 부른다. 그림 5.2에 실제 활용되고 있는 여러 가지 커패시터를 보여주고 있다.

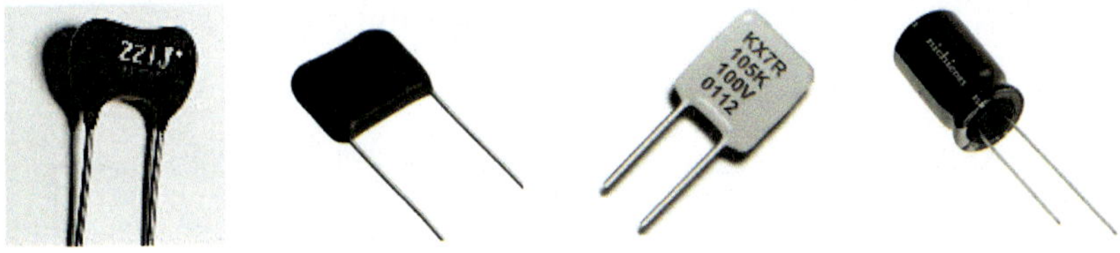

| 그림 5.2 | 널리 사용되고 있는 여러 가지 커패시터

커패시터의 용량을 의미하는 커패시턴스의 단위는 영국의 물리학자 마이클 패러데이(Michael Faraday)의 이름에서 딴 패럿([F], farad)을 사용한다. 식 (5.1)로부터 패럿의 단위는 다음의 의미도 있다.

$$[\mathrm{F}] = \frac{[\mathrm{C}]}{[\mathrm{V}]} \tag{5.3}$$

즉, 1[F]은 1[V]의 전압이 공급될 때, 1[C]의 전하량을 축적할 수 있는 커패시터의 용량이다.

커패시터의 회로 기호는 그림 5.3과 같다.

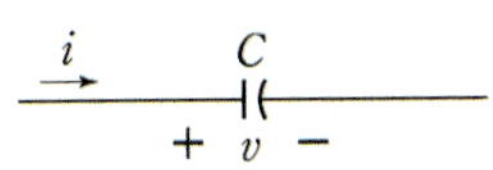

| 그림 5.3 | 커패시터의 회로 기호

커패시터 양단의 전압은 식 (5.1)로 알 수 있다. 그렇다면 그림 5.3에 표시된 커패시터를 통해 흐르는 전류는 어떻게 구할 수 있을까? 전류와 전하의 관계식으로부터 다음과 같이 유도할 수 있다.

$$i(t) = \frac{dq(t)}{dt} = C\frac{dv(t)}{dt} \tag{5.4}$$

식 (5.4)로부터 커패시터 양단에 공급되는 전압이 시간에 따라 변하지 않으면, 전류가 흐르지 않는다는 사실을 알 수 있다. 이것은 그림 5.1에서도 알 수 있는데, 만약 공급되는 전압이 일정하면, 그림 5.1(b)에서 알 수 있듯이 두 도체판에 일정한 양의 전하가 축적, 즉 에너지가 저장될 뿐이고, 두 도체판 사이를 이동하지는 않는다. 즉, 커패시터의 두 도체판 사이는 절연체로 채워져 있어서 직류 전원에서 전류가 흐를 수 없다. 그러므로 **직류 전원에 대하여 커패시터는 개방 회로로 동작한다.** 더 정확하게 표현하면, 커패시터는 직류 정상상태(steady-state)에서 개방회로로 동작한다. 여기서 정상상태란 시간이 무한히 흐른 후에 상태(state)가 안정적인 경우를 의미하며, 6장에서 자세히 설명된다.

그렇다면 공급되는 전압이 시간에 따라 변하는 교류 형태이면 커패시터를 통해 전류가 흐를 수 있는가? 이것은 두 도체판 사이의 절연체를 통해 전류가 흐를 수 있는가의 문제이다. 이를 설명하기 위하여 스코틀랜드의 과학자 맥스웰(James C. Maxwell)이 변위전류(displacement current)의 개념을 도입하였다. 그러나 여기서는 자세한 내용을 생략한다.

더욱이 **커패시터를 통해 흐르는 전류는 물리적으로 무한대가 될 수는 없으므로, 식 (5.4)로부터 커패시터 양단의 전압은 결코 순간적인 변화를 일으킬 수 없다**는 사실도 알 수 있다. 즉, 커패시터 양단의 전압은 미분 가능이므로 연속성의 특성을 가진다. 그러나 커패시터를 통해 흐르는 전류는 순간적인 변화가 가능하다.

커패시터의 전류(i)와 전압의 시간 변화분($\frac{dv}{dt}$) 사이의 관계는 식 (5.4)와 같이 선형의 특성을 가지며, 이 때 선형 관계의 비례상수가 바로 커패시턴스이다. 이를 그림 5.4에 나타내었다.

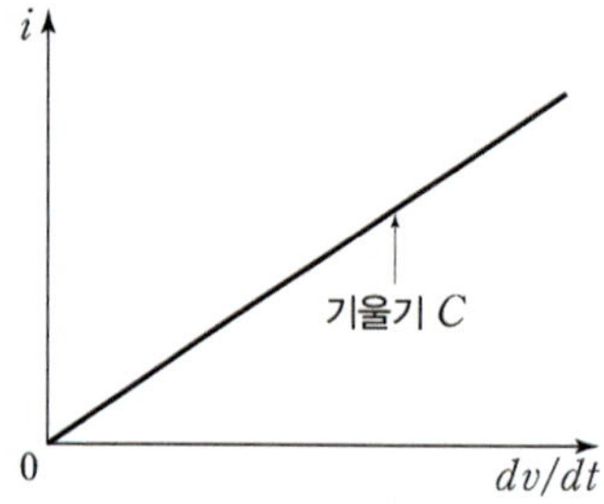

| 그림 5.4 | 커패시터에서 전류와 전압의 시간 변화분 사이의 관계

식 (5.4)로부터 다음 식을 유도할 수 있다.

$$v(t) = \frac{1}{C}\int_{-\infty}^{t} i(\tau)d\tau \;=\; v(t_0) + \frac{1}{C}\int_{t_0}^{t} i(\tau)d\tau \tag{5.5}$$

식 (5.5)로부터 커패시터에서 측정되는 전압은 측정하는 순간까지 저장된 전류의 양과 밀접한 관계가 있다.

이제 커패시터에 저장되는 에너지를 구해보자. 에너지는 전력으로부터 구할 수 있는데, 커패시터가 공급받는 전력은 다음과 같이 유도할 수 있다.

커패시터를 통해 흐르는 전류와 그 양단의 전압은 시간에 따라 변하므로, 특정 시간에서의 공급 전력은 다음과 같이 시간의 함수로 표기되어야 한다. 이를 특정 시간에서의 전력, 즉 **순시 전력(instantaneous power)**이라고 한다.

$$p(t) = i(t)v(t) = Cv\frac{dv(t)}{dt} \quad \text{혹은} \quad p = iv = Cv\frac{dv}{dt} \tag{5.6}$$

그러므로 저장되는 에너지는 다음과 같이 유도된다.

$$w = \int_{-\infty}^{t} p(\tau)d\tau = C\int_{-\infty}^{t} v\frac{dv}{d\tau}d\tau = C\int_{v(-\infty)}^{v(t)} vdv = \frac{1}{2}Cv^2 \tag{5.7}$$

식 (5.7)에서 $t = -\infty$ 에서 커패시터의 전압은 0이라는 사실을 적용하였다. 즉, $v(-\infty) = 0$ 이다.

이상적인 커패시터가 가지는 성질을 요약하면 다음과 같다.

1) 커패시터는 에너지를 저장하지만, 소비하지는 않는다.

2) 커패시터 양단의 전압이 일정하면 커패시터는 개방회로로 동작한다.

3) 커패시터 양단의 전압은 순간적으로 변할 수 없다.

예제 5.1

5[pF]의 커패시터에 10[V]의 직류 전압을 인가할 때, 커패시터를 통해 흐르는 전류와 커패시터에 저장된 전하량, 그리고 커패시터에 저장된 에너지를 각각 구하라.

풀이

1) 전류: $i = C\frac{dv}{dt} = 0[\text{A}]$

2) 전하량: $Q = CV = 5 \times 10^{-12} \times 10 = 50[\text{pC}]$

3) 에너지: $W = \frac{1}{2}CV^2 = \frac{1}{2} \times 5 \times 10^{-12} \times 10^2 = 250[\text{pJ}]$

예제 5.2

5[pF]의 커패시터를 통해 흐르는 전류가 다음 그림과 같을 때, 커패시터 양단의 전압 파형을 도시하라.

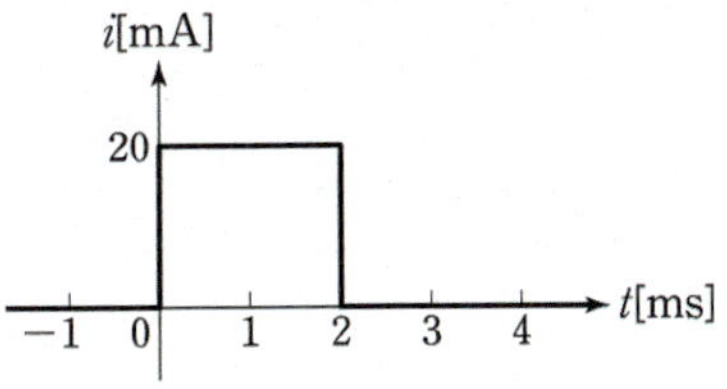

풀이

1) $v(t)=\dfrac{1}{C}\displaystyle\int_{-\infty}^{t} i(\tau)d\tau \;=\; v(t_0)+\dfrac{1}{C}\displaystyle\int_{t_0}^{t} i(\tau)d\tau$이므로, 세 개의 구간에서 각각 구하면 된다.

2) $t \leqq 0$일 때, $v=0[\mathrm{V}]$

3) $0 \leqq t \leqq 2[\mathrm{ms}]$일 때, $v=\dfrac{1}{5\times 10^{-12}}\displaystyle\int_{0}^{t}(20\times 10^{-3})d\tau+v(0)=4\times 10^{9}t[\mathrm{V}]$

4) $t \geqq 2[\mathrm{ms}]$일 때, $v=(4\times 10^{9})\times(2\times 10^{-3})=8[\mathrm{MV}]$

5) 그림으로 도시하면 다음과 같다.

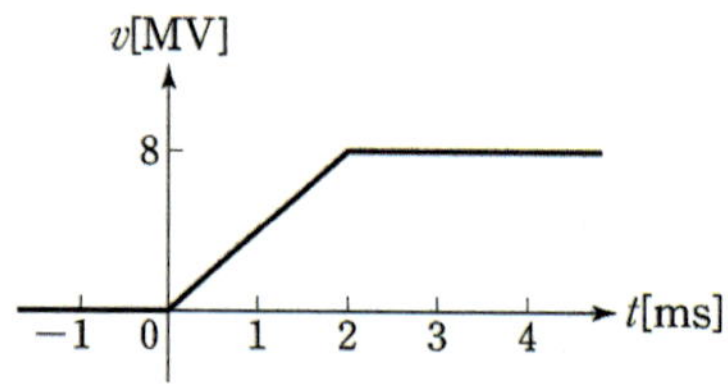

5.2 인덕터

전원회로, 필터회로, 동조회로, 변압회로 등의 응용에는 커패시터 뿐만 아니라 인덕터라는 에너지 저장소자도 널리 사용된다. 이제 인덕터에 대하여 살펴보자.

인덕터(inductor)는 자기장의 개념으로 에너지를 저장할 수 있는 수동 회로소자이다. 인덕터는 전압의 크기를 변화시키는 변압회로, 특정 주파수대의 신호를 필터링하는 필터회로, 주파수 동조회로 등의 응용에서 널리 사용되는 회로소자이다.

인덕터는 그림 5.5와 같이 코어에 전선을 감아 만드는 경우가 일반적이다. 즉, 전선을 여러 번 감은 코일 형태가 인덕터이다.

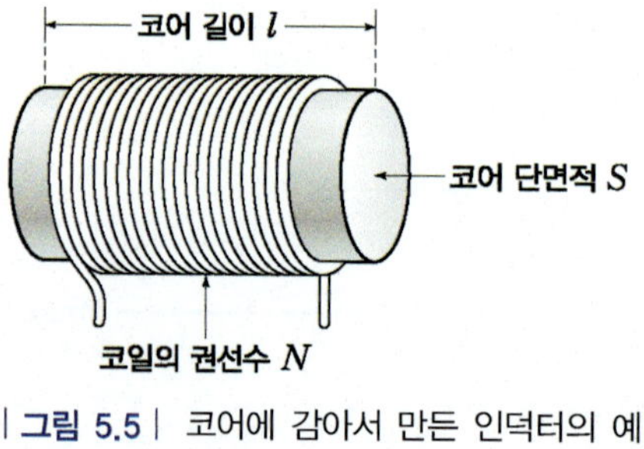

| 그림 5.5 | 코어에 감아서 만든 인덕터의 예

인덕터의 전류-전압 관계식은 영국의 마이클 패러데이와 미국의 물리학자 조셉 헨리(Joseph

Henry)에 의해 거의 동시에 발견한 "**자계의 변화는 그 자계 내에 있는 회로에 전압을 유기한다**"는 사실과 그리고 곧이어 발견한 "**그 유기된 전압은 자계를 발생시키는 전류의 시간 변화율에 비례한다**"는 사실에서 유도되었다. 즉, 인덕터에서 전류와 전압의 관계식은 식 (5.8)과 같다.

$$v = L\frac{di}{dt}[\mathrm{V}] \tag{5.8}$$

식 (5.8)에서 비례상수 L을 **인덕턴스(inductance)**라고 한다. 인덕턴스의 단위는 미국 물리학자 헨리의 이름인 헨리([H], henry)를 사용한다. 커패시턴스와 유사하게 인덕턴스도 사용된 코어의 종류, 코어의 단면적, 코어의 길이, 그리고 코일의 권선수에 따라 결정되며, 식 (5.9)와 같다.

$$L = \frac{N^2 \mu S}{l}[\mathrm{H}] \tag{5.9}$$

여기서 N은 코일의 권선수, l은 코어의 길이, S는 코어의 단면적이고, μ는 코어의 투자율(permeability)이다. 참고로 진공의 투자율은 $4\pi \times 10^{-7}$[H/m]이다.

그림 5.6에 실제 활용되고 있는 여러 가지 인덕터를 보여주고 있다.

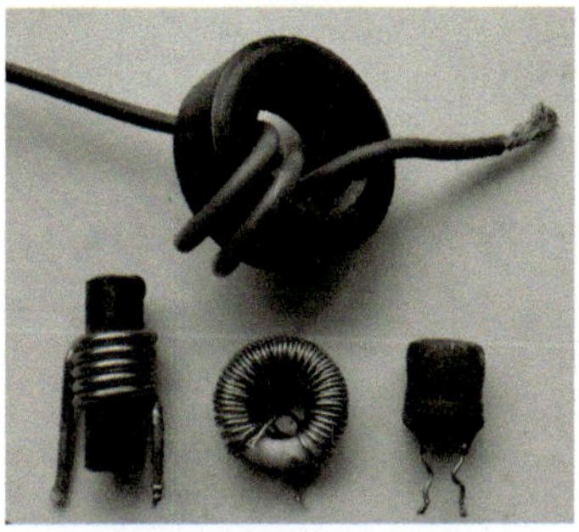

| 그림 5.6 | 널리 사용되고 있는 여러 가지 인덕터

인덕터의 회로 기호는 그림 5.7과 같다.

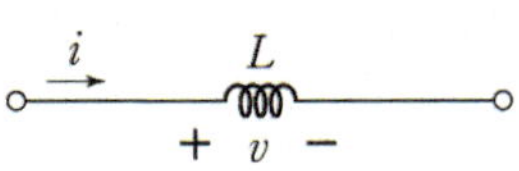

| 그림 5.7 | 인덕터의 회로 기호

식 (5.8)로부터 인덕터의 양단에 유도되는 전압은 인덕터를 통해 흐르는 전류의 시간 변화율에

비례한다. 따라서 전류가 시간에 따라서 변하지 않으면, 전압은 유도되지 않는다. 즉, 직류 전원에 대하여 인덕터 양단의 유도전압은 0이다. 다시 말해서, 직류 전원에서 인덕터 양단의 마디에 전위차가 없으므로 동전위가 된다. 그러므로 **인덕터는 직류 전원에 대하여 단락 회로로 동작한다.** 더 정확하게 표현하면, 인덕터는 직류 정상상태(steady-state)에서 단락회로로 동작한다.

또한 **인덕터 양단의 전압은 물리적으로 무한대가 될 수는 없으므로, 식 (5.8)로부터 인덕터를 통해 흐르는 전류는 결코 순간적인 변화를 일으킬 수 없다.** 즉, 인덕터를 통해 흐르는 전류는 미분 가능이므로 연속성의 특성을 가진다. 하지만 인덕터 양단의 전압은 순간적인 변화가 가능하다.

인덕터에서 전압(v)과 전류의 시간 변화분($\frac{di}{dt}$) 사이는 식 (5.8)과 같이 선형의 특성을 가지며, 이 때 선형 관계의 비례상수가 바로 인덕턴스이다. 이를 그림 5.8에 나타내었다.

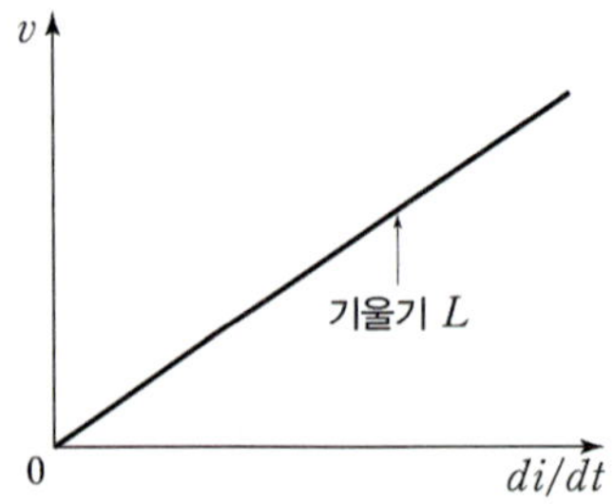

| 그림 5.8 | 인덕터에서 전류와 전압의 시간 변화분 사이의 관계

식 (5.8)로부터 다음 식을 유도할 수 있다.

$$i(t) = \frac{1}{L}\int_{-\infty}^{t} v(\tau)d\tau \ = \ i(t_0) + \frac{1}{L}\int_{t_0}^{t} v(\tau)d\tau \tag{5.10}$$

식 (5.10)으로부터 인덕터를 통해 흐르는 전류는 측정하는 순간까지 저장된 전압의 양과 밀접한 관계가 있다.

이제 인덕터에 저장되는 에너지를 구해보자. 에너지는 전력으로부터 구할 수 있는데, 인덕터가 공급받는 전력은 다음과 같이 유도할 수 있다.

$$p = iv = Li\frac{di}{dt} \tag{5.11}$$

인덕터를 통해 흐르는 전류와 그 양단의 전압은 시간에 따라 변하므로, 특정 시간에 인덕터가 공급하는 전력도 식 (5.11)과 같이 순시 전력(instantaneous power)이다.

그러므로 저장되는 에너지는 다음과 같이 유도된다.

$$w=\int_{-\infty}^{t} p(\tau)d\tau = L\int_{-\infty}^{t} i\frac{di}{d\tau}d\tau = L\int_{i(-\infty)}^{i(t)} idi = \frac{1}{2}Li^2 \tag{5.12}$$

식 (5.12)에서 $t=-\infty$ 에서 인덕터를 통해 흐르는 전류는 0이므로, $i(-\infty)=0$ 이다.

이상적인 인덕터가 가지는 성질을 요약하면 다음과 같다.

1) 인덕터는 에너지를 저장하지만, 소비하지는 않는다.

2) 인덕터를 통해 흐르는 전류가 일정하면 인덕터는 단락회로로 동작한다.

3) 인덕터를 통해 흐르는 전류는 순간적으로 변할 수 없다.

예제 5.3

5[H]의 인덕터에 10[A]의 직류 전류가 흐를 때, 인덕터 양단의 전압과 인덕터에 저장된 에너지를 각각 구하라.

풀이

1) 전류는 $v=L\frac{di}{dt}=0\,[\mathrm{V}]$

2) $W=\frac{1}{2}LI^2=\frac{1}{2}\times 5\times 10^2=250\,[\mathrm{J}]$

예제 5.4

5[H]의 인덕터를 통해 흐르는 전류가 다음 그림과 같을 때, 인덕터 양단의 전압을 도시하라.

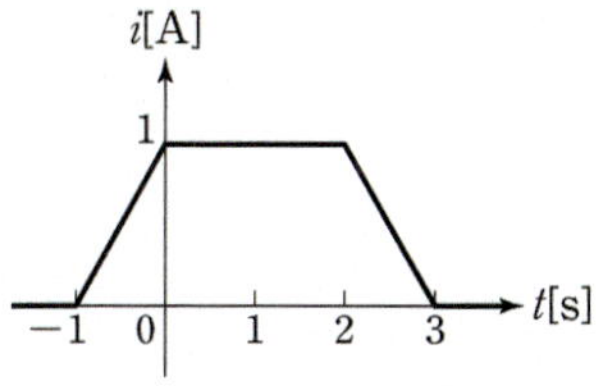

풀이

1) $v=L\frac{di}{dt}$ 이고, 전류의 기울기가 각각 1, 0, 1이므로 다음 그림과 같다.

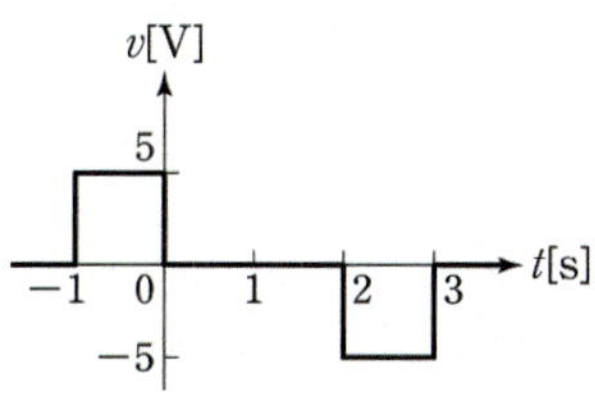

5.3 커패시터와 인덕터의 연결

저항과 마찬가지로 커패시터와 인덕터도 직렬 혹은 병렬 형태로 연결하여 사용한다. 여기서는 두 개 이상의 에너지 저장 소자를 포함하는 회로의 등가 커패시턴스와 등가 인덕턴스에 관하여 살펴본다.

N개의 커패시터가 그림 5.9의 (a)와 같이 직렬로 연결되어 있을 때, 그림 5.9(b)의 등가 커패시턴스를 구해보자.

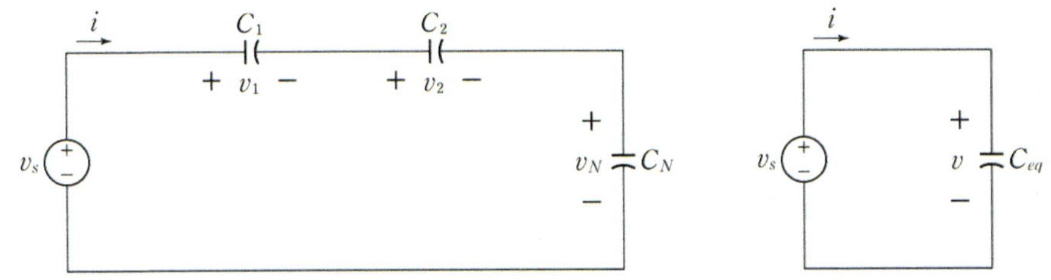

(a) N개 커패시터가 직렬로 연결된 회로　　(b) (a)의 등가회로

| 그림 5.9 | N개 커패시터가 직렬로 연결된 경우의 등가 커패시턴스를 구하기 위한 회로

그림 5.9(a)의 회로에 KVL을 적용하여 방정식을 유도하면 식 (5.13)과 같다.

$$\begin{aligned} v_s &= v_1 + v_2 + \cdots + v_N \\ &= \frac{1}{C_1}\int_{t_0}^{t} i d\tau + v_1(t_0) + \frac{1}{C_2}\int_{t_0}^{t} i d\tau + v_2(t_0) + \cdots + \frac{1}{C_N}\int_{t_0}^{t} i d\tau + v_N(t_0) \\ &= \left(\frac{1}{C_1} + \frac{1}{C_2} + \cdots + \frac{1}{C_N}\right)\int_{t_0}^{t} i d\tau + (v_1(t_0) + v_2(t_0) + \cdots + v_N(t_0)) \end{aligned} \tag{5.13}$$

그림 5.9(b)의 회로에 KVL을 적용하여 방정식을 유도하면 식 (5.14)와 같다.

$$v_s = \frac{1}{C_{eq}}\int_{t_0}^{t} i d\tau + v(t_0) \tag{5.14}$$

그러므로 다음의 두 식이 성립한다.

$$\frac{1}{C_{eq}} = \frac{1}{C_1} + \frac{1}{C_2} + \cdots + \frac{1}{C_N} \tag{5.15}$$

$$v(t_0) = v_1(t_0) + v_2(t_0) + \cdots + v_N(t_0) \tag{5.16}$$

즉, **직렬 연결된 커패시터의 등가 커패시턴스는 저항의 병렬 연결에서 등가 저항을 구하는 식과 동일하다.**

이제 N개의 커패시터가 그림 5.10의 (a)와 같이 병렬로 연결되어 있을 때, 그림 5.10 (b)의 등가 커패시턴스를 구해보자.

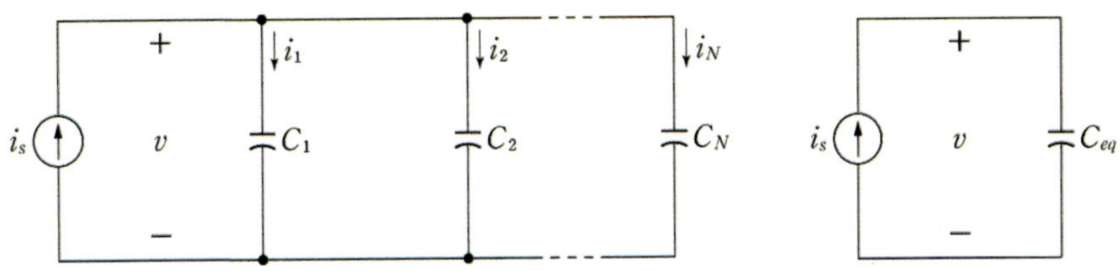

(a) N개 커패시터가 병렬로 연결된 회로

(b) (a)의 등가회로

| 그림 5.10 | N개 커패시터가 병렬로 연결된 경우의 등가 커패시턴스를 구하기 위한 회로

그림 5.10(a)의 회로에 KCL을 적용하여 방정식을 유도하면 식 (5.17)과 같다.

$$\begin{aligned} i_s &= i_1 + i_2 + \cdots + i_N \\ &= C_1\frac{dv}{dt} + C_2\frac{dv}{dt} + \cdots + C_N\frac{dv}{dt} \\ &= (C_1 + C_2 + \cdots + C_N)\frac{dv}{dt} \end{aligned} \tag{5.17}$$

그림 5.10(b)의 회로에 KCL을 적용하여 방정식을 유도하면 식 (5.18)과 같다.

$$i_s = C_{eq}\frac{dv}{dt} \tag{5.18}$$

그러므로 다음의 식이 성립한다.

$$C_{eq} = C_1 + C_2 + \cdots + C_N \tag{5.19}$$

즉, **병렬 연결된 커패시터의 등가 커패시턴스는 저항의 직렬 연결에서 등가 저항을 구하는 식과 동일하다.**

예제 5.5

그림에서 등가 커패시턴스 C_{eq}를 구하라. 단, 커패시터에 표기된 값은 [pF]의 단위를 가지는 값이다.

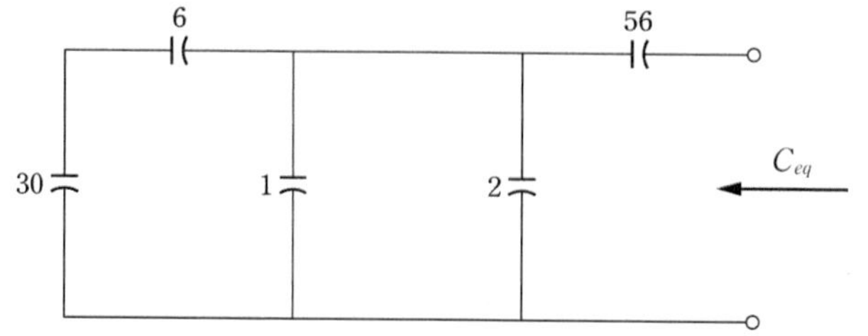

풀이

$C_{eq} = (6//30 + 1 + 2)//56 = 7[\text{pF}]$

다음으로 N개의 인덕터가 그림 5.11의 (a)와 같이 직렬로 연결되어 있을 때, 그림 5.11(b)의 등가 인덕턴스를 구해보자.

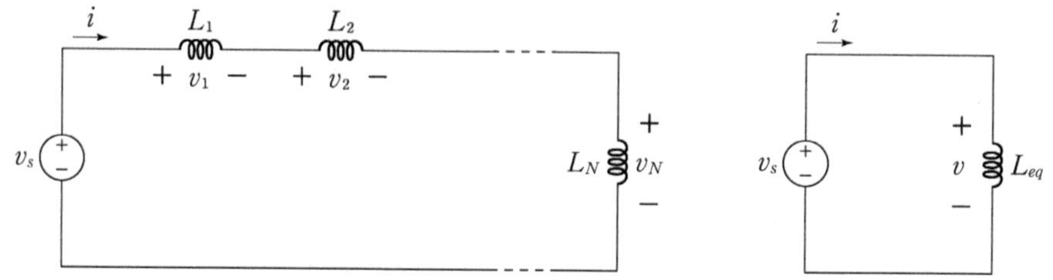

(a) N개 인덕터가 직렬로 연결된 회로 (b) (a)의 등가회로

| 그림 5.11 | N개 인덕터가 직렬로 연결된 경우의 등가 인덕턴스를 구하기 위한 회로

그림 5.11(a)의 회로에 KVL을 적용하여 방정식을 유도하면 식 (5.20)과 같다.

$$\begin{aligned} v_s &= v_1 + v_2 + \;\cdots\; + v_N \\ &= L_1\frac{di}{dt} + L_2\frac{di}{dt} + \cdots + L_N\frac{di}{dt} \\ &= (L_1 + L_2 + \cdots + L_N)\frac{di}{dt} \end{aligned} \tag{5.20}$$

그림 5.9(b)의 회로에 KVL을 적용하여 방정식을 유도하면 식 (5.14)와 같다.

$$v_s = L_{eq}\frac{di}{dt} \tag{5.21}$$

그러므로 다음의 식이 성립한다.

$$L_{eq} = L_1 + L_2 + \cdots + L_N \tag{5.22}$$

즉, **직렬 연결된 인덕터의 등가 인덕턴스는 저항의 직렬 연결에서 등가 저항을 구하는 식과 동일하다.**

이제 N개의 인덕터가 그림 5.12의 (a)와 같이 병렬로 연결되어 있을 때, 그림 5.12 (b)의 등가 인덕턴스를 구해보자.

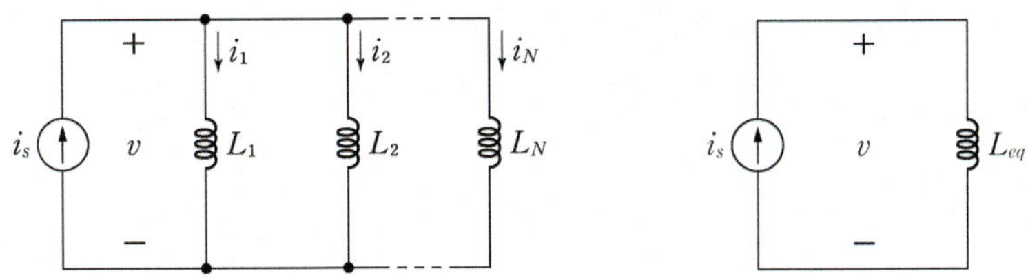

(a) N개 인덕터가 병렬로 연결된 회로 (b) (a)의 등가회로

| 그림 5.12 | N개 인덕터가 병렬로 연결된 경우의 등가 인덕턴스를 구하기 위한 회로

그림 5.12(a)의 회로에 KCL을 적용하여 방정식을 유도하면 식 (5.23)과 같다.

$$\begin{aligned} i_s &= i_1 + i_2 + \cdots + i_N \\ &= \frac{1}{L_1}\int_{t_0}^{t} v d\tau + i_1(t_0) + \frac{1}{L_2}\int_{t_0}^{t} v d\tau + i_2(t_0) + \cdots + \frac{1}{L_N}\int_{t_0}^{t} v d\tau + i_N(t_0) \\ &= \left(\frac{1}{L_1} + \frac{1}{L_2} + \cdots + \frac{1}{L_N}\right)\int_{t_0}^{t} v d\tau + \left(i_1(t_0) + i_2(t_0) + \cdots + i_N(t_0)\right) \end{aligned} \tag{5.23}$$

그림 5.12(b)의 회로에 KCL을 적용하여 방정식을 유도하면 식 (5.24)와 같다.

$$i_s = \frac{1}{L_{eq}}\int_{t_0}^{t} v d\tau + i(t_0) \tag{5.24}$$

그러므로 다음의 두 식이 성립한다.

$$\frac{1}{L_{eq}} = \frac{1}{L_1} + \frac{1}{L_2} + \cdots + \frac{1}{L_N} \tag{5.25}$$

$$i(t_0) = i_1(t_0) + i_2(t_0) + \cdots + i_N(t_0) \tag{5.26}$$

즉, **병렬 연결된 인덕터의 등가 인덕턴스는 저항의 병렬 연결에서 등가 저항을 구하는 식과 동일하다.**

예제 5.6

그림에서 등가 인덕턴스 L_{eq}를 구하라. 단, 인덕터에 표기된 값은 [mH]의 단위를 가지는 값이다.

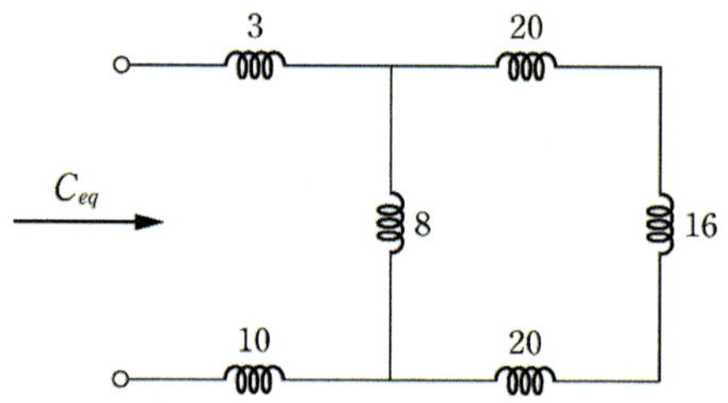

풀이

1) $L_{eq} = 3 + 8 // (20 + 16 + 20) + 10 = 20[\text{mH}]$

5.4 미분기와 적분기

커패시터와 인덕터는 전원회로, 필터회로, 주파수 동조회로 등 다양한 용도에 사용된다. 특히 연산증폭기와 결합하면 더 다양한 용도의 전기회로를 구성할 수 있다. 여기서는 연산증폭기의 기본 개념, 그리고 커패시터와 인덕터에 의한 미분회로와 적분회로의 설계를 살펴본다.

연산증폭기(operational amplifier, op amp)는 입력되는 신호를 더하거나, 증폭하거나, 적분 혹은 미분하는 등의 다양한 용도에 활용되는 전기소자이다. 이것은 전압제어전류원(VCCS)으로도 동작하고, 매우 높은 이득을 가지는 전압 증폭기로도 사용된다. 그래서 연산증폭기는 능동소자이다.

연산증폭기는 덧셈, 뺄셈, 곱셈, 나눗셈, 미분, 적분 등의 다양한 수학적인 연산이 가능한 회로를 구성할 수 있는 핵심 회로소자라는 의미를 가지고 있다. 1940년대에는 진공관을 사용하여 구성하였지만, 그 이후 저항, 커패시터, 그리고 수많은 트랜지스터 등을 하나의 실리콘 칩(chip) 위에 집적하여 구성한다. 이런 전기소자를 **집적회로(IC, Integrated Circuit)**라고 한다. 현재 활용되고 있는 작은 규모의 여러 가지 연산증폭기는 그림 5.13과 같다.

| 그림 5.13 | 여러 가지 연산증폭기

연산증폭기 IC의 핀 구성과 회로 기호는 그림 5.14와 같다.

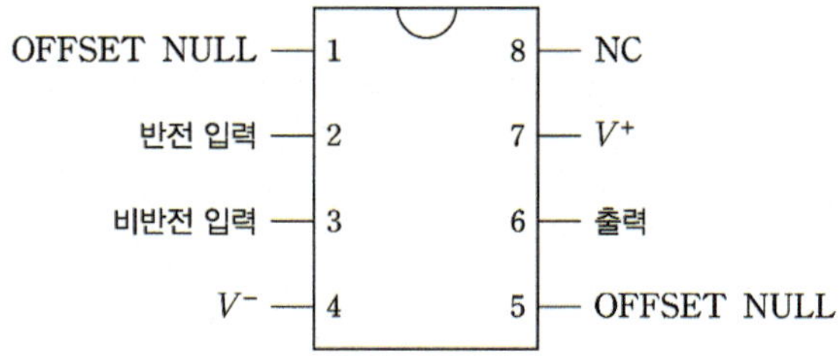

(a) 연산증폭기 IC의 핀 구성

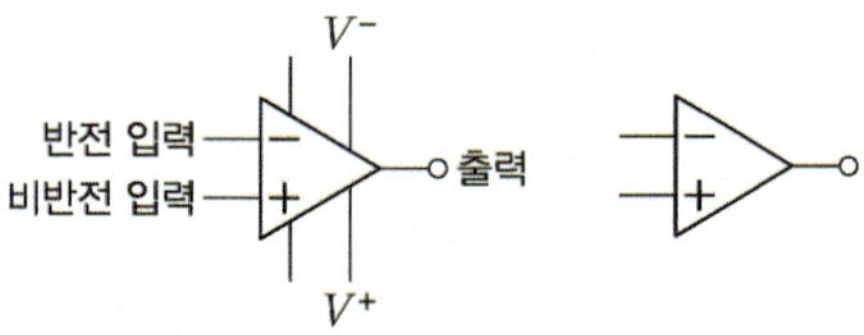

(b) 연산증폭기의 회로 기호

| 그림 5.14 | 연산증폭기의 핀 구성과 기호

그림 5.13 및 5.14에서 알 수 있듯이 널리 사용되는 연산증폭기는 여덟 개의 핀을 가지며, 전원 연결을 위한 두 개, 반전 입력과 비반전 입력을 위한 입력 신호 연결을 위한 두 개, 연산 결과를 출력하는 신호 연결을 위한 한 개 등으로 구성된다.

대부분의 연산증폭기는 성능이 우수하여 회로 해석 과정에 이상적인(ideal) 특성을 가지는 이상 연산증폭기로 고려한다. **이상 연산증폭기의 특성**을 요약하면 다음과 같다.

1) **개방회로 전압이득이 무한대이다.**

2) **입력 저항이 무한대이다.**

3) **출력 저항이 0이다.**

4) **입력 단자에 전류가 흐르지 않는다.**

5) **두 입력 단자 사이의 전위차는 0이다.**

그림 5.15와 같이 연산증폭기를 사용한 간단한 회로를 살펴보자.

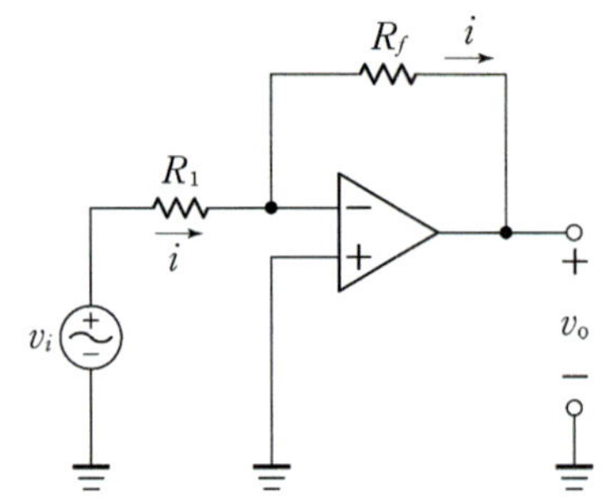

| 그림 5.15 | 연산증폭기를 사용한 회로 예

그림 5.15의 회로에서 출력 전압을 구하는 예제를 고려하자. 연산증폭기는 회로 해석 과정에 이상적인 연산증폭기로 가정한다. 따라서 입력 전원에 의해 공급되는 전류 i는 이상적인 연산증폭기의 특성에 의해 연산증폭기의 내부로는 흐르지 않으므로, 저항 R_1과 R_f를 통해서 동일한 전류가 흐른다. 그러므로 KVL을 적용하면 식 (5.27)을 유도할 수 있다.

$$-v_i + R_1 i + R_f i + v_o = 0 \tag{5.27}$$

그리고 이상적인 연산증폭기의 특성에서 연산증폭기의 두 입력 단자는 전위차가 없다고 했으므로, KVL을 적용하여 식 (5.28)을 유도할 수 있다. 여기서 주의할 점은 **이상 연산증폭기의 두 입력 단자의 전위차는 0이지만, 실제로 단락된 것을 의미하지는 않는다.**

$$-v_i + R_1 i = 0 \tag{5.28}$$

식 (5.27)과 식 (5.28)로부터 출력 전압은 다음과 같이 입력 전압의 변수로 유도할 수 있다.

$$v_o = -\frac{R_f}{R_1} v_i \tag{5.29}$$

즉, 그림 5.15는 입력 전압의 반전 값을 $\frac{R_f}{R_1}$ 만큼 증폭한 후 출력하는 반전 증폭기의 일종임을 알 수 있다.

이제 그림 5.15의 R_1 대신에 커패시터를 연결하는 경우를 가정하자. 이를 그림 5.16에 도시하였다.

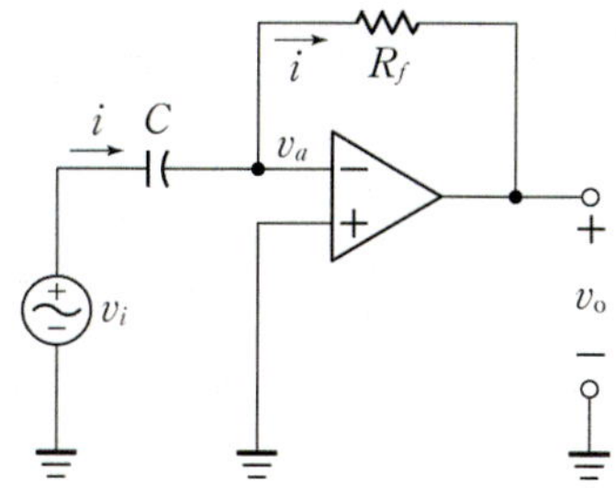

| **그림 5.16** | 그림 5.15에서 R_1을 커패시터로 대체한 회로

마디 v_a에서 KCL을 적용하면 식 (5.30)을 유도할 수 있다.

$$C\frac{d(v_a - v_i)}{dt} + \frac{v_a - v_o}{R_f} + 0 = 0 \tag{5.30}$$

이상적인 연산증폭기의 특성으로부터 $v_a = 0$이므로, 식 (5.30)은 식 (5.31)로 요약된다.

$$v_o = -R_f C\frac{dv_i}{dt} \tag{5.31}$$

식 (5.31)로부터 그림 5.16의 회로는 입력 신호의 반전된 값을 미분하여 출력하는 미분기의 일종임을 알 수 있다.

예제 5.7

그림 5.16에서 $C = 0.2[\mu F]$, $R_f = 5[k\Omega]$이고, 입력 전압은 아래 그림과 같다고 할 때, 출력 전압을 도시하라.

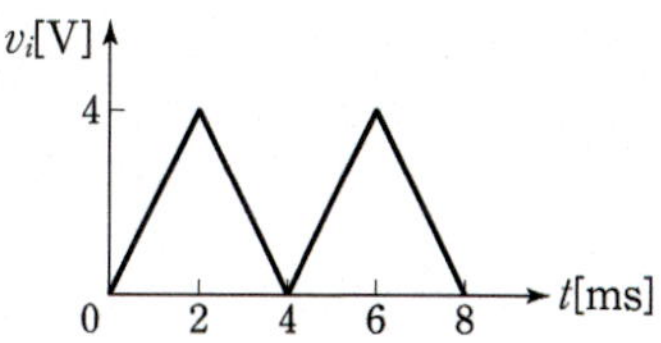

풀이

1) $v_o = -R_f C\frac{dv_i}{dt}$ 이므로

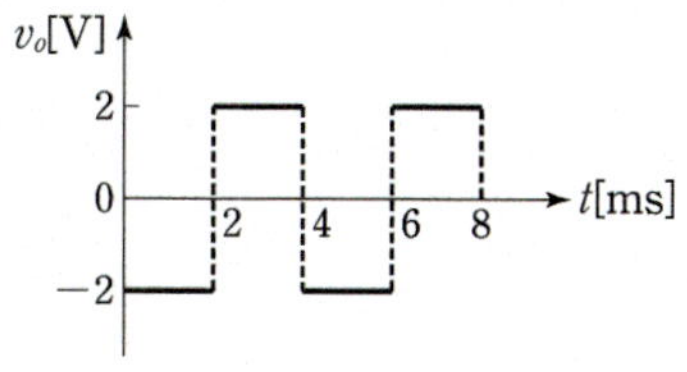

이제 그림 5.15의 R_f 대신에 커패시터를 연결하는 경우를 가정하자. 이를 그림 5.17에 도시하였다.

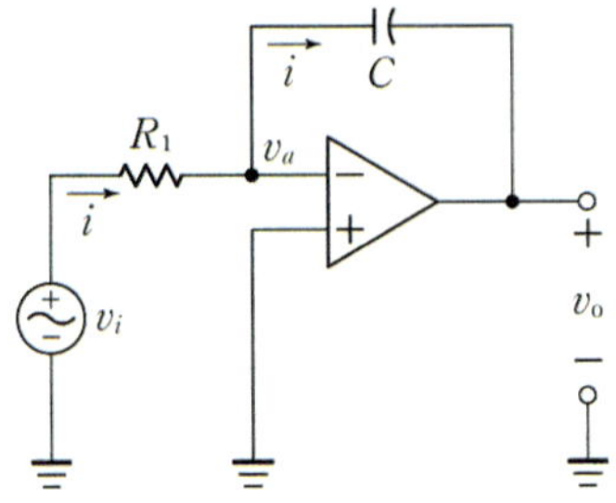

| 그림 5.17 | 그림 5.15에서 R_f를 커패시터로 대체한 회로

그림 5.17에서 R_1을 통해 흐르는 전류는 이미 식 (5.28)에서 구했다. 그런데 이 전류가 그대로 커패시터를 통해서 흐르므로, 다음의 식이 유도된다.

$$i = -C\frac{dv_o}{dt} \tag{5.32}$$

식 (5.32)를 유도하는 과정에 이상 연산증폭기의 특성인 $v_a = 0$을 적용하였다. 식 (5.28)과 (5.32)로부터 그림 5.17의 출력 전압은 다음과 같이 요약된다.

$$v_o = -\frac{1}{R_1 C}\int_0^t v_i d\tau + v_0(0) \tag{5.33}$$

식 (5.33)으로부터 그림 5.16의 회로는 입력 신호의 반전된 값을 적분하여 출력하는 적분기의 일종임을 알 수 있다.

그림 5.16과 5.17의 미분기와 적분기는 커패시터 대신에 인덕터를 사용해서 구현할 수도 있으나, 인덕터가 가지는 부피, 무게 등으로 인하여 실제로는 커패시터가 많이 사용된다.

예제 5.8

그림의 회로에서 출력 전압(v_o)을 입력 전압(v_i)의 항으로 유도하고, 어떤 기능을 수행하는 회로인지를 논하라.

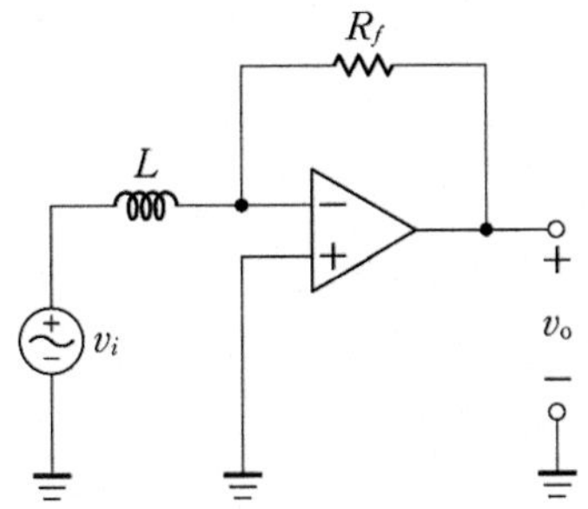

풀이

1) $\frac{1}{L}\int_0^t v_i d\tau + i(0) = \frac{0-v_o}{R_f} \rightarrow v_o = -\frac{R_f}{L}\int_0^t v_i d\tau - R_f i(0)$

2) 입력의 반전 신호를 적분하는 기능

연습문제

1 50[μF] 커패시터 양단의 전압이 그림 P1과 같을 때, 이 커패시터를 통해 흐르는 전류 파형을 도시하라.

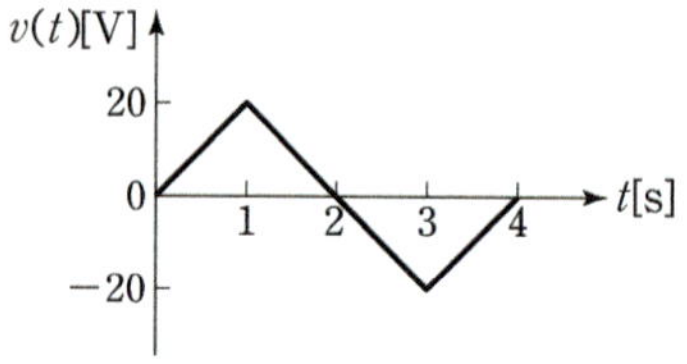

| 그림 P1 |

2 그림 P2는 오랜 시간 직류 전원이 연결되어 동작하는 회로라고 가정하자. 두 커패시터 ($C_1 = 2[\mu\text{F}]$, $C_2 = 4[\mu\text{F}]$)에 저장된 에너지를 구하라. 단, 각 소자에 표기된 값은 전류는 [mA], 저항은 [kΩ]의 단위를 가지는 값이다.

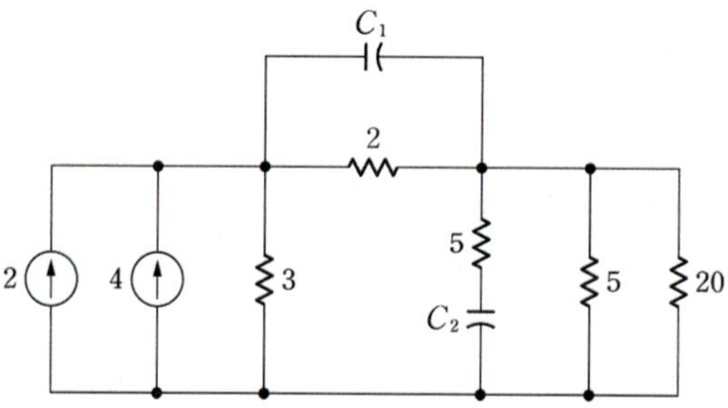

| 그림 P2 |

3 그림 P3에서 L_{eq}와 C_{eq}를 구하라. 단, 각 소자에 표기된 값은 인덕터는 [H], 커패시터는 [pF]이다.

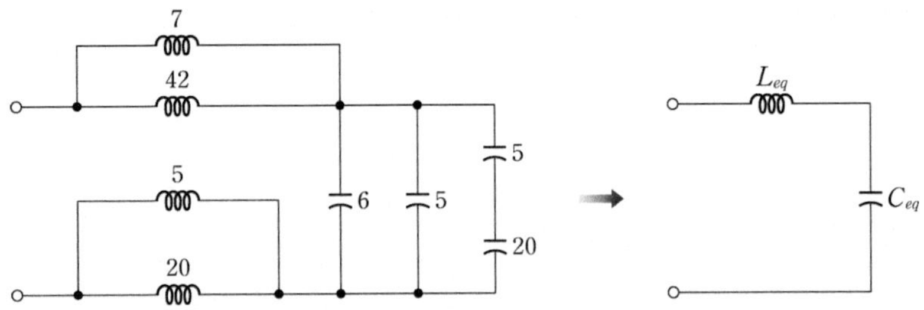

| 그림 P3 |

4 그림 P4에서 입력 전압(v_i)을 출력 전압(v_o)의 항으로 유도하라. 그리고 통상 R_f는 매우 큰 저항 값을 사용하는데 R_f를 사용하는 이유를 논하라.

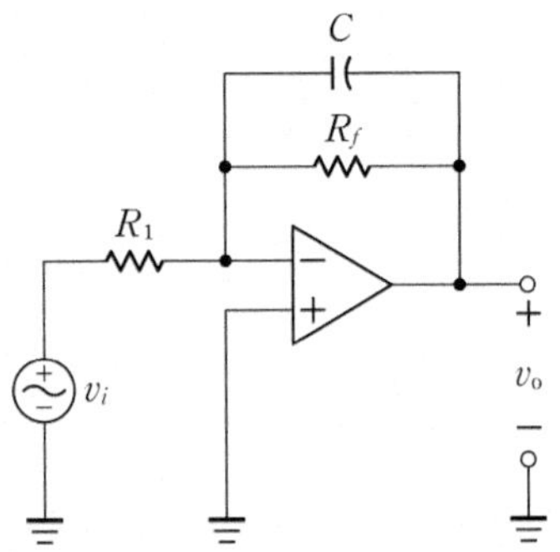

| 그림 P4 |

5 2022년 전기 정전용량이 C[F]인 커패시터에 단위 임펄스의 전류원이 연결되어 있다. 이 커패시터의 전압 $v_C(t)$는? (단, u(t)는 단위 계단함수이다.)

① $v_C(t) = C$　　② $v_C(t) = Cu(t)$

③ $v_C(t) = \dfrac{1}{C}$　　④ $v_C(t) = \dfrac{1}{C}u(t)$

6 2022년 공무원 다음 회로에서 전압 v_o[V]는? (단, 연산증폭기는 이상적이다)

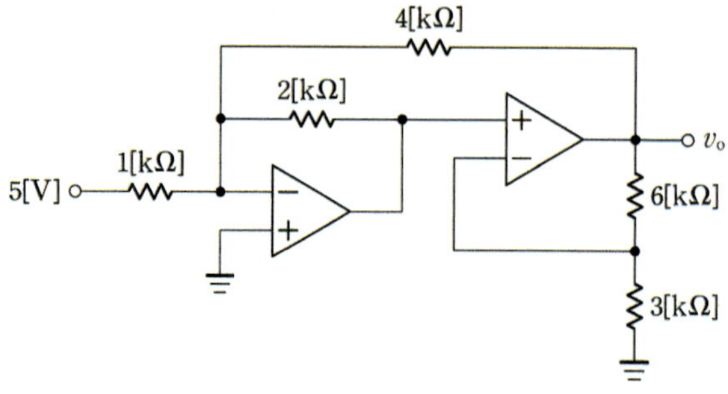

| 그림 P6 |

① −12 ② −6

③ 6 ④ 12

7 2024년 공무원 다음 회로에서 출력전압 V_{out} [V]은? (단, 연산증폭기는 이상적이다)

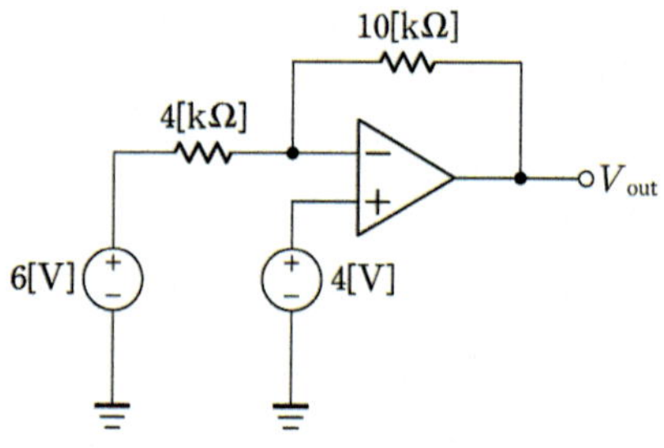

| 그림 P7 |

① 7 ② −5

③ −3 ④ −1

8 2024년 공무원 다음 회로에서 연산증폭기의 출력단자에 연결된 저항이 소비하는 전력 P [μW]는? (단, 연산증폭기는 이상적이다)

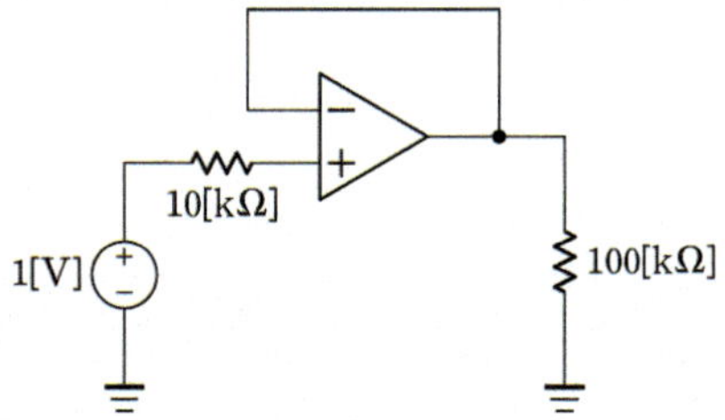

| 그림 P8 |

① 1　　② 10

③ 100　　④ 1,000

CHAPTER 06

RC 회로망과 RL 회로망

학습목표

❶ 시상수를 이해할 수 있다.
❷ 스위치와 단위 계단함수를 이해할 수 있다.
❸ 무전원 RC, RL 회로망을 이해하고, 회로를 해석할 수 있다.
❹ 전원 구동 RC, RL 회로망을 이해하고, 회로를 해석할 수 있다.

6.1 시상수

에너지 저장 소자인 커패시터와 인덕터가 전기 회로에 포함되면, 커패시터와 인덕터가 가지는 에너지 저장 기능에 의해 전기 회로의 주요 물리 변수는 시간의 함수로 표현된다. 즉, 에너지 저장 소자에 저장(혹은 충전) 혹은 방전되는 에너지의 크기가 시간이 지남에 따라 변하게 된다. 이를 이해하기 위하여 먼저 일반적으로 사용되는 지수함수의 특성을 살펴본다.

전기 회로의 응답이 식 (6.1)과 같이 구해졌다고 가정하자.

$$f(t) = F_0 e^{-t/\tau} \tag{6.1}$$

식 (6.1)을 시간의 함수로 도시하면 그림 6.1과 같다.

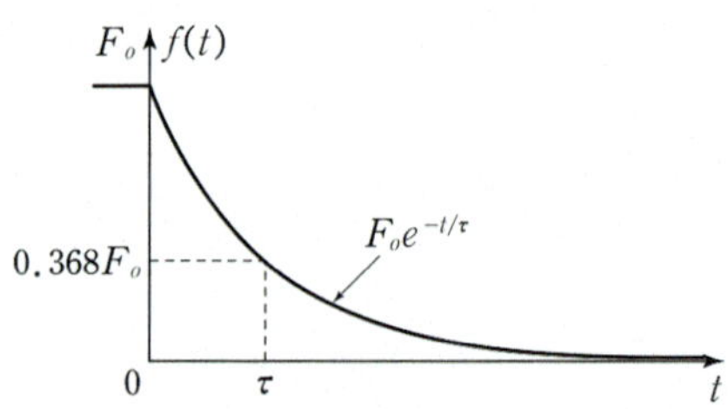

| 그림 6.1 | 식 (6.1)의 응답 곡선

그림 6.1의 수직축을 $\frac{f(t)}{F_0}$ 로 변경하면 그림 6.2와 같은 응답 곡선을 얻을 수 있다.

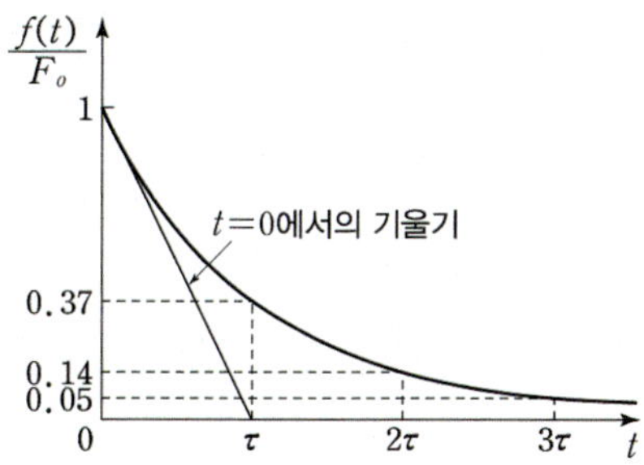

| 그림 6.2 | 그림 6.1의 수직축을 $\frac{f(t)}{F_0}$ 로 변경한 경우

이제 그림 6.2에서 흥미있는 하나의 변수를 확인할 수 있다. 즉, 지수함수적으로 감쇠하는 응답에서 $t = 0$의 감쇠 속도로 감쇠하여 0이 되는데 걸리는 시간을 나타내는 변수 τ이다. 이 변수는 그림 6.1 및 6.2로부터 초기치의 36.8%로 감쇠하는데 걸리는 시간으로도 해석된다. 이것은 시간(time)의 차원(dimension)을 가지며, **시정수 혹은 시상수(time constant)**라고 부른다. 즉, **시상수는 응답의 값이 초깃값의 $\frac{1}{e} = 0.368$배로 감쇠하는데 걸리는 시간**이다. 그림 6.2로부터 2τ의 시간이 흐르면 초깃값의 14%까지 감쇠하며, 3τ가 되면 초깃값의 5%까지 감쇠한다는 것을 알 수 있다.

시상수의 주요 값에 따른 식 (6.1)의 응답 곡선을 도시하면 그림 6.3과 같다. 즉, 시상수의 값이 클수록 천천히 감쇠한다.

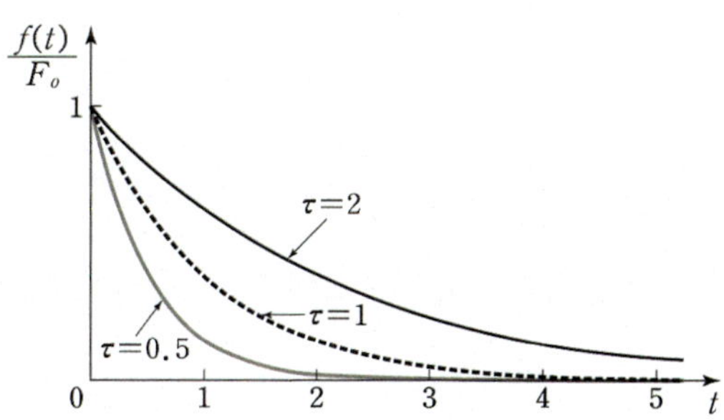

| 그림 6.3 | 주요 시상수에 따른 식 (6.1)의 응답 곡선

6.2 계단함수와 임펄스함수

에너지 저장 소자인 커패시터와 인덕터가 포함된 회로의 해석에 종종 스위칭 함수(switching function, 혹은 특이 함수(singularity function))가 사용된다. 스위칭 함수는 회로의 스위칭 동작에서 발생할 수 있는 전환 절차 등을 매우 근사적으로 표현할 수 있도록 한다. 여기서는 특히 자주 사용되는 계단함수와 그 미분 함수인 임펄스함수를 살펴본다.

회로 해석에서 가장 널리 사용되는 스위칭 함수는 계단함수(step function)와 임펄스 함수(impulse function)이다. 특히 크기가 1인 단위 계단함수(unit step function)와 단위 임펄스 함수(unit impulse function)를 많이 사용한다.

단위 계단함수 $u(t)$는 t가 음수일 때는 0, t가 양수일 때는 1의 값을 가지는 함수로 다음과 같이 표현한다.

$$u(t) = \begin{cases} 0, & t < 0 \\ 1, & t > 0 \end{cases} \tag{6.2}$$

식 (6.2)에서 알 수 있듯이 단위 계단함수는 $t = 0$에서 불연속이며, 그림으로 나타내면 그림 6.4와 같다.

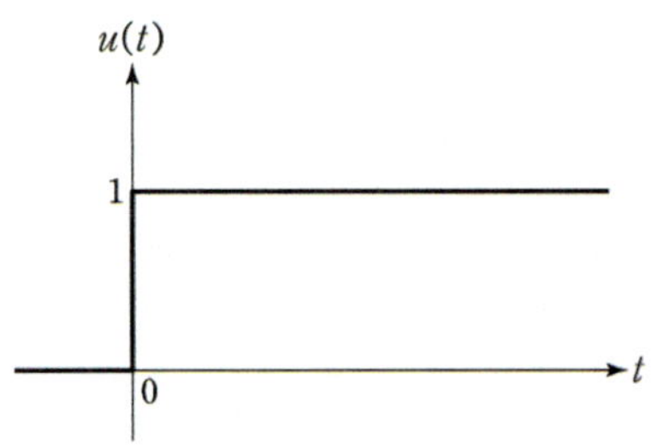

| 그림 6.4 | 단위 계단함수

식 (6.2)의 단위 계단함수가 t_0만큼 지연되거나 앞서는 경우를 그림으로 도시하면 각각 그림 6.5의 (a) 및 (b)와 같고, 이를 식으로 표현하면 각각 식 (6.3) 및 (6.4)와 같다.

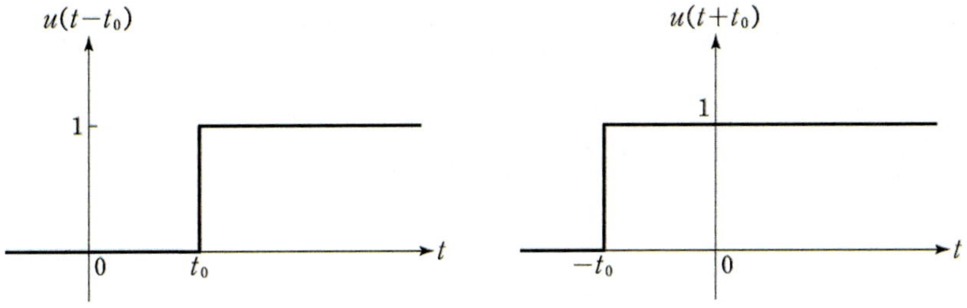

(a) (b)

| 그림 6.5 | 단위 계단함수가 t_0만큼 지연(a)되거나 앞서는 경우(b)

$$u(t-t_0)=\begin{cases}0, & t<t_0\\ 1, & t>t_0\end{cases} \tag{6.3}$$

$$u(t+t_0)=\begin{cases}0, & t<-t_0\\ 1, & t>-t_0\end{cases} \tag{6.4}$$

단위 계단함수를 이용한 회로의 전원 연결 및 그 등가회로를 표현하면 그림 6.6 및 그림 6.7과 같다.

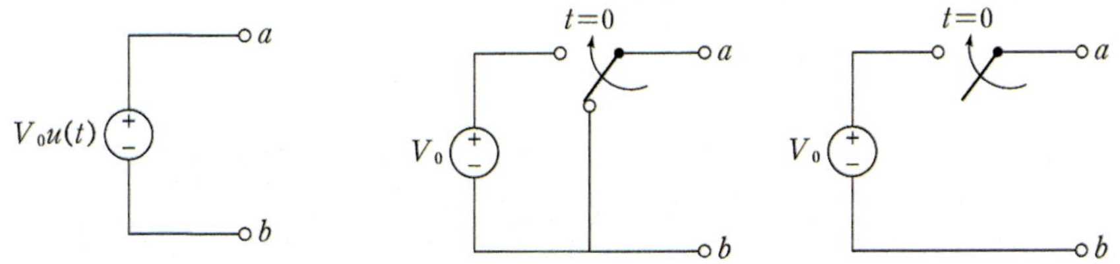

(a) 전압원과 단위 계단함수의 사용 예 (b) 등가회로 (c) 등가회로 2

| 그림 6.6 | 전압원과 단위 계단함수의 사용 예, 그리고 등가회로

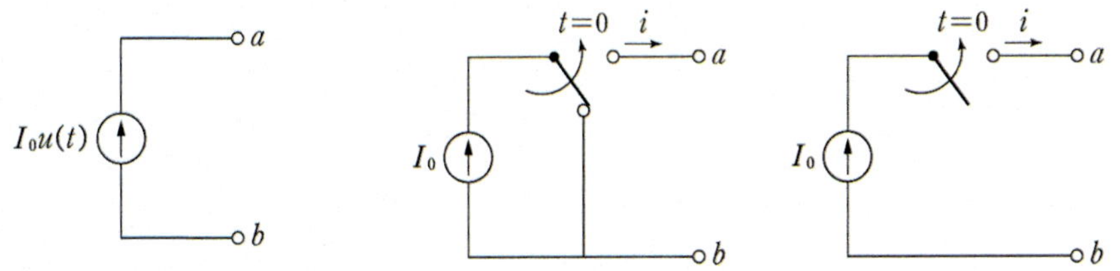

(a) 전류원과 단위 계단함수의 사용 예 (b) 등가회로 1 (c) 등가회로 2

| 그림 6.7 | 전류원과 단위 계단함수의 사용 예, 그리고 등가회로

그림 6.6과 6.7의 (c)는 (a)의 완전한 등가회로는 아니지만, 종종 등가회로로 사용하는 회로이다.

예제 6.1

임의의 회로망에 그림과 같은 전압을 공급하려고 한다. 이를 단위 계단함수로 표현하라. 그리고 이를 전압원을 포함하는 회로로 제시하라.

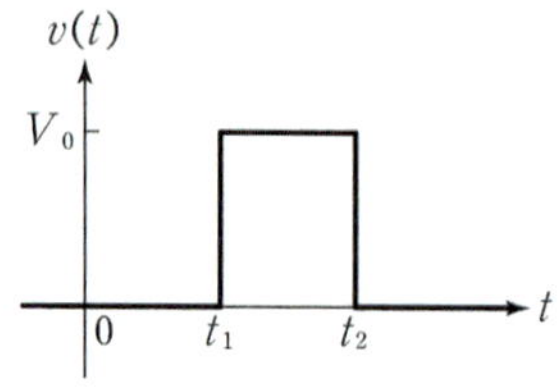

풀이

1) $v(t)=\begin{cases}0, & t<t_1\\ V_0, & t_1<t<t_2\\ 0, & t>t_2\end{cases}$ 혹은 $v(t)=V_0(u(t-t_1)-u(t-t_2))$

2)

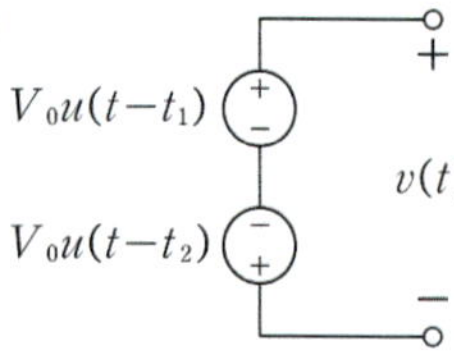

이제 단위 임펄스함수를 살펴보자. **단위 임펄스함수 $\delta(t)$는 t가 0이 아닐 때는 0, t가 0일 때는 무한대의 값을 가지는 함수**로 식 (6.5)와 같이 표현한다.

$$\delta(t)=\begin{cases}0, & t<0\\ \infty, & t=0\\ 0, & t>0\end{cases} \tag{6.5}$$

식 (6.5)에서 $t=0$의 순간에는 정의되지 않는 값으로 표현하기도 한다. 단위 임펄스함수를 그림으로 도시하면 그림 6.8과 같다.

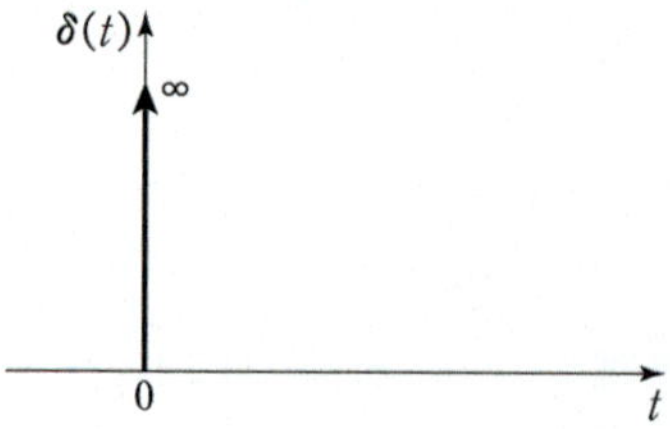

| **그림 6.8** | 단위 임펄스함수

그림 6.8에서 알 수 있듯이 임펄스함수는 화살표를 사용하며, 그 세기를 화살표 옆에 별도로 표

기한다. 그림 6.8에서 단위 임펄스함수의 세기는 무한대(∞)이다. 그림 6.9에 임펄스함수의 몇 가지 예를 보였다.

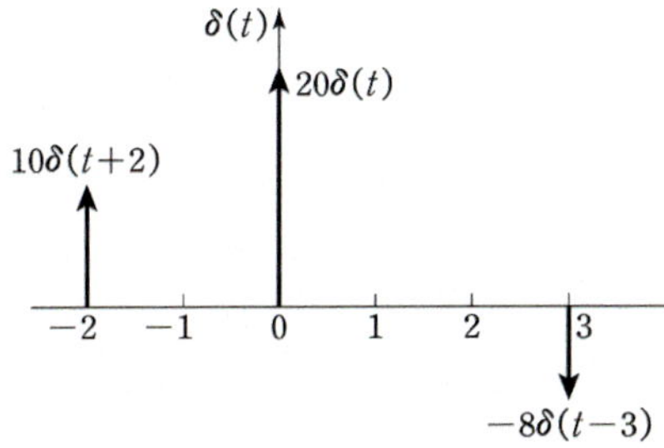

| 그림 6.9 | 임펄스함수의 예

단위 임펄스함수는 식 (6.6)과 같이 단위 계단함수의 도함수이며, 물리적으로 구현할 수 없는 신호 함수이다. 그러나 시스템의 응답을 구하거나 전달함수의 개념 정의 등에서 매우 유용하게 사용된다. 특히 자동제어관련 학문 분야에서 매우 중요하게 사용되는 함수이다.

$$\delta(t) = \frac{du(t)}{dt} \tag{6.6}$$

단위 임펄스함수는 식 (6.7)의 중요한 의미를 가진다. 즉, 단위 임펄스함수는 전체 시간 구간에서 적분을 하면 그 값이 1이 된다.

$$\int_{-\infty}^{\infty} \delta(t)dt = \int_{0^-}^{0^+} \delta(t)dt = 1 \tag{6.7}$$

식 (6.7)에서 $t=0^-$는 $t=0$ 바로 이전의 시간을 의미하고, $t=0^+$는 $t=0$ 바로 이후의 시간을 의미한다.

식 (6.7)로부터 다음과 같이 적분을 구할 수 있다.

$$\begin{aligned}\int_{-\infty}^{\infty} f(t)\delta(t-t_0)dt &= \int_{-\infty}^{\infty} f(t_0)\delta(t-t_0)dt \\ &= f(t_0)\int_{-\infty}^{\infty} \delta(t-t_0)dt = f(t_0)\end{aligned} \tag{6.8}$$

식 (6.8)의 첫 번째 식은 $\delta(t-t_0)$가 $t=t_0$인 순간을 제외한 모든 범위에서 0이기 때문에 가능하다. 식 (6.8)은 **임의의 함수가 임펄스함수로 적분되면, 그 함수의 값은 임펄스가 발생하는 순간에**

만 존재한다는 것을 알려준다. 임펄스함수의 식 (6.8)의 성질은 샘플링(sampling) 등에서 매우 유용하게 사용된다.

예제 6.2

그림에서 제시하는 전압 신호를 미분하여 도함수로 나타내고, 이를 그림으로 도시하라.

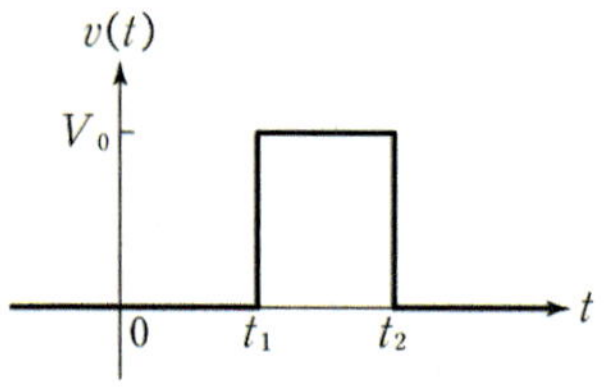

풀이

1) $v(t) = V_0(u(t-t_1) - u(t-t_2)) \rightarrow \dfrac{dv}{dt} = V_0(\delta(t-t_1) - \delta(t-t_2))$

2)

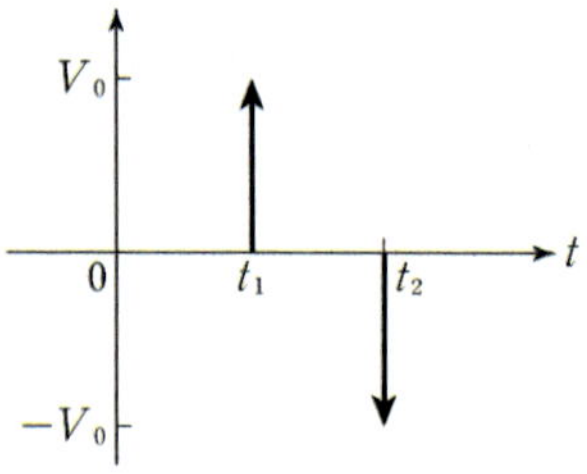

6.3 무전원 RC 회로

전원이 공급되지 않더라도 에너지 저장 소자인 커패시터와 인덕터가 모두 포함된 회로의 해석은 다소 복잡하다. 왜냐하면, 우리가 관심을 가지는 시간인 $t = 0^+$ 인 순간에 에너지 저장 소자에 저장된 에너지가 존재할 수 있기 때문이다. 여기서는 우선 커패시터가 포함된 무전원 회로의 해석을 살펴본다.

무전원 RC 회로는 전원이 공급되지 않는 RC 회로를 의미한다. 여기서 전원이 공급되지 않는데 어떻게 회로에 전류가 흐를 수 있느냐라는 의문이 생긴다. 그래서 무전원 RC 회로에서는 특정 시간에 에너지 저장 소자인 커패시터에 에너지가 저장되어 있었다고 가정한다. 다시 말해서 직류 전원이 연결되어 있던 RC 회로에서 특정 시간에 직류 전원을 제거할 경우의 회로 응답을 구하는 것이다. 이것은 **무전원 응답(source free response)**이라고 한다. 혹은 **고유응답(natural response)**

이라고도 한다. 고유응답은 자연응답이라고도 한다. 그러나 일부 참고도서에서 무전원 응답을 자유응답(free response)으로도 사용하지만, 여기서 "free"는 "자유"의 의미라기 보다는 "없다"는 의미로 사용되었기 때문에 적절하지 않다.

그림 6.10의 RC 회로를 고려하자. 여기서 커패시터는 특정 시간인 $t=0$인 순간에 $v(0)=V_0$의 초기 전압을 저장하고 있었다고 가정한다.

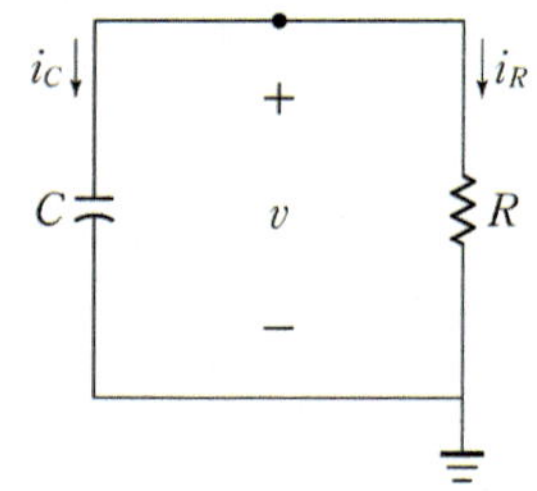

| 그림 6.10 | 무전원 RC 회로

그림 6.10의 회로에서 KCL을 적용하면 다음의 방정식을 얻는다.

$$i_C + i_R = 0 \rightarrow C\frac{dv}{dt} + \frac{v}{R} = 0 \tag{6.9}$$

식 (6.9)는 도함수를 포함하는 미분 방정식(differential equation)이며, 식 (6.10)으로 표현할 수 있다.

$$\frac{dv}{v} = -\frac{1}{RC}dt \tag{6.10}$$

식 (6.10)의 양변을 적분하면, 식 (6.11)과 같다.

$$\int_{V_0}^{v(t)} \frac{1}{v'}dv' = -\frac{1}{RC}\int_0^t dt' \tag{6.11}$$

식 (6.11)의 양변을 풀이하면, 식 (6.12)로 정리된다.

$$\ln v - \ln V_0 = -\frac{1}{RC}t \tag{6.12}$$

그러므로 그림 6.10의 RC 회로에서 전압 $v(t)$는 다음과 같이 유도된다.

$$v(t) = V_0 e^{-\frac{1}{RC}t}\ [\mathrm{V}] \tag{6.13}$$

식 (6.13)으로부터 RC 회로에서 에너지 저장 소자인 커패시터에 저장되어 있던 초기 전압 V_0는 시간이 흐름에 따라 지수함수적으로 감쇠하는 것을 알 수 있다.

여기서 식 (6.13)은 식 (6.1)과 비교할 때, 다음의 관계를 알 수 있다.

$$\tau = RC\ [\mathrm{s}] \tag{6.14}$$

즉, RC 회로에서 시상수는 식 (6.14)로 주어지며, 단위는 [s]이다.

무전원 RC 회로의 해석은 다음과 같이 요약할 수 있다.

1) 커패시터 양단의 초기 전압 V_0를 구한다.

2) 주어진 회로를 하나의 저항과 하나의 커패시터가 직렬 혹은 병렬로 연결된 등가회로를 구한다.

3) 식 (6.14)의 시상수를 구한다.

4) 식 (6.13)의 전압을 구한다.

이제 에너지를 구해보자. 먼저 $t = 0$인 순간에 커패시터에 저장된 에너지는 식 (6.15)와 같이 구할 수 있다.

$$W_C(0) = \frac{1}{2}CV_0^2\ [\mathrm{J}] \tag{6.15}$$

다음으로 시간이 $t = 0$에서 무한대(∞)까지 흐르는 동안 저항에서 소비되는 에너지를 구해보자. 먼저 저항에서 흡수되는 전력은 식 (6.16)과 같다.

$$p_R(t) = \frac{v^2(t)}{R} = V_0^2 e^{\frac{-2}{RC}t} / R\ [\mathrm{W}] \tag{6.16}$$

그러므로 저항에서 소비되는 에너지는 다음과 같이 유도된다.

$$w_R(t) = \int_0^{\infty} p_R(t)dt = \frac{V_0^2}{R}\int_0^{\infty} e^{\frac{-2}{RC}t}dt = \frac{1}{2}CV_0^2\ [\mathrm{J}] \tag{6.17}$$

즉, $t = 0$인 순간에 커패시터에 저장된 에너지는 시간이 흐르면서 저항 R에서 열 등으로 소비되며, 시간이 무한히 흐르고 나면 커패시터에 저장된 에너지는 모두 저항에서 소비된다.

예제 6.3

그림에서 $v_C(0) = 20$[V]일 때, 전압 $v(t)$를 구하라. 단, 각 소자에 표기된 값은 저항은 [Ω], 커패시터는 [F]의 단위를 가지는 값이다.

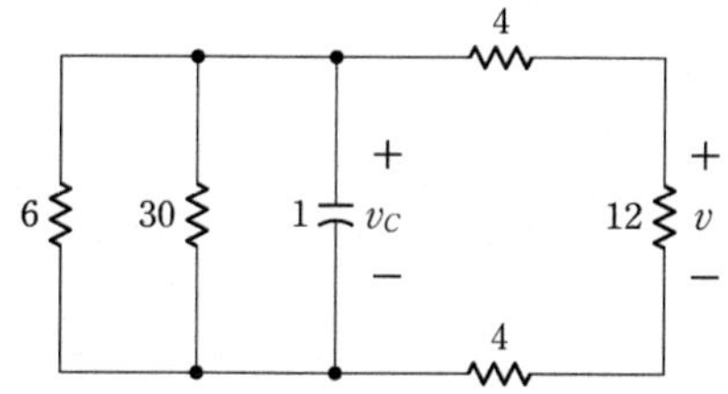

풀이

1) 주어진 회로를 저항과 커패시터가 각각 하나인 등가회로로 변경하면 다음과 같다.

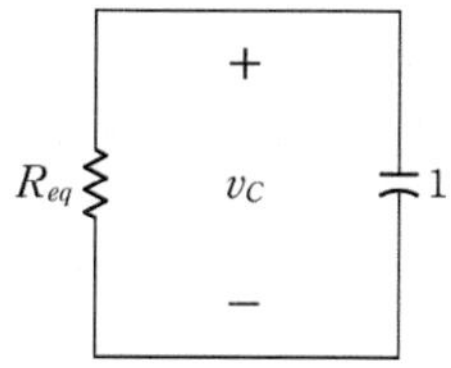

2) $R_{eq} = 5//(8+12) = 4[\Omega]$

3) 시상수 $\tau = R_{eq}C = 4$[s]

4) $v_C(t) = v_C(0)e^{-\frac{t}{\tau}} = 20e^{-0.25t}$

5) 전압 $v(t)$는 전압 분배 법칙에 의해 다음과 같이 구해진다:

$$v(t) = \frac{12}{8+12} \times 20e^{-0.25t} = 12e^{-0.25t}\text{[V]}$$

예제 6.4

그림에서 $v_C(0) = V_0$일 때, 전류 $i(t)$를 구하라.

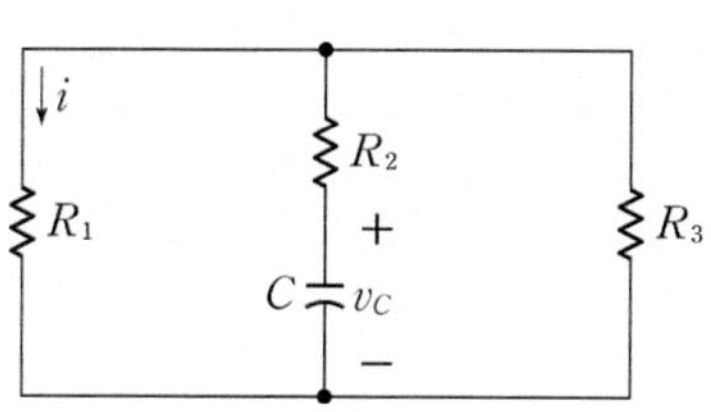

풀이

1) 주어진 회로를 저항과 커패시터가 각각 하나인 등가회로로 변경하면 다음과 같다.

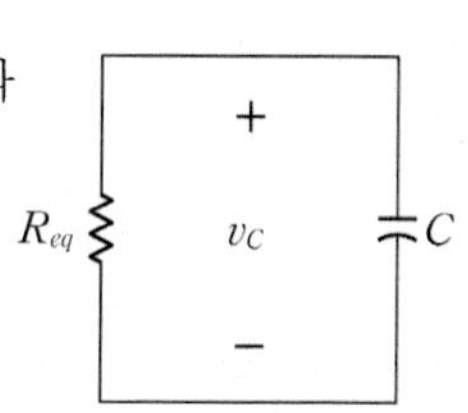

2) $R_{eq} = R_2 + (R_1//R_3)[\Omega]$

3) 시상수 $\tau = R_{eq}C$ [s]

4) $v_C(t) = V_0 e^{-\frac{t}{\tau}}$ [V]

5) 전류 $i(t)$는 전류 분배 법칙에 의해 다음과 같이 구해진다:

$$i(t) = \frac{R_3}{R_1 + R_3} \frac{v_C(t)}{R_{eq}} \text{ [A]}$$

6.4 무전원 RL 회로

무전원 RC 회로와 유사하게 전원이 공급되지 않는 RL 회로의 응답을 구해보자. 이것은 무전원 RC 회로와 매우 유사해서 쉽게 이해할 수 있다.

무전원 RL 회로는 전원이 공급되지 않는 RL 회로를 의미한다. 여기서도 특정 시간에 에너지 저장 소자인 인덕터에 에너지가 저장되어 있었다고 가정한다. 다시 말해서 직류 전원이 연결되어 있던 RL 회로에서 특정 시간에 직류 전원을 제거할 경우의 회로 응답을 구하는 것이다.

그림 6.11의 RL 회로를 고려하자. 여기서 인덕터는 특정 시간인 $t = 0$인 순간에 $i(0) = I_0$의 초기 전압을 저장하고 있었다고 가정한다.

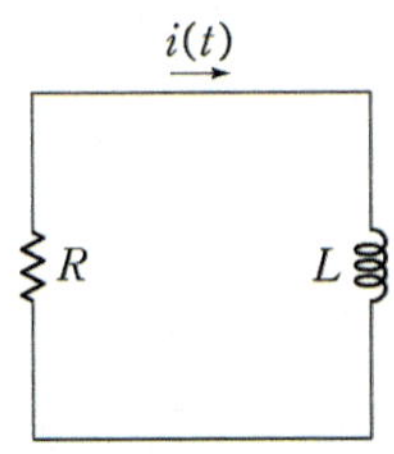

| 그림 6.11 | 무전원 RL 회로

그림 6.11의 회로에서 KVL을 적용하면 다음의 방정식을 얻는다.

$$L\frac{di}{dt} + Ri = 0 \tag{6.18}$$

식 (6.18)은 식 (6.9)와 유사한 미분 방정식이다. 이것은 식 (6.19)로 표현할 수 있다.

$$\frac{di}{i} = -\frac{R}{L}dt \tag{6.19}$$

식 (6.19)의 양변을 적분하면, 식 (6.20)으로 표현할 수 있다.

$$\int_{I_0}^{i(t)} \frac{1}{i'} di' = -\frac{R}{L} \int_0^t dt' \tag{6.20}$$

식 (6.20)의 양변을 풀이하면, 식 (6.21)로 정리된다.

$$\ln i - \ln I_0 = -\frac{R}{L} t \tag{6.21}$$

그러므로 그림 6.11의 RL 회로에서 전압 $i(t)$는 다음과 같이 유도된다.

$$i(t) = I_0 e^{-\frac{R}{L}t} \text{ [V]} \tag{6.22}$$

식 (6.22)로부터 RL 회로에서 에너지 저장 소자인 인덕터에 저장되어 있던 초기 전류 I_0는 시간이 흐르면서 지수함수적으로 감쇠하는 것을 알 수 있다.

식 (6.22)로부터 무전원 RL 회로의 시상수는 식 (6.23)과 같다.

$$\tau = \frac{L}{R} \text{ [s]} \tag{6.23}$$

무전원 RL 회로의 해석은 다음과 같이 요약할 수 있다.

1) 인덕터를 흐르는 초기 전류 I_0를 구한다.

2) 주어진 회로를 하나의 저항과 하나의 인덕터가 직렬 혹은 병렬로 연결된 등가회로를 구한다.

3) 식 (6.23)의 시상수를 구한다.

4) 식 (6.22)의 전류를 구한다.

이제 무전원 RL 회로의 에너지를 구해보자. 먼저 $t = 0$인 순간에 인덕터에 저장된 에너지는 식 (6.24)와 같다.

$$W_L(0) = \frac{1}{2} L I_0^2 \text{ [J]} \tag{6.24}$$

다음으로 시간이 $t = 0$에서 무한대(∞)까지 흐르는 동안 저항에서 소비되는 에너지를 구해보자. 먼저 저항에서 흡수되는 전력은 식 (6.25)와 같다.

$$p_R(t) = Ri^2(t) = RI_0^2 e^{\frac{-2R}{L}t} \text{ [W]} \tag{6.25}$$

그러므로 저항에서 소비되는 에너지는 다음과 같이 유도된다.

$$w_R(t) = \int_0^\infty p_R(t)dt = RI_0^2 \int_0^\infty e^{\frac{-2R}{L}t} dt = \frac{1}{2}LI_0^2 \text{ [J]} \tag{6.26}$$

즉, $t=0$인 순간에 인덕터에 저장된 에너지는 시간이 흐르면서 저항 R에서 열 등으로 소비되며, 시간이 무한히 흐르고 나면 인덕터에 저장된 에너지는 모두 저항에서 소비된다.

예제 6.5

그림에서 스위치가 충분히 오랜 시간 동안 닫혀 있다가, $t=0$인 순간에 열렸다고 가정하자. $t>0$일 때, $i(t)$와 $v(t)$를 각각 구하라. 단, 각 소자에 표기된 값은 전압은 [V], 저항은 [Ω], 인덕터는 [H]의 단위를 가지는 값이다.

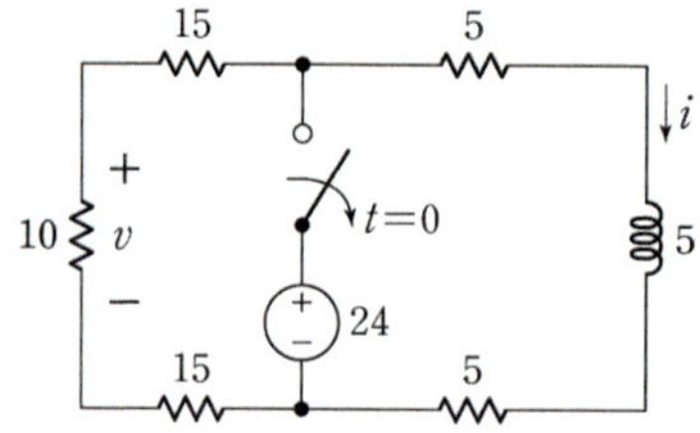

풀이

1) 직류 전압원이 연결된 스위치가 충분히 오랜 시간 동안 닫혀 있었으므로, 인덕터는 단락회로가 된다. 그러므로 초기 전류 $i(0) = I_0 = \dfrac{24}{10} = 2.4$[A]

2) $t>0$일 때, 주어진 회로를 저항과 인덕터가 각각 하나인 등가회로로 변경하면 다음과 같다.

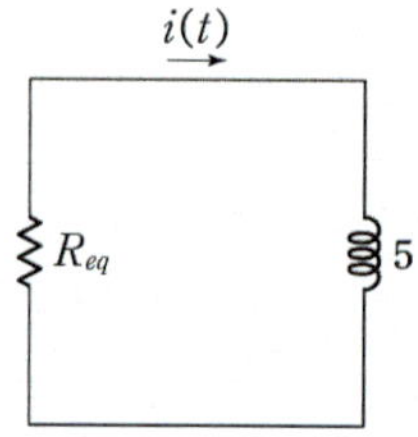

3) $R_{eq} = 10 + 40 = 50$[Ω]

4) 시상수 $\tau = \dfrac{L}{R_{eq}} = 0.1$[s]

5) $i(t) = i(0)e^{-\frac{t}{\tau}} = 2.4e^{-10t}$[A]

6) 전압 $v(t)$는 다음과 같이 구해진다:

$v(t) = -10i(t) = -24e^{-10t}$[V]

예제 6.6

그림에서 스위치가 충분히 오랜 시간 동안 닫혀 있다가, $t=0$인 순간에 열렸다고 가정하자. $t>0$일 때, $i(t)$를 구하라. 단, 각 소자에 표기된 값은 전압은 [V], 저항은 [Ω], 인덕터는 [H]의 단위를 가지는 값이다.

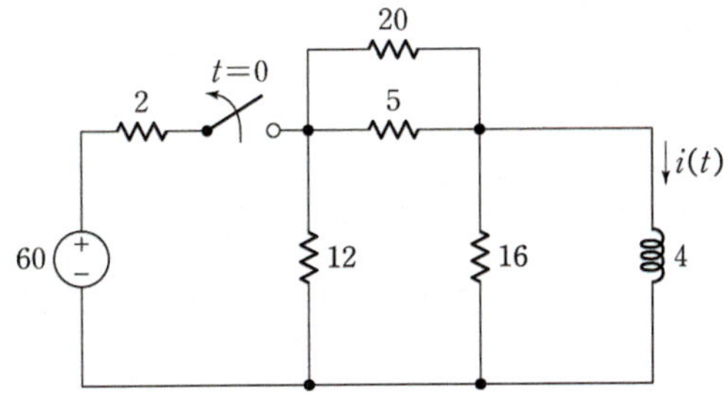

풀이

1) 직류 전압원이 연결된 스위치가 충분히 오랜 시간 동안 닫혀 있었으므로, 인덕터는 단락회로가 된다. 그러므로 16[Ω] 저항이 단락되므로 초기 전류는 다음과 같이 구할 수 있다.

$$i(0)=I_0=\frac{(20//5//12)}{2+(20//5//12)}\times 60\times\frac{1}{4}=9[\mathrm{A}]$$

2) $t>0$일 때, 주어진 회로를 저항과 인덕터가 각각 하나인 등가회로로 변경하면 다음과 같다.

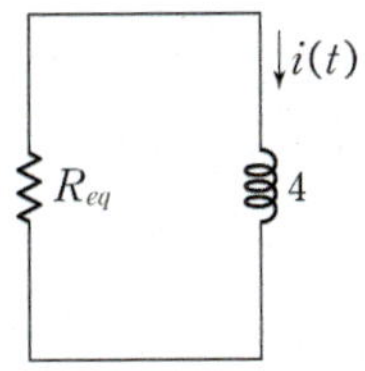

3) $R_{eq}=(20//5+12)//16=8[\Omega]$

4) 시상수 $\tau=\dfrac{L}{R_{eq}}=0.5[\mathrm{s}]$

5) 그러므로 전류 $i(t)$는 다음과 같이 구해진다: $i(t)=I_0 e^{-\frac{t}{\tau}}=9e^{-2t}[\mathrm{A}]$

6.5 전원 구동 RC 회로

지금까지는 전원을 제거한 상태, 즉 고유응답이라 부르는 무전원 상태의 응답을 살펴보았다. 이제 전원을 연결하는 경우의 응답을 살펴보자. 먼저 전원을 공급하는 RC 회로를 해석한다.

그림 6.12의 회로를 고려하자.

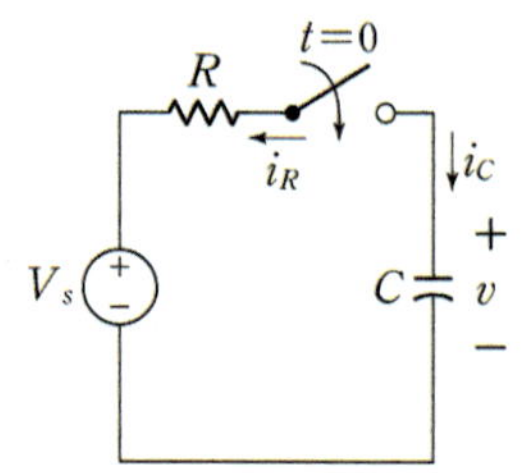

| 그림 6.12 | 전원 구동 RC 회로

그림 6.12는 $t=0$인 순간에 직류 전압이 커패시터에 공급된다는 것을 의미한다. 그런데 우리는 직류전원에 대하여 커패시터는 개방회로로 동작한다라고 하였다. 그러나 이 표현은 해당 직류 전원이 오랜 시간 연결되어 있어서 커패시터가 완전히 충전되었을 때 가능하다. 즉, 스위치가 닫히자 말자 바로 직류전원에 의해 커패시터가 개방회로로 동작한다고 할 수는 없다. 다시 말해서 그림 6.12에서 커패시터 전압 $v(t)$가 완전히 충전되는 전압인 V_s에 도달할 때까지는 커패시터가 회로에서 충전하는 기능을 수행한다. 그 때의 충전하는 동작을 함수로 유도해 보자.

먼저 $t=0$을 두 가지 상태인 $t=0^-$와 $t=0^+$의 경우로 구분하자. 여기서 $t=0^-$는 스위치를 닫기 직전의 순간을 의미하고, $t=0^+$는 스위치를 닫은 직후의 순간을 의미한다.

이제 $t>0$일 때, 커패시터 양단의 전압 $v(t)$를 구해보자. 그림 6.12의 스위치가 있는 마디에서 KCL을 적용하면 다음의 식 (6.27)을 유도할 수 있다.

$$i_R + i_C = 0 \tag{6.27}$$

식 (6.27)은 그림 6.12로부터 다음과 같이 유도된다.

$$\frac{v-V_s}{R} + C\frac{dv}{dt} = 0 \tag{6.28}$$

식 (6.28)은 식 (6.29) 혹은 (6.30)으로 정리된다.

$$\frac{dv}{dt} = -\frac{v-V_s}{RC} \tag{6.29}$$

$$\frac{dv}{v - V_s} = -\frac{1}{RC}dt \tag{6.30}$$

$v(0) = V_0$라고 할 때, 식 (6.30)의 양변을 적분하여 정리하면 식 (6.31)과 같다.

$$\ln(v - V_s) - \ln(V_0 - V_s) = -\frac{1}{RC}t + 0 \tag{6.31}$$

식 (6.31)을 정리하면 $t > 0$일 때의 $v(t)$를 식 (6.32)와 같이 유도할 수 있다.

$$v(t) = V_s + (V_0 - V_s)e^{-t/\tau} \text{ [V]} \tag{6.32}$$

여기서 시상수는 식 (6.33)이다.

$$\tau = RC \text{ [s]} \tag{6.33}$$

결론적으로 그림 6.12의 전압 $v(t)$는 다음과 같이 요약할 수 있다.

$$v(t) = \begin{cases} V_0\ , & t = 0^- \\ V_s + (V_0 - V_s)e^{-t/\tau}, & t \geqq 0^+ \end{cases} \tag{6.34}$$

식 (6.34)에서 다음의 식 (6.35)가 성립한다.

$$v(0^-) = v(0^+) = V_0 \tag{6.35}$$

식 (6.35)는 **커패시터 양단의 전압은 순간적인 변화가 일어날 수 없다**는 사실을 보여주고 있다. 즉, 커패시터 양단의 전압은 $t = 0^-$ 일 때와 $t = 0^+$ 일 때 모두 동일하다.

식 (6.34)를 도시하면 그림 6.13(a)와 같다.

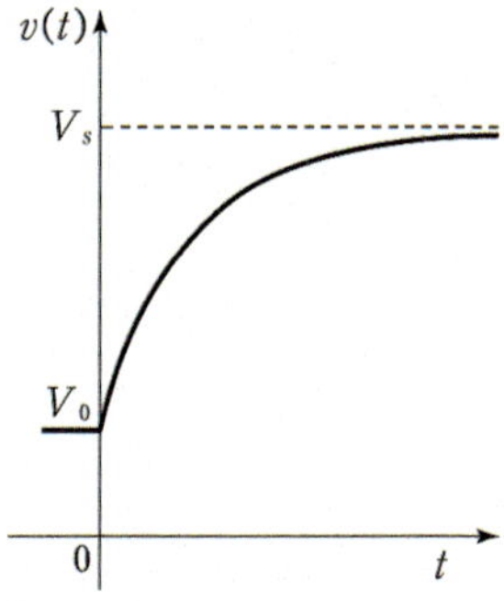

(a) $v(0) = V_0$일 때

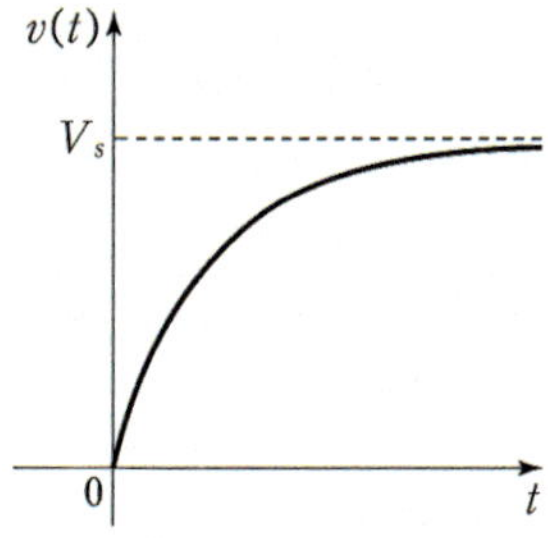

(b) $v(0) = 0$일 때

| 그림 6.13 | 그림 6.12의 전압 응답

식 (6.34)에서 커패시터 양단의 초기 전압 $V_0 = 0$일 때, 전압 $v(t)$는 다음과 같이 요약된다.

$$v(t) = \begin{cases} 0\ , & t = 0^- \\ V_s(1 - e^{-t/\tau}), & t \geqq 0^+ \end{cases} \tag{6.36}$$

식 (6.36)의 응답곡선은 그림 6.13(b)와 같다.

식 (6.34)는 $t > 0$일 때, 식 (6.37)과 같이 다시 표현할 수 있다.

$$\begin{aligned} v(t) &= V_0 e^{-t/\tau} + V_s(1 - e^{-t/\tau}) \\ &= v_n(t) + v_f(t) \end{aligned} \tag{6.37}$$

식 (6.37)에서 $v_n(t)$와 $v_f(t)$를 각각 고유응답과 강제응답이라고 한다. 고유응답은 자연응답이라고도 하며, 앞에서 설명하였다. 여기서 **강제응답(forced response)**은 전원에 의한 응답, 즉 전원이 공급된 상태에서 전원에 의한 응답을 의미한다. 결론적으로, **전원 구동 RC 회로의 완전응답은 고유응답과 강제응답의 합으로 표현된다.**

따라서 식 (6.37)은 식 (6.38)의 고유응답과 식 (6.39)의 강제응답으로 구분된다.

$$v_n(t) = V_0 e^{-t/\tau} \tag{6.38}$$

$$v_f(t) = V_s(1 - e^{-t/\tau}) \tag{6.39}$$

완전응답 = 고유응답 + 강제응답

식 (6.34)는 $t > 0$일 때, 식 (6.40)과 같이 표현할 수도 있다.

$$\begin{aligned} v(t) &= (V_0 - V_s)e^{-t/\tau} + V_s \\ &= v_t(t) + v_{ss} \end{aligned} \tag{6.40}$$

식 (6.40)에서 $v_t(t)$와 v_{ss}를 각각 과도응답과 정상상태응답이라고 한다. **과도응답(transient response)은 용어가 가지고 있는 의미 그대로 전원 공급 등의 갑작스런 변화에 따른 일시적인 시간 동안의 응답으로, 시간에 따라 변화하는 함수이다.** 즉, 과도응답은 시간이 무한히 흐르고 나면 0으로 감쇠하는 응답이다.

에너지 저장의 의미를 가지는 전류 혹은 전압의 변수를 상태(state)변수라고 할 수 있는데, **정상상태응답(steady-state response)은 전압 혹은 전류의 상태변수의 값이 안정된 상태에 있을 때의**

응답으로, 전원이 공급된 후 오랜 시간이 경과한 후의 응답이다. 일반적으로 정상상태는 3τ 혹은 5τ 정도의 시간이 경과한 이후의 응답을 의미하기도 하지만, 여기서는 무한히 긴 시간이 흐른 후의 응답으로 사용한다. 이제 **전원 구동 RC 회로의 완전응답은 과도응답과 정상상태응답의 합으로 표현된다**고 할 수 있다.

식 (6.40)은 식 (6.41)의 과도응답과 식 (6.42)의 정상상태응답으로 구분된다.

$$v_t(t) = (V_0 - V_s)e^{-t/\tau} \tag{6.41}$$

$$v_{ss} = V_s \tag{6.42}$$

완전응답 = 과도응답 + 정상상태응답

식 (6.37)과 식 (6.40)으로부터 완전한 응답은 고유응답과 강제응답의 합 혹은 과도응답과 정상상태응답의 합으로 표현할 수 있다는 사실을 알게 되었다. 일부 참고도서에서 고유응답과 과도응답, 강제응답과 정상상태응답을 상호 혼용해서 사용하기도 하지만, 엄격하게 말해서 이들은 확연히 다른 응답이다. 그러나 어떤 조건에서는 이들이 서로 동일할 수도 있어서 혼용해서 사용하기도 한다. 그래서 실제로 응답을 구해보면 같은 값을 가지는 경우도 종종 있다.

결론적으로 식 (6.37)과 식 (6.40)으로 표현된 완전응답을 다음과 같이 식 (6.43)으로 표현하면 보다 더 쉽게 완전응답을 구할 수 있다.

$$v(t) = v(\infty) + (v(0^+) - v(\infty))e^{-t/\tau} \tag{6.43}$$

식 (6.43)에서 $v(0) = V_0$를 $v(0^+)$로 표현하였음에 유의해야 한다. 우리가 구하는 응답은 $t > 0$일 때의 응답이며, 이것은 $t \geq 0^+$일 때의 응답과 같다.

예를 들어서 그림 6.14의 RC 회로에서 전압 $v(t)$를 구해보자. 여기서 각 소자에 표기된 값은 전압은 [V], 저항은 [kΩ], 커패시터는 [mF]의 단위를 가지는 값이다.

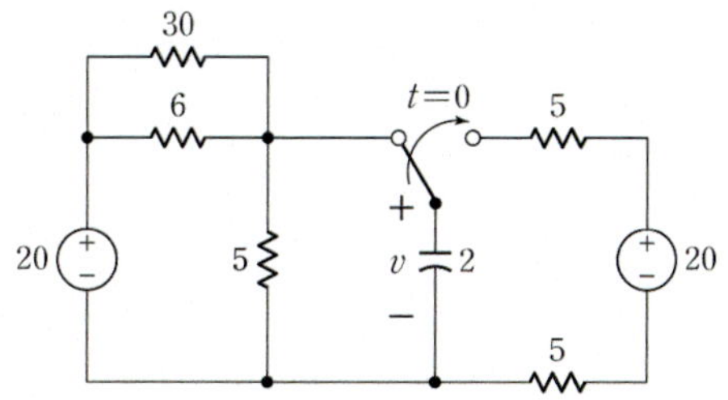

| 그림 6.14 | 전원구동 RC 회로 해석을 위한 예

먼저 초기치 $v(0^+)$를 구해야 한다. 그리고 이미 설명되었듯이 커패시터에서 $v(0^+) = v(0^-)$이다. 주어진 회로를 $t = 0^-$인 상태의 회로로 변경하면 그림 6.15와 같다.

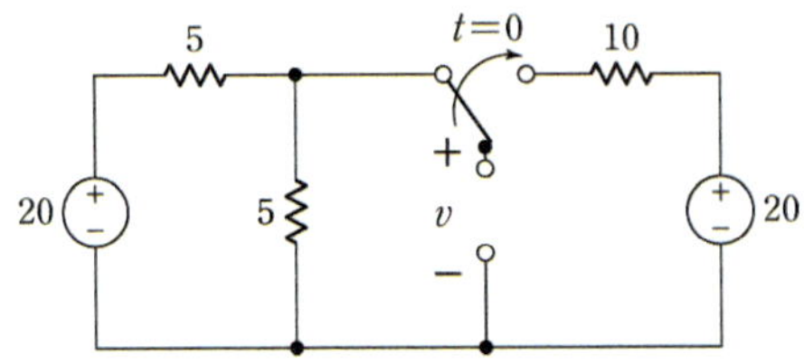

| 그림 6.15 | $t = 0^-$일 때의 그림 6.14

그림 6.15에서 v는 두 저항의 직렬 연결에 의한 전압 분배 법칙으로부터 다음과 같이 구해진다.

$$v = v(0^-) = \frac{5}{5+5} \times 20 = 10\,[\mathrm{V}] \tag{6.44}$$

따라서 $v(0^+)$는 다음과 같다.

$$v(0^+) = v(0^-) = 10\,[\mathrm{V}] \tag{6.45}$$

다음으로 주어진 회로를 $t \geqq 0^+$인 상태의 회로로 변경하자. 이것은 그림 6.16과 같다.

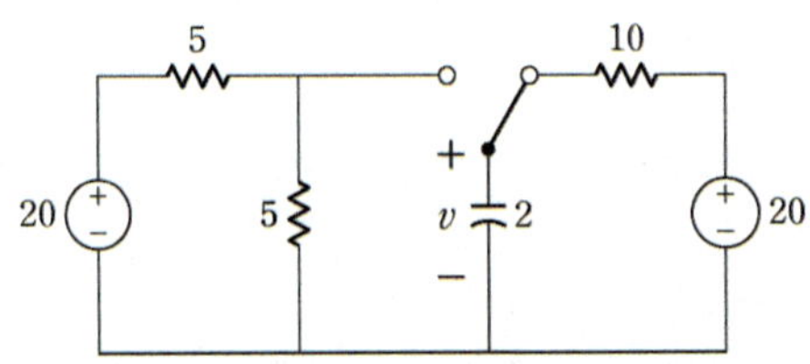

| 그림 6.16 | $t \geqq 0^+$일 때의 그림 6.14

$t \geqq 0^+$에서 등가 저항과 등가 커패시턴스를 구하고, 이를 이용하여 시상수를 구한다.

$$\tau = RC = 10\mathrm{k} \times 2\mathrm{m} = 20\,[\mathrm{s}] \tag{6.46}$$

다음으로 $v(\infty)$를 구한다. 시간이 무한대로 흐른 상태에서, 커패시터는 공급된 전압으로 완전 충전되어 개방회로로 동작한다. 그러므로 $v(\infty)$는 다음과 같다.

$$v(\infty) = 20\,[\mathrm{V}] \tag{6.47}$$

지금까지 구한 식 (6.45), (6.46), 그리고 (6.47)의 결과를 식 (6.43)에 대입하여 정리하면 다음의 결과를 얻는다.

$$
\begin{aligned}
v(t) &= v(\infty) + (v(0^+) - v(\infty))e^{-t/\tau}\ [\mathrm{V}],\ \mathrm{t} > 0 \qquad (6.48)\\
&= 20 + (10 - 20)e^{-\frac{1}{20}t}\ [\mathrm{V}],\ \mathrm{t} > 0\\
&= 20 - 10e^{-\frac{1}{20}t}\ [\mathrm{V}],\ \mathrm{t} > 0\\
&= (20 - 10e^{-\frac{1}{20}t})u(t)\ [\mathrm{V}]
\end{aligned}
$$

지금까지 살펴 본 전원 구동 RC 회로의 해석 과정을 요약하면 다음과 같다.

1) $t = 0^-$ 인 상태의 회로를 찾아서 커패시터 양단의 초기 전압 $v_C(0^+) = v_C(0^-)$를 찾는다.

2) $t \geqq 0^+$ 인 상태의 회로를 찾는다.

3) 시상수($\tau = R_{eq}C_{eq}$)를 구한다.

4) $t \to \infty$ 인 정상상태의 회로를 찾아서 커패시터 양단의 정상상태 전압 $v_C(\infty)$를 찾는다.

5) 식 (6.43)에 적용하여 커패시터 양단의 전압을 구한다.

6) 찾아야 될 미지의 변수가 커패시터 양단의 전압 외의 다른 변수일 경우 5)의 결과를 이용하여 구한다.

예제 6.7

그림에서 스위치가 충분히 오랜 시간 동안 a의 위치에 있다가, $t = 0$인 순간에 b의 위치로 이동했다고 가정하자. $t > 0$일 때, $v(t)$를 구하라. 단, 각 소자에 표기된 값은 전압은 [V], 저항은 [Ω], 커패시터는 [mF]의 단위를 가지는 값이다.

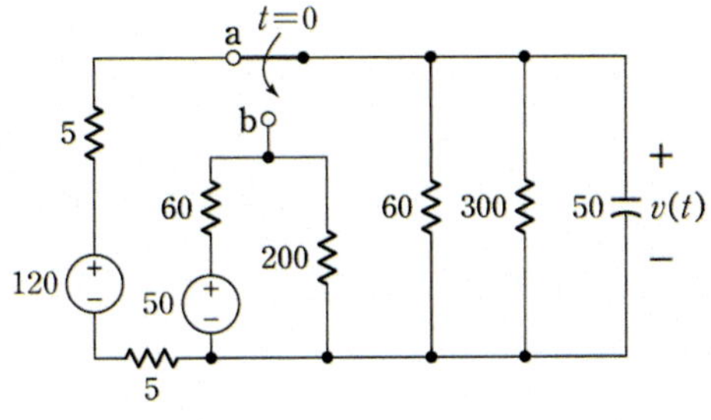

풀이

1) $t=0^-$인 상태의 회로를 찾는다.

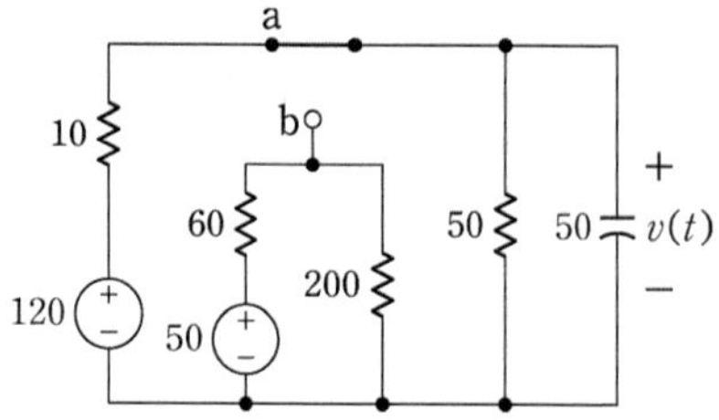

2) 오른쪽 120[V] 전압원은 $t=0^-$ 이전의 오랜 시간 동안 연결되어 있었다고 가정하므로, 커패시터는 개방회로가 된다. 따라서 $v(0^+)$는 다음과 같이 구해진다.

$$v(0^+)=v(0^-)=\frac{50}{10+50}\times 120=100[\mathrm{V}]$$

3) $t \geqq 0^+$인 상태의 회로를 찾는다.

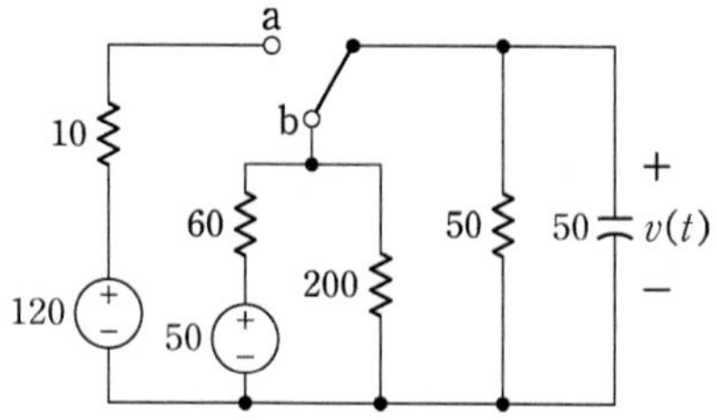

4) 시상수($\tau = R_{eq}C_{eq}$)를 구한다.

$$R_{eq}=50//200//60=\frac{1}{\frac{1}{50}+\frac{1}{200}+\frac{1}{60}}=24[\Omega],\ C_{eq}=C=50[\mathrm{mF}]\rightarrow \tau=R_{eq}C=1.2[\mathrm{s}]$$

5) 커패시터 양단의 정상상태 전압 $v_C(\infty)$를 찾는다.

$$v(\infty)=\frac{50//200}{60+(50//200)}\times 50=20[\mathrm{V}]$$

6) $t>0$에서 $v(t)$는 다음과 같다.

$$v(t)=v(\infty)+(v(0^+)-v(\infty))e^{-t/\tau}=20+80e^{-t/1.2}[\mathrm{V}]$$

6.6 전원 구동 RL 회로

전원이 공급되는 RC 회로를 이해한다면, 전원이 공급되는 RL 회로는 쉽게 이해할 수 있다. 이제 전원 구동 RL 회로를 살펴본다.

그림 6.17의 회로를 고려하자.

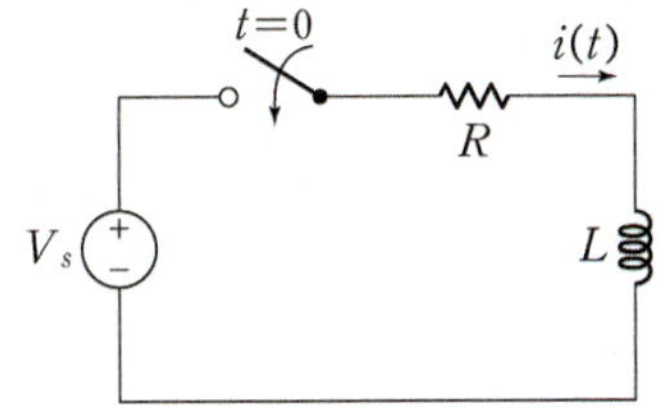

| 그림 6.17 | 전원 구동 RL 회로

그림 6.17은 $t=0$인 순간에 직류 전압이 인덕터에 공급되는 회로이다. 직류 전원에 대하여 인덕터가 단락 회로로 동작하는 시점은 해당 직류 전원이 오랜 시간 연결되어 있어서 인덕터가 완전히 충전되었을 때이다. 즉, 스위치가 닫히자 말자 바로 직류전원에 의해 인덕터가 단락 회로로 동작하는 것은 아니다. 다시 말해서 그림 6.17에서 인덕터 전류 $i(t)$가 완전히 충전되는 전류인 $\frac{V_s}{R}$에 도달할 때까지는 인덕터는 시간의 함수가 되어 에너지를 충전하게 된다.

이제 인덕터가 전류를 충전하는 동작을 함수로 유도해 보자. $t>0$일 때, 인덕터를 통해 흐르는 전류 $i(t)$를 구하는 예를 가정한다. 그림 6.17에서 스위치가 닫힌 경우 KVL을 적용하면 다음의 식 (6.49)를 유도할 수 있다.

$$V_s = Ri + L\frac{di}{dt} \tag{6.49}$$

식 (6.49)는 식 (6.50) 혹은 (6.51)로 정리된다.

$$\frac{di}{dt} = \frac{V_s - Ri}{L} = \frac{V_s/R - i}{L/R} \tag{6.50}$$

$$\frac{di}{i - \frac{V_s}{R}} = -\frac{R}{L}dt \tag{6.51}$$

$i(0^+) = I_0$라고 할 때, 식 (6.51)의 양변을 적분하여 정리하면 식 (6.52)와 같다.

$$\ln(i - \frac{V_s}{R}) - \ln(I_0 - \frac{V_s}{R}) = -\frac{R}{L}t \tag{6.52}$$

그러므로 $t > 0$일 때의 $i(t)$는 식 (6.53)과 같이 정리된다.

$$i(t) = \frac{V_s}{R} + (I_0 - \frac{V_s}{R})e^{-t/\tau}[\text{A}] \tag{6.53}$$

여기서 시상수는 식 (6.54)이다.

$$\tau = \frac{L}{R}[\text{s}] \tag{6.54}$$

결론적으로 그림 6.17의 전류 $i(t)$는 다음과 같이 요약할 수 있다.

$$i(t) = \begin{cases} I_0\ , & t = 0^- \\ \frac{V_s}{R} + (I_0 - \frac{V_s}{R})e^{-t/\tau}, & t \geq 0^+ \end{cases} \tag{6.55}$$

식 (6.55)에서 다음의 식 (6.56)이 성립한다.

$$i(0^-) = i(0^+) = I_0 \tag{6.56}$$

식 (6.56)은 **인덕터를 통해 흐르는 전류는 순간적인 변화가 일어날 수 없다**는 사실을 보여주고 있다. 즉, 인덕터를 통해 흐르는 전류는 $t = 0^-$일 때와 $t = 0^+$일 때 모두 동일하다.

식 (6.55)는 $t > 0$일 때, 식 (6.57)과 같이 다시 표현할 수 있다.

$$\begin{aligned} i(t) &= I_0 e^{-t/\tau} + \frac{V_s}{R}(1 - e^{-t/\tau}) \\ &= i_n(t) + i_f(t) \end{aligned} \tag{6.57}$$

여기서,

$$i_n(t) = I_0 e^{-t/\tau} \tag{6.58}$$

$$i_f(t) = \frac{V_s}{R}(1 - e^{-t/\tau}) \tag{6.59}$$

식 (6.58)과 (6.59)의 $i_n(t)$와 $i_f(t)$는 각각 고유응답과 강제응답이다.

식 (6.55)는 $t > 0$일 때, 식 (6.60)과 같이 표현할 수도 있다.

$$\begin{aligned} i(t) &= (I_0 - \frac{V_s}{R})e^{-t/\tau} + \frac{V_s}{R} \\ &= i_t(t) + i_{ss} \end{aligned} \tag{6.60}$$

여기서,

$$i_t(t) = (I_0 - \frac{V_s}{R})e^{-t/\tau} \tag{6.61}$$

$$i_{ss} = \frac{V_s}{R} \tag{6.62}$$

식 (6.61)과 (6.62)의 $i_t(t)$와 i_{ss}는 각각 과도응답과 정상상태응답이다.

이제 식 (6.55)를 도시하면 그림 6.18 (a)와 같다.

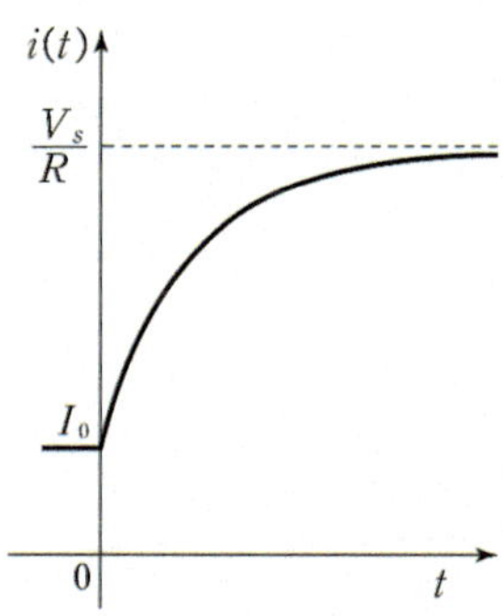

(a) $i(0) = I_0$일 때

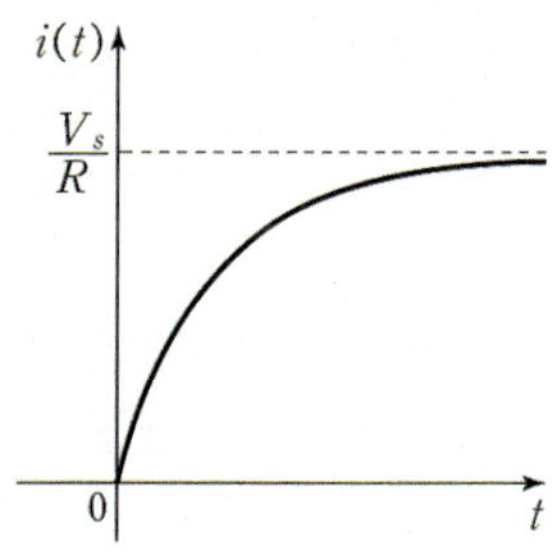

(b) $i(0) = 0$일 때

| 그림 6.18 | 그림 6.17의 전류 응답

식 (6.55)에서 인덕터를 통해 흐르는 초기 전류 $I_0 = 0$일 때, 전류 $i(t)$는 다음과 같이 요약된다.

$$i(t) = \begin{cases} 0\ , & t = 0^- \\ \frac{V_s}{R}(1 - e^{-t/\tau}), & t \geq 0^+ \end{cases} \tag{6.63}$$

식 (6.63)의 응답곡선은 그림 6.18(b)와 같다.

이제 전원 구동 RC 회로에서의 식 (6.43)과 유사하게 전원 구동 RL 회로의 완전응답을 다음과 같이 식 (6.64)로 표현할 수 있다.

$$i(t) = i(\infty) + (i(0^+) - i(\infty))e^{-t/\tau} \tag{6.64}$$

예를 들어서 그림 6.19의 RL 회로에서 전류 $i(t)$를 구해보자. 여기서 각 소자에 표기된 값은 전압은 [V], 저항은 [Ω], 인덕터는 [H]의 단위를 가지는 값이다.

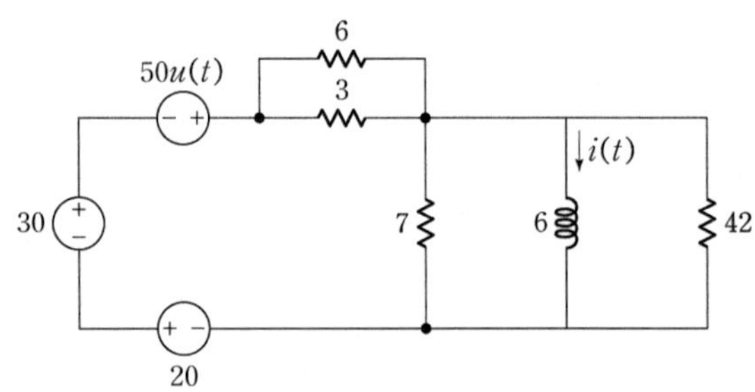

| 그림 6.19 | 전원구동 RL 회로 해석을 위한 예

먼저 초기치 $i(0^+)$를 구해야 한다. 그래서 주어진 회로를 $t = 0^-$ 인 상태의 회로로 변경하면 그림 6.20과 같다. 즉, 왼쪽의 50[V] 직류 전원은 오랜 시간 동안 연결되어 있었다고 가정하므로, 인덕터는 단락회로로 동작한다.

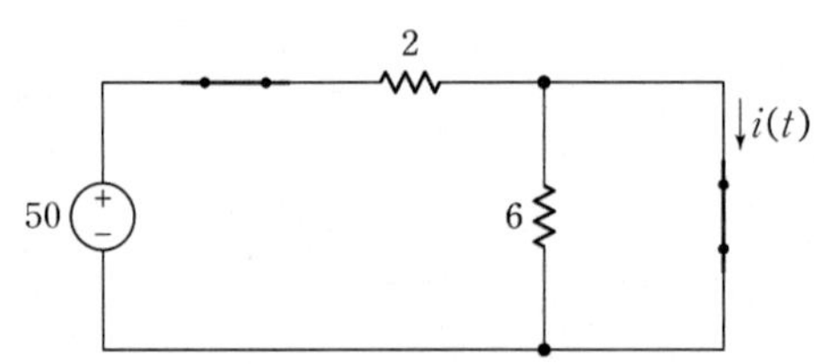

| 그림 6.20 | $t = 0^-$일 때의 그림 6.19

그림 6.20에서 $i(0^+)$는 다음과 같이 쉽게 구해진다.

$$i(0^+) = i(0^-) = \frac{50}{2} = 25\,[\text{A}] \tag{6.65}$$

다음으로 주어진 회로를 $t \geq 0^+$ 인 상태의 회로로 변경하자. 이것은 그림 6.21과 같다.

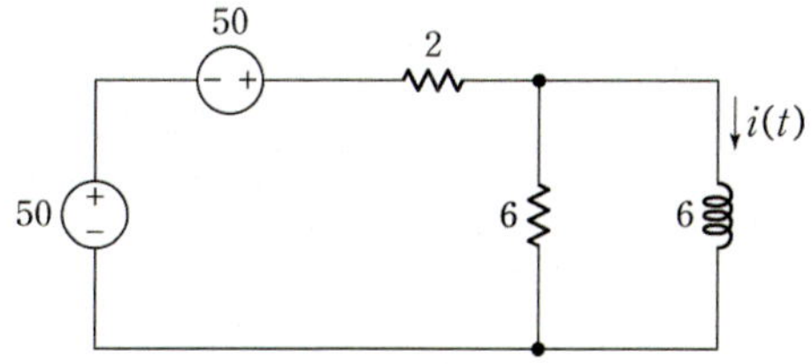

| 그림 6.21 | $t \geq 0^+$일 때의 그림 6.19

이제 $t \geq 0^+$의 회로로 변경하였으므로, 다음과 같이 시상수를 구할 수 있다.

$$\tau = \frac{L}{R_{eq}} = \frac{6}{2//6} = 4[\mathrm{s}] \tag{6.66}$$

다음으로 $i(\infty)$를 구한다. 시간이 무한대로 흐른 상태에서, 인덕터는 공급된 두 전압원으로부터 완전 충전되므로 단락 회로로 동작한다. 그러므로 $i(\infty)$는 다음과 같다.

$$i(\infty) = \frac{50+50}{2} = 50[\mathrm{A}] \tag{6.67}$$

지금까지 구한 결과를 (6.64)에 대입하여 정리하면 다음의 결과를 얻는다.

$$\begin{aligned} i(t) &= i(\infty) + (i(0^+) - i(\infty))e^{-t/\tau}\ [\mathrm{A}],\ \mathrm{t} > 0 \\ &= (50 - 25e^{-0.25t})u(t)[\mathrm{A}] \end{aligned} \tag{6.68}$$

지금까지 살펴 본 전원 구동 RL 회로의 해석 과정을 요약하면 다음과 같다.

1) $t = 0^-$인 상태의 회로를 찾아서 인덕터를 통해 흐르는 초기 전류 $i_L(0^+) = i_L(0^-)$를 찾는다.

2) $t \geq 0^+$인 상태의 회로를 찾는다.

3) 시상수$\left(\tau = \frac{L_{eq}}{R_{eq}}\right)$를 구한다.

4) $t \to \infty$인 정상상태의 회로를 찾아서 인덕터를 통해 흐르는 정상상태 전류 $i_L(\infty)$를 찾는다.

5) 식 (6.64)에 적용하여 인덕터를 통해 흐르는 전류를 구한다.

6) 찾아야 될 미지의 변수가 인덕터를 통해 흐르는 전류 외의 다른 변수일 경우 5)의 결과를 이용하여 구한다.

예제 6.8

그림에서 오랜 시간 동안 닫혀 있던 스위치가 $t=0$인 순간에 열린다고 가정하자. $t>0$일 때, $i(t)$를 구하라. 단, 각 소자에 표기된 값은 전압은 [V], 저항은 [Ω], 인덕터는 [H]의 단위를 가지는 값이다.

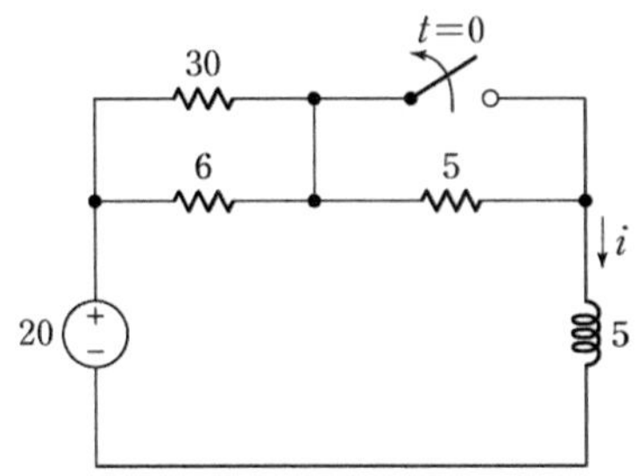

풀이

1) $t=0^-$인 상태의 회로를 찾는다. 10[V] 전압원은 $t=0^-$ 이전의 오랜 시간 동안 연결되어 있었으므로 인덕터는 단락회로가 된다.

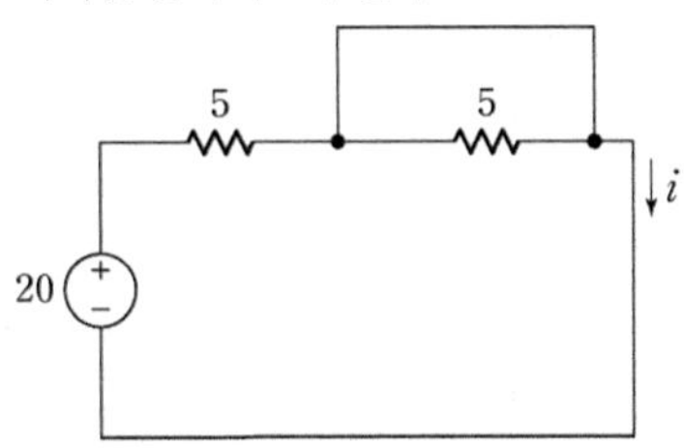

2) $i(0^+)$를 구한다.

$$i(0^+)=i(0^-)=\frac{20}{5}=4[\text{A}]$$

3) $t \geq 0^+$인 상태의 회로를 찾는다.

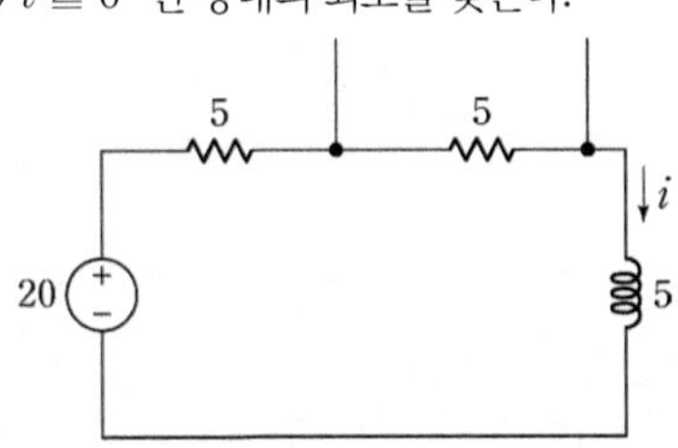

4) 시상수($\tau=\dfrac{L}{R_{eq}}$)를 구한다.

$$R_{eq}=5+5=10[\Omega] \rightarrow \tau=5/10=0.5[\text{s}]$$

5) 인덕터를 통해 흐르는 정상상태 전류 $i(\infty)$를 찾는다.

$$i(\infty)=\frac{20}{10}=2[\text{A}]$$

6) $t>0$에서 $i(t)$는 다음과 같다.

$$i(t)=i(\infty)+(i(0^+)-i(\infty))e^{-t/\tau}=2(1+e^{-2t})\,[\text{A}]$$

연습문제

1 그림 P1에서 스위치가 충분히 오랜 시간 동안 닫혀 있다가, $t=0$인 순간에 열린다고 가정하자. $t>0$일 때, $v(t)$를 구하라. 단, 각 소자에 표기된 값은 전압은 [V], 커패시터는 [mF], 저항은 [Ω]의 단위를 가지는 값이다.

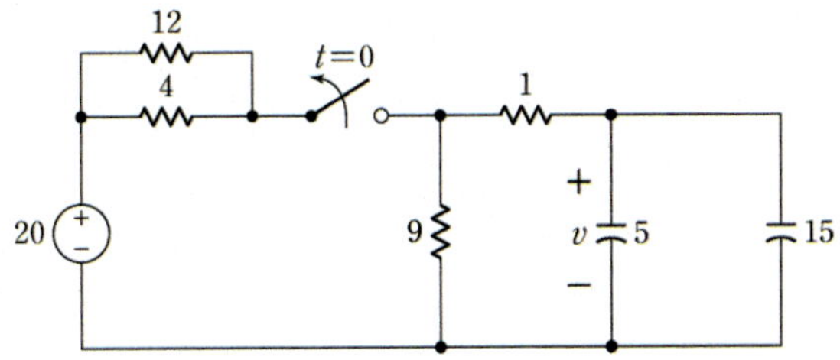

| 그림 P1 |

2 그림 P2에서 $v(0)=5$[V]일 때, $v(t)$를 구하라. 단, 각 소자에 표기된 값은 전류는 [A], 커패시터는 [F], 저항은 [Ω]의 단위를 가지는 값이다.

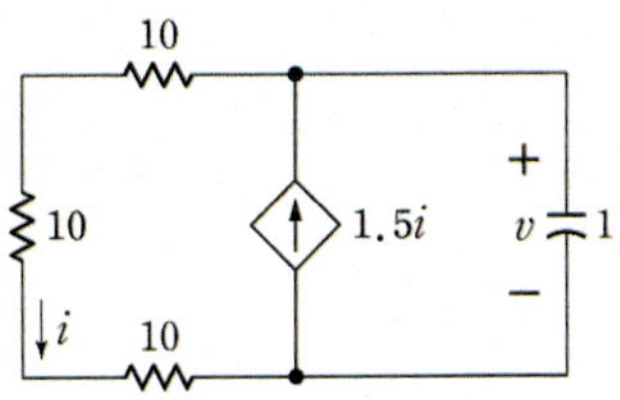

| 그림 P2 |

3 그림 P3에서 스위치가 충분히 오랜 시간 동안 닫혀 있다가, $t=0$인 순간에 열린다고 가정하자. $t>0$일 때, $i(t)$를 구하라. 단, 각 소자에 표기된 값은 전류는 [A], 인덕터는 [H], 저항은 [Ω]의 단위를 가지는 값이다.

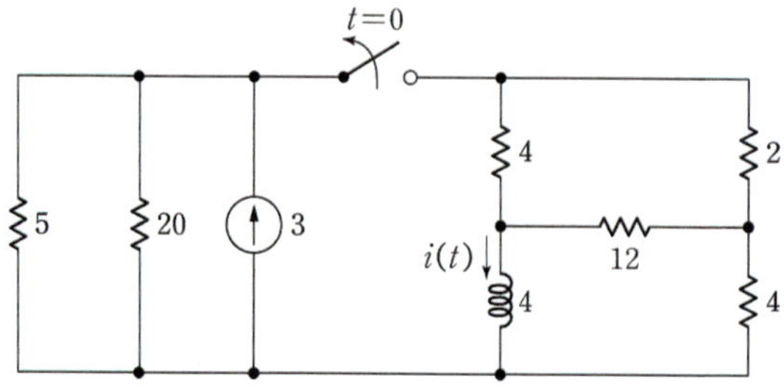

| 그림 P3 |

4 그림 P4에서 $v(t)$를 구하라. 단, 각 소자에 표기된 값은 전류는 [A], 인덕터는 [H], 저항은 [Ω]의 단위를 가지는 값이다.

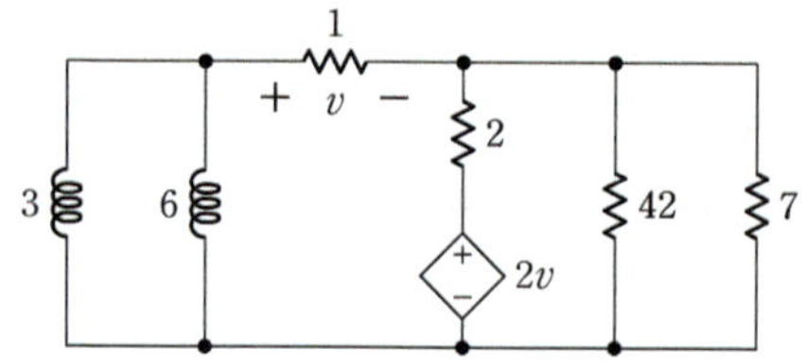

| 그림 P4 |

5 그림 P5에서 $t>0$일 때, $v(t)$를 구하라. 단, 각 소자에 표기된 값은 전압은 [V], 전류는 [mA], 커패시터는 [μF], 저항은 [kΩ]의 단위를 가지는 값이다.

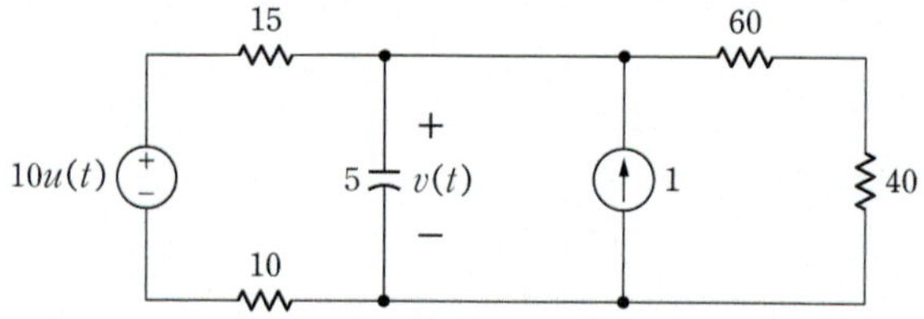

| 그림 P5 |

6 2021년 전기/전기공사 회로에서 $t = 0$초일 때 닫혀 있는 스위치 S를 열었다. 이때 $\frac{dv(0^+)}{dt}$의 값은? (단, C의 초기 전압은 0[V]이다.)

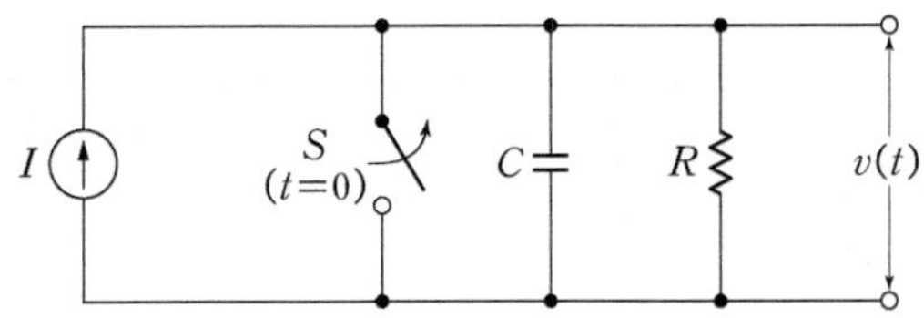

| 그림 P6 |

① $\frac{1}{RI}$　　② $\frac{C}{I}$

③ RI　　④ $\frac{I}{C}$

7. 2022년 전기 그림의 회로에서 $t = 0$초에 스위치(S)를 닫은 후 $t = 1$초일 때 이 회로에 흐르는 전류는 약 몇 [A]인가?

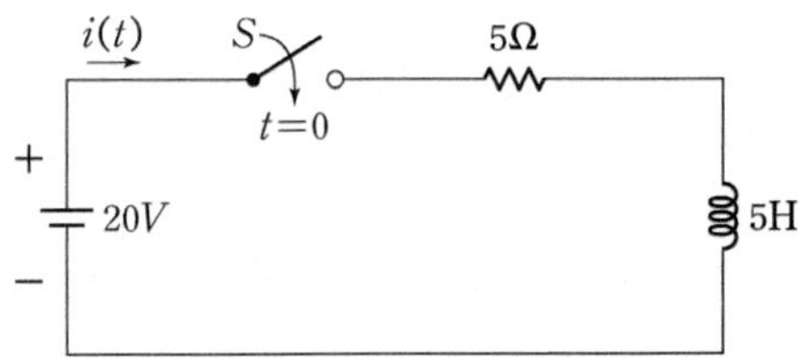

| 그림 P7 |

① 2.52　　② 3.16

③ 4.21　　④ 6.32

8 2022년 전자 시정수 τ 인 RL 직렬 회로에 $t = 0$에서 직류전압을 가하였을 때 $t = 4\tau$에서의 회로 전류는 정상치의 약 몇 % 인가? (단, 초기치는 0으로 한다.)

① 63%　　② 86%

③ 95%　　④ 98%

9 2021년 전기/전기공사 정상상태에서 $t=0$초인 순간에 스위치 S를 열었다. 이때 흐르는 전류 $i(t)$는?

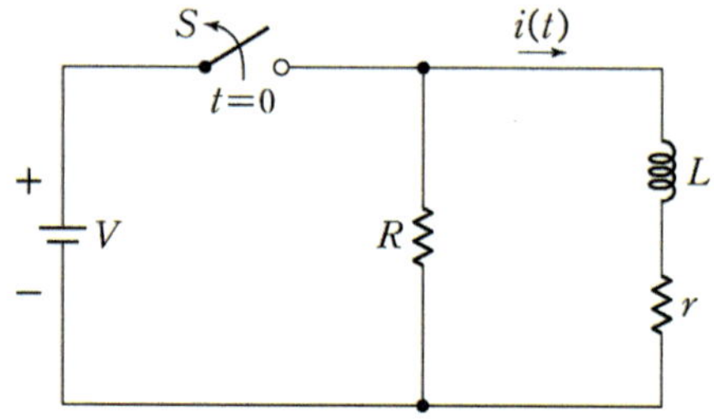

| 그림 P9 |

① $\frac{V}{R}e^{-\frac{R+r}{L}t}$ ② $\frac{V}{r}e^{-\frac{R+r}{L}t}$

③ $\frac{V}{R}e^{-\frac{L}{R+r}t}$ ④ $\frac{V}{r}e^{-\frac{L}{R+r}t}$

10 2022년 공무원 다음 회로에서 $t<0$에서 정상상태에 도달하였다. $t=0$인 순간에 스위치가 단자 A에서 B로 연결될 때, $t>0$에서 전류 $i(t)$[A]는?

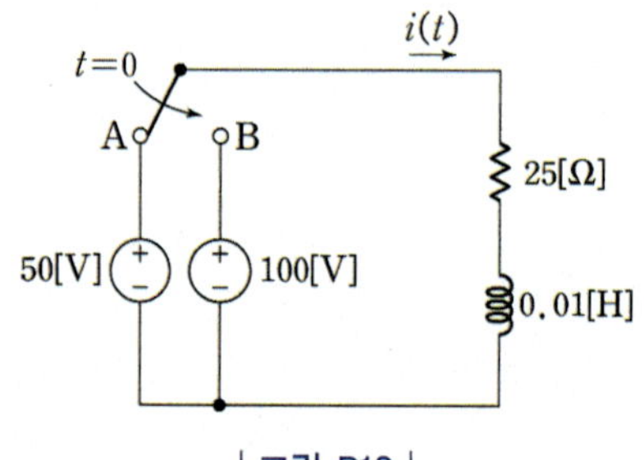

| 그림 P10 |

① $4-2e^{-5000t}$ ② $4-2e^{-2500t}$

③ $4+2e^{-5000t}$ ④ $4+2e^{-2500t}$

CHAPTER 07

RLC 회로망

학습목표

1. 2차 시스템의 특성방정식을 이해할 수 있다.
2. 무전원 및 전원 구동 RLC 회로망의 응답 종류를 이해할 수 있다.
3. 독전원 RLC 회로망의 완전 응답을 구할 수 있다.
4. 전원 구동 RLC 회로망의 완전 응답을 구할 수 있다.

7.1 2계 미분 방정식과 응답

6장에서는 직류 전원과 저항으로 구성된 회로에 에너지 저장 소자인 커패시터 혹은 인덕터의 어느 하나가 포함될 경우의 회로 해석을 다루었다. 시상수(time constant)와 응답(response)에 대한 기본 개념을 포함하여 RC 혹은 RL 회로의 완전응답을 이해하였다. 그러나 대부분의 전기 회로에는 커패시터와 인덕터가 모두 사용된다. 이 경우에는 두 개의 에너지 저장 소자가 모두 사용되기 때문에 회로 해석 과정에 미분 방정식의 차수(order)가 증가하게 된다. 즉, 2계 미분 방정식이 유도된다. 여기서는 RLC 회로에서 유도되는 2계 미분 방정식에 대하여 살펴본다.

임의의 2계 미분 방정식(2nd order differential equation)이 식 (7.1)과 같이 주어졌다고 가정하자.

$$\frac{d^2f}{dt^2}+2\alpha\frac{df}{dt}+\omega_0^2f=0 \tag{7.1}$$

2계 미분 방정식은 이차 미분 방정식이라고도 부른다. 그래서 RL 혹은 RC 회로를 일차 회로, RLC 회로를 이차 회로라고도 부른다.

식 (7.1)의 해는 여러 가지 방식으로 구할 수 있는데, 여기서는 직관에 의한 간단한 방법을 사용한다. 즉, 함수와 그 도함수, 그리고 그 도함수의 도함수가 모두 동일한 형태를 가지는 함수로는 지수함수가 있으므로, 식 (7.1)의 하나의 해로 식 (7.2)를 가정할 수 있다.

$$f(t) = Ke^{st} \tag{7.2}$$

여기서, K와 s는 미지의 변수이다. 식 (7.2)를 식 (7.1)에 대입하면 식 (7.3)을 유도할 수 있다.

$$Ks^2e^{st} + 2K\alpha se^{st} + K\omega_0^2e^{st} = 0 \tag{7.3}$$

식 (7.3)을 정리하면 식 (7.4)와 같다.

$$Ke^{st}(s^2 + 2\alpha s + \omega_0^2) = 0 \tag{7.4}$$

식 (7.4)에서 Ke^{st}는 미분 방정식 (7.1)의 해라고 가정했으므로 0이 될 수는 없다. 따라서 다음의 식 (7.5)가 성립한다.

$$s^2 + 2\alpha s + \omega_0^2 = 0 \tag{7.5}$$

식 (7.5)의 s가 가지는 두 개의 해(solution 혹은 root)는 함수 $f(t)$의 특성을 결정하므로, 식 (7.5)를 미분 방정식 (7.1)의 **특성방정식(characteristic equation)**이라고 한다. 이제 식 (7.5)의 두 해는 식 (7.6)과 (7.7)로 유도된다.

$$s_1 = -\alpha + \sqrt{\alpha^2 - \omega_0^2} \tag{7.6}$$

$$s_2 = -\alpha - \sqrt{\alpha^2 - \omega_0^2} \tag{7.7}$$

식 (7.2)에서 지수함수의 지수에 위치한 st는 무차원이어야 하므로, s의 단위는 시간의 역수인 [s^{-1}]이어야 한다. 시간의 역수를 가지는 단위는 주파수이므로, 식 (7.6)과 (7.7)의 s_1과 s_2는 **고유주파수**라고 부르며, [Np/s]의 단위를 가진다. 여기서 [Np]는 스코틀랜드 수학자 네이피어(John Napier)의 이름에서 따온 용어로, "네퍼"라고 읽으며, 무차원의 단위이다. 그리고 α는 **네퍼주파수**라고 부르며, [Np/s]의 단위를 가진다. 더욱이 α는 식 (7.2)에서 미분 방정식의 해의 일부로, 지수적으로 감쇠하는 역할을 하므로 **지수감쇠계수**라고도 한다. ω_0는 **공진주파수**라고 부르며, [rad/s]의 단위를 가진다.

특성방정식의 해가 두 개라는 것은 식 (7.1)을 만족하는 해도 두 개가 가능하며, 이것은 그 둘의 선형 조합 또한 그 해가 된다는 것을 의미한다. 따라서 식 (7.1)의 완전한 응답은 다음의 식 (7.8)로 표현할 수 있다.

$$f(t) = K_1 e^{s_1 t} + K_2 e^{s_2 t} \tag{7.8}$$

이제 식 (7.8)의 응답은 식 (7.6)과 (7.7)로부터 다음 세 가지의 해가 가능하다.

1) $\alpha > \omega_0$

s_1과 s_2는 두 개의 서로 다른 실수근을 가지는 경우로, 그 응답은 식 (7.9)와 같다.

$$f(t) = A_1 e^{s_1 t} + A_2 e^{s_2 t} \tag{7.9}$$

실제 회로 해석에서 s_1과 s_2는 음(negative)의 값을 가지므로, 이 경우는 시간이 흐름에 따라 응답은 0으로 감소해 가는 특성을 보인다. 그림 7.1에 응답의 예를 도시하였다.

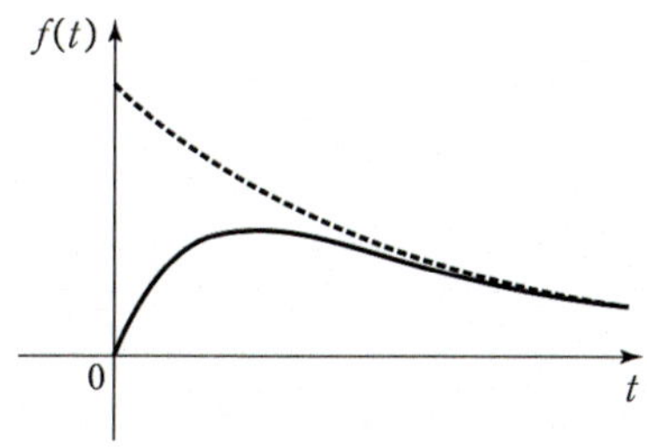

| 그림 7.1 | $\alpha > \omega_0$일 때 응답의 예

그림 7.1의 응답 특성을 **과도감쇠 혹은 과제동(over damping)**이라고 한다.

2) $\alpha = \omega_0$

s_1과 s_2가 식 (7.10)과 같이 중근을 가지는 경우이다.

$$s_1 = s_2 = -\alpha \tag{7.10}$$

이 때, 응답은 식 (7.11)과 같다.

$$f(t) = (B_1 + B_2 t)e^{-\alpha t} \tag{7.11}$$

여기서 식 (7.11)의 유도 과정은 생략한다. 그림 7.2에 $te^{-\alpha t}$인 경우의 응답 예를 도시하였다.

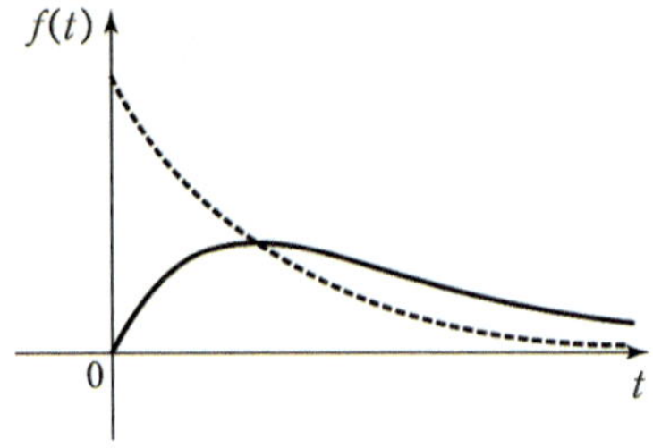

| **그림 7.2** | $\alpha = \omega_0$일 때 응답의 예($te^{-\alpha t}$인 경우)

그림 7.2의 응답 특성을 **임계감쇠 혹은 임계제동(critical damping)**이라고 한다.

3) $\alpha < \omega_0$

s_1과 s_2는 두 개의 복소공액근을 가지는 경우로 식 (7.12) 및 (7.13)과 같다.

$$s_1 = -\alpha + \sqrt{-(\omega_0^2 - \alpha^2)} = -\alpha + j\omega_d \tag{7.12}$$

$$s_2 = -\alpha - \sqrt{-(\omega_0^2 - \alpha^2)} = -\alpha - j\omega_d \tag{7.13}$$

여기서, $j = \sqrt{-1}$이고, ω_d는 감쇠주파수라고 하며 식 (7.14)와 같다.

$$\omega_d = \sqrt{\omega_0^2 - \alpha^2} \tag{7.14}$$

ω_0와 ω_d는 모두 고유응답을 결정하는데 기여하므로 고유주파수라고 하며, 특별히 ω_0를 무감쇠 고유주파수, ω_d를 감쇠 고유주파수로 구분하여 사용하기도 한다.

이제 응답은 다음과 같이 유도된다. 먼저 식 (7.12) 및 (7.13)을 식 (7.8)에 대입하여 정리하면 식 (7.15)가 된다.

$$\begin{aligned} f(t) &= K_1 e^{-(\alpha - j\omega_d)t} + K_2 e^{-(\alpha + j\omega_d)t} \\ &= e^{-\alpha t}(K_1 e^{j\omega_d t} + K_2 e^{-j\omega_d t}) \end{aligned} \tag{7.15}$$

식 (7.15)에 오일러의 정리($e^{\pm j\theta} = \cos\theta \pm j\sin\theta$)를 적용하여 정리하면 식 (7.16)을 유도할 수 있다.

$$f(t) = e^{-\alpha t}(C_1 \cos\omega_d t + C_2 \sin\omega_d t) \tag{7.16}$$

여기서, C_1과 C_2는 식 (7.17)과 같다.

$$C_1 = K_1 + K_2,\ C_2 = j(K_1 - K_2) \tag{7.17}$$

식 (7.16)은 시상수가 $\frac{1}{\alpha}$이고, 주기(period)가 $\frac{2\pi}{\omega_d}$인 응답으로, 그림 7.3에 응답의 예를 도시하였다.

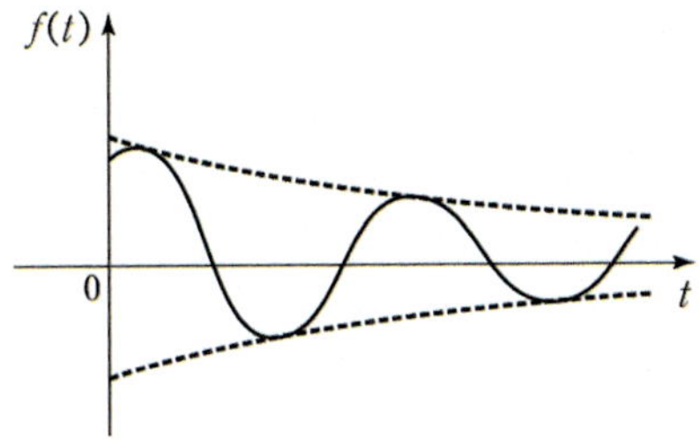

| 그림 7.3 | $\alpha < \omega_0$일 때 응답의 예

그림 7.3의 응답 특성을 **부족감쇠, 과소감쇠 혹은 부족제동(under damping)**이라고 한다.

예제 7.1

$\alpha = 5,\ \omega_0 = 3$일 때, 응답의 종류를 설명하고, 응답 함수를 나타내어라.

풀이

1) $\alpha > \omega_0$이므로, 과도감쇠 혹은 과제동이다.

2) $s_1 = -\alpha + \sqrt{\alpha^2 - \omega_0^2} = -5 + 4 = -1,\ s_2 = -\alpha - \sqrt{\alpha^2 - \omega_0^2} = -5 - 4 = -9$

$\rightarrow f(t) = A_1 e^{-t} + A_2 e^{-9t}$

예제 7.2

$\alpha = 3,\ \omega_0 = 5$ 일 때, 응답의 종류를 설명하고, 응답 함수를 나타내어라.

풀이

1) $\alpha < \omega_0$이므로, 부족제동이다.

2) $s_1 = -\alpha + \sqrt{-(\omega_0^2 - \alpha^2)} = -\alpha + j\omega_d = -3 + j4,$

$s_2 = -\alpha - \sqrt{-(\omega_0^2 - \alpha^2)} = -\alpha - j\omega_d = -3 - j4$

$\rightarrow f(t) = e^{-3t}(C_1 \cos 4t + C_2 \sin 4t)$

7.2 RLC 회로의 이해

7.1절에서 2계 미분 방정식의 응답, 특히 전원이 공급되지 않은 상태의 고유응답에 해당되는 응답의 세 가지 형태를 자세히 살펴 보았다. 그러나 각각의 응답에 포함된 두 개의 미지 변수는 결정하지 못했다. 이것은 초깃값, 즉 함수 및 그 도함수의 $t=0^+$ 순간의 값을 사용하여 구할 수 있다. 여기서는 RLC 회로의 초깃값에 대하여 살펴본다.

7.1절에서는 2계 미분 방정식의 응답의 종류를 자세히 살펴 보았다. 그러나 미지의 변수가 어떤 기지의 상숫값으로 결정되지 않았다면 완전한 응답을 구했다고 할 수가 없다. 이것은 $t=0^+$ 순간의 초기치를 이용하여 구할 수 있다.

먼저 강제 함수가 없는 경우의 2계 미분 방정식의 응답, 더 엄밀하게는 2계 제차(homogeneous) 미분 방정식의 해 혹은 RLC 회로의 고유응답을 구해보자.

그림 7.4와 같이 직류 전원이 공급되고 있는 회로에 R, L, C가 모두 연결되어 있는 간단한 회로를 고려하자.

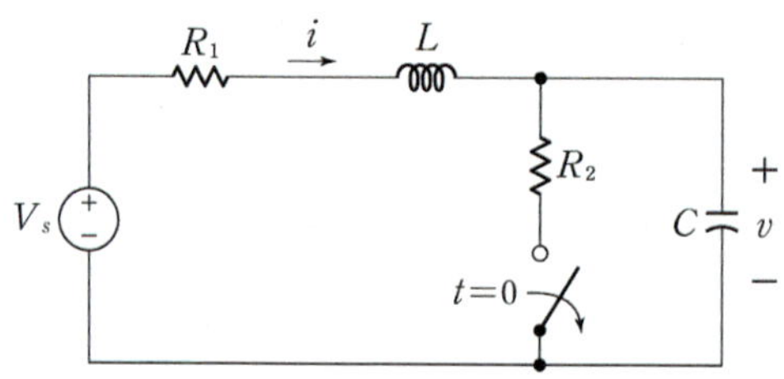

| 그림 7.4 | 임의의 RLC 회로

그림 7.4의 회로는 오랜 시간 동안 스위치가 닫혀 있다가, $t=0$인 순간에 열리는 경우를 보여주고 있다. 이 때, $i(0^+)$, $v(0^+)$, $\dfrac{dv(0^+)}{dt}=\dfrac{dv}{dt}\Big|_{t=0^+}$, $\dfrac{di(0^+)}{dt}=\dfrac{di}{dt}\Big|_{t=0^+}$를 구해보자.

먼저 $t=0^-$ 순간의 회로를 도시하면 그림 7.5와 같다.

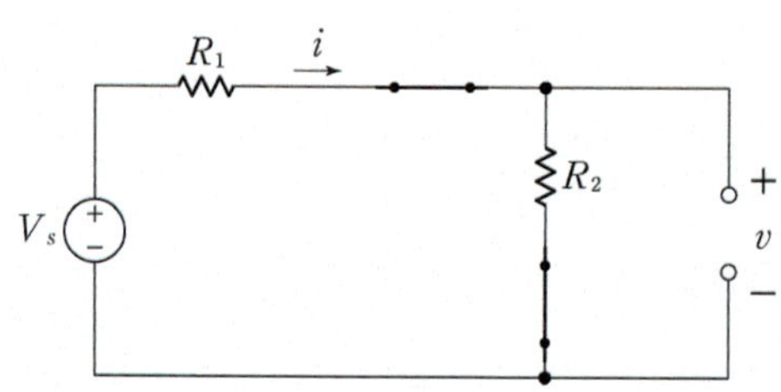

| 그림 7.5 | $t=0^-$일 때의 그림 7.4

그림 7.5에서 $i(0^-)$와 $v(0^-)$가 쉽게 구해진다. 그러므로 $i(0^+)$와 $v(0^+)$는 각각 식 (7.18) 및 (7.19)와 같다.

$$i(0^+) = i(0^-) = \frac{V_s}{R_1 + R_2} \text{ [A]} \tag{7.18}$$

$$v(0^+) = v(0^-) = \frac{R_2}{R_1 + R_2} V_s \text{ [V]} \tag{7.19}$$

이제 $t \geqq 0^+$ 일 때의 회로로 변경하면 그림 7.6과 같다.

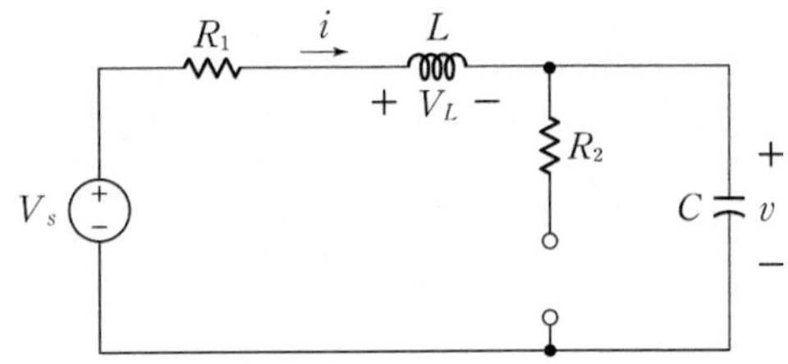

| **그림 7.6** | $t \geqq 0^+$일 때의 그림 7.4

그림 7.6에서 커패시터를 통해 흐르는 전류는 $i(t) = C\dfrac{dv}{dt}$ 이므로, $\dfrac{dv(0^+)}{dt}$는 식 (7.20)과 같이 구해진다.

$$\frac{dv(0^+)}{dt} = \frac{1}{C} i(0^+) \text{ [V/s]} \tag{7.20}$$

다음으로 그림 7.6에 KVL을 적용하면 식 (7.21)과 같이 v_L을 구할 수 있다.

$$\begin{aligned} v_L &= -R_1 i + V_s - v \\ &= L\frac{di}{dt} \end{aligned} \tag{7.21}$$

그러므로 $\dfrac{di(0^+)}{dt}$는 식 (7.22)와 같이 구할 수 있다.

$$\frac{di(0^+)}{dt} = \frac{-R_1 i(0^+) + V_s - v(0^+)}{L} \text{ [A/s]} \tag{7.22}$$

다음으로, 그림 7.4의 회로에서 정상상태 응답인 $i(\infty)$와 $v(\infty)$를 구해보자. 그림 7.4 혹은 7.6에서 $t \to \infty$ 인 경우 직류전원이 오랜 시간 연결되므로, 인덕터는 단락회로, 커패시터는 개방회로로 바뀐다. 따라서 커패시터에 의해 전체 회로가 개방되어 전류는 흐르지 못하므로 0이 된다. 그리고 커패시터 양단의 전압은 그대로 V_s가 된다. 즉, 다음과 같이 구해진다.

$$i(\infty) = 0 \text{ [A]} \tag{7.23}$$

$$v(\infty) = V_s \text{ [V]} \tag{7.24}$$

예제 7.3

그림에서 오랜 시간 동안 스위치가 열려 있다가, $t=0$인 순간에 닫힌다고 가정하자. 이 때, $i(0^+)$, $v(0^+)$, $\frac{di(0^+)}{dt}$, $\frac{dv(0^+)}{dt}$, $i(\infty)$, 그리고 $v(\infty)$를 각각 구하라. 단, 각 소자에 표기된 값은 전압은 [V], 저항은 [Ω], 커패시터는 [F], 인덕터는 [H]의 단위를 가지는 값이다.

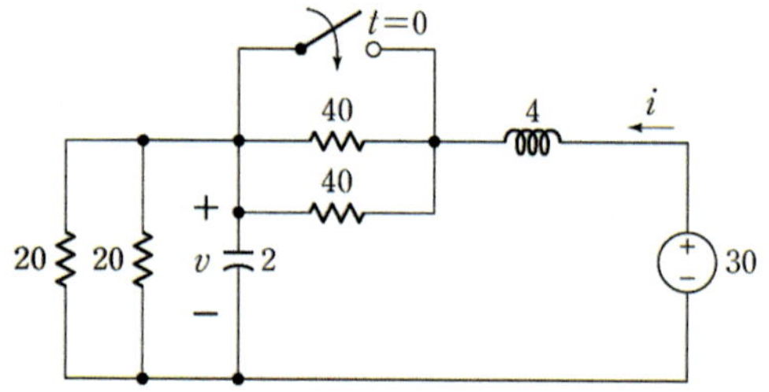

풀이

1) $t=0^-$일 때의 회로를 찾는다.

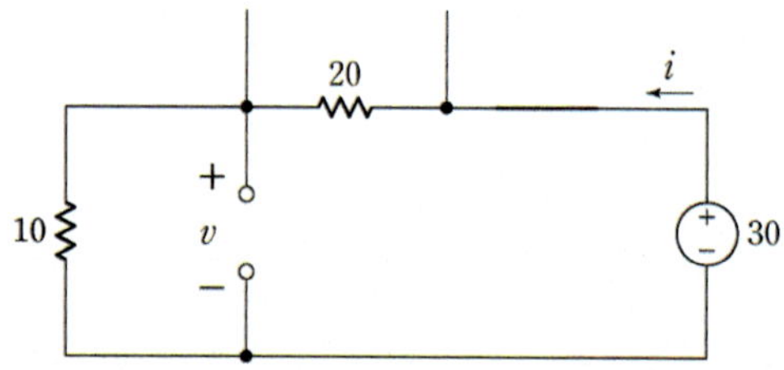

2) $i(0^+)$와 $v(0^+)$를 구한다.

$$i(0^+) = i(0^-) = \frac{30}{20+10} = 1 \text{[A]}$$

$$v(0^+) = 10i(0^+) = 10 \text{[V]}$$

3) $t \geq 0^+$일 때의 회로를 찾는다.

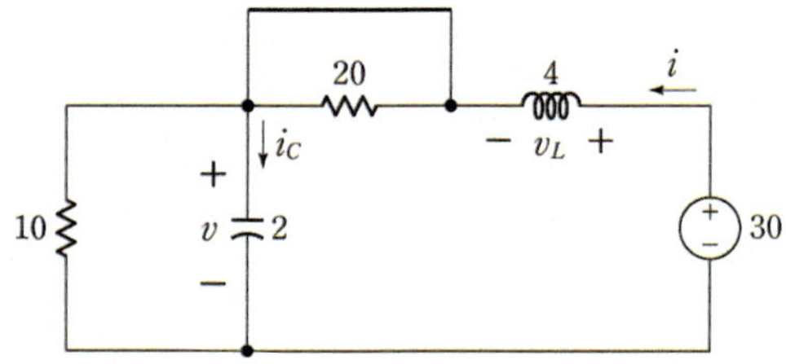

4) $i(t) = C\dfrac{dv}{dt}$ 로부터 $\dfrac{dv(0^+)}{dt} = \dfrac{1}{C}i_C(0^+) = \dfrac{(-v(0^+)/10) + i(0^+)}{C} = 0$[V/s]

5) $v(t) = L\dfrac{di}{dt}$ 로부터 $\dfrac{di(0^+)}{dt} = \dfrac{1}{L}v_L(0^+) = \dfrac{30 - v(0^+)}{4} = 5$[A/s]

6) $t \rightarrow \infty$ 인 경우는 인덕터는 단락회로, 커패시터는 개방회로가 되므로 다음과 같이 구해진다.

$\rightarrow i(\infty) = \dfrac{30}{10} = 3$[A], $v(\infty) = 30$[V]

7.3 무전원 RLC 직렬 회로

RLC 회로의 해석은 2계 미분 방정식으로 풀이된다는 어려움 외에는 RL 혹은 RC 회로의 경우와 유사하다. 다만, 응답의 종류가 세 가지 중 하나라는 사실을 상기하고, 저항, 커패시터, 인덕터의 값에 따라서 어떤 종류의 응답인지를 찾아야 한다. 그리고나서 초기 조건의 각종 수치를 대입하여 미지수를 찾아내면 된다. 먼저 전원이 공급되지 않는 경우에 커패시터와 인덕터가 저장하고 있는 초기 에너지가 RLC 회로에서 어떻게 소비되는지를 살펴본다. 이 경우도 저항, 커패시터, 인덕터의 연결 형태에 따라서 직렬, 병렬, 기타의 두 가지 이상이 가능하다. 그러므로 여기서는 먼저 저항, 커패시터, 인덕터가 직렬로 연결된 경우를 살펴본다.

그림 7.7의 회로를 가정하자. 그림 7.7에서 커패시터와 인덕터가 저장하고 있는 초기 에너지는 식 (7.25) 및 (7.26)과 같이 각각 I_0와 V_0라고 가정한다.

$$I_o = i(0^+) \tag{7.25}$$

$$V_o = v_C(0^+) \tag{7.26}$$

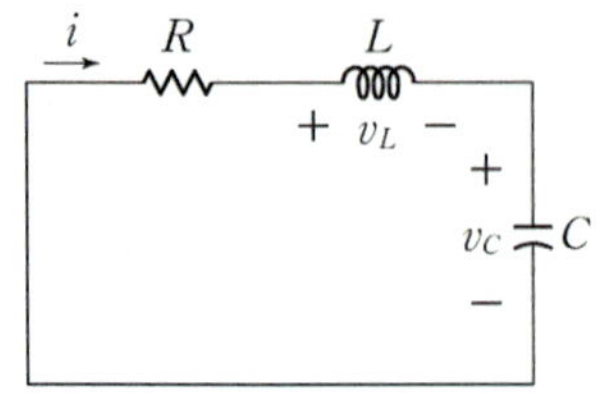

| 그림 7.7 | 무전원 RLC 직렬 회로

그림 7.7은 단일 루프 회로이므로, KVL을 적용하면 식 (7.27)의 방정식을 유도할 수 있다.

$$Ri + L\frac{di}{dt} + \frac{1}{C}\int_{-\infty}^{t} i d\tau = 0 \tag{7.27}$$

식 (7.27)의 양변을 미분하면 식 (7.28)이 된다.

$$\frac{d^2 i}{dt^2} + \frac{R}{L}\frac{di}{dt} + \frac{1}{LC}i = 0 \tag{7.28}$$

식 (7.28)을 식 (7.1)과 비교하면, 다음의 식이 성립한다.

$$\alpha = \frac{R}{2L} \tag{7.29}$$

$$\omega_0 = \frac{1}{\sqrt{LC}} \tag{7.30}$$

그러므로 α와 ω_0의 값에 따라서 다음의 응답 형태를 가진다.

$\alpha > \omega_0$인 경우, 즉 $C > 4L/R^2$인 경우는 식 (7.9)의 형태를 가지는 과제동(과도감쇠)

$\alpha = \omega_0$인 경우, 즉 $C = 4L/R^2$인 경우는 식 (7.11)의 형태를 가지는 임계제동(임계감쇠)

$\alpha < \omega_0$인 경우, 즉 $C < 4L/R^2$인 경우는 식 (7.16)의 형태를 가지는 부족제동(과소감쇠)

예를 들어 보자. 그림 7.7에서 R=2[kΩ], L=1[H], C=2.5[nF], 그리고 초기 저장 에너지 $i(0^-)$ =2[mA], $v_C(0^-)$=−2[V]라고 할 때, $t > 0$인 경우에 대하여 $i(t)$를 구해보자.

먼저 식 (7.29)와 (7.30)으로부터 α와 ω_0를 구한다.

$$\alpha = \frac{R}{2L} = \frac{2\text{k}}{2} = 1000,\ \omega_0 = \frac{1}{\sqrt{LC}} = 20{,}000 \tag{7.31}$$

식 (7.31)에서 $\alpha < \omega_0$ 이므로 부족제동의 응답을 나타내는 경우이다. 먼저 ω_d를 구하면 식 (7.32)와 같다.

$$\omega_d = \sqrt{\omega_0^2 - \alpha^2} \approx 20000 \tag{7.32}$$

부족제동의 응답 함수 형태는 식 (7.16)과 같다. 즉, $t > 0$ 인 경우의 $i(t)$는 식 (7.33)과 같다.

$$\begin{aligned} i(t) &= e^{-\alpha t}(C_1 \cos\omega_d t + C_2 \sin\omega_d t) \\ &= e^{-1000t}(C_1 \cos 20{,}000t + C_2 \sin 20{,}000t) \end{aligned} \tag{7.33}$$

여기서, C_1과 C_2는 주어진 초기 저장 에너지를 이용하여 구할 수 있다. 먼저 $i(0^-)$=2[mA]이므로 이를 식 (7.33)에 대입하여 정리하면 다음과 같이 C_1이 구해진다.

$$C_1 = i(0^+) = i(0^-) = 2\,[\text{mA}] \tag{7.34}$$

$v_C(0^+) = v_C(0^-)$이고, $v_L(0^+) = L\dfrac{di(0^+)}{dt}$이므로 식 (7.35)를 유도할 수 있다.

$$\frac{di(0^+)}{dt} = \frac{v_L(0^+)}{L} = \frac{-Ri(0^+) - v_C(0^+)}{L} = \frac{-4+2}{1} = -2 \tag{7.35}$$

이제 식 (7.33)을 미분하여 $t = 0^+$를 대입하면 식 (7.36)의 결과를 얻는다.

$$\begin{aligned} \frac{di}{dt} &= e^{-1000t}(-40\sin 20{,}000t + 20000C_2\cos 20{,}000t - 2\cos 20000t - 1000C_2 \sin 20000t) \\ &\rightarrow \frac{di(0^+)}{dt} = 20000C_2 - 2 \end{aligned} \tag{7.36}$$

식 (7.35)와 (7.36)으로부터 C_2는 식 (7.37)과 같다.

$$C_2 = 0\,[\text{mA}] \tag{7.37}$$

결과적으로 식 (7.34)와 (7.37)을 식 (7.33)에 대입하면 $t > 0$인 경우의 $i(t)$는 식 (7.38)과 같다.

$$i(t) = 2e^{-1000t}\cos 20{,}000t\ [\text{mA}] \tag{7.38}$$

무전원 RLC 직렬 회로의 해석은 다음과 같이 요약할 수 있다.

1) 커패시터와 인덕터의 초기 저장 에너지인 $v_C(0^+) = v_C(0^-)$와 $\dfrac{dv_C(0^+)}{dt}$,

혹은 $i_L(0^+) = i_L(0^-)$와 $\dfrac{di_L(0^+)}{dt}$를 구한다.

2) $t \geqq 0^+$일 때의 회로를 찾는다.

3) 필요할 경우 등가 저항, 등가 커패시턴스, 등가 인덕턴스를 구한다.

4) RLC 직렬 회로인지를 확인한다.

5) α와 ω_0를 구한다: $\alpha = \dfrac{R}{2L}$, $\omega_0 = \dfrac{1}{\sqrt{LC}}$

6) α와 ω_0의 크기를 비교하여 응답 함수의 형태를 결정한다.

$\alpha > \omega_0$이면, 식 (7.9)의 과제동(과도감쇠) 응답 함수

$\alpha = \omega_0$이면, 식 (7.11)의 임계제동(임계감쇠) 응답 함수

$\alpha < \omega_0$이면, 식 (7.16)의 부족제동(과소감쇠) 응답 함수

7) 1)에서 구한 초기치 등을 사용하여 응답 함수에 존재하는 미지의 변수를 찾는다.

예제 7.4

그림에서 오랜 시간 동안 스위치가 닫혀 있다가, $t = 0$인 순간에 열린다고 가정하자. $t \geqq 0^+$일 때, $i(t)$를 구하라. 단, 각 소자에 표기된 값은 전압은 [V], 저항은 [Ω], 커패시터는 [F], 인덕터는 [H]의 단위를 가지는 값이다.

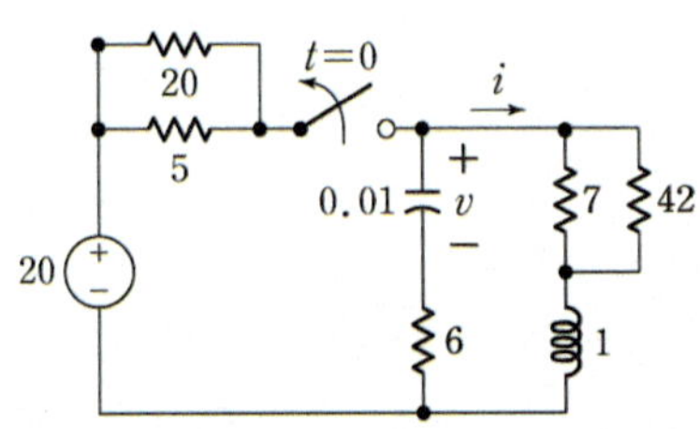

풀이

1) 먼저 $t = 0^-$ 상태에서 초기 저장 에너지를 구한다.

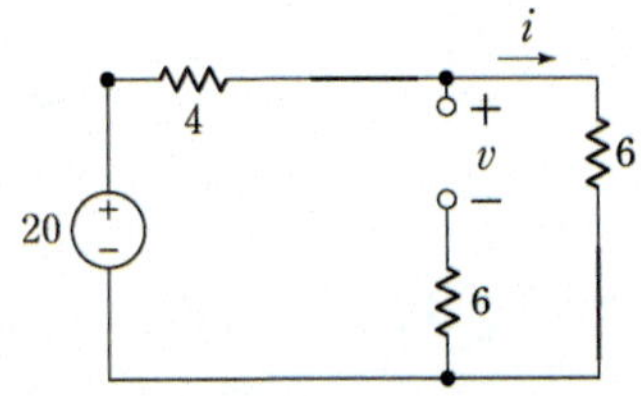

$$i(0^-) = \frac{20}{4+6} = 2[\text{A}] = i(0^+),\ v(0^-) = \frac{6}{4+6} \times 20 = 12[\text{V}] = v(0^+)$$

2) $t \geq 0^+$인 상태의 회로를 찾으면 아래와 같다.

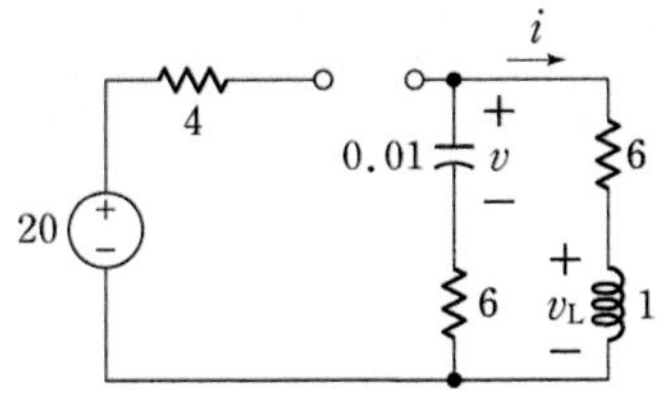

3) 회로에서 두 저항이 직렬로 연결되어 있으므로, $R_{eq} = 6 + 6 = 12[\Omega]$이다. 그리고 이것은 다시 커패시터, 인덕터와 직렬로 연결되어 있으므로, 무전원의 RLC 직렬 회로망이 된다. 이제 무전원 RLC 직렬 회로망에서 α와 ω_0를 구한다.

$$\alpha = \frac{R_{eq}}{2L} = 6,\ \omega_0 = \frac{1}{\sqrt{LC}} = 10$$

4) $\alpha < \omega_0$이므로 부족제동의 응답이다. 이제 ω_d를 구한다.

$$\omega_d = \sqrt{\omega_0^2 - \alpha^2} = 8$$

5) 부족제동의 응답 함수는 식 (7.16)과 같으므로, $t > 0$인 경우의 $i(t)$는 다음과 같다.

$$i(t) = e^{-\alpha t}(C_1 \cos\omega_d t + C_2 \sin\omega_d t) = e^{-6t}(C_1 \cos 8t + C_2 \sin 8t)$$

6) 이제 1)에서 구한 초기 저장 에너지로부터 C_1과 C_2를 구한다.

7) $i(0^+) = i(0^-)$=2[A]이므로 이를 5)에서 구한 식에 대입하여 정리하면 다음과 같이 C_1이 구해진다.

$$C_1 = i(0^+) = i(0^-) = 2[\text{A}]$$

8) $v(0^+) = v(0^-)$이고, $v_L(0^+) = L\dfrac{di(0^+)}{dt}$이므로,

$$\frac{di(0^+)}{dt} = \frac{v_L(0^+)}{L} = \frac{-R_{eq}i(0^+) + v(0^+)}{L} = \frac{-24 + 12}{1} = -12$$

9) 5)에서 구한 식을 미분하여 $t = 0^+$를 대입하면 다음 결과를 얻는다.

$$\frac{di}{dt} = e^{-6t}(-8C_1 \sin 8t + 8C_2 \cos 8t - 6C_1 \cos 8t - 6C_2 \sin 8t)$$

$$\rightarrow \frac{di(0^+)}{dt} = -6C_1 + 8C_2$$

10) 7), 8), 9)의 결과를 종합하면

$$C_2 = 0[\text{A}]$$

11) 결과적으로 $t > 0$인 경우의 $i(t)$는 다음과 같다.

$$i(t) = 2e^{-6t}\cos 8t\ [\text{A}]$$

7.4 무전원 RLC 병렬 회로

무전원 RLC 병렬 회로의 해석에도 전원이 공급되지 않는 경우의 RLC 직렬 회로의 해석에서 적용한 2계 미분 방정식의 일반적인 풀이 과정을 그대로 적용할 수 있다. 이제 전원이 공급되지 않는 경우에 커패시터와 인덕터가 저장하고 있는 초기 에너지가 저항, 커패시터, 인덕터가 병렬로 연결된 회로에서 어떻게 소비되는지를 살펴보자.

그림 7.8의 무전원 RLC 병렬 회로를 가정하자. 그림 7.8에서 커패시터와 인덕터가 저장하고 있는 초기 에너지는 식 (7.39) 및 (7.40)과 같이 각각 I_0와 V_0라고 가정한다.

$$I_o = i_L(0^+) \tag{7.39}$$

$$V_o = v(0^+) \tag{7.40}$$

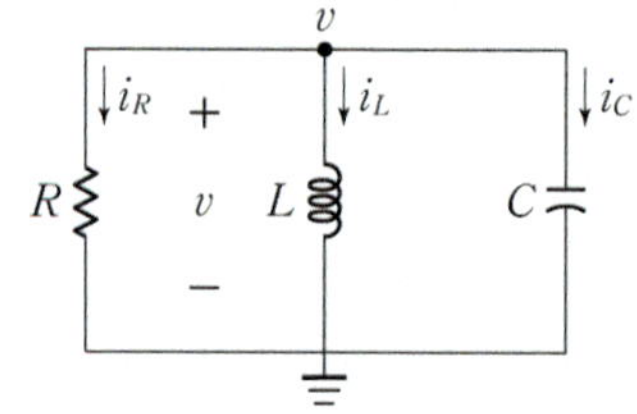

| 그림 7.8 | 무전원 RLC 병렬 회로

그림 7.8은 단일 마디쌍 회로이므로, KCL을 적용하면 식 (7.41)의 방정식을 유도할 수 있다.

$$\frac{1}{R}v + \frac{1}{L}\int_{-\infty}^{t} v d\tau + C\frac{dv}{dt} = 0 \tag{7.41}$$

식 (7.41)의 양변을 미분하면 식 (7.42)가 된다.

$$\frac{d^2v}{dt^2} + \frac{1}{RC}\frac{dv}{dt} + \frac{1}{LC}v = 0 \tag{7.42}$$

식 (7.42)를 식 (7.1)과 비교하면, 다음의 식이 성립한다.

$$\alpha = \frac{1}{2RC} \tag{7.43}$$

$$\omega_0 = \frac{1}{\sqrt{LC}} \tag{7.44}$$

그러므로 α와 ω_0의 값에 따라서 다음의 응답 형태를 가진다.

$\alpha > \omega_0$인 경우, 즉 $L > 4R^2C$인 경우는 식 (7.9)의 형태를 가지는 과제동(과도감쇠)

$\alpha = \omega_0$인 경우, 즉 $L = 4R^2C$인 경우는 식 (7.11)의 형태를 가지는 임계제동(임계감쇠)

$\alpha < \omega_0$인 경우, 즉 $L < 4R^2C$인 경우는 식 (7.16)의 형태를 가지는 부족제동(과소감쇠)

예를 들어 보자. 그림 7.8에서 R=0.2[kΩ], L=5[mH], C=20[nF], 그리고 초기 저장 에너지 $i_L(0^-)$=−0.3[A], $v(0^-)$=60[V] 라고 가정할 때, $t > 0$인 경우에 대하여 $v(t)$를 구해보자.

무전원 RLC 병렬 회로이므로, 식 (7.43)과 (7.44)로부터 α와 ω_0를 구한다.

$$\alpha = \frac{1}{2RC} = \frac{1}{8} \times 10^6, \ \ \omega_0 = \frac{1}{\sqrt{LC}} = \frac{1}{\sqrt{5\text{m} \times 20\text{n}}} = 10^5 \tag{7.45}$$

$\alpha > \omega_0$이므로 과제동(과도감쇠)의 응답을 나타내는 경우이다.

2계 미분 방정식의 두 근은 식 (7.6)과 (7.7)로부터 다음과 같이 구해진다.

$$s_1 = -\alpha + \sqrt{\alpha^2 - \omega_0^2} = -50 \times 10^3, \ \ s_2 = -\alpha - \sqrt{\alpha^2 - \omega_0^2} = -200 \times 10^3 \tag{7.46}$$

과제동의 응답 함수 형태는 식 (7.9)와 같으므로 $t > 0$인 경우의 $v(t)$는 식 (7.47)과 같다.

$$v(t) = A_1 e^{-50000t} + A_2 e^{-200000t} \text{[V]} \tag{7.47}$$

식 (7.47)에서, A_1과 A_2는 주어진 초기 저장 에너지를 이용하여 구할 수 있다.

먼저 $v(0^-)$=60[V]이므로 이를 식 (7.47)에 대입하여 정리하면 다음과 같다.

$$\begin{aligned} v(0^+) &= v(0^-) = 60 \\ &= A_1 + A_2 \end{aligned} \tag{7.48}$$

$v(t)$는 커패시터 양단의 전압이기도 하므로 $i_C(0^+) = C\dfrac{dv(0^+)}{dt}$ 로부터 식 (7.49)를 유도할 수 있다.

$$\frac{dv(0^+)}{dt} = \frac{i_C(0^+)}{C} = \frac{-i_R(0^+) - i_L(0^+)}{C} \tag{7.49}$$

그리고 식 (7.49)에서 $i_R(0^+)$와 $i_L(0^+)$는 다음과 같이 구할 수 있다.

$$i_R(0^+) = \frac{v(0^+)}{R} = \frac{60}{0.2\text{k}} = 0.3\,[\text{A}] \tag{7.50}$$

$$i_L(0^+) = i_L(0^-) = -0.3 \tag{7.51}$$

식 (7.50)과 (7.51)을 식 (7.49)에 대입하면 다음과 같다.

$$\frac{dv(0^+)}{dt} = \frac{-i_R(0^+) - i_L(0^+)}{C} = 0 \tag{7.52}$$

이제 식 (7.47)을 미분하여 $t = 0^+$를 대입하면 식 (7.54)의 결과를 얻는다.

$$\frac{dv}{dt} = -50000A_1e^{-50000t} - 200000A_2e^{-200000t} \tag{7.53}$$

$$\begin{aligned} &\rightarrow \frac{dv(0^+)}{dt} = -50000A_1 - 200000A_2 = 0 \\ &\rightarrow A_1 + 4A_2 = 0 \end{aligned} \tag{7.54}$$

식 (7.48)과 (7.54)로부터 A_1과 A_2는 다음과 같이 구할 수 있다.

$$A_1 = 80,\ A_2 = -20 \tag{7.55}$$

결과적으로 식 (7.55)를 식 (7.47)에 대입하면 $t > 0$인 경우의 $v(t)$는 식 (7.56)과 같다.

$$v(t) = 80e^{-50000t} - 20e^{-200000t}\ [\text{V}] \tag{7.56}$$

무전원 RLC 병렬 회로의 해석은 다음과 같이 요약할 수 있다.

1) 커패시터와 인덕터의 초기 저장 에너지인 $v_C(0^+) = v_C(0^-)$와 $\frac{dv_C(0^+)}{dt}$, 혹은 $i_L(0^+) = i_L(0^-)$와 $\frac{di_L(0^+)}{dt}$를 구한다.

2) $t \geqq 0^+$일 때의 회로를 찾는다.

3) 필요할 경우 등가 저항, 등가 커패시턴스, 등가 인덕턴스를 구한다.

4) RLC 병렬 회로인지를 확인한다.

5) α와 ω_0를 구한다: $\alpha = \dfrac{1}{2RC}$, $\omega_0 = \dfrac{1}{\sqrt{LC}}$

6) α와 ω_0의 크기를 비교하여 응답 함수의 형태를 결정한다.

$\alpha > \omega_0$이면, 식 (7.9)의 과제동(과도감쇠) 응답 함수

$\alpha = \omega_0$이면, 식 (7.11)의 임계제동(임계감쇠) 응답 함수

$\alpha < \omega_0$이면, 식 (7.16)의 부족제동(과소감쇠) 응답 함수

7) 1)에서 구한 초기치 등을 사용하여 응답 함수에 존재하는 미지의 변수를 찾는다.

예제 7.5

그림에서 $i_L(0^-) = 0[A]$, $v(0^-) = 5[V]$이다. $t \geqq 0^+$일 때, $v(t)$를 구하라. 단, 각 소자에 표기된 값은 저항은 $[\Omega]$, 커패시터는 [mF], 인덕터는 [H]의 단위를 가지는 값이다.

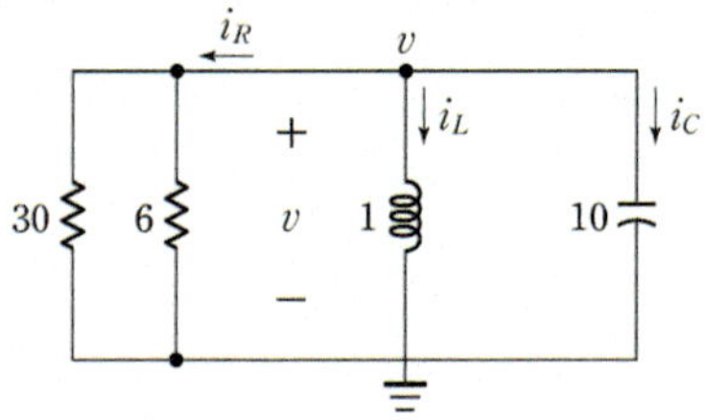

풀이

1) 주어진 R, L, C의 값으로부터 α와 ω_0를 구한다.

$\alpha = \dfrac{1}{2RC} = 10$, $\omega_0 = \dfrac{1}{\sqrt{LC}} = 10$

2) $\alpha = \omega_0$이므로 임계제동(임계감쇠)의 응답을 나타내는 경우이므로, 미분 방정식의 두 근이 다음과 같이 중근이다.

$s_1 = s_2 = -\alpha = -10$

3) 임계제동의 응답 함수는 식 (7.11)과 같으므로 $t > 0$인 경우의 $v(t)$는 다음과 같다.

$v(t) = (B_1 + B_2 t)e^{-10t}$[V]

4) 3)에서 B_1과 B_2는 주어진 초기 저장 에너지를 이용하여 구할 수 있다.

→ $v(0^-)$=5[V]이므로 이를 3)에 대입하여 정리하면 다음과 같다.

$v(0^+) = v(0^-) = 5 = B_1$

5) $v(t)$는 커패시터 양단의 전압이므로 $i_C(0^+) = C\dfrac{dv(0^+)}{dt}$ 로부터,

$$\frac{dv(0^+)}{dt} = \frac{i_C(0^+)}{C} = \frac{-i_R(0^+) - i_L(0^+)}{C}$$
$$= \frac{-\frac{v(0^+)}{R} - i_L(0^+)}{C} = \frac{-1-0}{0.01} = -100$$

6) 3)을 미분하여 $t = 0^+$를 대입하면 다음의 결과를 얻는다.

$$\frac{dv}{dt} = -10e^{-10t}(B_1 + B_2 t) + e^{-10t}B_2 \rightarrow \frac{dv(0^+)}{dt} = -10B_1 + B_2 = -100$$

7) 4)와 6)으로부터 B_2는 다음과 같다: $B_2 = -50$

8) 결과적으로 $t > 0$일 때, $v(t)$는 다음과 같다.

$v(t) = (5 - 50t)e^{-10t}$ [V]

7.5 전원 구동 RLC 직렬 회로

초기 저장 에너지에 의한 R, L, C 소자의 직렬 및 병렬 회로의 해석은 RLC 회로의 고유응답으로, 2계 제차(homogeneous) 미분 방정식의 해로부터 구할 수 있었다. 이를 위한 2계 미분 방정식의 풀이 과정을 통하여 R, L, C 소자 각각의 크기와 그들의 연결 형태에 따라서 세 가지 형태의 응답 특성과 이를 찾아가는 과정을 학습하였다. 이제 RLC 직렬 혹은 병렬 회로에 직류 전원이 공급되는 경우까지를 살펴보자. 먼저 전원이 공급되는 RLC 직렬 회로를 살펴본다.

그림 7.9를 가정하자. 그림 7.9는 $t = 0$인 순간에 RLC 직렬 회로에 직류 전원을 공급하는 회로이다. 여기에서 커패시터와 인덕터는 전원이 공급되기 직전에 이미 에너지를 저장하고 있을 수도 있고, 그렇지 않을 수도 있다.

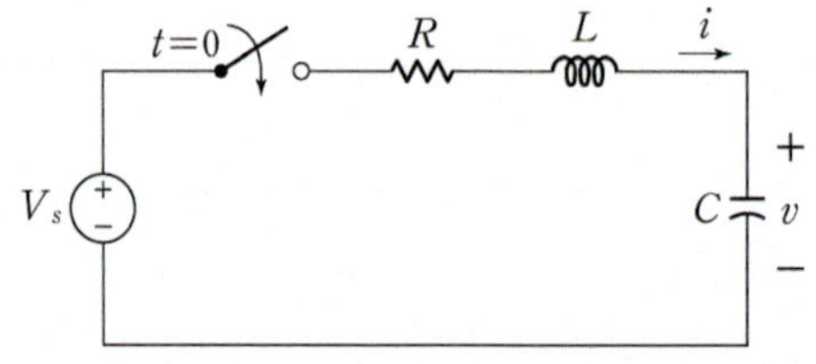

| 그림 7.9 | 전원 구동 RLC 직렬 회로

그림 7.9의 회로에서 $t > 0$인 경우 KVL을 적용하면 식 (7.57)의 방정식을 유도할 수 있다.

$$Ri + L\frac{di}{dt} + \frac{1}{C}\int_{-\infty}^{t} i d\tau = V_s \quad (7.57)$$

$i = C\dfrac{dv}{dt}$ 이므로, 식 (7.57)은 식 (7.58)이 된다.

$$\frac{d^2v}{dt^2} + \frac{R}{L}\frac{dv}{dt} + \frac{1}{LC}v = \frac{V_s}{LC} \tag{7.58}$$

식 (7.58)은 식 (7.1) 혹은 식 (7.28)과 비교할 때, 우변에 상숫값이 추가된 것 외에는 동일하다. 따라서 2계 미분 방정식의 풀이에 중요한 역할을 하는 특성방정식은 변하지 않는다. 즉, 무전원 RLC 회로의 응답에서 구한 응답은 고유응답 혹은 과도응답의 형태로 그대로 사용할 수 있다.

이미 6장에서 에너지 저장 기능을 가지는 전기소자를 포함하는 전기회로의 완전응답은 다음과 같이 표현된다는 사실을 알았다.

완전응답 = 고유응답 + 강제응답	또는	완전응답 = 과도응답 + 정상상태응답

이것은 다시 다음의 식 (7.59) 혹은 식 (7.60)으로 표현되었다.

$$v(t) = v_n(t) + v_f(t) \tag{7.59}$$

$$v(t) = v_t(t) + v_{ss} \tag{7.60}$$

여기서는 식 (7.60)을 참고하여 회로를 해석한다.

먼저 v_{ss}는 정상상태응답, 즉 $v(\infty)$의 값이므로 다음과 같이 쉽게 구해진다.

$$v_{ss} = v(\infty) = V_s \tag{7.61}$$

그리고 식 (7.60)의 과도응답은 이미 7.3절에서 자세히 살펴 보았듯이, R, L, C의 크기에 따라서 다음의 세 가지 중 하나의 응답 형태를 가진다.

1) $\alpha > \omega_0$이면, 식 (7.9)의 과제동(과도감쇠) 응답 함수: $v_t(t) = A_1e^{s_1t} + A_2e^{s_2t}$

2) $\alpha = \omega_0$이면, 식 (7.11)의 임계제동(임계감쇠) 응답 함수: $v_t(t) = (B_1 + B_2t)e^{-\alpha t}$

3) $\alpha < \omega_0$이면. 식 (7.16)의 부족제동(과소감쇠) 응답 함수:

$v_t(t) = e^{-\alpha t}(C_1\cos\omega_d t + C_2\sin\omega_d t)$

여기서, $\alpha = \dfrac{R}{2L}$, $\omega_0 = \dfrac{1}{\sqrt{LC}}$ 이다.

그러므로 **직류 전원이 공급되는 RLC 직렬 회로의 완전응답은 다음의 어느 한 경우의 응답과 같다.**

$$v(t) = A_1 e^{s_1 t} + A_2 e^{s_2 t} + V_s \ (\alpha > \omega_0 \text{일 때}) \tag{7.62}$$

$$v(t) = (B_1 + B_2 t)e^{-\alpha t} + V_s \ (\alpha = \omega_0 \text{일 때}) \tag{7.63}$$

$$v(t) = e^{-\alpha t}(C_1 \cos\omega_d t + C_2 \sin\omega_d t) + V_s \ (\alpha < \omega_0 \text{일 때}) \tag{7.64}$$

그림 7.10의 회로에서 $t > 0$일 때, $v_C(t)$를 구해보자. 여기서 각 소자에 표기된 값은 전류는 [A], 저항은 [Ω], 커패시터는 [F], 인덕터는 [H]의 단위를 가지는 값이다.

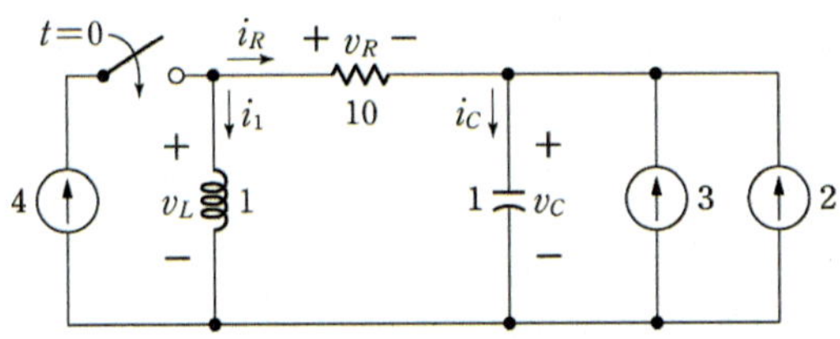

| 그림 7.10 | 전원 구동 RLC 회로 예

먼저 $t = 0^-$ 순간의 회로를 찾으면 그림 7.11과 같다.

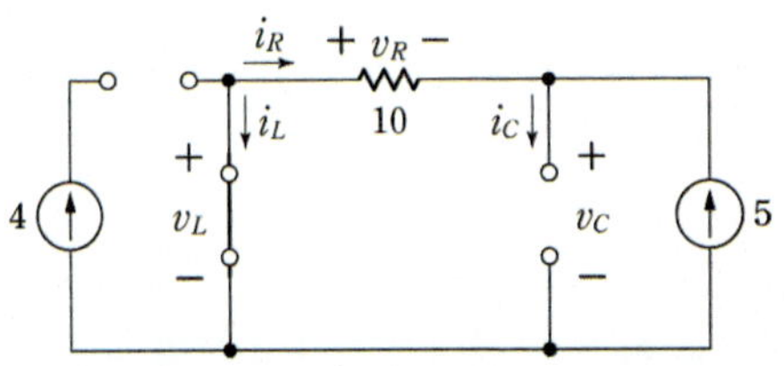

| 그림 7.11 | $t = 0^-$일 때의 그림 7.10

그림 7.11로부터 $v_C(0^+)$와 $i_L(0^+)$를 찾는다.

$$v_C(0^+) = v_C(0^-) = 10 \times 5 = 50\,[\text{V}] \tag{7.65}$$

$$i_L(0^+) = i_L(0^-) = 5\,[\text{A}] \tag{7.66}$$

다음으로 $\dfrac{dv_C(0^+)}{dt}$를 찾아보자. $i_C = C\dfrac{dv_C}{dt}$ 이므로,

$$\frac{dv_C(0^+)}{dt} = \frac{i_C(0^+)}{C} \tag{7.67}$$

그림 7.10이 $t=0^+$ 인 순간에는 왼쪽의 4[A] 전류원이 동작하고, $t=0^-$ 인 순간에 개방회로로 동작했던 커패시터와 단락회로로 동작했던 인덕터도 4[A] 전류원의 추가 공급에 따라 다시 추가적인 충전을 시작하게 된다. 따라서 $i_C(0^+)$는 KCL을 적용하여 다음과 같이 구할 수 있다.

$$i_C(0^+) = 4 + 5 - i_L(0^+) = 4\,[\text{A}] \tag{7.68}$$

그러므로 식 (7.66)의 값은 다음과 같다.

$$\frac{dv_C(0^+)}{dt} = \frac{i_C(0^+)}{C} = 4\,[\text{V/s}] \tag{7.69}$$

$v_C(t)$를 구하기 위한 초기 조건을 모두 구했으므로, $t>0$에서 전원을 제거(off)한 회로로부터 RLC 회로의 연결을 확인한다.

RLC 직렬 연결 회로이므로, α와 ω_0는 다음과 같이 구해진다.

$$\alpha = \frac{R}{2L} = \frac{10}{2\times 1} = 5,\ \omega_0 = \frac{1}{\sqrt{LC}} = 1 \tag{7.70}$$

$\alpha > \omega_0$ 이므로 식 (7.70)을 사용하여 두 근을 구하면 다음과 같다.

$$s_1 = -\alpha + \sqrt{\alpha^2 - \omega_0^2} \approx -0.1 \tag{7.71}$$

$$s_2 = -\alpha - \sqrt{\alpha^2 - \omega_0^2} \approx -9.9 \tag{7.72}$$

그리고 $\alpha > \omega_0$ 이므로 완전응답은 식 (7.62)의 응답 형태를 가진다. 즉,

$$v_C(t) \approx A_1 e^{-0.1t} + A_2 e^{-9.9t} + V_s \tag{7.73}$$

식 (7.73)에서 V_s는 $v_C(\infty)$ 이므로 $t\rightarrow\infty$ 의 회로를 찾으면 그림 7.12와 같다.

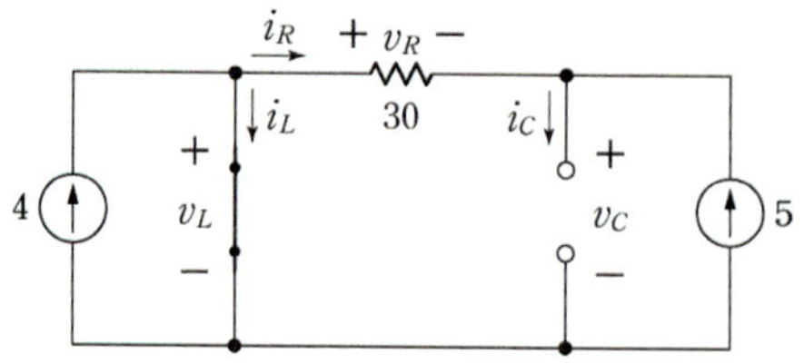

| 그림 7.12 | $t \to \infty$ 일 때의 그림 7.10

그림 7.12로부터 V_s는 다음과 같이 구해진다.

$$V_s = v_C(\infty) = 10 \times 5 = 50\,[\mathrm{V}] \tag{7.74}$$

이제 식 (7.74)를 식 (7.73)에 대입하고, 식 (7.65)와 (7.69)를 적용하면, $t > 0$일 때의 $v_C(t)$는 다음과 같이 구해진다.

$$v_C(t) \approx 0.41\,(e^{-0.1t} - e^{-9.9t}) + 50\,[\mathrm{V}] \tag{7.75}$$

전원 구동 RLC 직렬 회로의 해석은 다음과 같이 요약할 수 있다.

1) 커패시터와 인덕터의 초기 저장 에너지인 $v_C(0^+) = v_C(0^-)$와 $\dfrac{dv_C(0^+)}{dt}$, 혹은 $i_L(0^+) = i_L(0^-)$와 $\dfrac{di_L(0^+)}{dt}$를 구한다.
2) $t \geqq 0^+$일 때의 회로를 찾는다.
3) 필요할 경우 등가 저항, 등가 커패시턴스, 등가 인덕턴스를 구한다.
4) RLC 직렬 회로인지를 확인한다.
5) α와 ω_0를 구한다: $\alpha = \dfrac{R}{2L}$, $\omega_0 = \dfrac{1}{\sqrt{LC}}$
6) α와 ω_0의 크기를 비교하여 응답 함수의 형태를 결정한다.
   $\alpha > \omega_0$이면, 식 (7.62)의 응답 함수
   $\alpha = \omega_0$이면, 식 (7.63)의 응답 함수
   $\alpha < \omega_0$이면. 식 (7.64)의 응답 함수
7) $t \to \infty$ 일 때의 정상상태 응답을 구한다.
8) 1)에서 구한 초기치 등을 사용하여 응답 함수에 존재하는 미지의 변수를 찾는다.

예제 7.6

그림에서 $t > 0$일 때, $v(t)$를 구하라. 단, 각 소자에 표기된 값은 전압은 [V], 저항은 [Ω], 커패시터는 [mF], 인덕터는 [H]의 단위를 가지는 값이다.

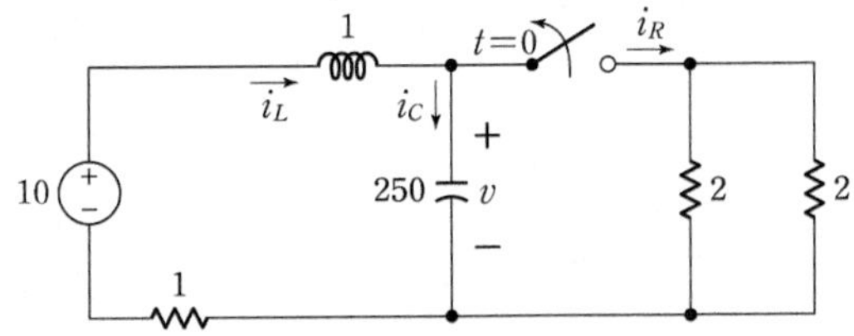

풀이

1) 먼저 $t = 0^-$ 순간의 회로를 찾는다.

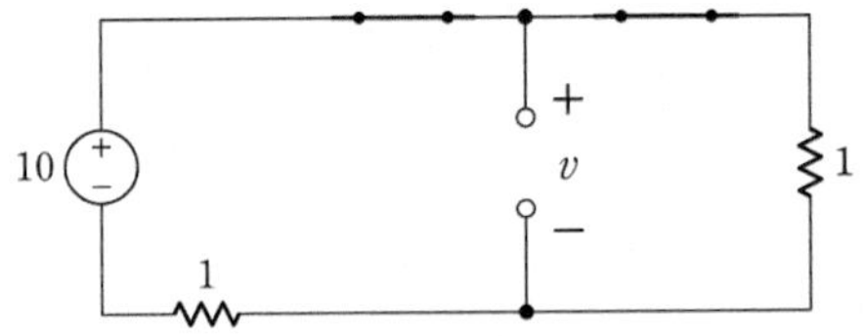

2) $v_C(0^+)$와 $i_L(0^+)$를 찾는다:

$$v(0^+) = v(0^-) = \frac{1}{1+1} \times 10 = 5[\text{V}],\ i_L(0^+) = i_L(0^-) = \frac{10}{1+1} = 5[\text{A}]$$

3) $i_C = C\dfrac{dv_C}{dt}$이므로,

$$\frac{dv(0^+)}{dt} = \frac{i_C(0^+)}{C} = \frac{i_L(0^+)}{C} = \frac{5}{0.25} = 20[\text{V/s}]$$

4) $t > 0$에서 전원을 제거(off)한 회로로부터 RLC 회로의 연결을 확인한다: RLC 직렬 연결

5) α와 ω_0를 구한다: $\alpha = \dfrac{R}{2L} = \dfrac{1}{2 \times 1} = 0.5,\ \omega_0 = \dfrac{1}{\sqrt{LC}} = 2$

6) $\alpha < \omega_0$이므로, $\omega_d = \sqrt{\omega_0^2 - \alpha^2} \approx 1.9$

$\rightarrow s_1 = -\alpha + \sqrt{-(\omega_0^2 - \alpha^2)} \approx -0.5 + j1.9,\ \ s_2 = -\alpha - \sqrt{-(\omega_0^2 - \alpha^2)} \approx -0.5 - j1.9$

$\rightarrow$ 완전응답의 응답 형태: $v(t) \approx e^{-0.5t}(C_1\cos 1.9t + C_2 \sin 1.9t) + V_s$

7) $V_s = v(\infty)$이므로 $t \to \infty$의 회로를 찾는다.

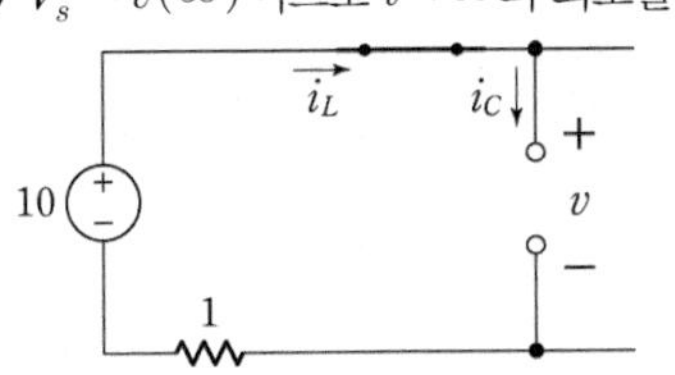

8) $V_s = v(\infty) = 10[\text{V}]$

9) 2)와 3)에서 구한 초기 조건을 적용하여 C_1과 C_2를 구하면, $t > 0$일 때의 $v(t)$는 다음과 같다.

$$v(t) \approx e^{-0.5t}(-5\cos 1.9t + 9.2\sin 1.9t) + 10[\text{V}]$$

7.6 전원 구동 RLC 병렬 회로

초기 저장 에너지의 존재 여부에 관계없이 R, L, C 소자의 직렬 회로의 완전응답을 구하는 해석 과정을 자세히 학습하였다. 이제 전원이 공급되는 RLC 병렬 회로의 해석을 살펴보자. 이것은 전원 구동 RLC 직렬 회로의 경우와 유사하여 쉽게 이해할 수 있다.

그림 7.13과 같이 전류원이 연결된 RLC 병렬 회로를 가정하자. 그림 7.13은 $t = 0$인 순간에 RLC 병렬 회로에 직류 전원을 공급하는 회로이다. 그림 7.13의 경우는 $t = 0$ 이전의 오랜 시간 동안 스위치가 닫혀 있었으므로 커패시터와 인덕터에 저장된 에너지는 저항을 통하여 모두 소비되므로, $t = 0$인 순간의 이들 소자의 초기 저장 에너지는 0이 된다.

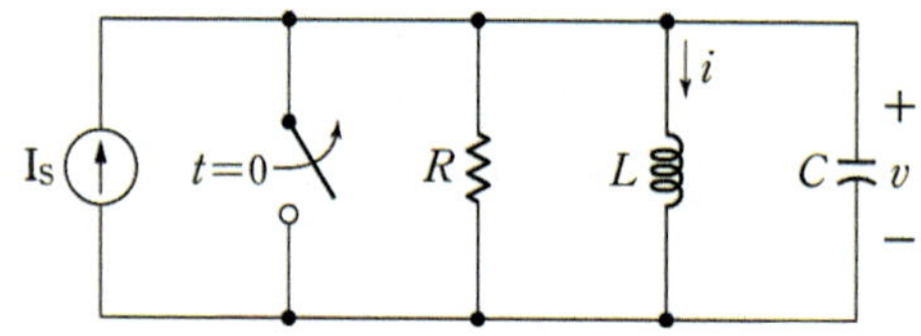

| 그림 7.13 | 전원 구동 RLC 병렬 회로

그림 7.13의 회로에서 $t > 0$인 경우 KCL을 적용하면 식 (7.57)의 방정식을 유도할 수 있다.

$$\frac{1}{R}v + i + C\frac{dv}{dt} = I_s \tag{7.76}$$

$v = L\dfrac{di}{dt}$ 이므로, 식 (7.76)은 식 (7.77)이 된다.

$$\frac{d^2i}{dt^2} + \frac{1}{RC}\frac{di}{dt} + \frac{1}{LC}i = \frac{I_s}{LC} \tag{7.77}$$

전원 구동 RLC 직렬 회로의 해석과 같이 식 (7.77)은 다음의 식 (7.78) 혹은 식 (7.79)의 완전응답으로 표현된다.

$$i(t) = i_n(t) + i_f(t) \tag{7.78}$$

$$i(t) = i_t(t) + i_{ss} \tag{7.79}$$

여기서도 식 (7.79)를 참고하여 회로를 해석한다.

i_{ss}는 정상상태응답 $i(\infty)$의 값이므로, 다음과 같이 쉽게 구해진다.

$$i_{ss} = i(\infty) = I_s \tag{7.80}$$

그리고 식 (7.79)의 과도응답은 이미 7.4절에서 자세히 살펴 보았듯이 R, L, C의 크기에 따라서 다음의 세 가지 중 하나의 응답 형태를 가진다.

1) $\alpha > \omega_0$이면, 식 (7.9)의 과제동(과도감쇠) 응답 함수: $i_t(t) = A_1 e^{s_1 t} + A_2 e^{s_2 t}$

2) $\alpha = \omega_0$이면, 식 (7.11)의 임계제동(임계감쇠) 응답 함수: $i_t(t) = (B_1 + B_2 t)e^{-\alpha t}$

3) $\alpha < \omega_0$이면, 식 (7.16)의 부족제동(과소감쇠) 응답 함수: $i_t(t) = e^{-\alpha t}(C_1 \cos\omega_d t + C_2 \sin\omega_d t)$

여기서, $\alpha = \dfrac{1}{2RC}$, $\omega_0 = \dfrac{1}{\sqrt{LC}}$이다.

그러므로 **직류 전원이 공급되는 RLC 병렬 회로의 완전응답은 다음의 어느 한 경우의 응답과 같다.**

$$i(t) = A_1 e^{s_1 t} + A_2 e^{s_2 t} + I_s \ (\alpha > \omega_0 \text{ 일 때}) \tag{7.81}$$

$$i(t) = (B_1 + B_2 t)e^{-\alpha t} + I_s \ (\alpha = \omega_0 \text{ 일 때}) \tag{7.82}$$

$$i(t) = e^{-\alpha t}(C_1 \cos\omega_d t + C_2 \sin\omega_d t) + I_s \ (\alpha < \omega_0 \text{ 일 때}) \tag{7.83}$$

그림 7.10의 회로에서 $t > 0$일 때, $i(t)$를 구해보자. 여기서 각 소자에 표기된 값은 전압은 [V], 전류는 [A], 저항은 [Ω], 커패시터는 [mF], 인덕터는 [H]의 단위를 가지는 값이다.

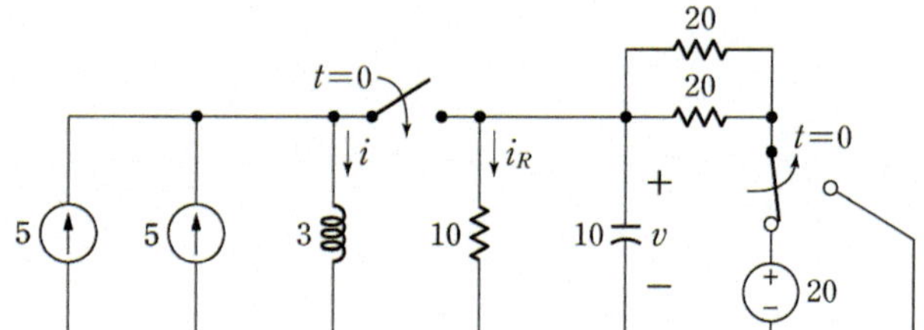

| 그림 7.14 | 전원 구동 RLC 회로 예

먼저 $t = 0^-$ 순간의 회로를 찾으면 그림 7.15와 같다.

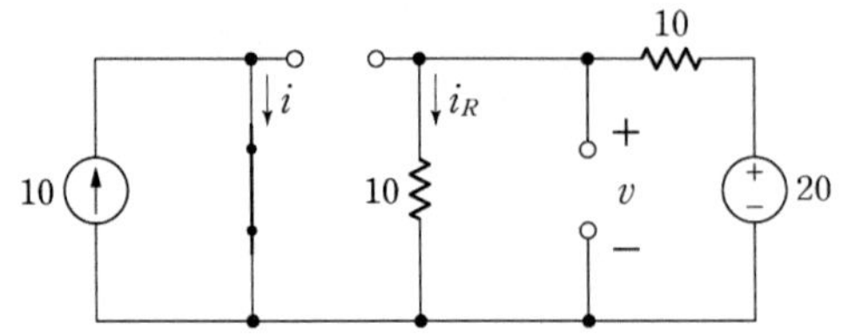

| 그림 7.15 | $t=0^-$일 때의 그림 7.14

이제 그림 7.15로부터 $i(0^+)$와 $v(0^+)$를 찾는다.

$$i(0^+)=i(0^-)=10[\text{A}] \tag{7.84}$$

$$v(0^+)=v(0^-)=\frac{10}{10+10}\times 20=10[\text{V}] \tag{7.85}$$

다음으로 $\frac{di(0^+)}{dt}$를 찾아보자. $v_L=L\frac{di_L}{dt}$이므로,

$$\frac{di(0^+)}{dt}=\frac{v(0^+)}{L}=\frac{10}{3}\approx 3.3[\text{A/s}] \tag{7.86}$$

식 (7.86)을 구하는 과정에는 $t>0$가 적용되었다는 사실에 주의해야 한다.

이제 $i(t)$를 구하기 위한 초기 조건을 모두 구했으므로, $t>0$에서 전원을 제거(off)한 회로로부터 RLC 회로의 연결을 확인한다.

RLC 병렬 연결 회로이므로, α와 ω_0는 다음과 같이 구해진다.

$$\alpha=\frac{1}{2R_{eq}C}=\frac{1000}{2\times 5\times 10}=10,\ \omega_0=\frac{1}{\sqrt{LC}}\approx 6 \tag{7.87}$$

$\alpha>\omega_0$이므로 식 (7.87)을 사용하여 두 근을 구하면 다음과 같다.

$$s_1=-\alpha+\sqrt{\alpha^2-\omega_0^2}=-2 \tag{7.88}$$

$$s_2=-\alpha-\sqrt{\alpha^2-\omega_0^2}=-18 \tag{7.89}$$

그리고 $\alpha>\omega_0$이므로 완전응답은 식 (7.81)의 응답 형태를 가진다. 즉,

$$i(t)=A_1e^{-2t}+A_2e^{-18t}+I_s \tag{7.90}$$

식 (7.90)에서 I_s는 $i(\infty)$이므로 $t\to\infty$ 의 회로를 찾으면 그림 7.16과 같다.

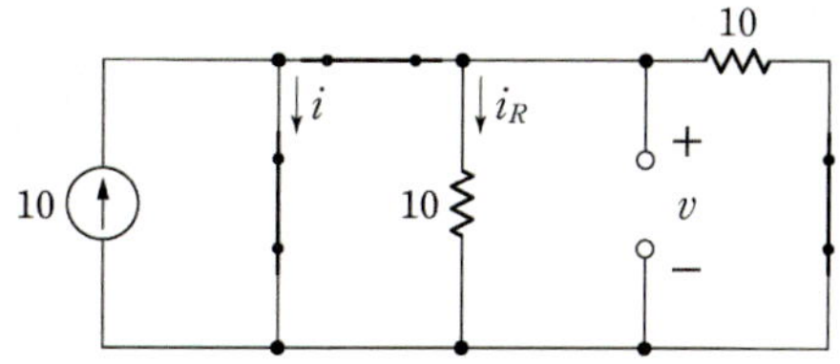

| 그림 7.16 | $t\to\infty$ 일 때의 그림 7.14

그림 7.12로부터 I_s는 다음과 같이 구해진다.

$$I_s = i(\infty) = 10 \text{ [A]} \tag{7.91}$$

이제 식 (7.91)을 식 (7.90)에 대입하고, 식 (7.84)와 (7.86)을 적용하면, $t>0$일 때의 $i(t)$는 다음과 같이 구해진다.

$$i(t) \approx 0.2(e^{-2t} - e^{-18t}) + 10 \text{ [A]} \tag{7.92}$$

전원 구동 RLC 병렬 회로의 해석은 다음과 같이 요약할 수 있다.

1) 커패시터와 인덕터의 초기 저장 에너지인 $v_C(0^+) = v_C(0^-)$와 $\dfrac{dv_C(0^+)}{dt}$, 혹은 $i_L(0^+) = i_L(0^-)$와 $\dfrac{di_L(0^+)}{dt}$를 구한다.
2) $t \geqq 0^+$일 때의 회로를 찾는다.
3) 필요할 경우 등가 저항, 등가 커패시턴스, 등가 인덕턴스를 구한다.
4) RLC 병렬 회로인지를 확인한다.
5) α와 ω_0를 구한다: $\alpha = \dfrac{1}{2RC}$, $\omega_0 = \dfrac{1}{\sqrt{LC}}$
6) α와 ω_0의 크기를 비교하여 응답 함수의 형태를 결정한다.
   $\alpha > \omega_0$이면, 식 (7.81)의 응답 함수
   $\alpha = \omega_0$이면, 식 (7.82)의 응답 함수
   $\alpha < \omega_0$이면, 식 (7.83)의 응답 함수
7) $t\to\infty$ 일 때의 정상상태 응답을 구한다.
8) 1)에서 구한 초기치 등을 사용하여 응답 함수에 존재하는 미지의 변수를 찾는다.

예제 7.7

그림에서 $t > 0$일 때, $v(t)$를 구하라. 단, 각 소자에 표기된 값은 전류는 [A], 커패시터는 [F], 인덕터는 [H]의 단위를 가지는 값이다.

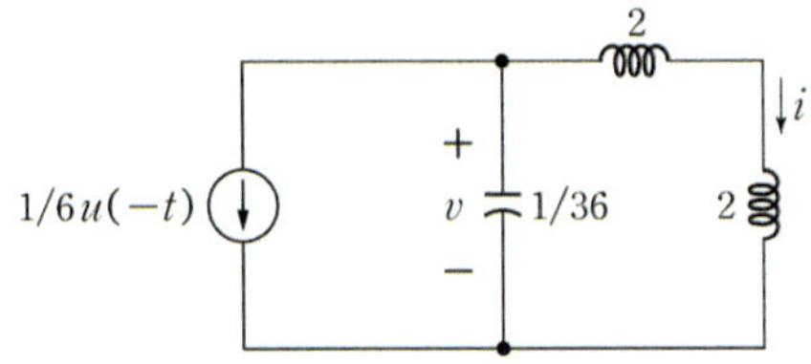

풀이

1) 먼저 $t = 0^-$ 순간의 회로를 찾는다.

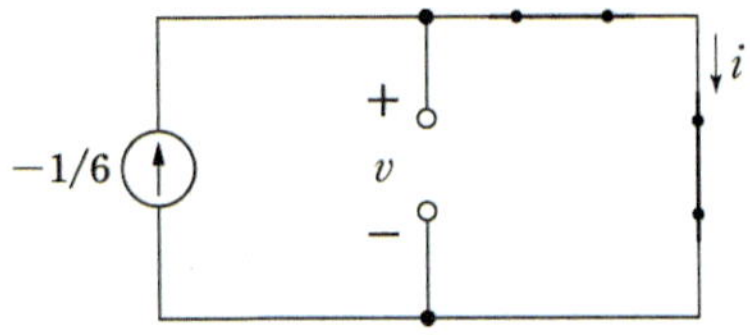

2) $v(0^+)$와 $i(0^+)$를 찾는다: $v(0^+) = v(0^-) = 0$[V], $i(0^+) = i(0^-) = -\dfrac{1}{6}$[A]

3) $i_C = C\dfrac{dv_C}{dt}$ 이므로,

$$\frac{dv(0^+)}{dt} = \frac{i_C(0^+)}{C} = \frac{-i(0^+)}{C} = 6\text{[V/s]}$$

4) $t > 0$에서 RLC 회로의 연결을 확인한다: R이 0인 RLC 직렬 회로, 혹은 R이 ∞인 RLC 병렬 회로가 모두 가능하다.

5) α와 ω_0를 구한다: $\alpha = \dfrac{R}{2L} = 0$, $\omega_0 = \dfrac{1}{\sqrt{LC}} = 3$

6) $\alpha < \omega_0$이므로, $\omega_d = \sqrt{\omega_0^2 - \alpha^2} = 3$

$\rightarrow s_1 = -\alpha + \sqrt{-(\omega_0^2 - \alpha^2)} = j3,\ \ s_2 = -\alpha - \sqrt{-(\omega_0^2 - \alpha^2)} = -j3$

$\rightarrow$ 완전응답의 응답 형태: $v(t) = C_1\cos 3t + C_2\sin 3t$

7) 2)와 3)에서 구한 초기 조건을 적용하여 C_1과 C_2를 구하면, $t > 0$일 때의 $v(t)$는 다음과 같다.

$v(t) = 2\sin 3t$ [V]

연습문제

1 그림 P1에서 충분히 오랜 시간동안 열려있던 스위치가 $t=0$인 순간에 닫힌다고 가정하자. 이때 $i_C(\infty)$, $i_L(\infty)$, $i_R(\infty)$, $v_C(\infty)$, $v_L(\infty)$, $v_R(\infty)$, $i_C(0^+)$, $i_L(0^+)$, $i_R(0^+)$, $v_C(0^+)$, $v_L(0^+)$, $v_R(0^+)$, $\frac{di_C(0^+)}{dt}$, $\frac{di_L(0^+)}{dt}$, $\frac{di_R(0^+)}{dt}$, $\frac{dv_C(0^+)}{dt}$, $\frac{dv_L(0^+)}{dt}$, $\frac{dv_R(0^+)}{dt}$를 각각 구하라. 단, 각 소자에 표기된 값은 전류는 [A], 저항은 [Ω], 커패시터는 [F], 인덕터는 [H]의 단위를 가지는 값이다.

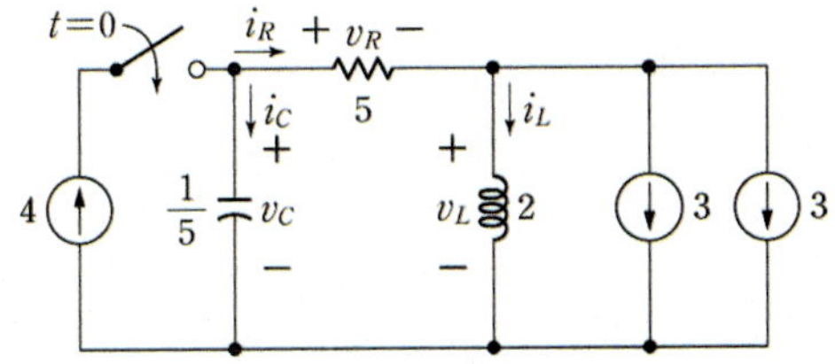

| 그림 P1 |

2 그림 P2에서 $t>0$일 때, $v_C(t)$를 구하라. 단, 각 소자에 표기된 값은 전압은 [V], 저항은 [Ω], 커패시터는 [mF], 인덕터는 [H]의 단위를 가지는 값이다.

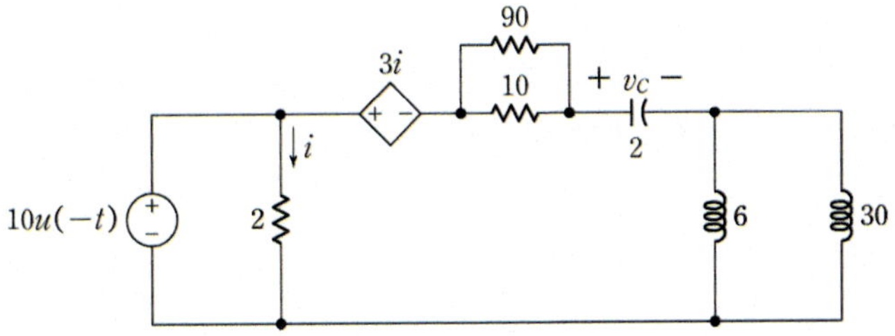

| 그림 P2 |

3 그림 P3에서 $t>0$일 때, $i(t)$를 구하라. 단, 각 소자에 표기된 값은 전압은 [V], 저항은 [Ω], 커패시터는 [mF], 인덕터는 [H]의 단위를 가지는 값이다.

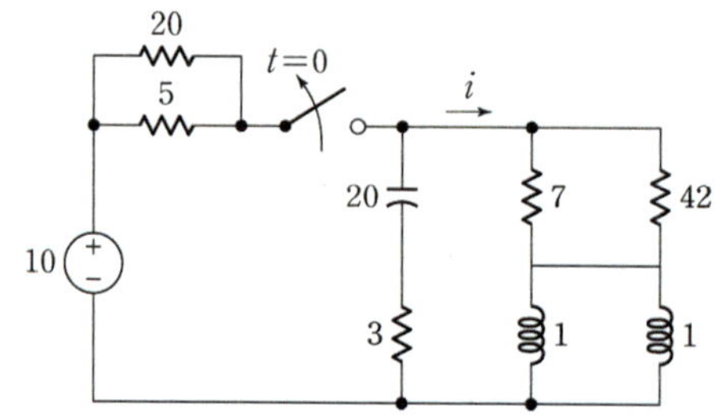

| 그림 P3 |

4 그림 P4에서 $t>0$일 때, $v(t)$를 구하라. 단, 각 소자에 표기된 값은 전압은 [V], 저항은 [Ω], 커패시터는 [μF], 인덕터는 [H]의 단위를 가지는 값이다.

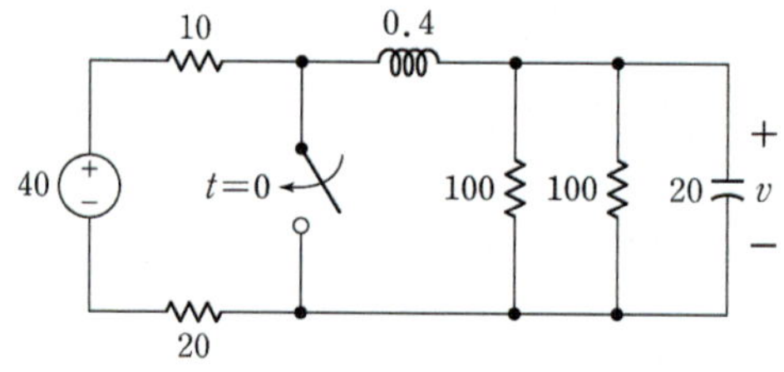

| 그림 P4 |

5 그림 P5에서 $t>0$일 때, $v(t)$를 구하라. 단, 각 소자에 표기된 값은 전압은 [V], 저항은 [Ω], 인덕터는 [H]의 단위를 가지는 값이다.

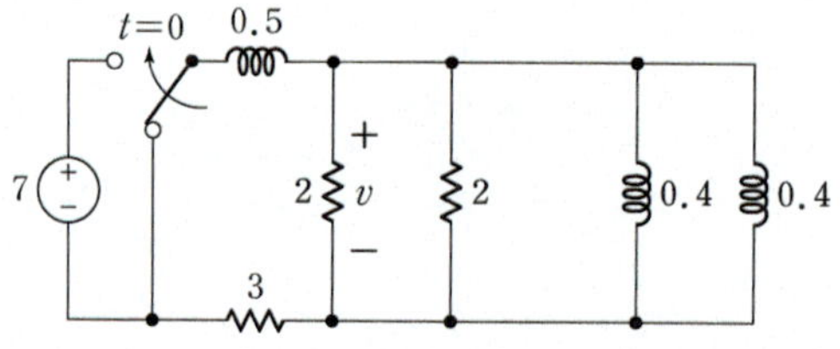

| 그림 P5 |

6 그림 P6에서 $t>0$일 때, $v(t)$를 구하라. 단, 각 소자에 표기된 값은 전압은 [V], 저항은 [Ω], 커패시터는 [F], 인덕터는 [H]의 단위를 가지는 값이다.

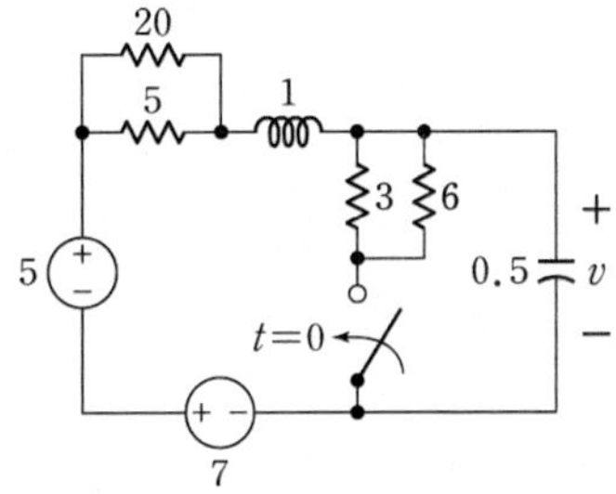

| 그림 P6 |

7 2022년 공무원 다음 회로에서 $t<0$에서 정상상태에 도달하였다. $t=0$인 순간에 스위치가 단자 A에서 B로 연결될 때, $t>0$에서 전압 $v(t)$[V]는?

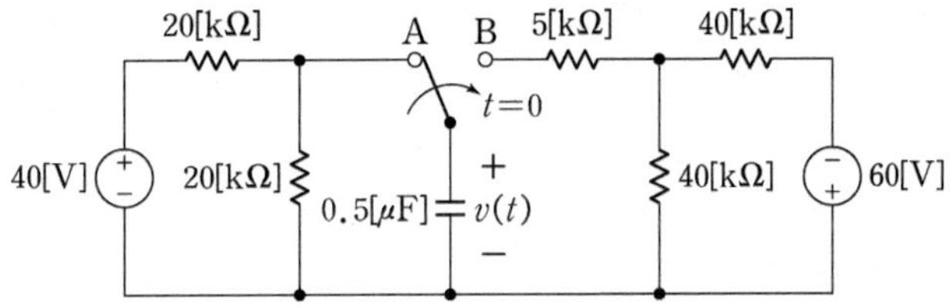

| 그림 P7 |

① $-30+50e^{-80t}$

② $-30+50e^{-8t}$

③ $50-30e^{-80t}$

④ $50-30e^{-8t}$

8 2022년 공무원 다음 회로에서 $t<0$에서 스위치가 닫혀서 정상상태를 유지하다가 $t=0$인 순간에 개방되었다. 전압 $v(t)$의 $v(0^+)+v(\infty)$의 값[V]은? (단, $v(0^+)$와 $v(\infty)$는 전압 $v(t)$의 초깃값과 최종값이다)

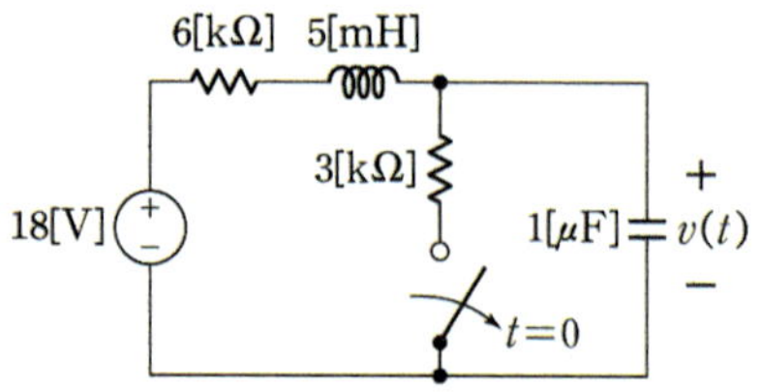

| 그림 P8 |

① 4　　② 12
③ 18　　④ 24

9 2024년 공무원 다음 회로에서 스위치가 $t=0$ [sec]에서 a에서 b로 움직인다. $t>0$ [sec]에서 커패시터의 양단 전압 $v_c(t)$ [V]는? (단, $t<0$ [sec]에서 회로는 정상상태이고, $u(t)$는 단위계단함수이다)

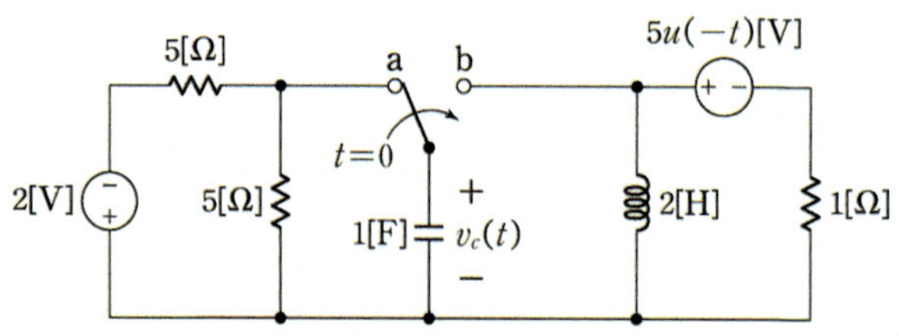

| 그림 P9 |

① $e^{-0.5t}[-\cos(0.5t)-9\sin(0.5t)]$
② $e^{-0.5t}[-\cos(0.5t)-6\sin(0.5t)]$
③ $e^{-0.5t}[-2\cos(0.5t)-9\sin(0.5t)]$
④ $e^{-0.5t}[-2\cos(0.5t)-6\sin(0.5t)]$

10 2024년 공무원 다음 회로에서 스위치가 $t=0$ [sec]에서 개방된다. $t>0$ [sec]에서 전류 $i(t)$ [A]는? (단, $t<0$ [sec]에서 회로는 정상상태이다)

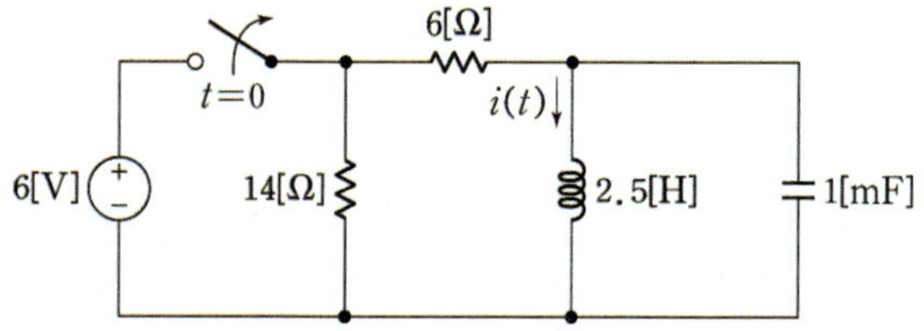

| 그림 P10 |

① $-\dfrac{4}{3}e^{-10t}+\dfrac{1}{3}e^{-40t}$

② $-\dfrac{1}{3}e^{-10t}+\dfrac{4}{3}e^{-40t}$

③ $\dfrac{4}{3}e^{-10t}-\dfrac{1}{3}e^{-40t}$

④ $\dfrac{4}{3}e^{-10t}+\dfrac{1}{3}e^{-40t}$

PART II

교류회로 해석

CHAPTER 08

페이지를 이용한 교류회로의 해석

학습목표

1. 정현함수를 이해할 수 있다.
2. 복소수 및 페이저의 개념을 이해할 수 있다.
3. 페이저 기반의 교류회로 해석 기법을 이해할 수 있다.
4. 페이저를 이용하여 교류회로를 해석할 수 있다.

8.1 정현파의 이해

제1부에서는 전원으로 직류(DC, Direct Current)를 사용하였다. 비록 전원이 직류라고 하더라도 L과 C가 포함된 회로의 경우에는 풀이하는 과정에 미분 혹은 적분 항이 포함되어 있어서 회로 해석이 쉽지 않았다. 더욱이 전원으로 코사인함수, 사인함수 등의 교류 형태의 함수가 포함되면 회로 해석은 더욱 어려워진다. 제2부에서는 다소 복잡한 다양한 형태의 교류((AC, Alternative Current) 전원이 인가되는 전기회로의 해석을 다루게 된다. L과 C를 포함하는 회로에서 전류-전압의 관계식이 미분 혹은 적분의 특성을 가지게 되는데, 더욱이 공급되는 전원이 시간에 따라 변하는 함수의 형태일 경우에는 회로 해석이 더욱 어렵게 된다.

여기서는 먼저 정현함수 형태의 교류 신호를 소개한다. 그림 8.1에 여러 가지 파형을 나타내었다.

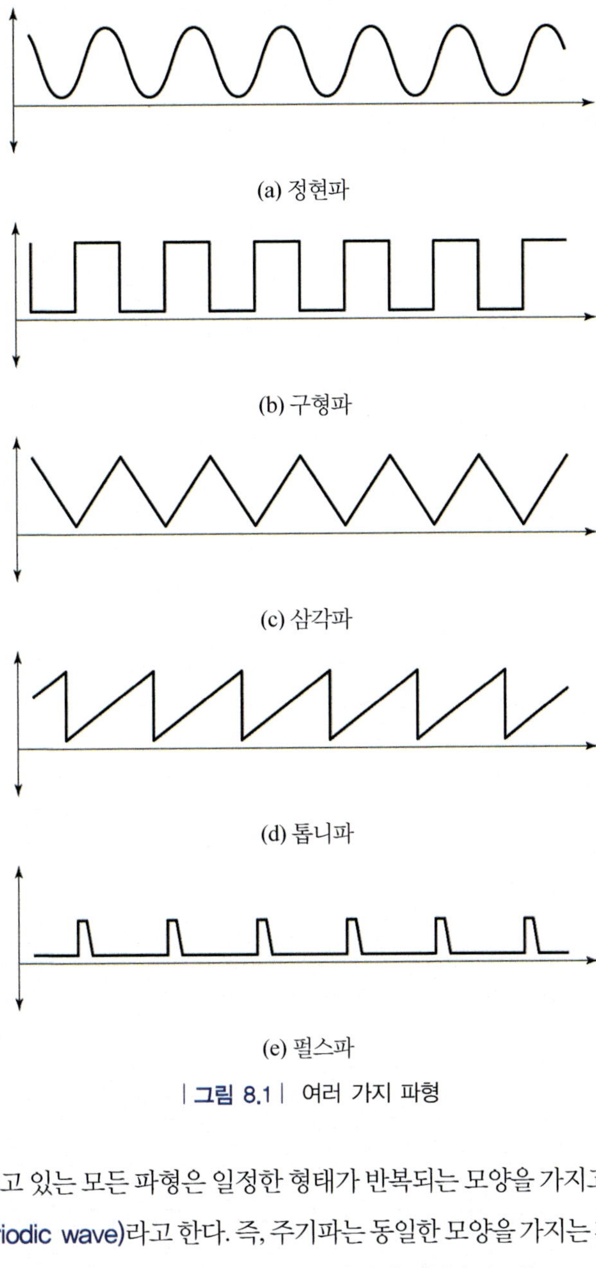

| **그림 8.1** | 여러 가지 파형

그림 8.1에 보이고 있는 모든 파형은 일정한 형태가 반복되는 모양을 가지고 있다. 이런 형태의 파형을 **주기파(periodic wave)**라고 한다. 즉, 주기파는 동일한 모양을 가지는 파가 일정한 시간 간격으로 반복되는 형태의 파이다. 여기서 반복되는 일정한 시간을 **주기(period)**라고 한다.

그림 8.1의 (a)는 교류파형의 대표인 **정현파(sinusoidal wave)**이다. 정현파는 사인(sine) 혹은 코사인(cosine) 함수의 형태를 가지는 파형이다. (b)는 직사각형 형태의 파형으로 **구형파(square wave)**라고 하고, (c)는 삼각형 형태의 파형으로 **삼각파(triangle wave)**라고 한다. 그림 (d)는 톱니 형태의 파형으로 **톱니파(sawtooth wave)**라고 하고, (e)는 펄스 모양의 형태를 하고 있어서 **펄스파**

(pulse wave)라고 한다. 이들 파형 모두는 시간에 따라서 변화하는 교류 파형(alternative wave)이다.

교번하는 신호인 교류신호로 널리 사용되는 파형이 그림 8.1 (a)의 정현파이다. 임의의 정현파 전압은 다음과 같이 표현할 수 있다.

$$v(t) = V_m \sin\omega t \text{ [V]} \tag{8.1}$$

식(8.1)에서 V_m은 정현파의 **진폭(amplitude)**, ω는 **라디안 주파수 또는 각주파수(angular frequency)**, 그리고 ωt는 정현파의 **인수 혹은 편각(argument)**이다.

그림 8.2에 식 (8.1)의 함수를 각각 편각(ωt) 및 시간(t)에 대하여 도시하였다.

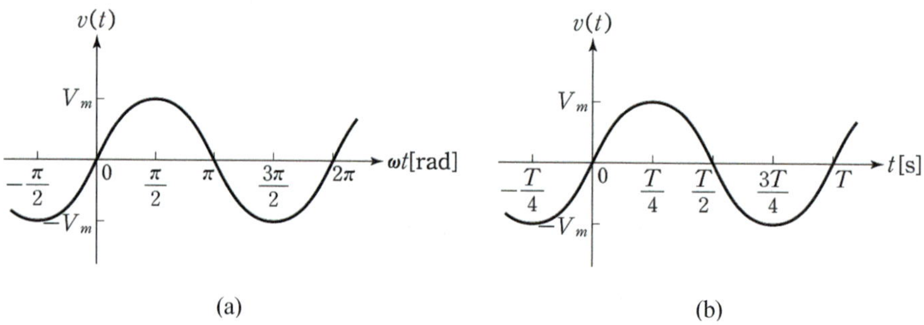

| 그림 8.2 | 식 (8.1)을 편각(a) 및 시간(b)에 대하여 도시한 파형

그림 8.2의 (b)에서 T는 주기이다. 즉, 주기는 동일한 형태의 파형이 진행하는데 걸리는 시간으로, 하나의 사이클(cycle)이 진행하는데 걸리는 시간이다. 그리고 주기의 역수, 즉 시간당 사이클의 수가 **주파수(frequency)**이다. 그러므로 주기가 T [s]인 정현파의 주파수는 f [Hz]이고, 다음의 식이 성립한다.

$$f = \frac{1}{T} \tag{8.2}$$

따라서 그림 8.2 및 식 (8.2)로부터 $\omega T = 2\pi$이므로 각주파수는 다음과 같이 유도된다.

$$\omega = 2\pi f \text{ [rad/s]} \tag{8.3}$$

식 (8.1)은 주기가 T인 함수이므로 다음의 식이 성립한다.

$$
\begin{aligned}
v(t) &= V_m \sin\omega t \\
&= V_m \sin(\omega t + 2\pi) \\
&= V_m \sin\omega\left(t + \frac{2\pi}{\omega}\right) \\
&= V_m \sin\omega(t + T)
\end{aligned} \tag{8.4}
$$

이제 식 (8.1)의 보다 일반적인 형태인 식 (8.5)를 살펴보자.

$$v(t) = V_m \sin(\omega t + \theta) \text{ [V]} \tag{8.5}$$

식 (8.5)에서 θ를 **위상(phase)** 혹은 **위상각(phase angle)**이라 한다.

식 (8.1)과 (8.5)를 편각에 대하여 도시하면 그림 8.3과 같다. 실선 파형은 식 (8.1)의 파형이고, 점선 파형은 식 (8.5)의 파형으로 실선의 파형을 왼쪽으로 θ만큼 이동한 파형이다. 따라서 점선 파형은 실선 파형보다 θ만큼 **앞선다(lead)**고 말한다. 다른 말로 실선 파형은 점선 파형보다 θ만큼 **뒤진다(lag)**고 말할 수 있다.

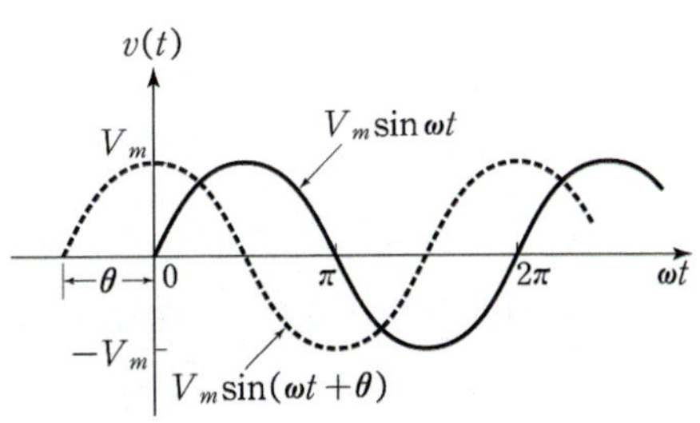

| 그림 8.3 | 식 (8.1) 및 식 (8.4)의 파형

만약 식 (8.5)에서 θ가 0이면 두 파형은 **동위상(in-phase)** 혹은 간단히 동상 파형이라고 한다. 만약 θ가 0이 아니면 두 파형은 위상이 다르다고 하며 간단히 **이상(out-of-phase)** 파형이라고 한다.

위상각은 라디안([rad])의 단위를 가지는데, 종종 도(degree)를 사용한다. 즉, 각도(degree)와 라디안(radian) 사이에는 다음의 관계가 성립한다.

$$\text{도(degree)} = (\text{라디안 각도}) \times 180/\pi \, [°] \tag{8.6}$$

즉, 3.14[rad]은 약 180도가 된다.

정현파는 삼각함수의 사인(sine) 혹은 코사인(cosine) 형태로 표기되며, 다음의 관계가 성립한다.

$$\cos(\omega t - 90°) = \sin\omega t \tag{8.7}$$

$$\sin(\omega t + 90°) = \cos\omega t$$

$$\sin(\omega t + 180°) = -\sin(\omega t)$$

$$\cos(\omega t + 180°) = -\cos(\omega t)$$

$$\sin(\omega t + 360°) = \sin(\omega t)$$

$$\cos(\omega t + 360°) = \cos(\omega t)$$

삼각함수로부터 다음의 관계식이 성립한다는 사실도 알고 있다.

$$\sin(\alpha \pm \gamma) = \sin\alpha\cos\gamma \pm \cos\alpha\sin\gamma \tag{8.8}$$

$$\cos(\alpha \pm \gamma) = \cos\alpha\cos\gamma \mp \sin\alpha\sin\gamma$$

$$A\cos\omega t + B\sin\omega t = C\cos(\omega t - \theta) \tag{8.9}$$

식 (8.9)에서 C와 θ는 다음과 같다.

$$C = \sqrt{A^2 + B^2},\ \theta = \tan^{-1}\frac{B}{A} \tag{8.10}$$

예제 8.1

1) 정현파 형태의 전압 $v(t) = 20\cos(100t + 30°)$일 때, 진폭과 주기를 구하라.

2) $3\cos\omega t - 4\sin\omega t = K\cos(\omega t + \theta)$에서 K와 θ를 구하라.

풀이

1) 진폭은 20[V], 주기는 $T = \frac{2\pi}{\omega} = 0.0628[\text{sec}]$이다.

2) $K = \sqrt{3^2 + 4^2} = 5,\ \theta = -\tan^{-1}\frac{-4}{3} = 53.1°$

8.2 복소수와 페이저

정현파 함수를 포함하는 전기회로의 해석에 유용하게 사용되는 페이저(phasor)는 복소수로 표현된다. 여기서는 복소수의 개념과 페이저에 관하여 살펴본다.

복소수(complex number)는 실수의 개념을 확장한 수이며, 실수(real number)와 허수(imaginary number)를 포함하는 수의 체계로, 실수와 허수의 합의 꼴로 나타낸다. 임의의 복소수 z를 다음과 같이 표현해보자.

$$z = a + jb \tag{8.11}$$

여기서, a와 b는 실수 값이며, j는 허수 단위($j^2 = -1$)이다. 그리고 식 (8.11)은 $a + bj$로 나타내기도 한다. a를 복소수 z의 실수부(real part), jb를 복소수 z의 허수부(imaginary part)라고 한다. 허수 단위를 나타내는 $j = \sqrt{-1}$ 는 보통 i로 표기하지만, 전기전자공학 분야에서는 전류 기호와의 혼동을 피하기 위해 i 대신 j를 사용한다.

복소수는 세 가지의 서로 다른 형태로 표현할 수 있는데, 식 (8.11)을 복소수의 직각좌표 형태라고 하고, 극좌표 형태와 지수형태는 각각 다음의 식 (8.12) 및 (8.13)과 같다.

$$z = r\angle\phi \tag{8.12}$$

$$z = re^{j\phi} \tag{8.13}$$

그림 8.4에 복소수 z의 표현을 도식적으로 제시하였다.

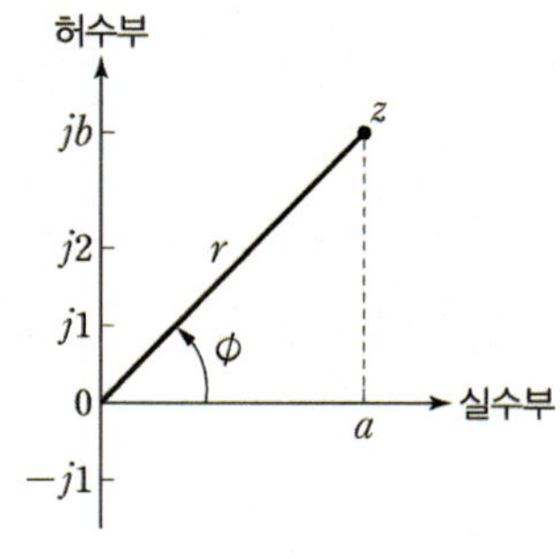

| 그림 8.4 | 복소수 z의 표현

그림 8.4에서 알 수 있듯이 r과 ϕ는 다음과 같이 a와 b의 함수로 유도된다.

$$r = \sqrt{a^2 + b^2} \tag{8.14}$$

$$\phi = \tan^{-1}\frac{b}{a} \tag{8.15}$$

마찬가지로 a와 b도 다음과 같이 r과 ϕ의 함수로 유도된다.

$$a = r\cos\phi \tag{8.16}$$

$$b = r\sin\phi \tag{8.17}$$

그러므로 복소수 z는 다음과 같이 표현할 수 있다.

$$z = a + jb = r\angle\phi = re^{j\phi} = r(\cos\phi + j\sin\phi) \tag{8.18}$$

식 (8.18)에서 식 (8.19)의 **오일러의 공식(Euler's formula)**을 확인할 수 있다.

$$e^{j\phi} = \cos\phi + j\sin\phi \tag{8.19}$$

즉, 오일러의 공식은 삼각함수와 지수함수의 관계를 나타낸다.

복소수에서도 덧셈, 뺄셈, 곱셈, 나눗셈의 사칙연산이 성립하는데, 덧셈과 뺄셈은 직각좌표 형태에서 편리하게 계산되고, 곱셈과 나눗셈은 극좌표 형태에서 편리하게 계산된다.

$$z_1 \pm z_2 = (a_1 \pm a_2) + j(b_1 \pm b_2) \tag{8.20}$$

$$z_1 z_2 = r_1 r_2 \angle \phi_1 + \phi_2 \tag{8.21}$$

$$\frac{z_1}{z_2} = \frac{r_1}{r_2}\angle\phi_1 - \phi_2 \tag{8.22}$$

공액복소수(complex conjugate) 혹은 **켤레복소수**도 자주 사용되는데, 복소수 z의 공액복소수 z^*는 식 (8.23)과 같이 정의된다.

$$z^* = a - jb \tag{8.23}$$

식 (8.23)에서 알 수 있듯이 공액복소수는 복소수의 허수부에 덧셈 역원을 취하여 얻는 복소수이다. 서로 공액인 두 복소수는 실수 축에 대하여 대칭이 되며, 그림 8.5로부터 자세하게 알 수 있다.

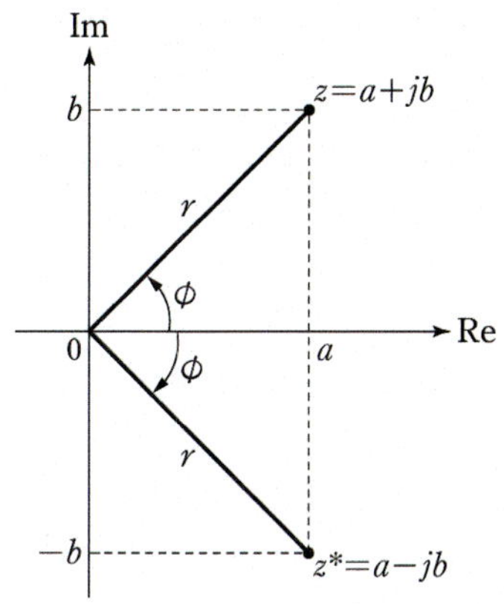

| 그림 8.5 | 복소공간에 표시한 복소수와 공액복소수

복소수 z의 실수부와 허수부를 각각 다음의 식 (8.24)와 같이 표현할 수 있다.

$$a = \mathrm{Re}(z),\ b = \mathrm{Im}(z) \tag{8.24}$$

즉, a는 복소수 z의 실수부이고, b는 복소수 z의 허수부이다.

예제 8.2

직각좌표 형태로 표현된 다음의 복소수를 극좌표 형태와 공액복소수를 각각 구하라.

$z_1 = 3 - j4$

풀이

1) 극좌표 표현: $r = \sqrt{a^2 + b^2} = 5,\ \phi = \tan^{-1}\dfrac{b}{a} = -53.1° \rightarrow z_1 = 5\angle -53.1°$

2) 공액 복소수: $z_1^* = 3 + j4$

이제 페이저를 알아보자. 먼저 식 (8.25)의 정현파 전압을 고려하자.

$$v(t) = V_m \cos(\omega t + \theta)\ [\mathrm{V}] \tag{8.25}$$

식 (8.25)는 다음과 같이 표현할 수 있다.

$$\begin{aligned} v(t) &= V_m \cos(\omega t + \theta) \\ &= \mathrm{Re}[V_m e^{j(\omega t + \theta)}] \\ &= \mathrm{Re}[V_m e^{j\omega t} e^{j\theta}] \\ &= \mathrm{Re}[\mathrm{V} e^{j\omega t}] \end{aligned} \tag{8.26}$$

식 (8.26)에서 V가 식 (8.25)의 정현파 전압 $v(t)$의 **페이저 표현**이다. 즉, 식 (8.25)의 정현파 전압 $v(t)$의 페이저는 식 (8.27)과 같이 표현된다.

$$\begin{aligned} \mathrm{V} &= V_m e^{j\theta} \\ &= V_m \angle \theta \end{aligned} \tag{8.27}$$

식 (8.25)와 (8.27)의 비교로부터, 페이저는 정현함수의 크기와 위상만을 복소수 형태로 표현하는 것을 알 수 있다. 따라서 **페이저**는 수학적으로 시간 의존성을 제외한 정현파의 표현이며, 그 표현 속에는 정현파의 주파수인 $e^{j\omega t}$가 함축적으로 표현되어 있다는 사실을 상기해야 한다.

페이저의 표현은 사인함수를 기본으로 하여 나타낼 수도 있지만, 여기서는 코사인 함수를 기본으로 하는 식 (8.28)의 형태를 사용한다. 따라서 임의의 정현함수를 페이저로 나타내기 위해서는 먼저 정현함수를 코사인 함수로 표현한 후에 시간 요소를 가지는 $e^{j\omega t}$를 제거하여 나타낼 수 있다.

$$v(t) = V_m \cos(\omega t + \theta) \;\Leftrightarrow\; \begin{aligned} \mathrm{V} &= V_m e^{j\theta} \\ &= V_m \angle \theta \end{aligned} \tag{8.28}$$

시간 요소를 가지는 $e^{j\omega t}$는 정현함수의 주파수 정보를 가지고 있으므로, 식 (8.28)과 같이 페이저는 시간 영역에서 표현된 정현함수를 주파수 영역에서 표현한 것으로 이해할 수 있다. 그리고 식 (8.26)의 도함수와 적분으로부터 식 (8.29)와 (8.30)을 유도할 수 있다.

$$\frac{dv(t)}{dt} \;\Leftrightarrow\; j\omega \mathrm{V} \tag{8.29}$$

$$\int v(t)dt \;\Leftrightarrow\; \frac{\mathrm{V}}{j\omega} \tag{8.30}$$

식 (8.29) 및 (8.30)으로부터 정현함수의 미분은 페이저 영역에서 해당 페이저 값에 $j\omega$를 곱해서 얻을 수 있고, 정현함수의 적분은 페이저 영역에서 해당 페이저 값에 $j\omega$를 나누어서 얻을 수 있다.

페이저는 복소수로 표현할 수 있으며, 회로 해석 등을 용이하게 하기 위하여 원래 신호가 가지고 있던 주파수 성분($e^{j\omega t}$)을 제거한 후에 주파수 영역에서 표현한 간략한 형태의 하나라고 할 수 있다. 시간 영역에서 표현된 함수를 수학적으로 정확하게 주파수 영역으로 변환하는 방법으로는 라플라스 변환(Laplace transformation)이 있으며, 이것은 후반부에 매우 중요하게 다루게 된다.

예제 8.3

시간 영역에서 표현된 다음의 정현함수를 각각 페이저로 표현하라.

① $v(t) = 10\cos(\omega t + 60°)$

② $i(t) = 20\sin(\omega t - 60°)$

③ $v(t) = -10\cos(\omega t + 40°)$

④ $i(t) = -20\sin(\omega t + 40°)$

풀이

① $\mathrm{V} = 10\angle 60°$

② $\sin A = \cos(A - 90°)$이므로 $\mathrm{I} = 20\angle -150°$

③ $\mathrm{V} = -10\angle 40° = 10\angle -140°$

④ $\mathrm{I} = -20\angle -50° = 20\angle 130°$ $(-\sin A = \cos(A + 90°))$

예제 8.4

주파수 영역에서 표현된 다음의 페이저를 시간 영역의 정현함수로 표현하라.

① $\mathrm{V} = 15\angle 30°$

② $\mathrm{I} = -20\angle 50°$

③ $\mathrm{V} = -25\angle -40°$

④ $\mathrm{I} = 30\angle -50°$

풀이

① $v(t) = 15\cos(\omega t + 30°)$

② $i(t) = -20\cos(\omega t + 50°)$

③ $v(t) = -25\cos(\omega t - 40°)$

④ $i(t) = 30\cos(\omega t - 50°)$

8.3 임피던스와 어드미턴스

페이저의 개념을 적용하면 정현파 교류신호가 인가된 전기회로를 보다 쉽게 해석할 수 있다. 이를 위하여 먼저 R, L, C 소자의 페이저 관계를 살펴본다.

저항에서 전압-전류의 관계를 페이저 관점에서 살펴보자. 저항 R을 통해 흐르는 전류를 $i(t) = I_m \cos(\omega t + \theta)$라고 가정하면, 저항 양단에 걸리는 전압은 옴의 법칙으로부터 다음과 같다.

$$v(t) = Ri(t) = RI_m \cos(\omega t + \theta) \tag{8.31}$$

식 (8.31)을 페이저 표현으로 변경하면 다음의 식 (8.32)와 같다.

$$\mathrm{V} = R\mathrm{I} = RI_m \angle \theta \tag{8.32}$$

즉, 저항의 경우는 페이저 영역에서도 시간 영역에서와 마찬가지로 옴의 법칙을 그대로 적용할 수 있다.

이를 도식적으로 표현하면 그림 8.6과 같다.

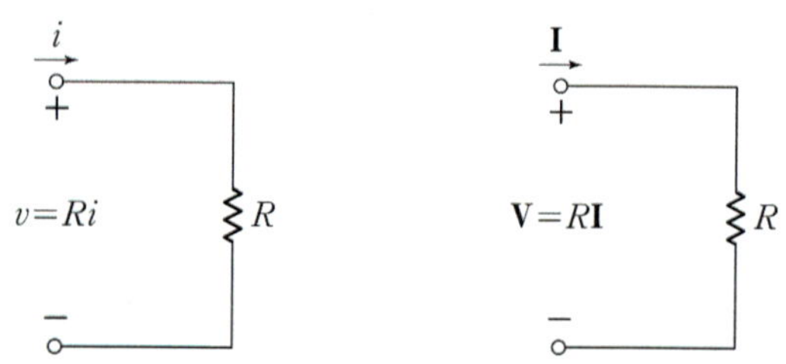

(a) 시간 영역 (b) 주파수 영역

| 그림 8.6 | 저항의 전압-전류 관계

다음으로 인덕터의 전압-전류 관계를 살펴보자.
인덕터 L을 통해 흐르는 전류를 $i(t) = I_m \cos(\omega t + \theta)$라고 가정하면, 인덕터 양단에 걸리는 전압은 다음의 식 (8.33)으로 유도된다.

$$\begin{aligned} v(t) &= L\frac{di(t)}{dt} \\ &= -\omega L I_m \sin(\omega t+\theta) \\ &= \omega L I_m \cos(\omega t+\theta+90°) \\ &= j\omega L I_m \cos(\omega t+\theta) \end{aligned} \tag{8.33}$$

그러므로 인덕터에서 전압-전류의 페이저 관계식은 다음의 식 (8.34)와 같다.

$$\mathrm{V} = j\omega L\mathrm{I} \tag{8.34}$$

식 (8.34)에서 알 수 있듯이 인덕터에서 전압의 위상은 전류보다 90도 앞섬을 알 수 있다. 즉, 인덕터에서 전류와 전압은 90도의 위상차가 존재한다.

인덕터의 전압-전류 관계를 두 영역에서 각각 표현하면 그림 8.7과 같다.

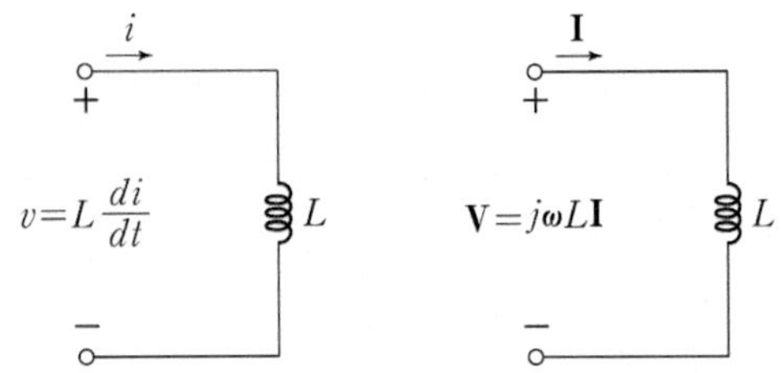

(a) 시간 영역 (b) 주파수 영역

| 그림 8.7 | 인덕터의 전압-전류 관계

예제 8.5

1[H]의 인덕터에 $\omega = 100[\mathrm{rad/s}]$, 페이저 전압 $10\angle 30°$[V]를 인가했을 때, 인덕터를 통해 흐르는 전류를 구하라.

풀이

인덕터의 전압·전류 관계는 $\mathrm{V} = j\omega L\mathrm{I}$이므로, $\mathrm{I} = \dfrac{\mathrm{V}}{j\omega L} = \dfrac{10\angle 30°}{j100\times 1} = 0.1\angle -60°$

그러므로 $i(t) = 0.1\cos(100t - 60°)$ [A]이다.

다음으로 커패시터의 전압-전류 관계를 살펴보자.

커패시터 C 양단에 걸리는 전압이 $v(t) = V_m\cos(\omega t+\theta)$라고 가정하면, 커패시터를 통해 흐르는 전류는 다음의 식 (8.35)와 같이 유도된다.

$$i(t) = C\frac{dv(t)}{dt} \tag{8.35}$$
$$= -\omega CV_m \sin(\omega t + \theta)$$
$$= \omega CV_m \cos(\omega t + \theta + 90°)$$
$$= j\omega CV_m \cos(\omega t + \theta)$$

그러므로 커패시터에서 전압-전류의 페이저 관계식은 다음의 식 (8.36)과 같다.

$$\mathrm{I} = j\omega C\mathrm{V} \quad \text{또는} \quad \mathrm{V} = \frac{\mathrm{I}}{j\omega C} \tag{8.36}$$

식 (8.36)에서 알 수 있듯이 커패시터에서 전류의 위상은 전압보다 90도 앞섬을 알 수 있다. 즉, 커패시터에서 전류와 전압은 90°의 위상차가 존재한다.

커패시터의 전압-전류 관계를 두 영역에서 각각 표현하면 그림 8.8과 같다.

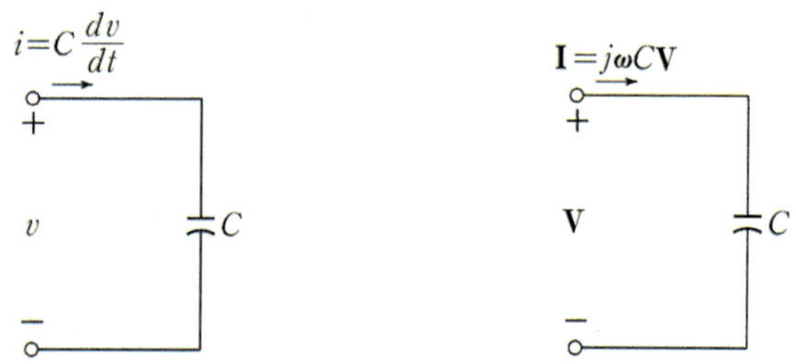

(a) 시간 영역 (b) 주파수 영역

| 그림 8.8 | 커패시터의 전압-전류 관계

예제 8.6

1[F]의 커패시터를 통해 $i(t) = 10\cos(200t - 50°)$[A]의 전류가 흐를 때, 커패시터 양단에 걸리는 전압을 구하라.

풀이

커패시터의 전압-전류 관계는 $\mathrm{I} = j\omega C\mathrm{V}$ 이므로, $\mathrm{V} = \frac{\mathrm{I}}{j\omega C} = \frac{10\angle -50°}{j200 \times 1} = 0.05\angle -140°$

그러므로 $v(t) = 50\cos(200t - 140°)$ [mV] 이다.

지금까지 살펴 본 R, L, C 소자의 시간 영역과 주파수 영역에서의 전압-전류의 관계는 표 8.1과 같이 요약된다.

| 표 8.1 | R, L, C 소자의 시간 영역과 주파수 영역에서의 전압-전류의 관계

시간 영역		주파수 영역	
i → R, $+\ v\ -$	$v = Ri$	$\mathbf{I}$ → R, $+\ \mathbf{V}\ -$	$\mathrm{V} = R\mathrm{I}$
i → L, $+\ v\ -$	$v = L\dfrac{di}{dt}$	$\mathbf{I}$ → $j\omega L$, $+\ \mathbf{V}\ -$	$\mathrm{V} = j\omega L\mathrm{I}$
i → C, $+\ v\ -$	$v = \dfrac{1}{C}\displaystyle\int i\,dt$	$\mathbf{I}$ → $1/j\omega C$, $+\ \mathbf{V}\ -$	$\mathrm{V} = \dfrac{1}{j\omega C}\mathrm{I}$

표 8.1의 요약을 참고하여 R, L, C 각각의 페이저 전압에 대한 페이저 전류의 비를 구하면 다음의 관계식을 얻는다.

$$\frac{\mathrm{V}}{\mathrm{I}} = R,\ \frac{\mathrm{V}}{\mathrm{I}} = j\omega L,\ \frac{\mathrm{V}}{\mathrm{I}} = \frac{1}{j\omega C} \tag{8.37}$$

식 (8.37)과 같이 페이저 전압에 대한 페이저 전류의 비를 **임피던스(impedance)**라고 한다. 즉, 임피던스 Z는 다음과 같이 주파수 영역에서의 옴의 법칙과 같이 구해진다.

$$\mathrm{Z} = \frac{\mathrm{V}}{\mathrm{I}} \ \text{또는}\ \mathrm{V} = \mathrm{ZI} \tag{8.38}$$

임피던스는 주파수의 함수이며, 옴의 차원을 가지는 복소량이다. 더욱이 임피던스는 페이저의 비(ratio)이기는 하지만, 페이저는 아니다. 따라서 임피던스를 페이저와 유사하게 시간 영역의 값으로 변환할 수는 없다. 다시 말해서, 임피던스는 주파수 영역에서 정의되는 개념이며, 페이저가 아닌 복소수이다.

$$\begin{aligned} \mathrm{Z} &= R \pm jX \\ &= |\mathrm{Z}| \angle \theta \end{aligned} \tag{8.39}$$

식 (8.39)에서 R은 임피던스의 실수부분으로 저항 성분이고, X는 임피던스의 허수부분으로 **리액턴스(reactance)**라고 하며, 항상 주파수에 의존한다. 이들은 모두 옴([Ω])의 단위를 사용한다. 식 (8.39)에서 "$+jX$"이고 X가 양의 값인 경우는 임피던스에 커패시턴스보다는 인덕턴스의 성분이 강할 때이다. 이 경우를 유도성 임피던스라고 하며, 전류의 위상이 전압보다 뒤져서 **뒤짐(lagging) 임피던스**라고 한다. 식 (8.39)에서 "$-jX$"이고 X가 양의 값인 경우는 임피던스에 인덕턴스보다는 커패시턴스의 성분이 강할 때로, 용량성 임피던스라고 하며, 전류의 위상이 전압보다 앞서므로 **앞섬(leading) 임피던스**라고 한다.

식 (8.39)의 직각좌표와 극좌표의 각각의 변수는 복소수에서 살펴 보았듯이 다음의 관계가 성립한다.

$$|Z| = \sqrt{R^2 \pm X^2},\ \theta = \tan^{-1}\frac{\pm X}{R} \tag{8.40}$$

$$R = |Z|\cos\theta,\ X = |Z|\sin\theta \tag{8.41}$$

임피던스의 역수를 **어드미턴스(admittance)**라고 하며, 기호는 Y, 단위는 지멘스([S], seimens)를 사용한다.

$$\begin{aligned} Y &= \frac{1}{Z} = \frac{I}{V} \\ &= G + jB \end{aligned} \tag{8.42}$$

어드미턴스의 실수부인 G는 **컨덕턴스(conductance)**, 허수부인 B는 **서셉턴스(susceptance)**라고 하며, 모두 지멘스의 단위를 사용한다.

지금까지 살펴 본 임피던스와 어드미턴스를 R, L, C 소자에 적용하여 정리하면 다음의 표 8.2와 같이 요약된다.

| 표 8.2 | R, L, C 소자의 임피던스와 어드미턴스

회로소자	임피던스	어드미턴스
R	$Z = R$	$Y = \frac{1}{R}$
L	$Z = j\omega L$	$Y = \frac{1}{j\omega L}$
C	$Z = \frac{1}{j\omega C}$	$Y = j\omega C$

그림 8.9에 제시한 임의의 RL회로를 고려하자.

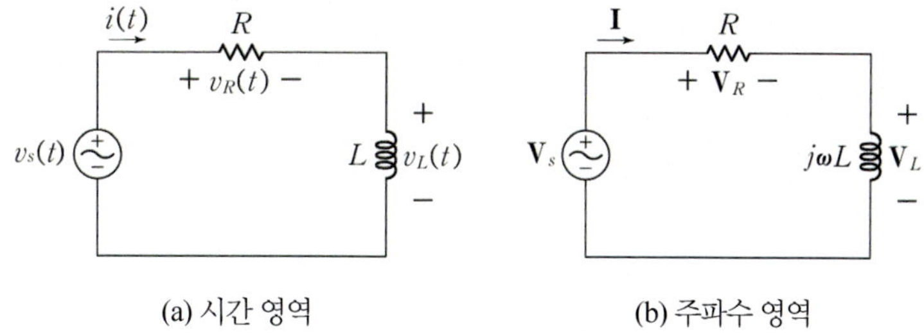

| 그림 8.9 | 임의의 RL 회로

그림 8.9에서 인가 전원인 $v_s(t)$가 주파수 ω의 정현함수이면 (a)의 회로에서 다음의 식을 유도할 수 있다.

$$\begin{aligned} v_s(t) &= v_R(t) + v_L(t) \\ &= Ri + L\frac{di}{dt} \end{aligned} \tag{8.43}$$

식 (8.43)을 페이저로 표현하면 다음의 식 (8.44)와 같이 정리되고, 그림 8.9의 (b)와 같이 표현할 수 있다.

$$\begin{aligned} \mathrm{V}_s &= \mathrm{V}_R + \mathrm{V}_L \\ &= R\mathrm{I} + j\omega L\mathrm{I} \\ &= (R + j\omega L)\mathrm{I} \\ &= \mathrm{ZI} \end{aligned} \tag{8.44}$$

식 (8.44)로부터 페이저로 표현한 주파수 영역에서 키르히호프의 전압법칙이 성립한다는 사실과 임피던스의 직렬 결합은 저항의 직렬결합과 동일한 합성 법칙이 성립한다는 사실을 알 수 있다.

예제 8.7

그림에서 $\omega = 10[\mathrm{rad/s}]$일 때, 입력 임피던스 Z_{in}을 구하라. 단, 각 소자에 표기된 값은 저항은 $[\Omega]$, 커패시터는 [mF], 인덕터는 [H]의 단위를 가지는 값이다.

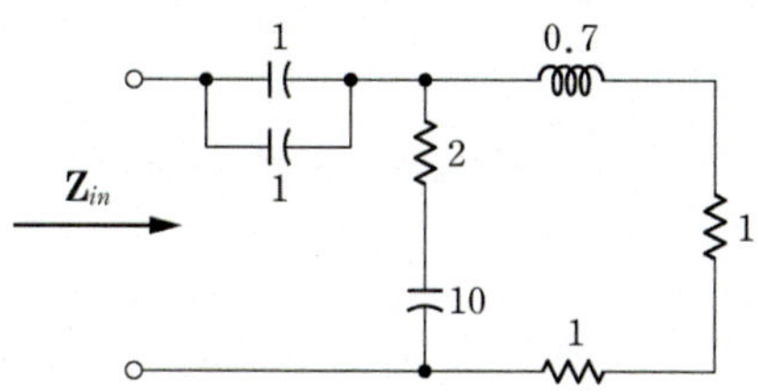

풀이

$$Z_{in} = \frac{1}{j10 \times 2 \times 10^{-3}} + [2 + \frac{1}{j10 \times 10 \times 10^{-3}}] // [2 + j10 \times 0.7]$$
$$= -j50 + [2 - j10] // [2 + j7]$$
$$= -j50 + \frac{(2 - j10) \times (2 + j7)}{4 - j3}$$
$$= -j50 + \frac{(74 - j6) \times (4 + j3)}{25}$$
$$= -j50 + \frac{314 + j198}{25}$$
$$= 12.56 - j42.08 [\Omega]$$

8.4 페이저를 이용한 회로 해석

8.3절에서 임피던스가 시간 영역에서 옴의 법칙과 유사한 성질을 가질 뿐만 아니라 페이저의 개념이 키르히호프의 법칙을 만족한다는 사실도 알게 되었다. 이제 지금까지 학습한 페이저의 개념으로 전기회로를 해석하는 방법을 살펴보자.

그림 8.9 (a)의 시간 영역에서 전원 $v_s(t) = V_m \cos\omega t$라고 가정할 때, 전류 $i(t)$를 구해보자. 식 (8.43)을 그대로 적용하여 풀이하는 과정은 난해하므로, 다음의 과정으로 구해보자.

먼저 전원은 다음과 같이 표현할 수 있다.

$$v_s(t) = V_m \cos\omega t$$
$$= \mathrm{Re}[V_m e^{j\omega t}] \tag{8.45}$$

식 (8.45)로부터 전류 $i(t)$ 또한 식 (8.46)의 복소응답의 실수부로 구해질 수 있을 것이다.

$$i(t) = \mathrm{Re}[I_m e^{j(\omega t + \theta)}] \tag{8.46}$$

여기서 I_m은 전류 응답의 진폭이고, θ는 위상각이다.

식 (8.45)와 (8.46)의 복소함수를 식 (8.43)에 적용하여 정리하면 다음과 같다.

$$V_m e^{j\omega t} = RI_m e^{j(\omega t + \theta)} + L\frac{d}{dt}(I_m e^{j(\omega t + \theta)}) \tag{8.47}$$

식 (8.47)의 미분을 연산하여 정리하면 다음과 같다.

$$V_m e^{j\omega t} = RI_m e^{j(\omega t+\theta)} + j\omega L I_m e^{j(\omega t+\theta)} \tag{8.48}$$

식 (8.48)의 양변을 $e^{j\omega t}$로 나누면 다음의 식을 얻는다.

$$\begin{aligned} V_m &= RI_m e^{j\theta} + j\omega L I_m e^{j\theta} \\ &= I_m e^{j\theta}(R + j\omega L) \end{aligned} \tag{8.49}$$

그러므로,

$$\begin{aligned} I_m e^{j\theta} &= \frac{V_m}{R + j\omega L} \\ &= \frac{V_m}{\sqrt{R^2+\omega^2 L^2}} e^{j(-\tan^{-1}\frac{\omega L}{R})} \end{aligned} \tag{8.50}$$

이다. 식 (8.50)으로부터 I_m과 θ는 다음의 식으로 구할 수 있다.

$$I_m = \frac{V_m}{\sqrt{R^2+\omega^2 L^2}} \tag{8.51}$$

$$\theta = -\tan^{-1}\frac{\omega L}{R} \tag{8.52}$$

결론적으로 전류는 다음과 같이 구할 수 있다.

$$\begin{aligned} i(t) &= \mathrm{Re}[I_m e^{j(\omega t+\theta)}] \\ &= I_m \cos(\omega t + \theta) \\ &= \frac{V_m}{\sqrt{R^2+\omega^2 L^2}} \cos(\omega t - \tan^{-1}\frac{\omega L}{R}) [\mathrm{A}] \end{aligned} \tag{8.53}$$

다음으로 그림 8.9 (b)의 주파수 영역에서 전류 $i(t)$를 구해보자. 전원을 $v_s(t) = V_m \cos\omega t$라고 가정했으므로 전원의 페이저는 다음과 같다.

$$\mathrm{V_s} = V_m \angle 0 \tag{8.54}$$

그리고 식 (8.44)로부터 전류는 다음과 같이 페이저의 개념으로 구할 수 있다.

$$\mathrm{I} = \frac{\mathrm{V}_s}{(R+j\omega L)} = \frac{V_m \angle 0}{\sqrt{R^2+\omega^2 L^2} \angle \tan^{-1}(\frac{\omega L}{R})} = \frac{V_m}{\sqrt{R^2+\omega^2 L^2}} \angle -\tan^{-1}(\frac{\omega L}{R}) \tag{8.55}$$

그러므로 식 (8.55)를 시간 영역으로 변환하면 전류 $i(t)$는 다음과 같이 식 (8.53)과 일치한다.

$$i(t) = \frac{V_m}{\sqrt{R^2+\omega^2 L^2}} \cos(\omega t - \tan^{-1}\frac{\omega L}{R})[\mathrm{A}] \tag{8.56}$$

식 (8.56)은 (8.53)과 동일한 결과이다. 즉, 정현파 형태의 교류 전원이 공급되는 회로망은 페이저의 개념을 적용하여 보다 용이하게 회로를 해석할 수 있다.

예제 8.8

그림의 회로에서 정상상태의 $v(t)$를 구하라. 단, 각 소자에 표기된 값은 전압은 [V], 저항은 [Ω], 커패시터는 [mF], 인덕터는 [H]의 단위를 가지는 값이다.

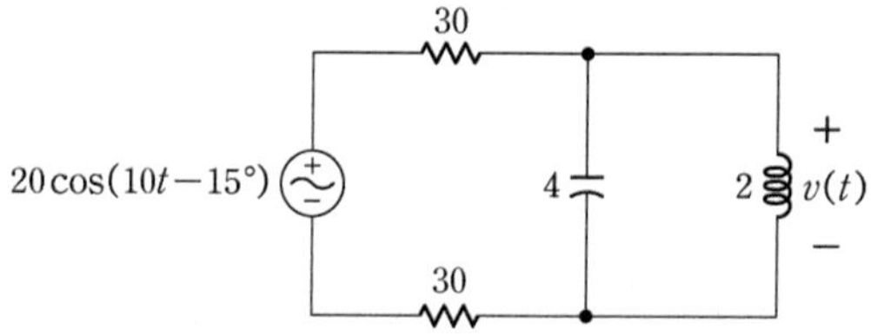

풀이

1) 페이저 영역의 회로로 변환(ω=10[rad/s]): 임피던스는 모두 [Ω]의 단위를 가진다.

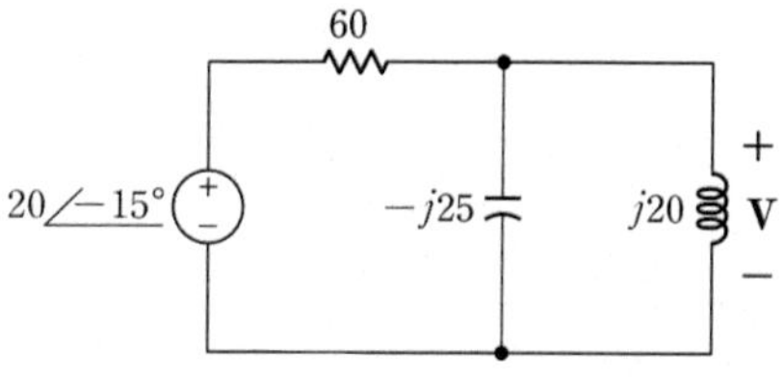

2) $$\mathrm{V} = \frac{(-j25)//(j20)}{60+(-j25)//(j20)}(20\angle -15°) = \frac{j100}{60+j100}(20\angle -15°) = \frac{j5}{3+j5}(20\angle -15°)$$

$$= \frac{100\angle 75°}{3+j5}$$

$$= 17.15\angle 15.96°$$

3) $v(t) = 17.15\cos(10t + 15.96°)$[V]

예제 8.9

그림의 회로에서 정상상태의 $i(t)$를 구하라. 단, 각 소자에 표기된 값은 전압은 [V], 저항은 [kΩ], 커패시터는 [μF], 인덕터는 [H]의 단위를 가지는 값이다.

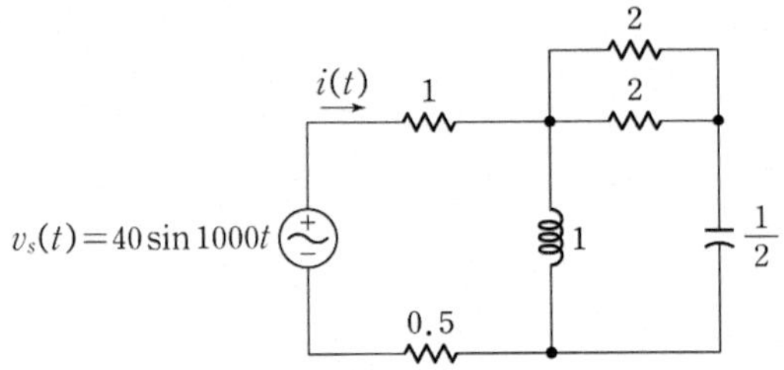

풀이

1) 페이저 영역의 회로로 변환($\omega = 1000$[rad/s]): 임피던스는 모두 [kΩ]의 단위를 가진다.

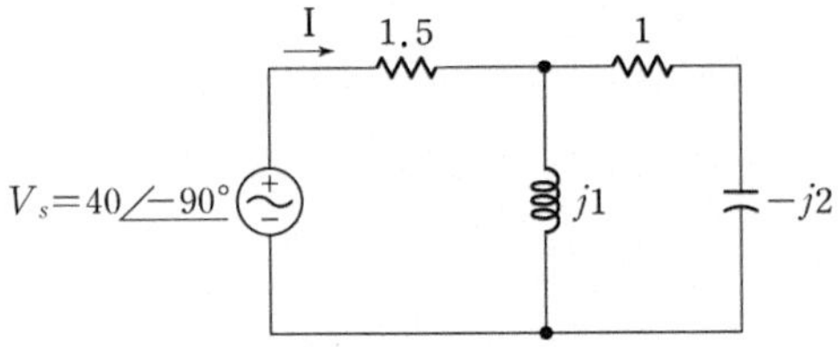

2) $\mathrm{I} = \frac{\mathrm{V}_s}{\mathrm{Z}}$, 여기서 Z는 전원에서 오른쪽으로 들여다 본 전체 임피던스이다.

$$\mathrm{Z} = 1.5 + (j1)//(1-j2)$$

$$= 1.5 + \frac{2+j1}{1-j1}$$

$$= 2 + j1.5[\mathrm{k}\Omega]$$

$$\mathrm{I} = \frac{\mathrm{V}_s}{\mathrm{Z}}$$

$$= \frac{40\angle -90°}{2+j1.5}$$

$$= \frac{40\angle -90°}{2.5\angle 36.87°}$$

$$= 16\angle -126.87°[\mathrm{mA}]$$

$$\rightarrow i(t) = 16\cos(1000t - 126.87°)[\mathrm{mA}]$$

두 예제는 정현함수 형태의 교류전원이 공급되는 전기 회로망은 페이저의 개념을 적용하여 쉽게 해석할 수 있음을 보여주고 있다. 즉, 페이저의 개념은 정현파 형태의 교류 전원이 공급되는 회로를 주파수 영역에서 해석하는 방법으로, 직류 전원이 공급되는 회로 해석에서 다룬 옴의 법칙, 키르히호프의 법칙, 마디 해석법과 망로 해석법, 중첩의 원리, 전원 변환 등의 모든 회로 해석 기법을 적용하여 회로를 보다 쉽게 해석할 수 있는 방법을 제공한다.

그런데 공급되는 전원이 페이저 방법에 의한 회로 해석에서 주의를 필요로 하는 경우가 있다. 먼저 시간 영역의 회로망을 주파수 영역으로 변환할 경우 회로소자의 임피던스는 주파수에 의존하기 때문에 회로 해석을 위한 회로망에 서로 다른 주파수의 전원이 공급되는 경우이다. 즉, 두 개 이상의 전원이 서로 다른 주파수의 정현파 교류 전원을 공급하는 회로의 경우는 어떻게 해석할 수 있을까? 복잡한 RLC 회로망의 경우 서로 다른 주파수를 가지는 전원이 공급될 수 있다. 이 경우는 서로 다른 주파수의 전원을 따로따로 고려하여 해석해야 한다. 즉, 각각의 전원에 대하여 중첩의 원리를 적용하여 해석할 수 있다. 또한 페이저 방법에 의한 회로 해석은 에너지 저장 소자의 초기 저장 에너지에 의한 응답, 즉 초기치에 의한 자연응답을 고려하지 않는다는 점도 주의해야 한다. 다시 말해서 페이저 방법에 의한 회로 해석은 정상상태 해석이므로 초깃값을 고려하지 않는다. 더욱이 전기회로에 공급되는 전원이 구형파 등 정현파 형태가 아닌 경우도 있다. 정현파 형태의 전원이 아닌 경우는 페이저 방법의 도입이 불가능하다. 이런 다수의 문제점으로 인해 교류 회로의 해석에서 페이저 방법은 널리 사용되지 않는다. 페이저 방법에 비하여 매우 유용한 회로 해석 기법인 라플라스 변환 방법이 있기 때문이다. 라플라스 변환에 의한 교류 회로 해석은 후반부에서 자세하게 다루게 될 것이다.

예제 8.10

그림의 회로에서 정상상태의 $v(t)$를 구하라. 단, 각 소자에 표기된 값은 전압은 [V], 전류는 [A], 저항은 [Ω], 커패시터는 [F], 인덕터는 [H]의 단위를 가지는 값이다.

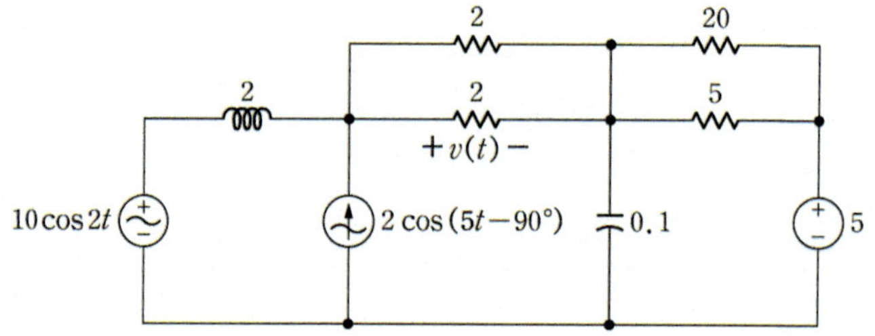

풀이

1) 서로 다른 주파수의 3개 전원을 포함하고 있으므로, 각각의 전원에 대하여 구한 후 합을 취하는 중첩의 원리를 적용한다.

2) 5[V] 직류 전원만 동작하는 경우: $v_1(t)$ [V]

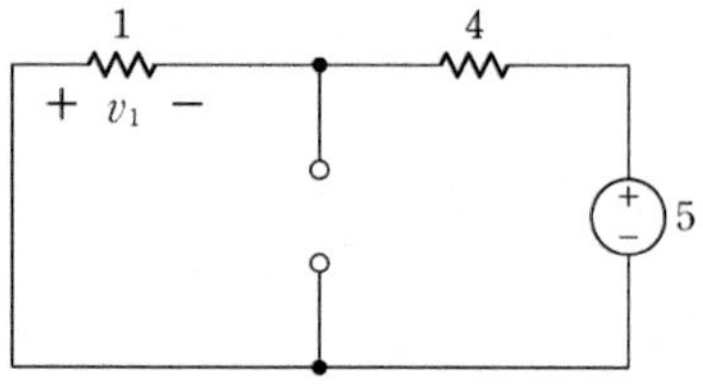

− 시간영역에서 바로 구할 수 있다: $v_1(t) = \frac{1}{1+4} \times (-5) = -1$ [V]

3) $\omega = 2$[rad/s]인 교류 전압원만 동작하는 경우: $v_2(t)$ [V]

− 주파수 영역으로 변환

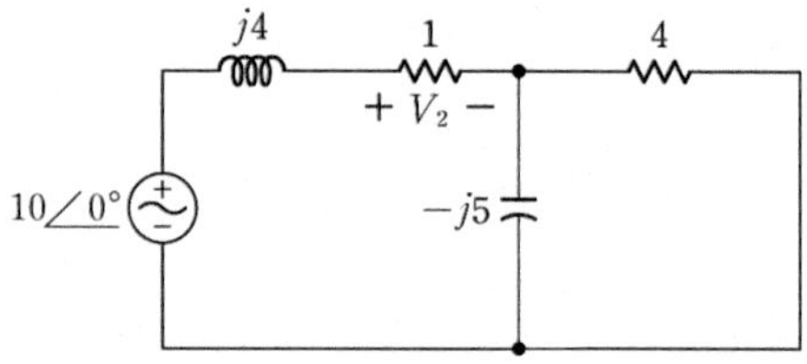

− 페이저 방법으로 해석하면, $\mathrm{V}_2 = \frac{10\angle 0°}{j4+1+(-j5)//(4)}$

$$\approx 2.5\angle -30.8°$$

− 시간 영역으로 변경하면, $v_2(t) = 2.5\cos(2t - 30.8°)$ [V]

4) $\omega = 5$[rad/s]인 교류 전류원만 동작하는 경우: $v_3(t)$ [V]

− 주파수 영역으로 변환

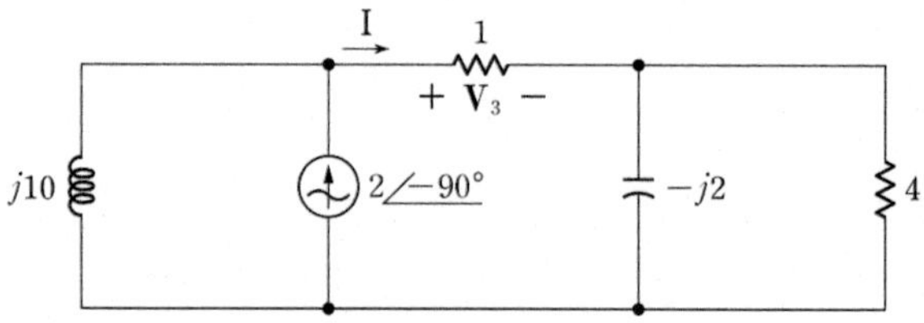

− 페이저 방법으로 해석하면, $\mathrm{V}_3 = 1 \times \mathrm{I}$

$$= \frac{j10}{j10+1+(-j2)//(4)}(2\angle -90°)$$

$$= 2.3\angle -80°$$

− 시간 영역으로 변경하면, $v_3(t) = 2.3\cos(5t - 80°) = 2.3\cos(5t - 80°)$ [V]

5) $v(t) = v_1(t) + v_2(t) + v_3(t)$

$= -1 + 2.5\cos(2t - 30.8°) + 2.3\cos(5t - 80°)$ [V]

연습문제

1 다음 정현파 전압의 위상과 주기를 구하라.

① $v_1(t) = 27\cos(100t - 35°)$

② $v_2(t) = 100\sin(30t + 40°)$

③ $i_1(t) = 10\sin(50t + 30°)$

④ $i_2(t) = 40\cos(150t + 20°)$

2 다음 두 신호의 위상차를 구하고, 앞서는 신호를 제시하라.

① $v_1(t) = 30\cos(100t - 45°)$와 $v_2(t) = 10\sin(100t + 40°)$

② $i_1(t) = 10\sin(150t + 30°)$와 $i_2(t) = 40\cos(150t + 20°)$

3 다음 정현함수를 페이저로 변환하라.

① $v(t) = 40\cos(200t - 60°)[\mathrm{V}]$

② $i(t) = 100\sin(500t + 50°)[\mathrm{mA}]$

4 다음 페이저를 정현함수로 변환하라.

① $\mathrm{V} = -40\angle -40°[\mathrm{V}]$

② $\mathrm{I} = 10\angle 40°[\mathrm{mA}]$

5 그림 P5에서 입력 임피던스 Z_{in}을 구하라. 단, ω=5[rad/s]이고, 각 소자에 표기된 값은 저항은 [Ω], 커패시터는 [F], 인덕터는 [H]의 단위를 가지는 값이다.

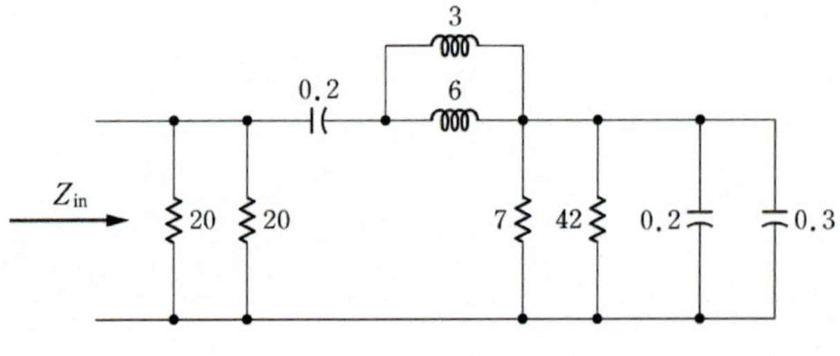

| 그림 P5 |

6 그림 P6에서 $i(t)$를 구하라. 단, 각 소자에 표기된 값은 전압은 [V], 저항은 [Ω], 커패시터는 [mF], 인덕터는 [mH]의 단위를 가지는 값이다.

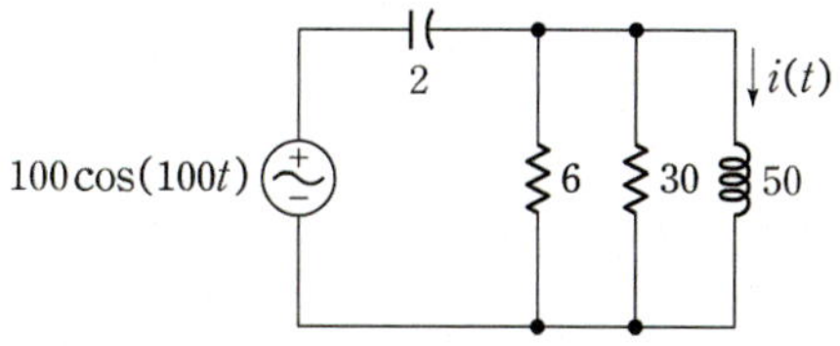

| 그림 P6 |

7 그림 P7에서 $v(t)$를 구하라. 단, ω=100[rad/s]이고, 각 소자에 표기된 값은 전압은 [V], 임피던스는 [Ω]의 단위를 가지는 값이다.

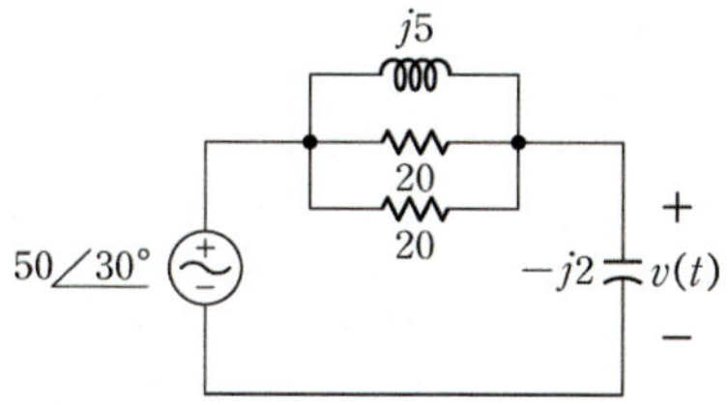

| 그림 P7 |

8 2021년 전기/전기공사 그림과 같이 △회로를 Y회로로 등가 변환하였을 때 임피던스 Z_a [Ω]는?

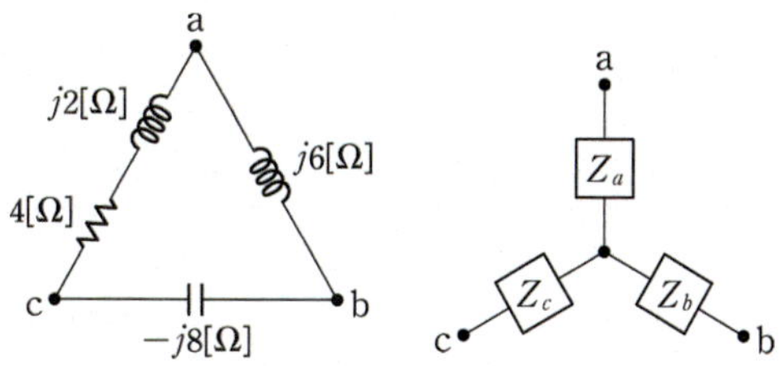

| 그림 P8 |

① 12 ② $-3 + j6$

③ $4 - j8$ ④ $6 + j8$

9 2022년 전자 그림과 같은 페이저도(phasor diagram)가 있을 때, 등가 임피던스는?

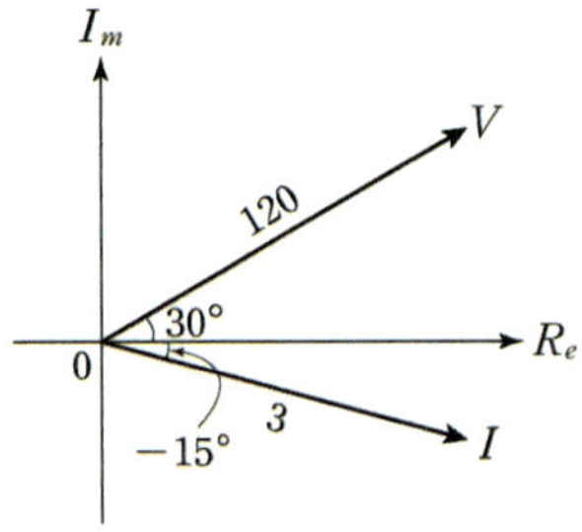

| 그림 P9 |

① $20\sqrt{2} - j20\sqrt{2}$ ② $20\sqrt{2} + j20\sqrt{2}$
③ $40\sqrt{2} + j40\sqrt{2}$ ④ $40\sqrt{2} - j40\sqrt{2}$

10 2022년 공무원 다음 회로에서 $I_o = \dfrac{1}{\sqrt{2}} \angle -45°$ [A]일 때, 임피던스 $Z[\Omega]$는?

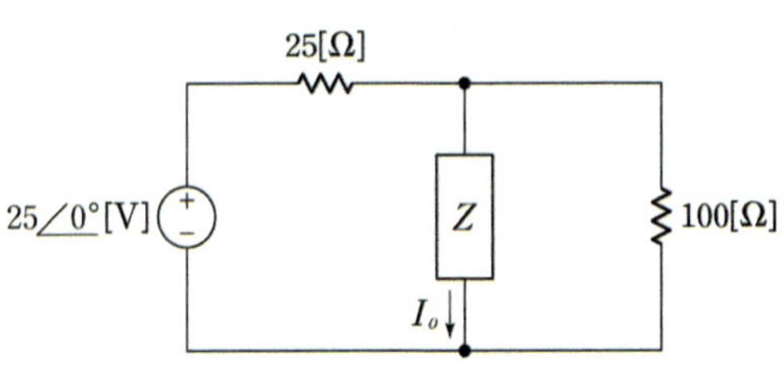

| 그림 P10 |

① $j20$ ② $j25$
③ $j50$ ④ $j100$

CHAPTER

09 교류회로의 전력과 공진

학습목표

❶ 교류전원의 RLC회로망에서 실효값과 최대전력전달 조건을 이해할 수 있다.

❷ 정현파 전원에 의한 전력의 종류를 이해할 수 있다.

❸ 역률과 역률의 개선, 그리고 복소전력의 개념을 이해할 수 있다.

❹ 전기회로의 주파수응답과 공진을 이해할 수 있다.

❺ RLC회로망의 병렬공진과 직렬공진을 구분하여 이해할 수 있다.

9.1 실효값과 평균값

주기파(periodic wave) 형태의 교류전원을 사용할 경우 직류와 동일한 열량 혹은 열효과를 나타낼 수 있는 어떤 척도 혹은 값(value)에 대한 정의가 필요한데, 그 중의 하나로 실효값이 널리 사용된다. 여기서는 실효값과 평균값, 그리고 파고율과 파형률 등에 대하여 살펴본다.

파형이 다른 여러 가지 주기파의 효과를 비교할 때, 그 주기파의 최대치만으로는 충분하지 않는 경우가 많다. 이때, 실효치 혹은 실효값을 사용한다.

실효치 혹은 **실효값(effective value)**은 주기파의 열효과에 대한 크기를 나타내는 값으로 널리 사용된다. 직류나 교류가 저항을 통하면 열이 발생하게 되고, 만약에 주기 전류 $i(t)$가 저항 R을 통과한다면 Ri^2의 전력을 소비한다. 이 때, 한 주기 T동안 발생되는 열량은 전력을 한 주기 동안 적분하여 구할 수 있다. 즉, $\int_0^T Ri^2 dt$로, 시간의 함수이다. 그런데 동일한 시간동안 직류 전류 I가 같은 저항 R을 통해 흐를 때 발생하는 열량은 $\int_0^T RI^2 dt$로 시간의 함수가 아니다. 만약 이 둘이 동일하다면I가 바로 주기 전류 $i(t)$의 실효값이 된다. 즉, 직류 전류와 동일한 효과를 나타내는 교류 전류의 값으로, 다음과 같이 정의하여 유도할 수 있다.

$$\int_0^T RI^2 dt = \int_0^T Ri^2 dt \tag{9.1}$$

식 (9.1)로부터 주기 전류의 실효값은 다음과 같이 구해진다. 식 (9.1)의 좌변이 RI^2T이므로,

$$I^2 = \frac{1}{T}\int_0^T i^2 dt \tag{9.2}$$

가 된다. 그러므로, 전류의 실효값을 I_{eff}로 표현하면, I_{eff}는 다음과 같다.

$$I_{\mathrm{eff}} = \sqrt{\frac{1}{T}\int_0^T i^2 dt}\ [\mathrm{A}] \tag{9.3}$$

또는

$$I_{\mathrm{eff}} = \sqrt{(i^2\text{의 한 주기 동안의 평균})}\ [\mathrm{A}] \tag{9.4}$$

즉, **실효값은 시간의 함수를 제곱해서 한 주기 동안의 평균값을 구한 후, 다시 그 제곱근을 취하여 얻을 수 있다. 그래서 실효값을 rms(root mean square) 값이라고도 한다.**

전류 신호에서와 유사하게 전압 신호에서도 실효값은 성립한다. 주기 전압 $v(t)$가 저항 R에 인가될 때, 순간적으로 $\frac{v^2}{R}$의 전력을 소비한다. 이를 적용하여 전압의 경우 실효값을 구해 보면 다음과 같다.

$$V_{\mathrm{eff}} = \sqrt{\frac{1}{T}\int_0^T v^2 dt}\ [\mathrm{V}] \tag{9.5}$$

어떤 주기 전류의 실효값이란 직류 전류와 동일한 열효과를 나타내는 주기 전류의 값이다. 따라서 주기파인 어떤 교류 전류의 실효값 5[A]는 직류 전류 5[A]와 동일한 열효과를 나타낸다고 생각할 수 있다. 이러한 실효값의 개념은 정현파 형태의 전원이 아닌 임의의 주기 파형에 대해서도 성립한다.

정현파 주기함수의 실효값을 구하는 예를 살펴보자. 임의의 정현파 전류가 다음과 같다고 가정한다.

$$i(t) = I_m \cos(\omega t + \theta)\ [\mathrm{A}] \tag{9.6}$$

실효값을 구하기 위하여 식 (9.3)에 대입하여 정리하면 다음의 식을 얻는다.

$$\begin{aligned} I_{\mathrm{eff}} &= \sqrt{\frac{1}{T}\int_0^T i^2 dt} \\ &= \sqrt{\frac{1}{T}\int_0^T I_m^2 \cos^2(\omega t+\theta)dt} \\ &= I_m\sqrt{\frac{\omega}{2\pi}\int_0^{\frac{2\pi}{\omega}}[\frac{1}{2}+\frac{1}{2}cos(2\omega t+2\theta)]dt} \\ &= I_m\sqrt{\frac{\omega}{4\pi}t\Big|_0^{\frac{2\pi}{\omega}}} \\ &= \frac{I_m}{\sqrt{2}} = 0.707I_m[\mathrm{A}] \end{aligned} \tag{9.7}$$

즉, 정현파 전류의 실효값은 최댓값(I_m)의 0.707배이며, 위상각과는 관계가 없다. 예를 들어서 $10\cos(\omega t+\theta)$[A] 의 전류는 직류 전류 7.07[A]와 동일한 전력을 공급한다.

교류 전원의 경우 실효값외에도 평균값(average value), 파고율(crest factor), 파형률(form factor) 등의 용어가 사용되는데, 이들은 각각 다음과 같다.

$$\text{평균값: } I_{av} = \frac{1}{T}\int_0^T i dt \tag{9.8}$$

$$\text{파고율} = \frac{\text{최댓값}}{\text{실효값}} \tag{9.9}$$

$$\text{파형률} = \frac{\text{실효값}}{\text{평균값}} \tag{9.10}$$

즉, **평균값(mean value)**은 주기 파형의 한 주기 동안의 평균을 의미하고, **파고율(crest factor, peak factor)**은 교류 파형의 최댓값과 실효값의 비율로, 주기 파형의 날카로움(sharpness)의 정도를 나타낸다. **파형률(form factor)**은 교류 파형의 실효값과 평균값의 비율로, 파형의 평활도를 나타낸다.

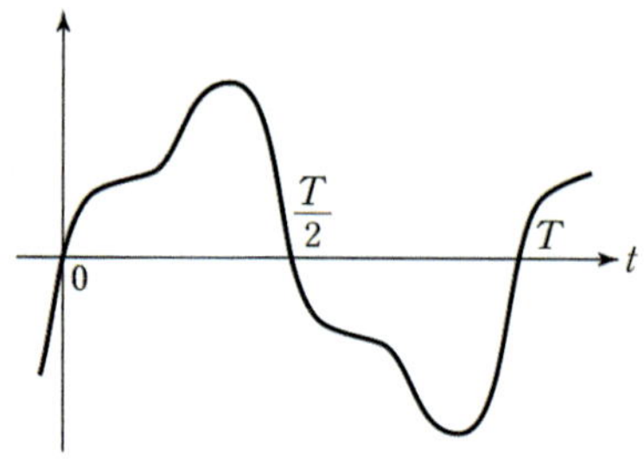

| 그림 9.1 | 임의의 대칭 파형

그림 9.1과 같은 대칭 파형(symmetrical wave)의 경우 한 주기 동안의 평균값은 식 (9.8)에 의하여 0이 된다. 따라서 이러한 경우에는 식 (9.11)의 **반주기(half period) 평균값**을 고려한다.

$$\text{반주기평균값: } I_{ha} = \frac{1}{T/2}\int_0^{T/2} i\,dt \tag{9.11}$$

정현파의 반주기 평균값은 다음과 같이 구해진다.

$$\begin{aligned} I_{ha} &= \frac{1}{T/2}\int_0^{T/2} I_m \cos(\omega t + \theta)dt \\ &= \frac{2}{\pi} I_m = 0.637 I_m \,[\mathrm{A}] \end{aligned} \tag{9.12}$$

그림 9.2에 정현파의 경우 최댓값, 실효값, 반주기 평균값의 크기를 비교하는 그림을 도시하였다.

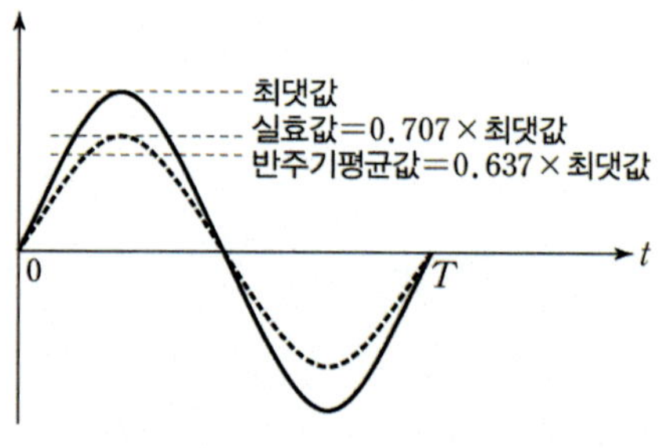

| 그림 9.2 | 정현파에서 최댓값, 실효값, 반주기 평균값의 비교

정현파 전류에 대하여 파고율과 파형률을 구해보면 다음과 같다.

$$\text{파고율} = \frac{I_m}{I_{\mathrm{eff}}} = \sqrt{2} = 1.414 \tag{9.13}$$

$$파형률 = \frac{I_{\mathrm{eff}}}{I_{ha}} = \frac{0.707I_m}{0.637I_m} = 1.111 \tag{9.14}$$

정현파의 파고율은 1.414이지만, 삼각파는 1.732이고, 구형파의 경우는 1이다. 그리고 파형률의 경우, 정현파는 1.11, 삼각파는 1.155, 구형파는 1이다. 즉, 파형률이 커질수록 직류 파형에 더 가까워진다.

9.2 순시전력과 평균전력

시간에 따라 변하는 신호에 의한 전력은 다양한 종류가 있다. 여기서는 교류전원이 공급되는 회로에서 특정 시점의 전력과 한 주기 동안의 전력 등 다양한 종류의 전력을 살펴본다.

전기회로의 회로소자에 공급되는 **순시전력(instantaneous power)**은 회로소자 양단에 걸리는 순시전압과 회로소자를 통해 흐르는 순시전류의 곱으로 정의되며, 부호는 수동부호규약을 적용한다. 앞에서도 특별한 설명없이 시간의 함수를 이탤릭의 소문자로 표기했듯이 앞으로도 시간 함수는 이탤릭의 소문자를 사용한다.

$$p(t) = v(t)i(t) \text{ 또는 } p = vi\,[\mathrm{W}] \tag{9.15}$$

즉, 순시전력은 특정 시점에서의 전압과 전류의 곱으로 정의되는 전력이다. 그래서 회로소자가 저항인 경우의 순시전력은 다음의 식 (9.16)과 같다.

$$p = vi = Ri^2 = \frac{v^2}{R} \tag{9.16}$$

회로소자가 인덕터와 커패시터인 경우는 각각 식 (9.17) 및 (9.18)과 같다.

$$p = vi = Li\frac{di}{dt} = \frac{1}{L}v\int_{-\infty}^{t} v\,d\tau \tag{9.17}$$

$$p = vi = Cv\frac{dv}{dt} = \frac{1}{C}i\int_{-\infty}^{t} i\,d\tau \tag{9.18}$$

식 (9.17) 및 (9.18)에서 $t = -\infty$ 일 때, 각각 전압과 전류가 0이라고 가정하였다.

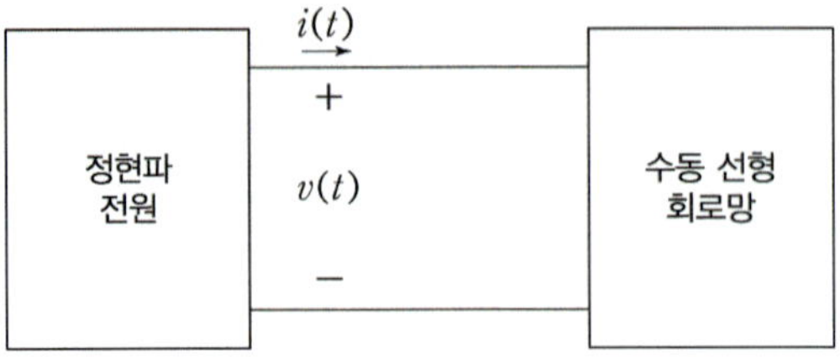

| 그림 9.3 | 정현파 전원이 공급되는 수동 선형 회로망

그림 9.3과 같은 정현파 전원이 인가된 임의의 수동선형회로망에 전압과 전류가 각각 다음과 같이 주어질 때, 순시전력을 구해보자.

$$v(t) = V_m \cos(\omega t + \theta_V) \tag{9.19}$$

$$i(t) = I_m \cos(\omega t + \theta_I) \tag{9.20}$$

여기서 θ_V, θ_I는 각각 전압과 전류의 위상각이다. 이 때, 수동선형회로망에서 소비되는 순시전력은 식 (9.21)의 삼각함수 공식을 사용하면 식 (9.22)와 같이 유도된다.

$$\cos A \cos B = \frac{1}{2}[\cos(A-B) + \cos(A+B)] \tag{9.21}$$

$$\begin{aligned} p &= vi \\ &= V_m I_m \cos(\omega t + \theta_V)\cos(\omega t + \theta_I) \\ &= \frac{1}{2} V_m I_m \cos(\theta_V - \theta_I) + \frac{1}{2} V_m I_m \cos(2\omega t + \theta_V + \theta_I) \end{aligned} \tag{9.22}$$

즉, 순시전력은 두 개의 항으로 분리되며, 첫 번째 항은 시간의 함수가 아닌 상수항이고, 두 번째 항은 주파수가 두 배로 바뀐 정현함수의 항이다. 상수항은 시불변으로, 전압 신호와 전류 신호의 최댓값과 두 신호의 위상차에 의해 결정되는 일정한 상숫값이다. 정현함수의 항은 순시전력이 공급되는 전류 혹은 전압의 주파수가 두 배로 증가한 주기함수임을 보여 주며, 이로 인하여 순시전력의 주기는 공급되는 전류 혹은 전압 신호 주기의 1/2로 줄어들 것이다. 이를 도시하면 그림 9.4와 같다. 그림 9.4에서 T는 전류 혹은 전압 신호의 주기이다.

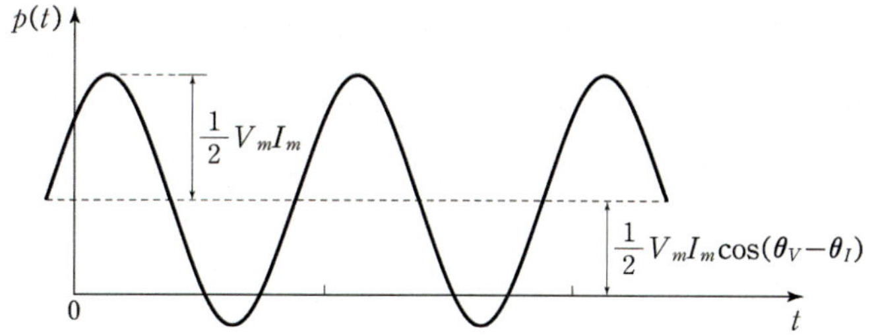

| 그림 9.4 | 순시전력의 도식적 표현

순시전력의 평균값은 특정 구간 동안의 순시전력을 적분한 후 그 구간 동안의 시간으로 나누어 주면 된다. 예를 들어서, 어떤 구간 $(t_1 \sim t_2)$ 동안의 평균 전력은 다음과 같이 구할 수 있다.

$$P = \frac{1}{t_2 - t_1}\int_{t_1}^{t_2} p\,dt \tag{9.23}$$

식 (9.23)의 평균값은 상수이므로, 더 이상 시간의 함수가 아니어서 대문자로 표기하였다.

순시전력 $p(t)$가 주기함수이면, 한 주기 동안의 순시전력의 평균을 **평균전력(average power)** 이라고 하고, 식 (9.24)와 같이 표현할 수 있다.

$$\begin{aligned} P &= \frac{1}{T}\int_0^T p\,dt \\ &= \frac{1}{T}\int_{t_x}^{t_x+T} p\,dt \end{aligned} \tag{9.24}$$

식 (9.24)에서 t_x는 임의의 특정 시점을 의미하며, **"주기 함수의 어떤 특정 시점을 기준으로 한 주기 동안의 순시전력의 평균이 평균전력이다"**라는 사실을 보다 명확하게 제시한다.

식 (9.22)를 식 (9.24)에 대입하여 정리하면 평균전력은 다음의 식 (9.25)와 같이 구해진다. 왜냐하면, 식 (9.22)의 첫째 항은 상숫값이므로 한 주기에 대하여 평균하면 그 상숫값이 그대로 평균값이 되고, 둘째 항은 정현파 주기함수이므로 한 주기에 대하여 평균값을 구하면 0이 되기 때문이다.

$$P = \frac{1}{2}V_mI_m\cos(\theta_V - \theta_I)\ [\mathrm{W}] \tag{9.25}$$

즉, **수동선형회로망에 정현파 전압과 전류가 공급되면, 수동선형회로망의 평균전력은 전압과 전류의 진폭, 그리고 전압과 전류의 위상차의 코사인 값을 통해 구할 수 있다.**

수동선형회로망이 순수 저항으로 구성되는 경우를 예로 들어 보자. 순수한 저항에 흐르는 전류와 그 양단에 걸리는 전압 사이의 위상차는 0이다. 그러므로 순수 저항 회로에서의 평균전력 P_R은 다음과 같이 구해진다.

$$\begin{aligned} P_R &= \frac{1}{2} V_m I_m \cos(0) \\ &= \frac{1}{2} V_m I_m \end{aligned} \tag{9.26}$$

즉, 저항 성분만이 존재하는 회로망에서는 모든 순간에 전력을 소비하며, 평균전력은 0이 아니다. 식 (9.26)은 다음과 같이 표현할 수도 있다.

$$P_R = \frac{1}{2} I_m^2 R \text{ 또는 } P_R = \frac{V_m^2}{2R} \tag{9.27}$$

다음으로 수동선형회로망이 순수 리액턴스 성분(L 혹은 C 성분만 존재하는 경우)으로 구성되는 경우를 예로 들어 보자. 순수한 리액턴스 성분만을 가지는 회로망에 흐르는 전류와 그 양단에 걸리는 전압 사이의 위상차는 ±90도이다. 그러므로 순수 리액턴스 회로에서의 평균전력 P_X는 다음과 같이 구해진다.

$$\begin{aligned} P_X &= \frac{1}{2} V_m I_m \cos(\pm 90) \\ &= 0 \end{aligned} \tag{9.28}$$

즉, 순수 리액턴스 성분만이 존재하는 회로망에서는 전력의 공급과 반환을 반복할 뿐, 평균전력은 0이 된다.

예제 9.1

수동선형회로망에 공급되는 전압이 $20\cos(200t+35°)$[V], 전류가 $2\cos(200t-10°)$[A]일 때, 수동선형회로망에서 소비되는 순시전력과 평균전력을 구하라.

풀이

1) 식 (9.22)로부터 순시전력은

$$\begin{aligned} p &= \frac{1}{2} V_m I_m \cos(\theta_V - \theta_I) + \frac{1}{2} V_m I_m \cos(2\omega t + \theta_V + \theta_I) \\ &= 14.14 + 20\cos(400t + 25°)[\mathrm{W}] \end{aligned}$$

2) 평균전력은 $P = \frac{1}{2} V_m I_m \cos(\theta_V - \theta_I) = 14.14$[W]로, 1)의 상수항과 같은 값이다.

예제 9.2

수동선형회로망의 임피던스가 $4\angle 60°[\Omega]$이고, 공급되는 전압이 $2\cos 100t$[V]일 때, 수동선형회로망에서 소비되는 순시전력과 평균전력을 구하라.

풀이

1) 전압의 페이저를 구하면, $\mathrm{V}=2\angle 0°$

2) 전류 페이저는 $\mathrm{I}=\dfrac{\mathrm{V}}{\mathrm{Z}}=\dfrac{2\angle 0°}{4\angle 60°}=0.5\angle -60°[\mathrm{A}]\rightarrow i(t)=0.5\cos(100t-60°)$

3) 식 (9.22)로부터 순시전력은

$$p=\frac{1}{2}V_mI_m\cos(\theta_V-\theta_I)+\frac{1}{2}V_mI_m\cos(2\omega t+\theta_V+\theta_I)$$
$$=0.25+0.5\cos(200t-60°)[\mathrm{W}]$$

4) 평균전력은 3)의 상수항이므로, $P=0.25[\mathrm{W}]$

그런데 예제 9.2를 식 (9.27)에 대입하여 구해보자. 먼저 주어진 임피던스를 저항 성분과 리액턴스 성분으로 분리하면 다음과 같다.

$$\mathrm{Z}=4\angle 60°=4\cos 60+j4\sin 60=2+j2\sqrt{3}\,[\Omega] \tag{9.29}$$

평균 전력은 순수 저항 성분에서만 소비되므로, 식 (9.27)을 적용하면 다음의 결과를 얻을 수 있다.

$$P_R=\frac{1}{2}I_m^2R=\frac{1}{2}\times 0.25\times 2=0.25[\mathrm{W}] \tag{9.30}$$

$$P_R=\frac{V_m^2}{2R}=\frac{4}{2\times 2}=1[\mathrm{W}] \tag{9.31}$$

식 (9.30)은 예제 9.2와 동일한 결과이지만, 식 (9.31)은 다른 결과이다. 무엇이 잘못된 것인가? 이것은 $2\cos 100t$[V]의 전압은 수동선형회로망 전체에 공급되는 전압이므로, $4\angle 60°[\Omega]$ 임피던스 중에서 저항 R에만 걸리는 전압을 별도로 구하지 않았기 때문이다. 이것은 그림을 통해 쉽게 이해할 수 있다. 예제 9.2를 그림으로 도시하면 그림 9.5와 같다. 그림 9.5에서 전압은 [V], 임피던스는 $[\Omega]$의 단위를 가진다.

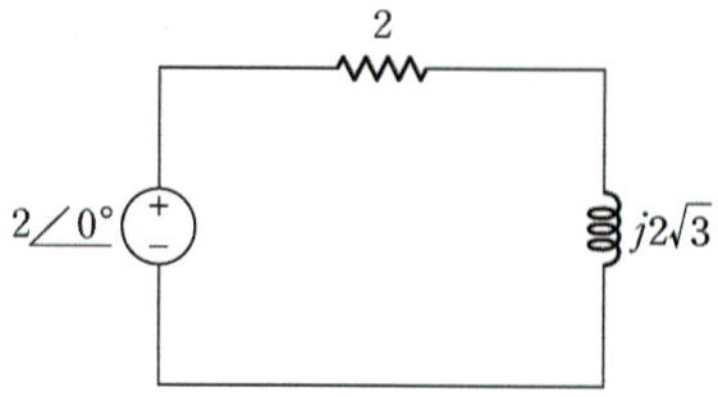

| 그림 9.5 | 예제 9.2의 도식적 표현

이제 그림 9.5의 2[Ω] 저항에 걸리는 전압을 구해보자.

$$\begin{aligned} V_{2\Omega} &= \frac{2}{2+j2\sqrt{3}} \times 2\angle 0° \\ &= \frac{1}{2} - j\frac{\sqrt{3}}{2} \\ &= 1\angle -60° [\mathrm{V}] \end{aligned} \tag{9.32}$$

즉, 전체 $2\cos 100t$[V]의 전압 중에서 저항 R에 걸리는 전압은 $\cos(100t-60°)$[V] 뿐이다. 이제 식 (9.32)에서 구한 전압을 식 (9.27)의 두 번째 식에 적용하면 다음과 같이 식 (9.30)과 동일한 결과를 얻을 수 있다.

$$P_R = \frac{V_m^2}{2R} = \frac{1}{2\times 2} = 0.25[\mathrm{W}] \tag{9.33}$$

따라서 순수 저항 성분의 회로에서 식 (9.27)을 적용하여 평균전력을 구할 경우에는 특별한 주의가 요구된다.

예제 9.3

그림에서 각 수동소자에서 소비되는 평균전력과, 두 전원이 공급하는 전력을 구하라. 단, 각 소자에 표기된 값은 전압은 [V], 저항은 [Ω], 커패시터는 [F], 인덕터는 [H]의 단위를 가지는 값이다.

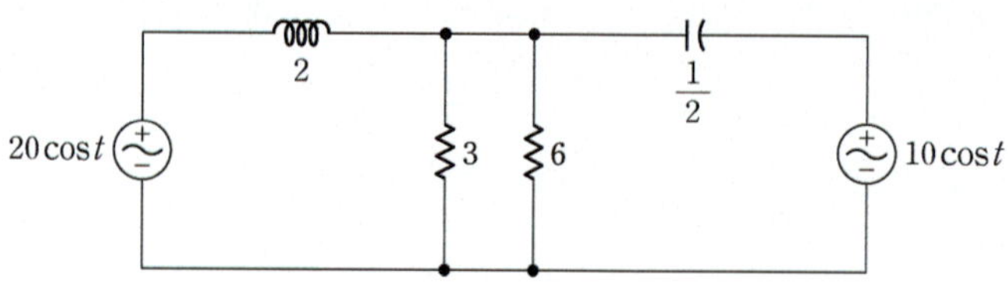

풀이

1) 주파수 영역의 회로로 변경 한 후, 마디 해석법 혹은 망로 해석법을 적용한다.
  - 망로 해석법을 사용할 수도 있지만, 여기서는 마디 해석법을 적용하면 하나의 식만 유도되어 보다 쉽게 구할 수 있다.

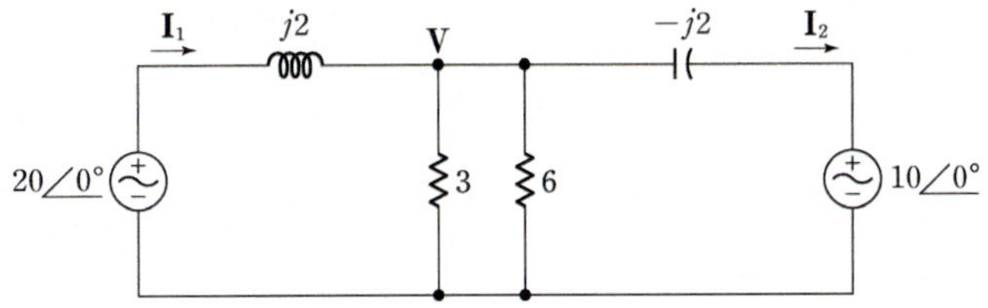

– 기준 마디를 아래쪽으로 정하고, 미지의 마디전압 V를 설정한 후에 마디 방정식을 유도한다:

$$\frac{\text{V}}{2}+\frac{\text{V}-20}{j2}+\frac{\text{V}-10}{-j2} = 0$$

$$\rightarrow \text{V} = -j10 = 10\angle -90°[\text{V}]$$

– 그러므로

$$\text{I}_1 = \frac{20-\text{V}}{j2} = \frac{20+j10}{j2} = 5-j10 = 11.18\angle -63.43°[\text{A}]$$

$$\text{I}_2 = \frac{\text{V}-10}{-j2} = \frac{-j10-10}{-j2} = 5-j5 = 7.07\angle -45°[\text{A}]$$

2) 인덕터(j2)와 커패시터(-j2)는 순수 리액턴스이므로 평균전력이 0이다.

3) 3[Ω]저항에서 소비되는 전력은 식 (9.27)로부터 $P_3 = \frac{V_m^2}{2R} = \frac{100}{2\times 3} = \frac{50}{3}$ [W]이다.

4) 6[Ω]저항에서 소비되는 전력은 식 (9.27)로부터 $P_6 = \frac{100}{2\times 6} = \frac{25}{3}$ [W]이다.

5) 왼쪽 전원이 공급하는 전력은 $P_L = \frac{1}{2}\times 20\times 11.18\times \cos(0+63.43) = 50[\text{W}]$

6) 오른쪽 전원이 공급하는 전력은 $P_R = \frac{1}{2}\times 10\times(-7.07)\times \cos(0-45) = -25[\text{W}]$

7) 결론적으로 저항에서 소비되는 전력은 두 전원의 공급 전력과 일치한다.

9.3 최대전력전달

직류전원이 공급되는 전기회로에서와 유사하게 교류전원의 전기회로에서도 부하에 전달되는 전력이 최대가 되기 위한 조건을 찾을 수 있다. 여기서는 교류회로에서의 최대전력전달조건을 살펴본다.

직류전원이 공급되는 전기회로에서 부하에 최대 전력이 전달되기 위한 조건은 $R_L = R_T$, 즉 부하를 제외한 회로의 나머지를 테브낭 등가회로로 변경한 후에 부하의 저항이 테브낭 등가 저항과 동일하도록 선택하는 것이었다.

이제 정현파 정상상태에서 부하에 최대의 평균전력을 전달할 수 있는 조건을 찾아보자. 그림 9.6은 임의의 교류회로를 테브낭 등가 변환한 회로이다.

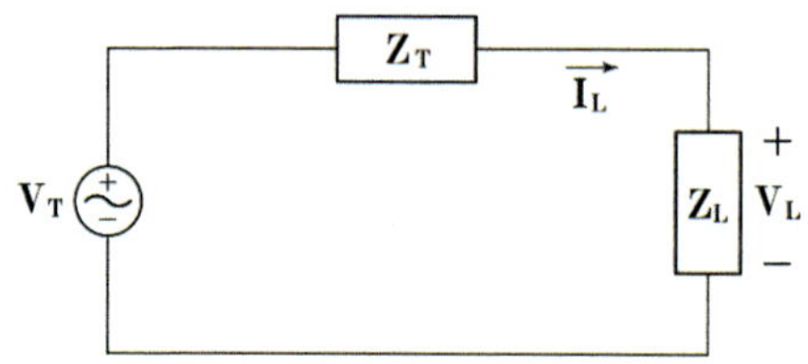

| 그림 9.6 | 교류회로의 테브낭 등가회로

그림 9.6에서 $\mathrm{V_T}$는 테브낭 등가 전압이고, $\mathrm{Z_T}$와 $\mathrm{Z_L}$은 각각 다음의 식으로 주어지는 테브낭 등가 임피던스와 부하 임피던스이다.

$$\mathrm{Z_T} = R_T + jX_T \tag{9.34}$$

$$\mathrm{Z_L} = R_L + jX_L \tag{9.35}$$

이제 부하를 통해 흐르는 전류 $\mathrm{I_L}$과 부하의 양단 전압 $\mathrm{V_L}$은 다음과 같이 유도할 수 있다.

$$\begin{aligned}\mathrm{I_L} &= \frac{\mathrm{V_T}}{\mathrm{Z_T}+\mathrm{Z_L}} \\ &= \frac{\mathrm{V_T}}{(R_T+R_L)+j(X_T+X_L)}\end{aligned} \tag{9.36}$$

$$\begin{aligned}\mathrm{V_L} &= \mathrm{V_T}\frac{\mathrm{Z_L}}{\mathrm{Z_T}+\mathrm{Z_L}} \\ &= \mathrm{V_T}\frac{R_L+jX_L}{(R_T+R_L)+j(X_T+X_L)}\end{aligned} \tag{9.37}$$

부하 임피던스에 전달되는 평균전력은 식 (9.27)로부터 다음과 같이 유도된다.

$$\begin{aligned}P &= \frac{1}{2}I_m^2 R_L \\ &= \frac{1}{2}\frac{|\mathrm{V_T}|^2 R_L}{(R_T+R_L)^2+(X_T+X_L)^2}\end{aligned} \tag{9.38}$$

식 (9.38)에서 부하에 전달되는 전력이 최대가 되기 위해서는 다음의 두 조건을 만족해야 한다.

$$\frac{\partial P}{\partial R_L} = 0 \quad \text{그리고} \quad \frac{\partial P}{\partial X_L} = 0 \tag{9.39}$$

먼저 $\frac{\partial P}{\partial X_L} = 0$의 조건으로부터 다음의 식을 얻을 수 있다.

$$X_L = -X_T \tag{9.40}$$

다음으로 $\frac{\partial P}{\partial R_L} = 0$의 조건으로부터 다음의 식이 얻어진다.

$$R_L = \sqrt{R_T^2 + (X_L + X_T)^2} \tag{9.41}$$

식 (9.40)을 식 (9.41)에 대입하여 정리하면 다음과 같다.

$$R_L = R_T \tag{9.42}$$

즉, 식 (9.40) 및 (9.42)로부터 부하 임피던스 Z_L에 최대의 평균전력이 전달되기 위해서는 다음의 조건을 만족해야 한다.

$$Z_L = Z_T^* \tag{9.43}$$

그러므로 **교류회로에서 부하 임피던스에 최대의 평균전력이 전달되기 위해서는 부하 임피던스 Z_L이 테브낭 등가회로의 등가 임피던스 Z_T의 공액복소수와 같아야 한다.**

식 (9.43)의 최대 평균전력 전달 조건을 만족할 경우 부하 임피던스가 공급받는 최대 평균전력은 다음과 같이 구할 수 있다.

$$P_{max} = \frac{|V_T|^2}{8R_T} \tag{9.44}$$

더욱이 부하 임피던스가 순수 저항($X_L = 0$)인 경우는 부하 저항 R_L이 다음의 조건을 만족해야 한다.

$$R_L = \sqrt{R_T^2 + X_T^2} = |Z_T| \tag{9.45}$$

즉, 순수 저항 부하에서 최대의 평균전력을 공급받기 위해서는 부하 저항은 테브낭 등가 임피던스의 크기와 같아야 한다.

예제 9.4

그림 9.6에서 $v_T(t) = 3\cos(100t + 40°)$[V]이고, $Z_T = 500 + j3[\Omega]$일 때, 부하 임피던스에 최대의 평균전력이 공급될 수 있도록 Z_L을 구하고, 이를 R, L, C 의 수동 소자로 구현하라.

풀이

1) 식 (9.43)으로부터 Z_L은 다음과 같다:

$$Z_L = Z_T^* = (500 + j3)^* = 500 - j3[\Omega]$$

2) 1)에서 구한 Z_L은 저항(R_L)과 커패시터(C_L)의 직렬연결을 통하여 구현할 수 있다:

즉, $500 - j3 = R_L + \dfrac{1}{j\omega C_L}$이고, $\omega = 100$[rad/s]이므로, $C_L = \dfrac{1}{3\omega} = 3.33$[mF]

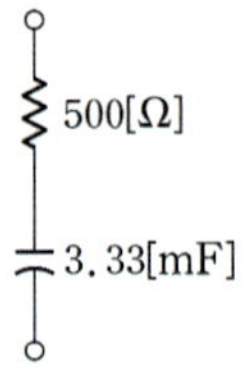

예제 9.5

그림에서 최대의 평균전력이 부하 임피던스에 전달되기 위한 Z_L을 결정하고, 이때, Z_L에 공급되는 최대전력을 구하라. 단, 각 소자에 표기된 값은 전압은 [V], 저항은[Ω], 커패시터는 [mF], 인덕터는 [mH]의 단위를 가지는 값이다.

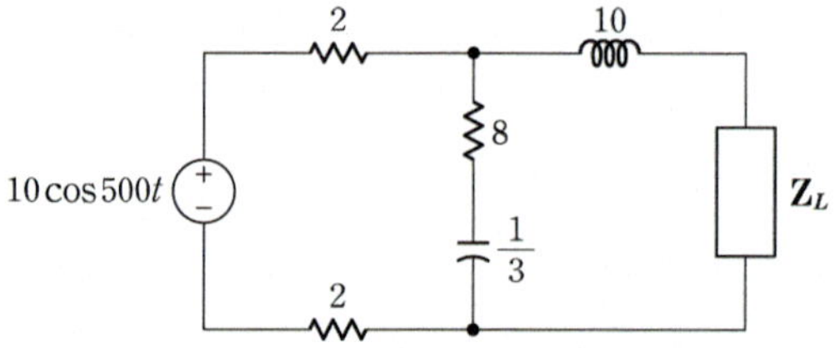

풀이

1) 주어진 시간 영역의 회로를 주파수 영역으로 변경한 후, 부하에서 왼쪽으로 바라다 본 회로망을 가정하고 테브낭의 등가회로를 구한다.

- Z_T는 전압원을 단락시킨 후 다음과 같이 구할 수 있다:

$$Z_T = j5 + (4)//(8 - j6) = j5 + \frac{32 - j24}{12 - j6} = 2.93 + j4.47[\Omega]$$

- V_T는 다음과 같이 구할 수 있다:

$$V_T = \frac{8 - j6}{4 + (8 - j6)}(10\angle 0°) = 7.45\angle -10.3°[V]$$

2) 최대 평균전력 전달 조건으로부터, $Z_L = Z_T^* = 2.93 - j4.47[\Omega]$

3) 부하 임피던스가 공급받는 최대 전력은 $P_{max} = \frac{7.45^2}{8 \times 2.93} = 2.37[W]$

9.4 역률과 복소전력

교류회로에서의 전력은 다소 복잡하다. 지금까지 살펴 본 순시전력과 평균전력은 물론 다른 종류의 전력이 존재한다. 여기서는 피상전력, 유효전력, 무효전력, 그리고 복소전력과 역률 등을 살펴 본다.

임의의 수동선형회로망에 공급되는 전압과 전류가 식 (9.19) 및 (9.20)과 같이 주어질 때, 평균전력은 식 (9.25)와 같이 유도되었다. 이를 다시 표현하면 다음과 같다.

$$v(t) = V_m \cos(\omega t + \theta_V)\ [V] \text{ 그리고 } i(t) = I_m \cos(\omega t + \theta_I)[A]$$

$$P = \frac{1}{2} V_m I_m \cos(\theta_V - \theta_I)[W]$$

식 (9.25)는 실효값을 사용하여 다음과 같이 나타낼 수 있다.

$$\begin{aligned} P &= V_{eff} I_{eff} \cos(\theta_V - \theta_I) \\ &= S\,pf \end{aligned} \tag{9.46}$$

식 (9.46)에서 S와 pf는 각각 다음과 같이 정의되며, S를 **피상전력(apparent power)**, pf **(power factor)를 역률**이라고 한다.

$$S = V_{eff} I_{eff}\ [VA] \tag{9.47}$$

$$pf = \cos(\theta_V - \theta_I) = \frac{P}{S} \tag{9.48}$$

피상전력 S는 겉보기 전력이라고도 한다. 즉, 직류에서 전력이 전류와 전압의 곱으로 표시되듯이, 교류에서도 전류의 실효값과 전압의 실효값의 곱으로 표시할 수 있으며, 이것을 피상전력이라고 한다. 피상전력의 단위도 전력의 단위인 [W]를 사용해야 하지만, 유효전력 등 다른 전력과의 혼

란을 방지하기 위하여 [VA], 즉 볼트암페어(voltamperes)를 사용한다.

pf로 표시한 역률은 피상전력과 평균전력의 비로 $0 \leq pf \leq 1$의 값을 가지며, 간단히 $\cos(\theta_V - \theta_I)$로 구할 수 있다. 여기서 $\theta_V - \theta_I$는 **역률각(power factor angle)**이라고 하며, 부하에 공급되는 전압과 전류의 위상차이므로, 부하 임피던스의 위상각과 같다. 즉, 역률은 부하에 공급되는 전압과 전류의 위상차의 코사인 값 또는 부하 임피던스의 위상각의 코사인 값과 같다.

역률은 앞섬(leading) 혹은 뒤짐(lagging)의 의미를 가지기도 하는데, 앞섬 역률을 **진상역률**, 뒤짐 역률을 **지상역률**이라고도 한다. 앞섬 역률은 용량성 부하, 즉 전류가 전압을 앞서는 경우이고, 뒤짐 역률은 유도성 부하, 즉 전류가 전압에 뒤지는 경우이다. 순수 저항 부하일 때는 전압과 전류가 동위상($\theta_V - \theta_I = 0$)이므로 pf는 1이 된다. 즉, 평균전력이 피상전력과 같다. 그러나 순수 리액턴스 부하($\theta_V - \theta_I = \pm 90°$)에서는 pf는 0이 된다. 그러므로 리액턴스 부하에서 평균전력은 0이 된다.

예제 9.6

그림에서 $Z_L = 1 + j5$일 때, 두 부하(Z_1과 Z_L) 각각이 소비하는 평균전력과 전원이 공급하는 평균전력을 구하고, 두 부하의 합성부하가 가지는 역률을 구하라. 단, ω=200[rad/s]이고, 각 소자에 표기된 값은 전압은 실효값(V_{eff})으로 [V_{rms}], 임피던스는 [Ω]의 단위를 가지는 값이다.

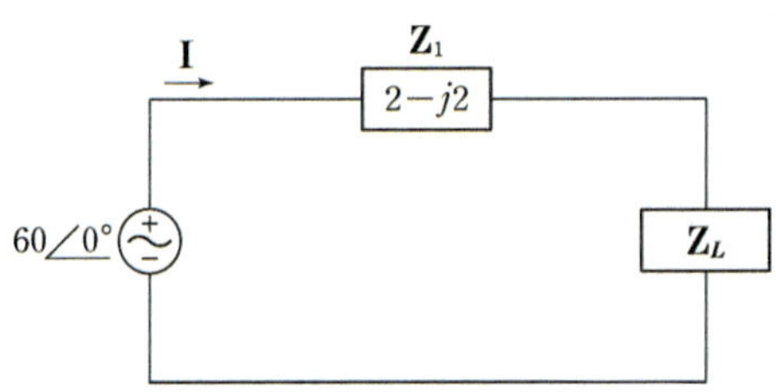

풀이

1) 페이저 전류 I를 구한다:

$$I = \frac{60\angle 0°}{(2-j2)+(1+j5)} = 14.14\angle \tan^{-1}\frac{-3}{3} = 14.14\angle -45° \ [A_{rms}]$$: 전압이 실효값이므로 전류도 실효값이다.

2) 각각의 부하에서 소비되는 평균전력은 다음과 같다:

$$P_{Z1} = I_{eff}^2 R = 14.14^2 \times 2 = 400 \ [W]$$

$$P_{ZL} = I_{eff}^2 R = 14.14^2 \times 1 = 200 \ [W]$$

3) 전원이 공급하는 평균전력은 다음과 같다:

$$P = V_{eff} I_{eff} \cos(\theta_V - \theta_I) = 60 \times 14.14 \times \cos 45° = 600 \ [W]$$

4) 합성부하의 역률은 다음과 같다:

합성부하 = $Z_1 + Z_L = 3 + j3$,

합성부하의 역률각: $\tan^{-1}\frac{3}{3} = 45°$

합성부하의 역률: $pf = \cos 45° = 0.707$

예제 9.7

그림에서 전원이 공급하는 피상전력과 평균전력을 구하라. 단, ω=200[rad/s]이고, 각 소자에 표기된 값은 전압은 실효값(V_{eff})으로 [V_{rms}], 임피던스는 [Ω]의 단위를 가지는 값이다.

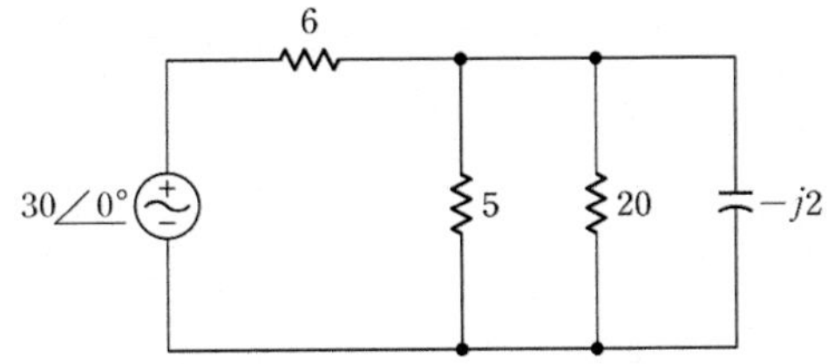

풀이

1) 페이저 전류 I를 구한다:

$$\mathrm{I} = \frac{30\angle 0°}{6+(5)//(20)//(-j2)} = \frac{30\angle 0°}{6.8-j1.6} = 4.29\angle 13.24°\ [\mathrm{A_{rms}}]$$: 전압이 실효값이므로 전류도 실효값이다.

2) 전원이 공급하는 피상전력은 다음과 같다:

$$P = V_{eff}I_{eff} = 30\times 4.29 = 128.7\ [\mathrm{VA}]$$

3) 전원이 공급하는 평균전력은 다음과 같다:

$$P = V_{eff}I_{eff}\cos(\theta_V-\theta_I) = 30\times 4.29\times\cos(-13.24°) = 125\ [\mathrm{W}]$$

식 (9.46)의 평균전력은 다음과 같이 다시 정리할 수 있다.

$$\begin{aligned} P &= V_{eff}I_{eff}\cos(\theta_V-\theta_I) \\ &= V_{eff}I_{eff}\mathrm{Re}[e^{j(\theta_V-\theta_I)}] \\ &= \mathrm{Re}[V_{eff}I_{eff}e^{j(\theta_V-\theta_I)}] \\ &= \mathrm{Re}[V_{eff}e^{j\theta_V}I_{eff}e^{-j\theta_I}] \\ &= \mathrm{Re}[\mathbf{V}_{eff}\mathbf{I}_{eff}^*] \\ &= \mathrm{Re}[\mathbf{S}] \end{aligned} \tag{9.49}$$

식 (9.49)에서 $\mathrm{S} = \mathrm{V}_{eff}\mathrm{I}_{eff}^*$ 를 복소전력(complex power)이라고 하며, 단위는 [VA]를 사용한다. 복소전력을 다시 표현하면 다음의 식 (9.50)과 같다.

$$
\begin{aligned}
\mathrm{S} &= \mathrm{V}_{eff}\mathrm{I}_{eff}^* \\
&= \frac{1}{2}\mathrm{V}\mathrm{I}^* \\
&= V_{eff}I_{eff}e^{j(\theta_V-\theta_I)} \\
&= V_{eff}I_{eff}\cos(\theta_V-\theta_I)+jV_{eff}I_{eff}\sin(\theta_V-\theta_I) \\
&= P+jQ
\end{aligned}
\tag{9.50}
$$

식 (9.50)에서 P는 앞에서 살펴 본 평균전력이고, Q는 다음과 같이 정의되는 **무효전력(reactive power 또는 quadrature power)**으로, 단위는 [VAR], 즉 볼트 암페어 리액티브(volt−ampere reactive)를 사용한다.

$$
Q = V_{eff}I_{eff}\sin(\theta_V-\theta_I)\,[\mathrm{VAR}] \tag{9.51}
$$

식 (9.50)의 복소전력은 부하 임피던스를 사용하여 표현할 수도 있다. 부하 임피던스는 다음과 같이 표현된다.

$$
\mathrm{Z} = \frac{\mathrm{V}}{\mathrm{I}} = \frac{\mathrm{V}_{eff}}{\mathrm{I}_{eff}} = \frac{V_{eff}}{I_{eff}}\angle(\theta_V-\theta_I) \tag{9.52}
$$

그러므로 식 (9.50)의 복소전력은 식 (9.53)과 같이 표현할 수도 있다.

$$
\begin{aligned}
\mathrm{S} &= \mathrm{V}_{eff}\mathrm{I}_{eff}^* \\
&= (\mathrm{Z}\mathrm{I}_{eff})\mathrm{I}_{eff}^* = I_{eff}^2\mathrm{Z} \\
&= \mathrm{V}_{eff}\frac{\mathrm{V}_{eff}^*}{\mathrm{Z}^*} = \frac{V_{eff}^2}{\mathrm{Z}^*}
\end{aligned}
\tag{9.53}
$$

그리고 식 (9.50)으로부터 평균전력(또는 유효전력)은 복소전력의 실수부이고, 무효전력은 복소전력의 허수부라는 사실을 알 수 있다. 즉,

$$
P = \mathrm{Re}[\mathrm{S}] = S\cos(\theta_V-\theta_I) = I_{eff}^2R\,[\mathrm{W}] \tag{9.54}
$$

$$
Q = \mathrm{Im}[\mathrm{S}] = S\sin(\theta_V-\theta_I) = I_{eff}^2X\,[\mathrm{VAR}] \tag{9.55}
$$

식 (9.54)로부터 유효전력 혹은 평균전력은 부하의 저항 R에 의존한다는 사실을 알 수 있다. 실제 유용한 전력, 즉 부하에서 실질적으로 소모되는 전력은 평균전력이다. 식 (9.55)로부터 무효전력은 부하의 리액턴스 X에 의존하는 전력임을 알 수 있는데, 이것은 전원과 부하의 리액턴스 성분 사이에서 상호 교환(충전과 방전)만 일어나는 에너지의 양이다.

복소전력의 일반적인 표현은 그림 9.7과 같은 **전력 삼각형(power triangle)**으로도 설명할 수 있다.

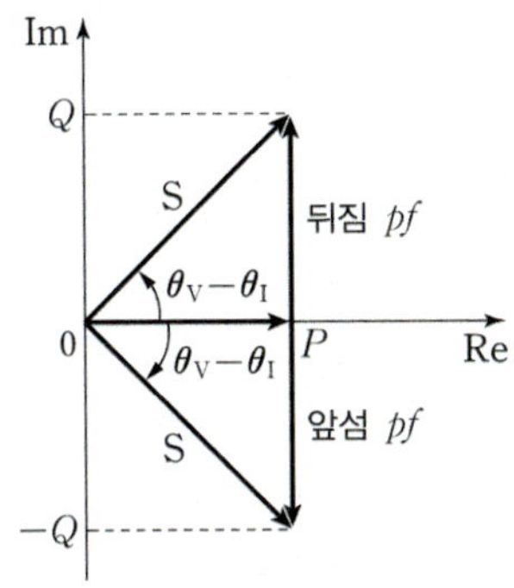

| 그림 9.7 | 전력 삼각형

그림 9.7로부터 피상전력/복소전력, 유효전력, 무효전력, 역률각의 네 가지 성분 중에서 두 가지 성분이 주어지면 나머지 성분은 쉽게 찾을 수 있다. 또한 무효전력은 유도성 부하에서는 양($Q > 0$)이고 용량성 부하에서는 음($Q < 0$)인 것을 알 수 있다.

예제 9.8

그림에서 $V = 60\angle -10°[V]$, $I_L = 2\angle 50°[A]$**일 때, 다음을 모두 구하라. 단,** $\omega = 200[rad/s]$ **이고, 임피던스는** $[\Omega]$**의 단위를 가지는 값이다.**

① 복소전력 ② 피상전력 ③ 유효전력 ④ 무효전력 ⑤ 역률 ⑥ 부하 임피던스

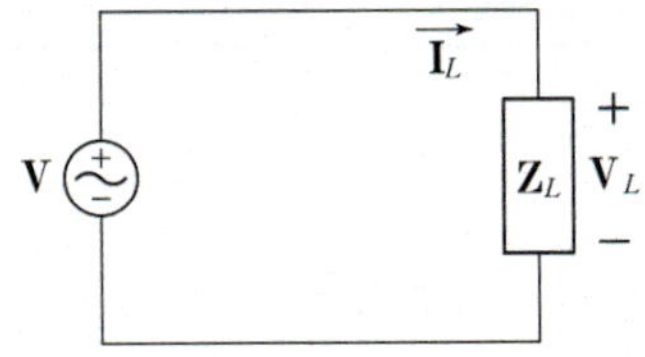

풀이

1) 복소전력: $S = \frac{1}{2}VI^* = \frac{1}{2}(60\angle -10°)(2\angle -50°) = 60\angle -60°$
$= 30 - j52[VA]$

2) 1)의 결과로부터 피상전력 = 60[VA], 유효전력 = 30[W], 무효전력 = −52[VAR]

3) 역률은 $pf = \cos(-60°) = 0.5$(앞섬 역률)

4) 부하 임피던스: $Z_L = \frac{V}{I_L} = \frac{60\angle -10°}{2\angle 50°} = 30\angle -60° = 15 - j26[\Omega]$

예제 9.9

뒤짐 역률 0.9이고, 10[kVA]를 소비하는 부하 임피던스 Z_L에 120[V_{rms}] 정현파 전압이 인가되고 있다고 가정할 때, 부하 임피던스와 부하 임피던스에 전달되는 복소전력을 구하라.

풀이

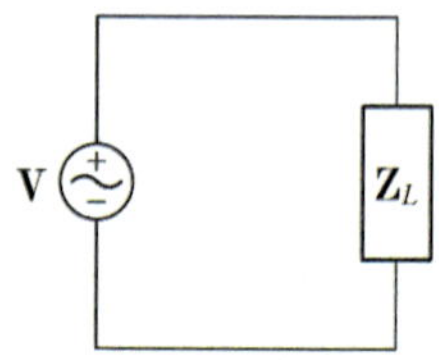

1) 뒤짐 역률 0.9: $pf = \cos\theta = 0.9$에서 뒤짐 역률이므로 각 $\theta = \cos^{-1}0.9 = 25.84°$로 양수이다.

2) 10[kVA]를 소비: 단위로 [VA]가 제시되었으므로, 피상전력이다

→ 유효전력 $P = Spf = 10000 \times 0.9 = 9000$[W]

→ 무효전력 $Q = S \times \sin(25.84°) \approx 10000 \times 0.4359 = 4359$[VAR]

→ 복소전력: $S = P + jQ = 9 + j4.4$[kVA]

3) 부하 임피던스: $S = \frac{V_{eff}^2}{Z^*}$ 로부터

$$\rightarrow Z^* = \frac{V_{eff}^2}{S} = \frac{120^2\angle 0}{10000\angle \tan^{-1}\frac{4.4}{9}} = 1.44\angle -\tan^{-1}\frac{4.4}{9}$$

$$\rightarrow Z = 1.44\angle \tan^{-1}\frac{4.4}{9} = 1.296 + j0.628[\Omega]$$

9.5 주파수응답과 전달함수

동일한 용량의 인덕터와 커패시터라고 하더라도 인가되는 전압 혹은 회로소자를 통해 흐르는 전류의 주파수가 바뀌면 이들 회로소자의 임피던스도 바뀐다. 인덕터의 임피던스는 $j\omega L$, 커패시터는 $\frac{1}{j\omega C}$, 즉 임피던스는 주파수인 $\omega(=2\pi f)$의 함수이다. 여기서는 주파수에 따른 시스템의 응답인 주파수응답과 주파수 영역에서 입력신호에 대한 출력신호의 비인 전달함수에 대하여 살펴본다.

전력계통의 경우 고정된 주파수(우리나라는 60[Hz])가 일반적이지만, 통신 분야에서는 시스템이나 부하에 가해지는 신호의 주파수가 변하는 경우가 종종 존재한다. 예를 들어서 라디오의 경우 방송국마다 송출하는 주파수가 서로 다르다. 따라서 하나의 라디오 수신기로 여러 방송국의 신호를 수신하기 위해서는 주파수 선택 기능의 장치가 필요하다. 이와 같이 주파수에 따른 이득(gain)과 위상(phase)의 변화가 시스템의 안정적인 운영에 중요한 영향을 끼친다.

주파수응답(frequency response)은 바로 주파수의 변화에 따른 시스템의 응답, 즉 시스템 동작의 변화를 의미하며, 크게 진폭(크기) 응답과 위상응답으로 구분한다.

그림 9.8의 RC회로를 가정하자. 여기서 $\mathrm{V_S} = V_S\angle 0°$[V], $\mathrm{V_C} = V_C\angle\theta$이다.

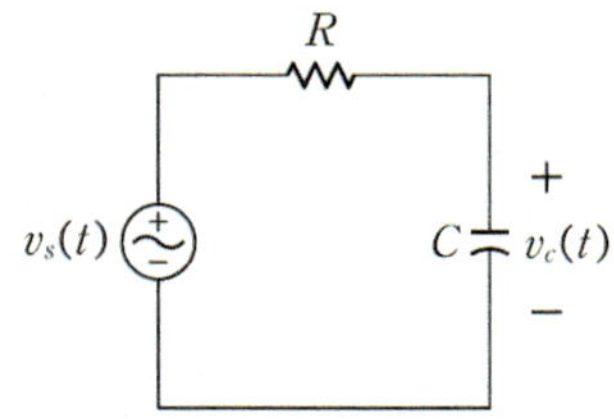

| 그림 9.8 | 임의의 RC회로

그림 9.8에서 커패시터 양단의 전압은 다음과 같이 표현할 수 있다.

$$\mathrm{V_C} = \frac{\frac{1}{j\omega C}}{R + \frac{1}{j\omega C}}\mathrm{V_S} = \frac{1}{1 + j\omega RC}\mathrm{V_S} = \frac{V_s\angle -\tan^{-1}\omega RC}{\sqrt{1+\omega^2R^2C^2}} \tag{9.56}$$

그러므로 커패시터 양단에 걸리는 전압의 진폭과 위상은 각각 다음과 같다.

$$|\mathrm{V_C}| = \frac{V_s}{\sqrt{1+\omega^2R^2C^2}} = V_C \tag{9.57}$$

$$\theta = -\tan^{-1}\omega RC \tag{9.58}$$

이제 (9.57)과 (9.58)을 각주파수 ω에 대하여 응답곡선을 그리면 그림 9.9와 유사하다.

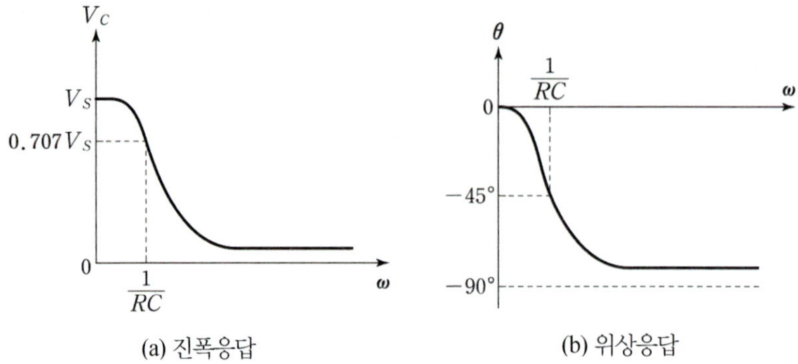

| 그림 9.9 | 그림 9.8의 주파수응답 곡선

그림 9.9로부터 다음의 사실을 알 수 있다. RC회로의 커패시터 양단 전압의 진폭은 $\omega = 0$에서 전원 전압의 진폭과 동일하고, ω가 증가함에 따라 지속적으로 감소하여 $\omega = \dfrac{1}{RC}$일 때는 전원 전압 진폭의 70%까지 줄어들며, $\omega \to \infty$ 일 때는 0으로 접근한다. 그리고 RC회로의 커패시터 양단 전압의 위상은 $\omega = 0$에서 전원 전압과 동위상을 이루다가 ω가 증가함에 따라 지속적으로 감소하여 $\omega = \dfrac{1}{RC}$일 때는 전원 전압보다 45도 늦어지고, $\omega \to \infty$ 일 때는 −90만큼 지연된다. 다른 말로, 낮은 주파수에서는 원래의 입력신호(전원신호 $v_s(t)$)가 그대로 출력으로 잘 전달되지만, 높은 주파수에서는 저지되어 출력측에 나타나지 않는다는 사실을 알 수 있다. 감쇠없이 잘 통과되는 주파수 영역을 통과대역(pass band), 저지되어 잘 통과되지 않는 주파수 영역을 저지영역(stop band)이라고도 한다.

주파수 영역에서 중요한 하나의 용어로 전달함수(transfer function)가 있다. 전달함수는 라플라스 변환에서도 중요하게 다루게 될 것이다. **전달함수는 입력 신호의 주파수 변환 함수(페이저, 라플라스 변환 등)에 대한 출력신호의 주파수 변환 함수의 비이다.** 그림 9.8의 경우 전달함수를 $\mathrm{G}(\omega)$라고 하면 전달함수 $\mathrm{G}(\omega)$는 다음과 같다.

$$\mathrm{G}(\omega) = \frac{\mathrm{V_C}(\omega)}{\mathrm{V_S}(\omega)} = \frac{1}{1 + j\omega RC} \tag{9.59}$$

식 (9.59)의 전달함수는 입력전압에 대한 출력전압의 비이므로 특별히 전압이득이라고 한다. 전압이득은 전압의 진폭이득과 위상이득으로 분리된다.

전기회로에서 다음과 같은 종류의 전달함수가 가능하다. 여기서 아래 첨자 i와 o는 각각 입력(input)과 출력(output)을 의미한다.

$$\text{전압이득: } \mathrm{G}_V(\omega) = \frac{\mathrm{V}_o(\omega)}{\mathrm{V}_i(\omega)} \tag{9.60}$$

$$\text{전류이득: } \mathrm{G}_I(\omega) = \frac{\mathrm{I}_o(\omega)}{\mathrm{I}_i(\omega)} \tag{9.61}$$

$$\text{전달 임피던스: } \mathrm{G}_Z(\omega) = \frac{\mathrm{V}_o(\omega)}{\mathrm{I}_i(\omega)} \tag{9.62}$$

$$\text{전달 어드미턴스: } \mathrm{G}_Y(\omega) = \frac{\mathrm{I}_o(\omega)}{\mathrm{V}_i(\omega)} \tag{9.63}$$

식 (9.62)와 (9.63)에서 "전달"은 분모의 신호에서 분자의 신호로 향하는 방향을 의미한다.

예제 9.10

그림에서 전압이득의 전달함수를 구하고, 전압이득의 크기와 위상을 각각 각주파수에 대하여 도시하라. 단 $v_s(t) = V_s\cos\omega t$[V]이고, 저항과 인덕터는 각각 [Ω]과 [H]의 단위를 가진다.

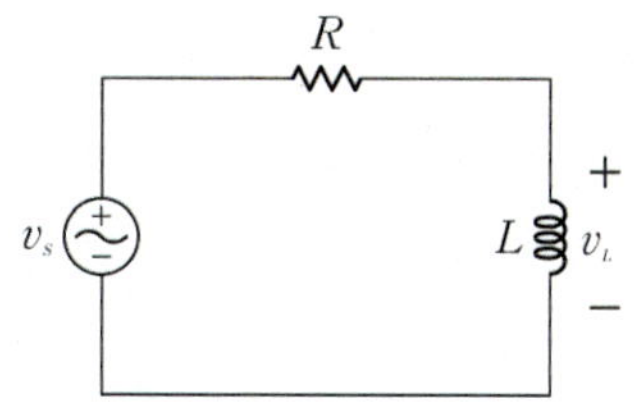

풀이

1) 전압이득은 다음과 같다: $\mathrm{G}_V(\omega) = \dfrac{\mathrm{V}_L(\omega)}{\mathrm{V}_S(\omega)} = \dfrac{j\omega L}{R+j\omega L}$

2) 전압이득의 크기와 위상은 다음과 같다:

$$|\mathrm{G}_V(\omega)| = \frac{\omega L}{\sqrt{R^2+\omega^2 L^2}}, \ \angle \mathrm{G}_V(\omega) = 90-\tan^{-1}\frac{\omega L}{R}$$

3) 2)에서 구한 전압이득의 크기와 위상을 주파수에 대하여 도시하면 다음과 같다:

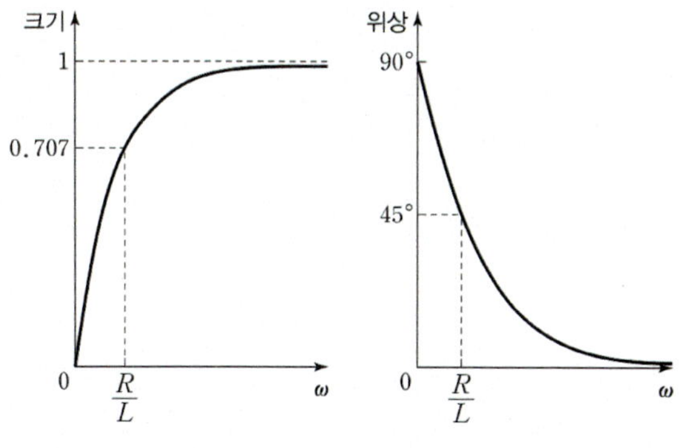

9.6 병렬공진

어떤 물체에 외부에서 주기적인 힘을 가할 때, 힘을 가하는 주기와 물체의 진동 주기가 같을 경우 작은 힘으로도 큰 진동을 일으킬 수 있다. 전기회로에서도 공급되는 전원의 주파수와 회로 자체의 고유주파수가 같을 경우 전기적 진동이 일어나게 된다. 여기서는 공진이 무엇인지 그리고 전기회로의 병렬공진이 무엇인지를 살펴본다.

전기회로에서 **공진(resonance)은 회로 응답의 진폭(크기)이 최대가 되는 현상**을 말한다. 이를 위하여 전기회로에는 반드시 하나 이상의 인덕터와 카패시터가 포함되어야 한다. 즉, RLC회로망에서 공진은 부하 임피던스가 순 저항일 때, 즉 리액턴스 성분이 0일 때 발생한다. 다른 말로 부하의 전압과 전류가 동위상일 때 공진이 일어난다.

먼저 그림 9.10의 RLC 병렬 회로를 고려하자.

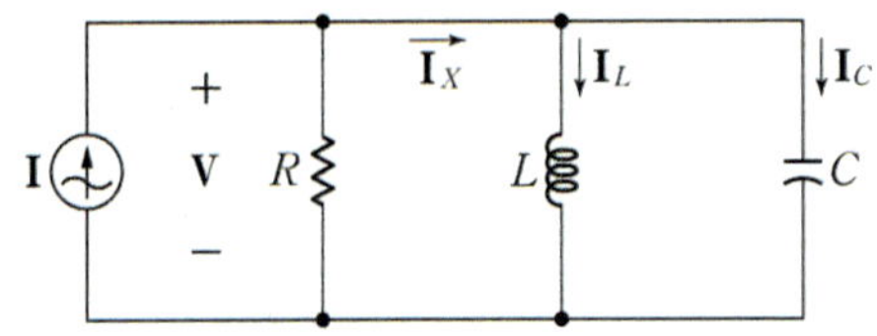

| 그림 9.10 | RLC 병렬 회로

그림 9.10의 회로에서 어드미턴스를 구하면 다음과 같다.

$$\mathrm{Y} = \frac{1}{R} + j\left(\omega C - \frac{1}{\omega L}\right) \tag{9.64}$$

그림 9.10의 회로가 공진상태에 있을 조건은 임피던스가 순 저항, 즉 식 (9.64)의 어드미턴스의 허수부가 0이 되어야 한다. 즉,

$$\mathrm{Im}[\mathrm{Y}] = 0 \text{ 또는 } \omega C - \frac{1}{\omega L}\Big|_{\omega=\omega_0} = 0 \tag{9.65}$$

식 (9.65)에서 ω_0를 공진주파수(resonant frequency)라고 하며, 다음과 같이 구해진다.

$$\omega_0 C - \frac{1}{\omega_0 L} = 0 \rightarrow \omega_0 = \frac{1}{\sqrt{LC}} \text{ [rad/s]} \tag{9.66}$$

또는

$$f_0 = \frac{1}{2\pi\sqrt{LC}}\,[\mathrm{Hz}] \tag{9.67}$$

즉, 공진상태에서 임피던스는 순수 저항 성분만 존재하며, 전압과 전류는 동위상이 된다. 그러므로 I_X의 공진상태에서 전류를 I_{X0}라고 한다면, $\mathrm{I}_{X0} = 0$이 되어 공진상태에서 전원의 전류가 모두 저항으로만 흐른다.

공진상태에서 인덕터와 커패시터에는 전류가 흐르지 않는가? 이를 알아보기 위하여 다음과 같이 전류를 구해보자. 공진상태에서 인덕터를 통해 흐르는 전류를 I_{L0}, 커패시터를 통해 흐르는 전류를 I_{C0}라고 하면, 이들은 다음과 같이 구해진다.

$$\mathrm{I}_{L0} = \frac{\mathrm{V}_{L0}}{j\omega_0 L} = \frac{\mathrm{I}R}{j\omega_0 L} \tag{9.68}$$

$$\mathrm{I}_{C0} = j\omega_0 C\mathrm{V}_{C0} = j\omega_0 CR\mathrm{I} \tag{9.69}$$

즉, 공진상태에서 I_{L0}와 I_{C0}는 0이 아니다. 그러나 식 (9.66)을 식 (9.68) 및 (9.69)에 대입하여 I_{X0}를 구하면 I_{X0}는 다음과 같이 0이 된다.

$$\mathrm{I}_{X0} = \mathrm{I}_{L0} + \mathrm{I}_{C0} = 0 \tag{9.70}$$

즉, 공진상태에서 LC 결합으로 흐르는 순 전류는 0이지만, 인덕터와 커패시터에도 전류는 흐른다.

다음으로 **반전력 주파수(half-power frequency)**를 구해보자. 그림 9.11에 공진주파수와 반전력 주파수를 도시하였다.

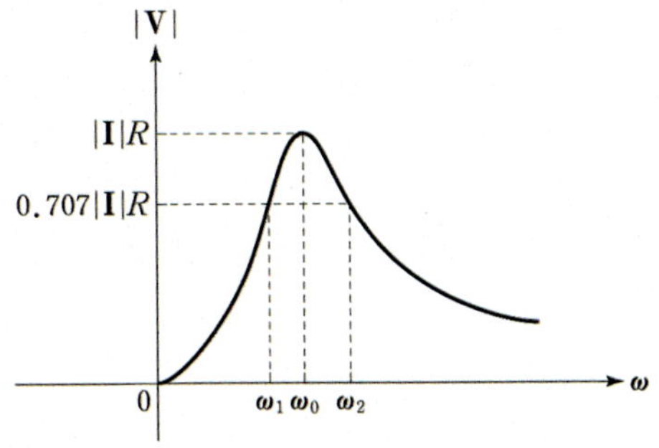

| 그림 9.11 | 공진주파수(ω_0)와 반전력 주파수(ω_1, ω_2)

반전력 주파수는 공진시 발생하는 최대 전력의 1/2이 되는 전력에서의 주파수를 의미한다. 그림 9.10으로부터 공진상태에서 최대의 전력(P_0)은 다음과 같다.

$$P_0 = \frac{1}{2}\frac{V_m^2}{R} \tag{9.71}$$

따라서 반전력(P_{hp})은 다음과 같다.

$$P_{hp} = \frac{P_0}{2} = \frac{1}{2}\frac{(V_m/\sqrt{2})^2}{R} \tag{9.72}$$

그림 9.11에서 알 수 있듯이 공진주파수에서 전압의 크기는 최대가 된다. 그리고 반전력 주파수 ω_1, ω_2는 전압의 크기가 공진시에 비하여 $\sqrt{2}$ 배가 되는 주파수, 즉 어드미턴스의 크기가 공진일 때에 비하여 $\sqrt{2}$ 배가 되는 주파수가 된다. 그러므로,

$$\frac{1}{R}|1 + j(\omega RC - \frac{R}{\omega L})| = \sqrt{2}\frac{1}{R} \tag{9.73}$$

반전력 주파수 ω_1, ω_2는 식 (9.74) 및 (9.75)와 같이 유도된다.

$$\omega_1 RC - \frac{R}{\omega_1 L} = -1 \rightarrow \omega_1 = -\frac{1}{2RC} + \sqrt{(\frac{1}{2RC})^2 + \frac{1}{LC}} \tag{9.74}$$

$$\omega_2 RC - \frac{R}{\omega_2 L} = 1 \rightarrow \omega_2 = \frac{1}{2RC} + \sqrt{(\frac{1}{2RC})^2 + \frac{1}{LC}} \tag{9.75}$$

식 (9.66) 및 식 (9.74), (9.75)로부터 공진주파수는 다음과 같이 두 반전력 주파수의 기하평균과 같이 유도된다.

$$\omega_0 = \sqrt{\omega_1 \omega_2} \tag{9.76}$$

주파수응답에서 **대역폭(bandwidth)**이라는 용어가 널리 사용되는데, 이것의 정의는 다양하게 존재한다. 여기서는 두 반전력 주파수 사이의 폭을 대역폭 혹은 반전력 대역폭이라고 하며, 반전력 대역폭 B는 다음과 같이 정의된다.

$$B = \omega_2 - \omega_1 \tag{9.77}$$

공진회로에서 중요하게 다루어야 되는 다른 용어로 **양호도(quality factor)** 또는 **선택도(selectivity)**가 있다. 이것은 무효전력을 나타내는 기호와 같이 Q를 사용한다. 같은 기호를 사용하는 무효전력은 [VAR]의 단위를 가지는 반면에 양호도는 단위가 없다. 양호도 혹은 선택도는 주파수 응답곡선의 뾰족함 혹은 날카로움(sharpness)의 정도를 나타내는데 다음과 같이 정의한다.

$$\begin{aligned} Q &= 2\pi \frac{\text{최대 저장 에너지}}{\text{한 주기 동안의 총 소비 에너지}} \\ &= 2\pi \frac{[w_L(t) + w_C(t)]_{\max}}{P_R T} \end{aligned} \tag{9.78}$$

여기서 T는 주기를 나타내고, P_R은 저항에서 소비되는 평균전력을 나타낸다.

공진주파수에서의 양호도를 Q_0라고 하면, Q_0는 다음과 같이 구해진다.

$$Q_0 = 2\pi \frac{\dfrac{I_m^2 R^2 C}{2}}{\dfrac{I_m^2 R}{2f_0}} = 2\pi f_0 RC = \omega_0 RC = R\sqrt{\frac{C}{L}} \tag{9.79}$$

식 (9.74), (9.75)의 반전력 주파수를 공진시 양호도인 Q_0를 사용하여 다시 표현하면 각각 식 (9.80), (9.81)과 같다.

$$\omega_1 = \omega_0 \left[\sqrt{1 + (\frac{1}{2Q_0})^2} - \frac{1}{2Q_0} \right] \tag{9.80}$$

$$\omega_2 = \omega_0 \left[\sqrt{1 + (\frac{1}{2Q_0})^2} + \frac{1}{2Q_0} \right] \tag{9.81}$$

그리고 반전력 대역폭 또한 다음과 같이 표현된다.

$$B = \frac{\omega_0}{Q_0} \tag{9.82}$$

공진회로를 설계할 경우, 대부분 좁은 대역폭의 높은 주파수 선택도를 얻기 위하여 Q_0가 큰 값을 가지도록 설계한다. Q_0가 10 이상의 큰 값을 가질 경우에 두 반전력 주파수와 대역폭 등은 다음의 식과 같이 간략화될 수 있다.

$$\omega_1 \approx \omega_0 (1 - \frac{1}{2Q_0}) \tag{9.83}$$

$$\omega_2 \approx \omega_0 (1 + \frac{1}{2Q_0}) \tag{9.84}$$

이 때, 공진주파수는 다음과 같이 두 반전력 주파수의 산술평균으로 표현된다.

$$\omega_0 \approx \frac{\omega_1 + \omega_2}{2} \tag{9.85}$$

예제 9.11

그림에서 공진주파수를 구하라. 단, 저항은 [Ω], 인덕터는 [H], 커패시터는 [F]의 단위를 가진다.

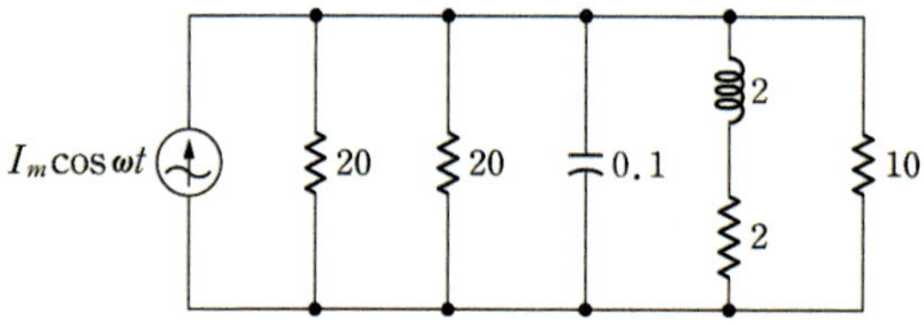

풀이

1) 전원에서 오른쪽으로 바라다 본 회로망의 어드미턴스는 다음과 같다:

$$Y = j0.1\omega + \frac{1}{2 + j2\omega} + \frac{1}{20} + \frac{1}{20} + \frac{1}{10}$$

2) 공진시 어드미턴스의 허수부는 0이므로, 정리하면 $\omega_o = 2$[rad/s]이다.

9.7 직렬공진

RLC 병렬 회로에서 공진을 살펴보았듯이 RLC 직렬 회로에서 공진을 살펴보자.

그림 9.12의 RLC 직렬 회로를 고려하자.

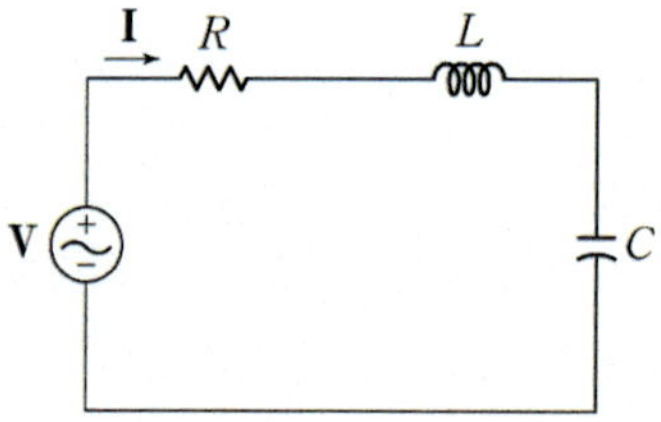

| 그림 9.12 | RLC 직렬 회로

그림 9.12의 회로에서 임피던스를 구하면 다음과 같다.

$$Z = R + j\omega L + \frac{1}{j\omega C} = R + j(\omega L - \frac{1}{\omega C}) \tag{9.86}$$

그림 9.12의 회로가 공진상태에 있을 조건은 임피던스가 순 저항, 즉 식 (9.86)의 임피던스의 허수부가 0이 되어야 한다. 즉,

$$\omega_0 = \frac{1}{\sqrt{LC}} \text{ [rad/s]} \tag{9.87}$$

병렬공진에서와 비슷하게 반전력 주파수 ω_1, ω_2를 유도하면 각각 식 (9.88) 및 (9.89와 같다.

$$\omega_1 = -\frac{R}{2L} + \sqrt{(\frac{R}{2L})^2 + \frac{1}{LC}} \tag{9.88}$$

$$\omega_2 = \frac{R}{2L} + \sqrt{(\frac{R}{2L})^2 + \frac{1}{LC}} \tag{9.89}$$

그러므로 직렬공진에서도 공진주파수는 다음과 같이 두 반전력 주파수의 기하평균이 된다.

$$\omega_0 = \sqrt{\omega_1 \omega_2} \tag{9.90}$$

그리고 직렬공진에서 양호도는 다음과 같이 구해진다.

$$Q_0 = \omega_0 \frac{L}{R} \tag{9.91}$$

공진주파수가 병렬공진의 경우와 동일하게 유도되듯이, 식 (9.80), (9.81), (9.82), (9.83), (9.84), 그리고 (9.85)는 직렬공진에서도 동일한 식으로 유도된다.

예제 9.12

그림에서 반전력 대역폭을 구하라. 단, 전압은 [V], 저항은 [Ω], 인덕터는 [mH], 커패시터는 [mF]를 가진다.

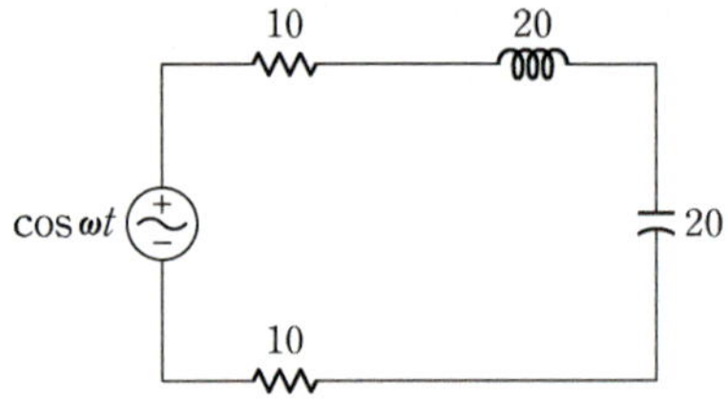

풀이

1) 공진주파수와 공진시 양호도는 각각 다음과 같이 구해진다:

$$\omega_0 = \frac{1}{\sqrt{20 \times 10^{-3} \times 20 \times 10^{-3}}} = 50\,[\text{krad/s}]$$

$$Q_0 = \omega_0 \frac{L}{R} = 50 \times 10^3 \times \frac{20 \times 10^{-3}}{20} = 50$$

2) 반전력 대역폭은 다음과 같이 구해진다: $B = \dfrac{\omega_0}{Q_0} = \dfrac{50 \times 10^3}{50} = 1\,[\text{krad/s}]$

연습문제

1 그림 P1에 제시한 삼각파와 구형파의 실효값, 평균값(반주기), 파형률, 파고율을 구하라.

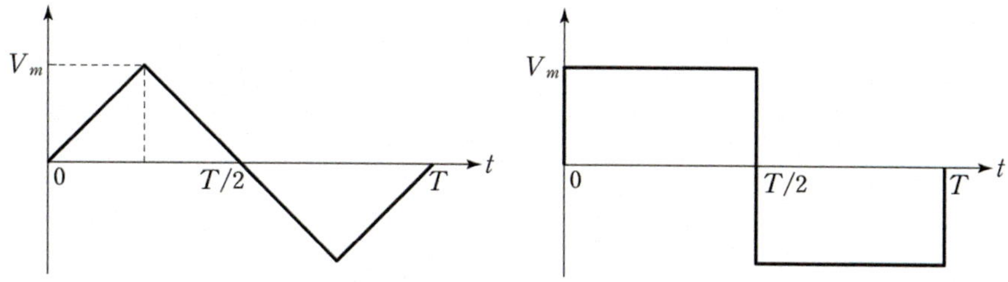

| 그림 P1 |

2 그림 P2에서 수동소자에서 소비하는 평균전력과 전원이 공급하는 평균전력을 구하라. 각 소자에 표기된 값은 전압은 [V], 전류는 [A], 저항은 [Ω], 인덕터는 [mH], 커패시터는 [mF]의 단위를 가지는 값이다.

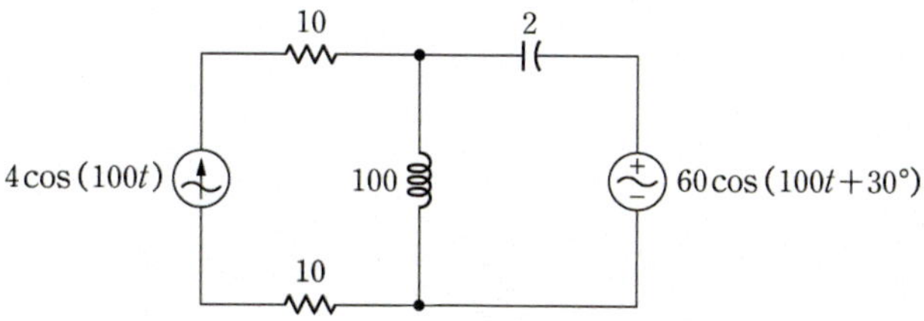

| 그림 P2 |

3 그림 P3에서 부하 임피던스 Z_L에 최대의 전력이 공급되도록 Z_L의 값을 결정하고, 이때, Z_L이 공급받는 최대 전력을 구하라. 단, 각 소자에 표기된 값은 전류는 [A], 저항은 [Ω], 인덕터는 [mH], 커패시터는 [μF]의 단위를 가지는 값이다.

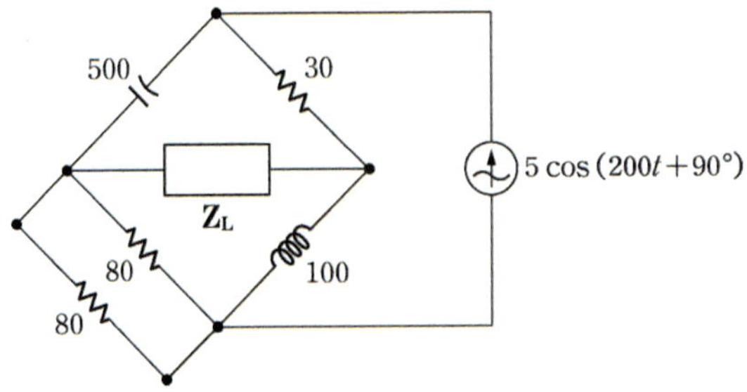

| 그림 P3 |

4 그림 P4에서 전원 $V = 100\angle 0°$[V]이다. 전원 $v(t)$가 공급하는 복소전력을 구하라. 단, ω=2000[rad/s]이고, 각 소자에 표기된 값은 전압은 [V], 임피던스는 [Ω]의 단위를 가지는 값이다.

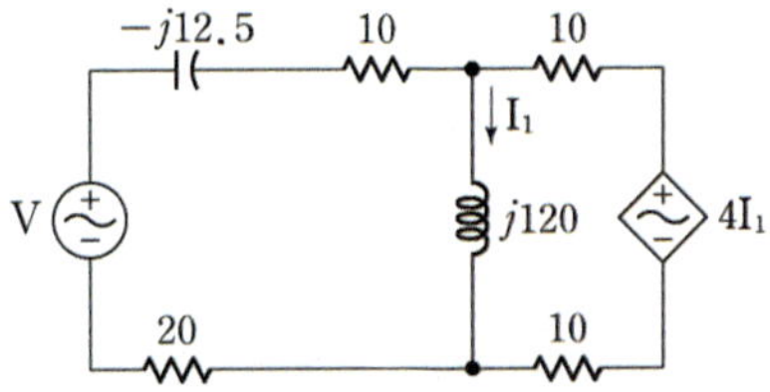

| 그림 P4 |

5 2022년 전기 다음과 같은 비정현파 교류 전압 $v(t)$와 전류 $i(t)$에 의한 평균전력은 약 몇 [W] 인가?

$$v(t) = 200\sin 100\pi t + 80\sin\left(300\pi t - \frac{\pi}{2}\right)[\text{V}]$$
$$i(t) = \frac{1}{5}\sin\left(100\pi t - \frac{\pi}{3}\right) + \frac{1}{10}\sin\left(300\pi t - \frac{\pi}{4}\right)[\text{A}]$$

① 6.414 ② 8.586

③ 12.828 ④ 24.212

6. 2022년 전기 **회로에서** $I_1 = 2e^{-j\frac{\pi}{6}}$[A], $I_2 = 5e^{j\frac{\pi}{6}}$[A], $I_3 = 5.0$[A], $Z_3 = 1.0[\Omega]$ **일 때 부하**($Z1$, $Z2$, $Z3$) **전체에 대한 복소 전력은 약 몇** [VA] **인가**?

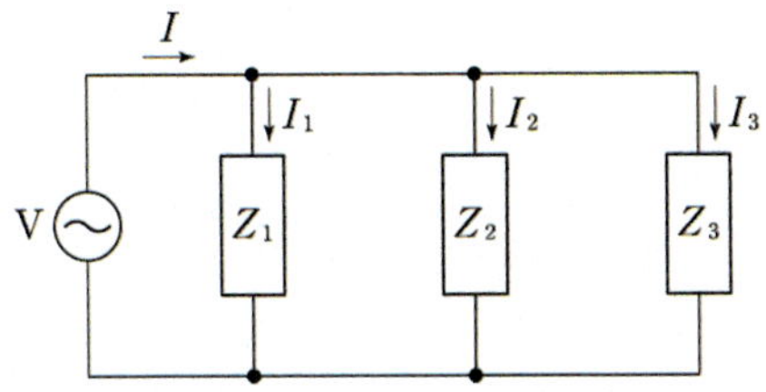

| 그림 P6 |

① $55.3 - j7.5$　　② $55.3 + j7.5$

③ $45 - j26$　　④ $45 + j26$

7. 2022년 전기 **그림의 회로가 정저항 회로가 되기 위한** L([mH])**은**? (**단**, $R = 10[\Omega]$, $C = 1000$[μF]**이다**.)

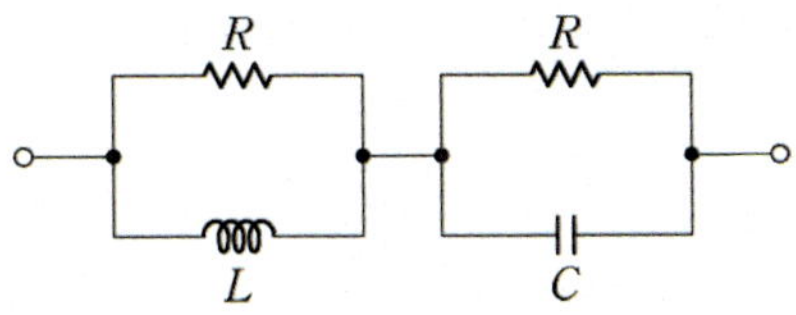

| 그림 P7 |

① 1　　② 10

③ 100　　④ 1000

8. 2022년 공무원 다음 회로는 부하를 구동하는 전원으로 구성된다. 전류원의 전류가 $i(t) = \sqrt{2}\cos(5t - 10°)$ [A]일 때, 부하에 전달되는 복소전력[VA]은?

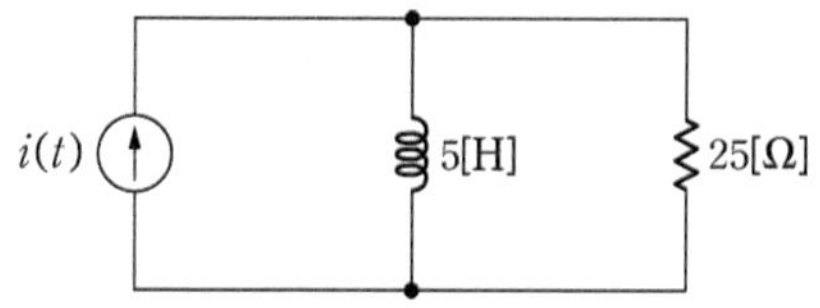

| 그림 P8 |

① $\frac{25}{\sqrt{2}} \angle -45°$

② $\frac{25}{\sqrt{2}} \angle 45°$

③ $25\sqrt{2} \angle -45°$

④ $25\sqrt{2} \angle 45°$

9. 2022년 공무원 다음 회로에서 입력전압 v_s와 출력전압 v_o에 대한 주파수응답 $H(\omega)$의 차단주파수(cutoff frequency)가 $\omega = 10$ [rad/sec]일 때, 커패시턴스 C[mF]는?

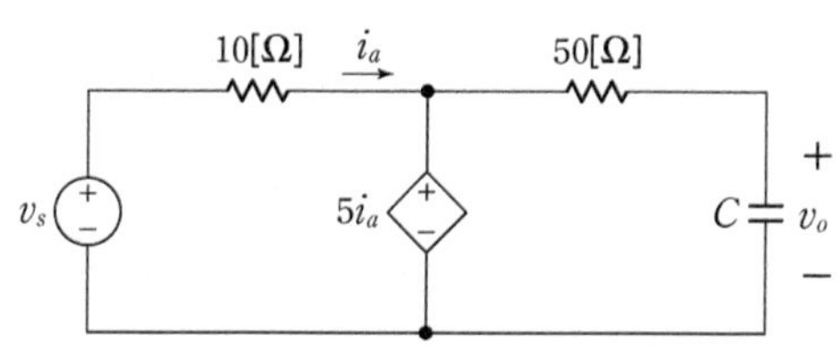

| 그림 P9 |

① 1 ② 2

③ 3 ④ 4

10. 2024년 공무원 **그림 (a) 회로의 임피던스 특성이 그림 (b)와 같을 때, 이 회로의 대역폭 [rad/sec]은?**

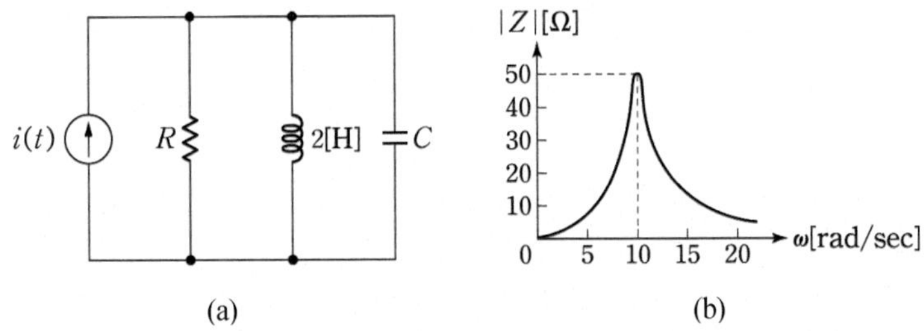

| 그림 P10 |

① 2
② 3
③ 4
④ 5

CHAPTER 10

3상회로와 자기결합회로

학습목표

1. 3상회로와 3상회로의 전력 전달을 이해할 수 있다.
2. 3상회로의 다양한 결선(평형, 불평형, Y-Y, Y-△ 등)을 이해할 수 있다.
3. 자기결합회로를 이해하고, 자기결합된 회로망을 해석할 수 있다.
4. 선형변압기, 이상적인 변압기를 이해하고 이를 응용할 수 있다.

10.1 단상 3선 회로

지금까지 살펴 본 교류전원은 하나의 상(single phase)만 존재했다. 즉, 한 상의 교류전원이 두 개의 전선으로 부하에 전원을 공급했다. 이제 이 상(phase)의 수가 두 개 혹은 세 개로 늘어난 **다상(polyphase)** 의 전원으로 송전하는 방법을 고려해 보자.

상의 수가 두 개 이상인 경우에는 전압, 전류의 표기 또한 중요한데, 이를 위하여 이중아래첨자 규정이 널리 사용된다. 예를 들어서 V_{an}은 점 n에 대한 점 a의 전압, 즉 점 n을 기준으로 점 a의 전위차를 의미한다. 그리고 I_{aA}는 점 a에서 점 A로 흐르는 전류를 의미한다. 그러므로 다음의 두 식이 성립한다.

$$\mathrm{V}_{an} = -\mathrm{V}_{na} \tag{10.1}$$

$$\mathrm{I}_{aA} = -\mathrm{I}_{Aa} \tag{10.2}$$

식 (10.1) 및 (10.2)에서 알 수 있듯이 전압의 표기에서 두 아래첨자의 순서가 바뀌면 전압의 극성이 바뀌게 되고, 전류의 표기에서 두 아래첨자의 순서가 바뀌면 전류가 흐르는 방향이 바뀌게 된다.

그림 10.1의 단상 3선 전원을 고려하자.

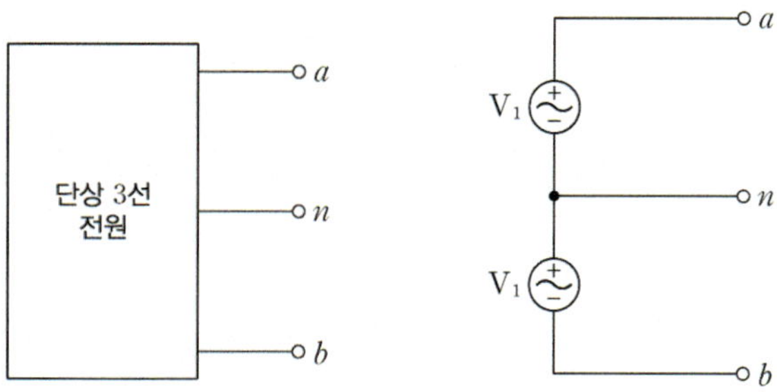

| 그림 10.1 | 단상 3선 전원

그림 10.1은 단상 3선 전원을 두 개의 단상 전원으로 구현한 예를 보여주고 있다. 그림 10.1에서 단상 3선 전원은 a, b, n의 세 개의 단자를 가지며, $\mathrm{V}_{an} = \mathrm{V}_{nb}$가 성립하는 전원이다. V_{an}과 V_{nb}가 크기도 같고, 위상도 같기 때문에 단상이라고 한다. 그런데 두 개의 바깥 단자인 a 및 b와 중앙 단자인 n 사이의 두 전원은 식 (10.1)과 같이 정확히 180도의 위상차가 있다.

즉, $\mathrm{V}_{an} = -\mathrm{V}_{bn} = -\mathrm{V}_{na}$이다. 이와 같이 **크기가 같고, 페이저의 합이 0이 되는 둘 이상의 결합된 전원 시스템을 평형 시스템(balanced system)**이라고 한다.

이제 그림 10.1의 단상 3선 전원($\mathrm{V}_{an} = \mathrm{V}_{nb}$)에 두 개의 동일한 부하 Z_L이 연결된 그림 10.2를 고려하자.

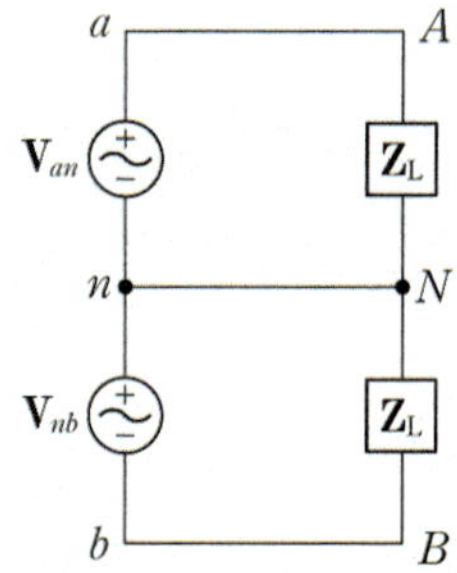

| 그림 10.2 | 단상 3선 전원과 부하의 연결

그림 10.2로부터 다음의 식들을 유도할 수 있다.

$$\begin{aligned} \mathrm{V}_{an} &= -\mathrm{V}_{na} \\ &= \mathrm{V}_{nb} = -\mathrm{V}_{bn} \end{aligned} \tag{10.3}$$

$$\mathrm{I}_{aA} = \frac{\mathrm{V}_{an}}{\mathrm{Z}_L} = \frac{\mathrm{V}_{nb}}{\mathrm{Z}_L} = \mathrm{I}_{Bb} \tag{10.4}$$

그러므로,

$$\mathrm{I}_{nN} = \mathrm{I}_{Aa} + \mathrm{I}_{Bb} = -\mathrm{I}_{aA} + \mathrm{I}_{Bb} = 0 \tag{10.5}$$

즉, 점 n과 N 사이를 통해 흐르는 전류는 0이다. 이것은 중앙선 $n-N$을 제거해도 회로의 전압, 전류는 바뀌지 않는다는 것을 의미한다. 다시 말해서 두 개의 전원과 두 개의 부하 사이를 단지 두 개의 전선만으로도 연결할 수 있다는 의미이다.

예제 10.1

그림은 단상 3선 시스템에 부하를 연결한 시스템의 구조를 나타내고 있다. $\mathrm{V}_{an} = \mathrm{V}_{nb} = 110\angle 0°[\mathrm{V}_{\mathrm{rms}}]$일 때, V_{bn}과 세 개의 부하 Z_1, Z_2, Z_3 양단의 전압을 각각 구하라.

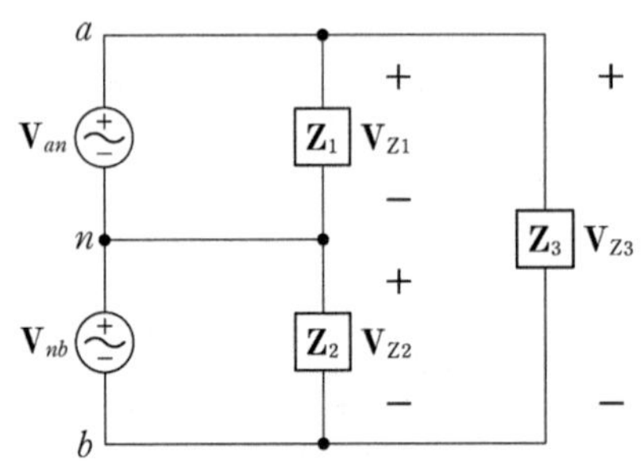

풀이

1) V_{bn}은 다음과 같이 구해진다:

$\mathrm{V}_{bn} = -\mathrm{V}_{nb} = -110\angle 0°[\mathrm{V}_{\mathrm{rms}}]$

2) 세 개의 부하 Z_1, Z_2, Z_3 양단의 전압은 다음과 같이 구할 수 있다:

$\mathrm{V}_{Z1} = \mathrm{V}_{an} = 110\angle 0°[\mathrm{V}_{\mathrm{rms}}]$

$\mathrm{V}_{Z2} = \mathrm{V}_{nb} = 110\angle 0°[\mathrm{V}_{\mathrm{rms}}]$

$\mathrm{V}_{Z3} = \mathrm{V}_{an} + \mathrm{V}_{nb} = 220\angle 0°[\mathrm{V}_{\mathrm{rms}}]$

10.2 평형 3상 회로

여기서는 상이 세 개인 3상 전원 시스템을 학습한다. 특히, 평형(balanced)을 이루고 있는 3상 전원과 3상 부하의 다양한 연결과 그 효과를 살펴본다.

3상 전원은 각 상별 두 개, 즉 여섯 개의 전선으로 전원을 공급한다고 생각할 수 있지만, 여기서는 세 개 혹은 네 개의 선으로 연결할 수 있는 방법과 그 연결에 대하여 살펴본다. 그림 10.3은 3상 전원이 네 개의 선에 연결된 Y형의 연결을 보여주고 있다. 여기서 3상 전원은 세 개의 선단자와 하나의 중성단자를 가지고 있으며, 평형 상태에 있다고 가정한다.

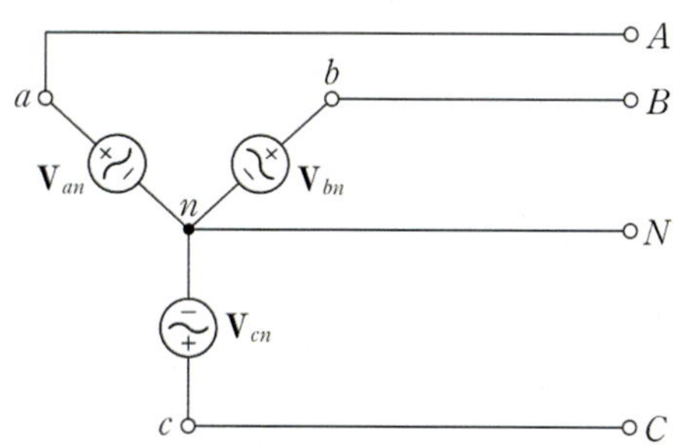

| 그림 10.3 | 3상 4선 Y-결선 전원

3상 전원이 평형 상태에 있을 조건은 다음의 두 식을 만족하는 것이다.

$$|\mathrm{V}_{an}| = |\mathrm{V}_{bn}| = |\mathrm{V}_{cn}| \tag{10.6}$$

$$\mathrm{V}_{an} + \mathrm{V}_{bn} + \mathrm{V}_{cn} = 0 \tag{10.7}$$

즉, **3상 전원이 평형 상태에 있다는 것은 크기가 같고, 서로 120도의 위상차를 가진다는 의미이다.**

그림 10.3에서 V_{an}, V_{bn}, 그리고 V_{cn}은 각각 $a-n$, $b-n$, 그리고 $c-n$ 사이에 연결된 전원으로 각각의 선과 중성선 단자에 연결된 **상전압(phase voltage)**이라고 부른다. 즉, **상전압은 전원 혹은 부하의 각 상에 걸리는 전압을 의미한다.** 만약 V_{an}을 평형 3상 전원의 기준 전압으로 설정한다면 다음의 두 조합이 가능하다.

$$\mathbf{V}_{an} = V_P \angle 0° \qquad (10.8)$$
$$\mathbf{V}_{bn} = V_P \angle -120°$$
$$\mathbf{V}_{cn} = V_P \angle -240°$$

$$\mathbf{V}_{an} = V_P \angle 0° \qquad (10.9)$$
$$\mathbf{V}_{bn} = V_P \angle 120°$$
$$\mathbf{V}_{cn} = V_P \angle 240°$$

식 (10.8)을 **정상순(positive phase sequence) 혹은 abc 상순**, 식 (10.9)를 **역상순(negative phase sequence) 혹은 cba 상순**이라고 한다. 그리고 V_P는 다음의 식으로 주어지는 상(phase) 전압의 크기이다.

$$V_P = |\mathbf{V}_{an}| = |\mathbf{V}_{bn}| = |\mathbf{V}_{cn}| \qquad (10.10)$$

이들을 그림으로 도시하면 그림 10.4와 같다.

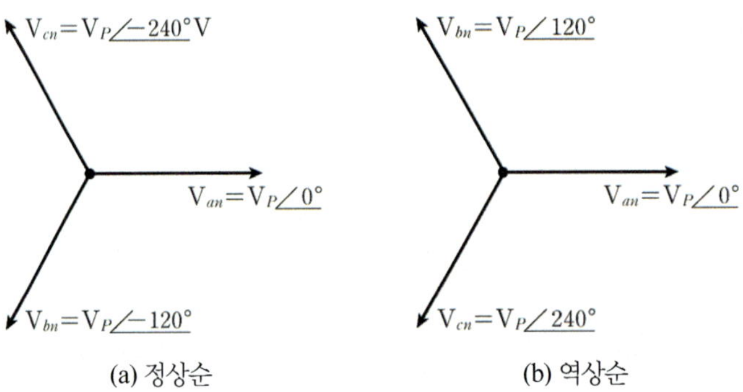

| 그림 10.4 | 평형 3상 전원의 상순

식 (10.8) 및 그림 10.4 (a)에서 알 수 있듯이 정상순에서 $\mathbf{V}_{an}$은 $\mathbf{V}_{bn}$보다 120도 앞서고, $\mathbf{V}_{bn}$은 $\mathbf{V}_{cn}$보다 120도 앞선다. 즉, 정상순에서 $\mathbf{V}_{an}$은 $\mathbf{V}_{cn}$보다 240도 앞선다. 반대로 역상순에서는 $\mathbf{V}_{an}$은 $\mathbf{V}_{bn}$보다 120도 뒤지고, $\mathbf{V}_{bn}$은 $\mathbf{V}_{cn}$보다 120도 뒤진다. 여기서 상의 순서는 전압이 각각의 최댓값을 지나는 시간 순서를 의미한다.

식 (10.8) 혹은 식 (10.9)가 평형 상태에 있는지를 확인하기 위하여 식 (10.6) 및 식 (10.7)의 조건을 확인한다. 먼저 식 (10.8)과 식 (10.9)에서 세 개의 식은 모두 크기가 V_P로 동일하므로 식 (10.6)의 조건을 만족한다. 다음으로 정상순의 전원에 대하여 식 (10.7)의 조건을 확인한다.

$$\begin{aligned} \mathbf{V}_{an} + \mathbf{V}_{bn} + \mathbf{V}_{cn} &= V_P\angle 0° + V_P\angle -120° + V_P\angle -240° \\ &= V_P(1 - 0.5 - j0.87 - 0.5 + j0.87) \\ &= 0 \end{aligned} \tag{10.11}$$

즉, 정상순의 전원에 대하여 식 (10.7)의 조건을 만족한다. 역상순의 전원에 대해서도 동일한 과정을 반복하면 식 (10.6) 및 식 (10.7)의 평형 조건을 만족한다는 사실을 확인할 수 있다.

그림 10.5와 같이 3상 전원은 △-결선으로 연결하는 경우도 있다.

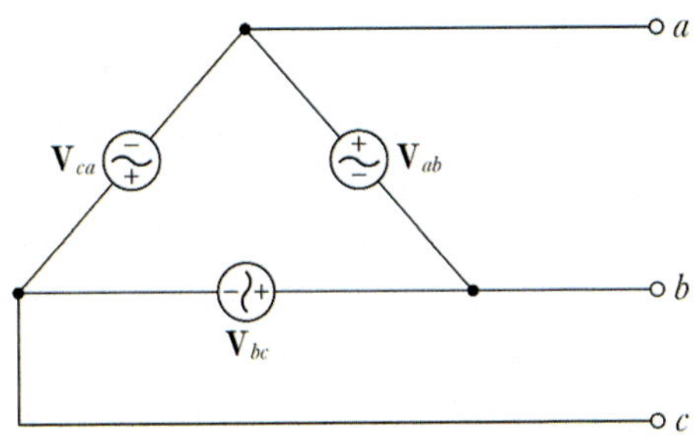

| 그림 10.5 | 3상 △-결선 전원

그러나 전원을 △ 형태로 연결하게 되면, 3상 전원에서 평형이 조금이라도 깨질 경우에 △ 루프를 따라 큰 전류가 흐를 수 있다. △ 루프에 순환 전류가 흐르게 되면, 전원의 전류 용량이 감소하고, 시스템의 손실이 증가하게 된다. 따라서 일반적으로는 전원의 △-결선은 거의 사용하지 않는다.

다음으로 3상 전원과 연결되는 부하의 연결형태를 고려해 보자. 부하 또한 그림 10.6과 같이 Y-결선 혹은 △-결선이 가능하다.

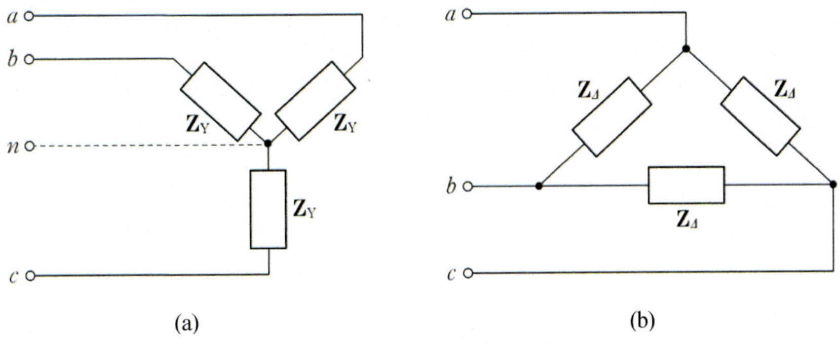

| 그림 10.6 | 부하의 Y-결선(a)과 △-결선(b)

저항회로와 마찬가지로 임피던스의 경우에도 Y−Δ 변환 관계가 성립하기 때문에 Δ−결선 부하 Z_Δ와 Y−결선 부하 Z_Y 사이에는 다음의 관계식이 성립한다.

$$Z_\Delta = 3Z_Y \text{ 또는 } Z_Y = \frac{1}{3}Z_\Delta \tag{10.12}$$

예제 10.2

아래 전압의 페이저를 구하고 이들의 상순을 설명하라.

$v_{an}(t) = 220\cos(\omega t + 20°)[\mathrm{V_{rms}}]$

$v_{bn}(t) = 220\cos(\omega t - 100°)[\mathrm{V_{rms}}]$

$v_{cn}(t) = 220\cos(\omega t + 140°)[\mathrm{V_{rms}}]$

풀이

V_{an}, V_{bn}, V_{cn}은 각각 다음과 같다:

$\mathrm{V}_{an} = 220\angle 20°[\mathrm{V_{rms}}]$

$\mathrm{V}_{bn} = 220\angle -100°[\mathrm{V_{rms}}]$

$\mathrm{V}_{cn} = 220\angle 140°[\mathrm{V_{rms}}]$

따라서 V_{an}은 V_{bn}보다 120도 앞서고, V_{bn}은 V_{cn}보다 120도 앞서는 전원이므로 정상순(positive phase)의 3상 전원이다.

10.3 평형 3상 Y−Y 결선

3상 시스템에서 전원과 부하는 각각 Y−결선 혹은 Δ−결선이 모두 가능하다. 그러나 전원의 Δ−결선은 널리 사용되는 구조가 아니다. 여기서는 먼저 전원이 Y−결선, 부하가 Y−결선인 3상 Y−Y 결선 시스템을 살펴본다.

평형 Y−결선 전원과 평형 Y−결선 부하로 연결된 3상 시스템을 평형 3상 Y−Y 결선이라고 한다. 그림 10.7에 평형 3상 Y−Y 결선 시스템을 제시하였다.

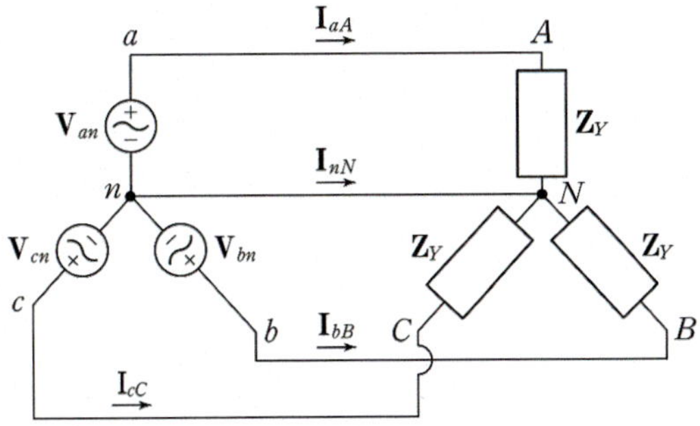

| 그림 10.7 | 평형 3상 Y-Y 결선

상전압이 각각 다음과 같이 식 (10.8)에 주어진 정상순이라고 가정하자.

$$\mathrm{V}_{an} = \boldsymbol{V}_P\angle 0°,\ \mathrm{V}_{bn} = \boldsymbol{V}_P\angle -120°,\ \mathrm{V}_{cn} = \boldsymbol{V}_P\angle 120°$$

두 선 사이의 전압을 **선간전압(line-to-line voltage) 혹은 선전압**이라고 할 때, 세 개의 선간 전압, V_{ab}, V_{bc}, V_{ca}는 각각 다음과 같이 유도된다.

$$\begin{aligned}\mathrm{V}_{ab} &= \mathrm{V}_{an} + \mathrm{V}_{nb} \\ &= \mathrm{V}_{an} - \mathrm{V}_{bn} \\ &= V_P\angle 0° - V_P\angle -120° \\ &= V_P\left(1 + \frac{1}{2} + j\frac{\sqrt{3}}{2}\right) \\ &= \sqrt{3}\,V_P\angle 30°\end{aligned} \tag{10.13}$$

$$\begin{aligned}\mathrm{V}_{bc} &= \mathrm{V}_{bn} + \mathrm{V}_{nc} \\ &= \mathrm{V}_{bn} - \mathrm{V}_{cn} \\ &= V_P\angle -120° - V_P\angle 120° \\ &= \sqrt{3}\,V_P\angle -90°\end{aligned} \tag{10.14}$$

$$\begin{aligned}\mathrm{V}_{ca} &= \mathrm{V}_{cn} + \mathrm{V}_{na} \\ &= \mathrm{V}_{cn} - \mathrm{V}_{an} \\ &= V_P\angle 120° - V_P\angle 0° \\ &= \sqrt{3}\,V_P\angle -210°\end{aligned} \tag{10.15}$$

세 개 선전압의 총합도 상전압에서와 마찬가지로 0이 된다.

$$\mathrm{V}_{ab} + \mathrm{V}_{bc} + \mathrm{V}_{ca} = 0 \tag{10.16}$$

선전압의 크기를 V_L이라고 하면 선전압의 크기는 다음과 같다.

$$V_L = |\mathrm{V}_{ab}| = |\mathrm{V}_{bc}| = |\mathrm{V}_{ca}| \tag{10.17}$$

그러므로 선전압과 상전압의 크기 사이에는 다음의 식이 성립함을 알 수 있다.

$$V_L = \sqrt{3}\, V_P \tag{10.18}$$

또한 식 (10.13), (10.14), (10.15)로부터 선전압의 위상은 대응되는 각각의 상전압보다 30도씩 앞선다는 사실도 알 수 있다. 이들의 관계를 그림으로 나타내면 그림 10.8과 같다. 그림 10.8의 페이저도와 벡터 개념을 사용하면 선전압과 상전압 사이의 상호 관계를 보다 쉽게 이해할 수 있다.

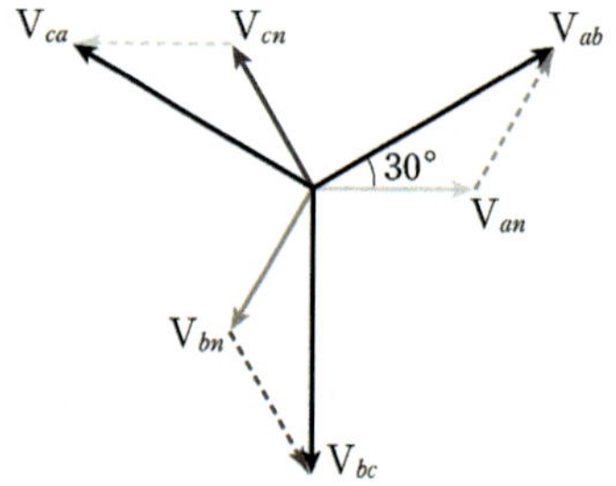

| 그림 10.8 | 상전압과 선전압 사이의 페이저도

이제 그림 10.8에서 세 개의 선전류를 구해보자. **선전류**는 각 전선에 흐르는 전류를 말하고, **상전류**는 전원 혹은 부하의 각 상에 흐르는 전류를 말한다.

$$\mathrm{I}_{aA} = \frac{\mathrm{V}_{an}}{\mathrm{Z}_Y} \tag{10.19}$$

$$\mathrm{I}_{bB} = \frac{\mathrm{V}_{bn}}{\mathrm{Z}_Y} = \frac{\mathrm{V}_{an}\angle -120°}{\mathrm{Z}_Y} = \mathrm{I}_{aA}\angle -120° \tag{10.20}$$

$$\mathrm{I}_{cC} = \frac{\mathrm{V}_{cn}}{\mathrm{Z}_Y} = \frac{\mathrm{V}_{an}\angle -240°}{\mathrm{Z}_Y} = \mathrm{I}_{aA}\angle -240° \tag{10.21}$$

선전류의 크기를 I_L이라고 하면 선전류의 크기는 다음과 같다.

$$I_L = |\mathrm{I}_{aA}| = |\mathrm{I}_{bB}| = |\mathrm{I}_{cC}| \qquad (10.22)$$

세 개 선전류의 총합을 구하면 상전압에서와 마찬가지로 0이 된다.

$$\mathrm{I}_{aA} + \mathrm{I}_{bB} + \mathrm{I}_{cC} = 0 \qquad (10.23)$$

즉,

$$\mathrm{I}_{nN} = -(\mathrm{I}_{aA} + \mathrm{I}_{bB} + \mathrm{I}_{cC}) = 0 \qquad (10.24)$$

식 (10.24)로부터 3상 전원과 부하 사이에 연결된 중성선으로는 전류가 흐르지 않는다는 사실을 알 수 있다. 또한 중성선에 선저항이 존재한다고 하더라도 중성선 양단의 전압은 다음과 같이 0이 된다.

$$\mathrm{V}_{nN} = \mathrm{Z}_{nN}\mathrm{I}_{nN} = 0 \qquad (10.25)$$

여기서 Z_{nN}은 중성선에 존재할 수 있는 도선의 저항을 나타낸다.

그러므로 전원과 부하가 모두 평형이고, 전원과 부하 사이에 연결된 도선의 저항이 0이면, 3상 전원과 부하 사이에 연결된 중성선은 회로에서 어떠한 역할도 수행하지 않는다. 그러므로 **중성선은 임의의 임피던스를 가지는 회로, 개방회로, 혹은 단락회로 등으로 대체할 수 있다.** 따라서 3상 전원의 장거리 전송에는 개방회로로 설계하여 세 개의 전선만 사용할 수 있으며, 회로의 해석시에는 단락회로로 대체하여 3상 회로 시스템을 세 개의 단상회로 시스템으로 분리하여 해석할 수도 있다.

예제 10.3

그림의 회로는 정상순의 평형 3상 시스템으로, $V_{an} = 100\angle 0°[V_{rms}]$, $Z_P = 100\angle 60°[\Omega]$ **이다. 선전류와 부하에서 소비되는 전체 평균전력을 구하라.**

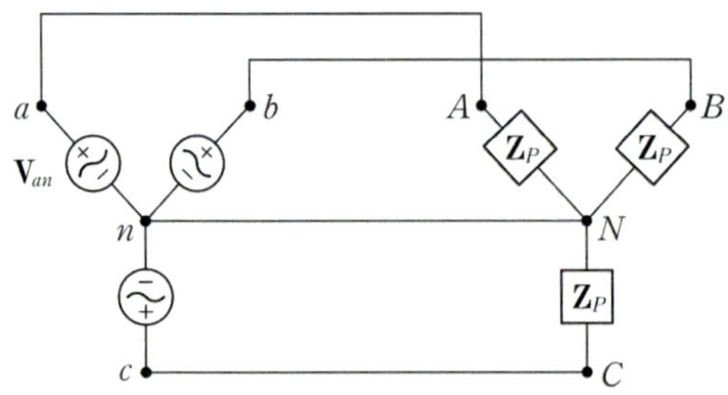

풀이

1) $V_{an} = 100\angle 0°\ [V_{rms}]$이고, 정상순이므로,
$V_{bn} = 100\angle -120°[V_{rms}]$, $V_{cn} = 100\angle -240°[V_{rms}]$

2) 선전류는 다음과 같이 구해진다.
$$I_{aA} = \frac{V_{an}}{Z_Y} = \frac{100\angle 0°}{100\angle 60°} = 1\angle -60°[A_{rms}]$$
$$I_{bB} = I_{aA}\angle -120° = 1\angle -180°[A_{rms}]$$
$$I_{cC} = I_{aA}\angle -240° = 1\angle 60°[A_{rms}]$$

3) 세 개의 단상회로로 분리하여 해석할 수 있으므로, $a-A-N-n-a$로 구성되는 단상 시스템만 분리해서 $A-N$ 사이의 부하에서 소비하는 평균전력을 구하면 다음과 같다:
$$P_{AN} = 100\times 1\times \cos 60° = 50[W]$$

4) 따라서 세 개의 상에서 소비하는 전체 평균전력은 다음과 같다:
$$P = 3\times 50 = 150[W]$$

10.4 평형 3상 Y-△ 결선

전원의 경우와는 달리 부하 측에서는 △-결선도 널리 사용된다. 여기서는 평형 3상 시스템의 Y-△ 결선을 살펴본다.

평형 Y-결선 전원과 평형 △-결선 부하로 연결된 3상 시스템을 평형 3상 Y-△ 결선이라고 한다. 그림 10.9에 평형 3상 Y-△ 결선 시스템을 제시하였다.

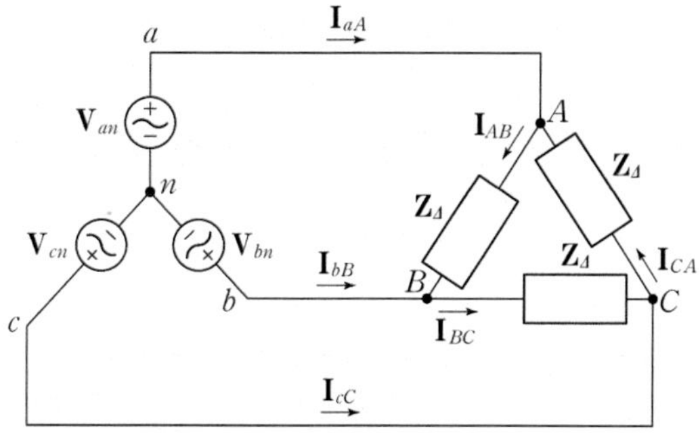

| 그림 10.9 | 평형 3상 Y−△ 결선

상전압은 식 (10.8)에 주어진 정상순이라고 가정하면,

$$\mathrm{V}_{an}= \boldsymbol{V}_P\angle 0°,\ \mathrm{V}_{bn}= \boldsymbol{V}_P\angle -120°,\ \mathrm{V}_{cn}= \boldsymbol{V}_P\angle -240°$$

선전압은 식 (10.13), (10.14), (10.15)로부터 다음과 같이 요약된다.

$$\mathrm{V}_{ab}= \sqrt{3}\, V_P\angle 30°,\ \ \mathrm{V}_{bc} = \sqrt{3}\, V_P\angle -90°,\ \mathrm{V}_{ca}= \sqrt{3}\, V_P\angle -210°$$

그리고 그림 10.9로부터 다음의 관계도 성립한다.

$$\mathrm{V}_{ab} = \mathrm{V}_{AB},\ \mathrm{V}_{bc} = \mathrm{V}_{BC},\ \mathrm{V}_{ca} = \mathrm{V}_{CA} \tag{10.26}$$

즉, Y−△ 결선에서는 선전압이 그대로 부하 임피던스 양단에 걸리게 되므로 부하 임피던스를 통해 흐르는 상전류는 다음과 같이 구해진다.

$$\mathrm{I}_{AB} = \frac{\mathrm{V}_{AB}}{\mathrm{Z}_\Delta} \tag{10.27}$$

$$\mathrm{I}_{BC} = \frac{\mathrm{V}_{BC}}{\mathrm{Z}_\Delta} = \mathrm{I}_{AB}\angle -120° \tag{10.28}$$

$$\mathrm{I}_{CA} = \frac{\mathrm{V}_{CA}}{\mathrm{Z}_\Delta} = \mathrm{I}_{AB}\angle -240° \tag{10.29}$$

그러므로 각 선의 선전류를 구하면 다음과 같다.

$$\mathrm{I}_{aA} = \mathrm{I}_{AB} - \mathrm{I}_{CA} \tag{10.30}$$
$$= \mathrm{I}_{AB}(1 - 1\angle -240°)$$
$$= \mathrm{I}_{AB}(1 + 0.5 - j0.866)$$
$$= \mathrm{I}_{AB}\sqrt{3}\angle -30°$$

$$\mathrm{I}_{bB} = \mathrm{I}_{BC} - \mathrm{I}_{AB} \tag{10.31}$$
$$= \mathrm{I}_{AB}\sqrt{3}\angle -150°$$

$$\mathrm{I}_{cC} = \mathrm{I}_{CA} - \mathrm{I}_{BC} \tag{10.32}$$
$$= \mathrm{I}_{AB}\sqrt{3}\angle 90°$$

식 (10.30), (10.31), (10.32)로부터 Y−△ 결선에서 선전류와 상전류 사이에는 다음의 관계가 성립한다.

$$I_L = \sqrt{3}\, I_P \tag{10.33}$$

여기서 $I_P = |\mathrm{I}_{AB}| = |\mathrm{I}_{BC}| = |\mathrm{I}_{CA}|$이다.

Y−△ 결선에서는 △ 결선의 부하를 Y−결선으로 변경($\mathrm{Z}_Y = \dfrac{\mathrm{Z}_\Delta}{3}$)하여 해석해도 된다.

지금까지 살펴 본 평형 3상 시스템인 Y−Y 결선 및 Y−△ 결선의 경우 전압과 전류를 요약하면 표 12.1과 같다. 여기서 전원은 평형 3상 Y−결선이고, 상전압과 상전류 등 상의 의미는 전원 측이 아닌 부하 임피던스 측의 상을 의미한다.

| 표 10.1 | 평형 3상 Y-Y 및 Y-△ 결선의 전압, 전류 요약

부하 결선	상전압	선전압	상전류	선전류
Y	$V_{AN} = V_P\angle 0°$ $V_{BN} = V_P\angle -120°$ $V_{CN} = V_P\angle -240°$	$V_{AB} = V_{ab}$ $= \sqrt{3}\,V_P\angle 30°$ $V_{BC} = V_{bc}$ $= \sqrt{3}\,V_P\angle -90°$ $V_{CA} = V_{ca}$ $= \sqrt{3}\,V_P\angle -210°$	$I_{AN} = \dfrac{V_{an}}{Z_Y}$ $I_{BN} = I_{AN}\angle -120°$ $I_{CN} = I_{AN}\angle -240°$	$I_{aA} = \dfrac{V_{an}}{Z_Y}$ $I_{bB} = I_{aA}\angle -120°$ $I_{cC} = I_{aA}\angle -240°$
△	$V_{AB} = V_{ab}$ $= \sqrt{3}\,V_P\angle 30°$ $V_{BC} = V_{bc}$ $= \sqrt{3}\,V_P\angle -90°$ $V_{CA} = V_{ca}$ $= \sqrt{3}\,V_P\angle -210°$	$V_{AB} = V_{ab}$ $= \sqrt{3}\,V_P\angle 30°$ $V_{BC} = V_{bc}$ $= \sqrt{3}\,V_P\angle -90°$ $V_{CA} = V_{ca}$ $= \sqrt{3}\,V_P\angle -210°$	$I_{AB} = \dfrac{V_{AB}}{Z_\Delta}$ $I_{BC} = I_{AB}\angle -120°$ $I_{CA} = I_{AB}\angle -240°$	$I_{aA} = \sqrt{3}\,I_{AB}\angle -30°$ $I_{bB} = \sqrt{3}\,I_{AB}\angle -150°$ $I_{cC} = \sqrt{3}\,I_{AB}\angle 90°$

예제 10.4

선전압이 300[V_{rms}]인 평형 3상 Y-△ 결선 시스템에서 평형의 부하에 공급되는 전체 평균전력이 1200 [W]라고 할 때, 선전류의 크기를 구하라. 그리고 각 상의 역률이 0.8의 앞선 역률일 때, 각 상의 부하 임피던스를 구하라.

풀이

1) 하나의 상을 고려해서 상전류의 크기를 구하면,

$$\frac{1200}{3} = 300 \times I_P \times 0.8 \rightarrow I_P = 1.667[\mathrm{A_{rms}}]$$

2) 그러므로, 선전류는 $I_L = \sqrt{3}\,I_P = 2.89[\mathrm{A_{rms}}]$

3) 각 상의 부하 임피던스는 다음과 같다.

- 앞선 역률 0.8이므로 임피던스의 위상각은 -36.9°
- 부하 임피던스의 크기는 $|Z_P| = \dfrac{300}{1.667} = 180[\Omega]$

그러므로, $Z_P = 180\angle -36.9°[\Omega]$

10.5 3상 시스템의 전력

평형 3상 시스템에서 Y−Y 결선과 Y−Δ 결선을 자세히 살펴보았다. 3상 전원의 Δ−결선은 자주 사용되지 않아서 여기서는 생략하였다. 이제 평형 3상 시스템에서 전력을 좀 더 자세히 살펴보자.

앞 절의 예제에서 이미 전력에 관한 문제를 다루어 보았다. 먼저 평형 3상 시스템에서 부하에 소비되는 순시전력을 구해보자. Y−결선 부하에서 부하 양단의 상전압은 다음과 같다.

$$\begin{aligned} v_{AN}(t) &= \sqrt{2}\, V_P \cos\omega t \\ v_{BN}(t) &= \sqrt{2}\, V_P \cos(\omega t - 120°) \\ v_{CN}(t) &= \sqrt{2}\, V_P \cos(\omega t + 120°) \end{aligned} \tag{10.34a}$$

식 (10.34a)에서 V_P는 rms 값으로 가정했기 때문에 순시전압의 최댓값은 $\sqrt{2}$ 가 곱해진다. Y−결선 부하에서 $Z_Y = Z\angle\theta$일 때, 부하의 상전류는 다음과 같다.

$$\begin{aligned} i_{AN}(t) &= \sqrt{2}\, I_P \cos(\omega t - \theta) \\ i_{BN}(t) &= \sqrt{2}\, I_P \cos(\omega t - \theta - 120°) \\ i_{CN}(t) &= \sqrt{2}\, I_P \cos(\omega t - \theta - 240°) \end{aligned} \tag{10.34b}$$

식 (10.34b)에서도 상전류 I_P는 rms 값으로 가정했기 때문에 순시전류의 최댓값은 $\sqrt{2}$ 가 곱해진다.

부하에서 소비되는 전체 순시전력은 세 개의 각 상에서 소비되는 순시전력의 합이므로, 식 (10.35)와 같다.

$$\begin{aligned} p(t) &= p_a + p_b + p_c = v_{AN}\, i_{aA} + v_{BN}\, i_{bB} + v_{CN}\, i_{cC} \\ &= 2 V_P I_P [\cos\omega t \cos(\omega t - \theta) \\ &\quad + \cos(\omega t - 120°)\cos(\omega t - \theta - 120°) \\ &\quad + \cos(\omega t + 120°)\cos(\omega t - \theta + 120°)] \end{aligned} \tag{10.35}$$

그러므로 전체 순시전력은 식 (10.36)으로 요약된다. 여기서 $\alpha = 2\omega t - \theta$이다.

$$p(t) = V_P I_P [3\cos\theta + \cos(2\omega t - \theta) + \cos(2\omega t - \theta - 240°) + \cos(2\omega t - \theta + 240°)] \tag{10.36}$$
$$= V_P I_P [3\cos\theta + \cos\alpha + \cos\alpha \cos 240° + \sin\alpha \sin 240° + \cos\alpha \cos 240° - \sin\alpha \sin 240°]$$
$$= V_P I_P [3\cos\theta + \cos\alpha - \cos\alpha]$$
$$= 3 V_P I_P \cos\theta$$

즉, 평형 3상 시스템에서 각 상의 순시전력은 시간에 따라서 변하지만, 전체 순시전력은 시간에 무관하게 일정하다. 다시 말해서 평형 3상 시스템의 전체 순시전력이 곧 평균전력이다. 이 사실은 부하의 결선 방법에 관계없이 항상 성립한다.

평형 3상 시스템에서 각 상당 평균전력을 P_P라고 하면, 부하의 결선이 Y 혹은 △ 의 결선 방법에 관계없이 P_P는 다음과 같다.

$$P_P = \frac{p(t)}{3} = V_P I_P \cos\theta \tag{10.37}$$

각 상당 무효전력과 피상전력도 다음과 같다.

$$Q_P = V_P I_P \sin\theta \tag{10.38}$$

$$S_P = V_P I_P \tag{10.39}$$

그러므로 각 상당 복소전력은 다음과 같이 정리할 수 있다.

$$\mathrm{S}_P = P_P + jQ_P = \mathrm{V}_P \mathrm{I}_P^* \tag{10.40}$$

평형 3상 시스템에서 전체 평균전력을 P라고 하면, $P=3P_P$이므로 다음과 같이 구할 수 있다.

$$P = 3P_P = 3 V_P I_P \cos\theta = \sqrt{3}\, V_L I_L \cos\theta \tag{10.41}$$

왜냐하면, Y−결선 부하에서는 $V_L = \sqrt{3}\, V_P$, $I_L = I_P$이고, △−결선 부하에서는 $V_L = V_P$, $I_L = \sqrt{3}\, I_P$이기 때문이다. 즉, 식 (10.41)은 부하의 결선 방법에 관계없이 성립한다.

평형 3상 시스템에서 전체 무효전력과 복소전력도 다음과 같이 유도된다.

$$Q = 3Q_P = 3 V_P I_P \sin\theta = \sqrt{3}\, V_L I_L \sin\theta \tag{10.42}$$

$$S = 3S_P = P + jQ = \sqrt{3}\,V_L I_L \angle\theta \qquad (10.43)$$
$$= 3V_P I_P^* = 3I_P^2 Z_P = \frac{3V_P^2}{Z_P^*}$$

여기서 $Z_P = Z_P\angle\theta$는 각 상당 부하 임피던스이며, Z_Y 혹은 Z_Δ로 바꿀 수 있다.

예제 10.5

그림의 평형 3상 전원이 정상순으로 연결되었다고 가정할 때, 전원에서 공급하는 평균전력이 부하 Z_Y에 전달되는 효율을 구하라. 단, $V_{an} = 100\angle 0°[V_{rms}]$, f=60[Hz]이고, 전송선의 임피던스 Z_L=1[Ω], 부하 임피던스 $Z_Y = 10 + j5[\Omega]$이다.

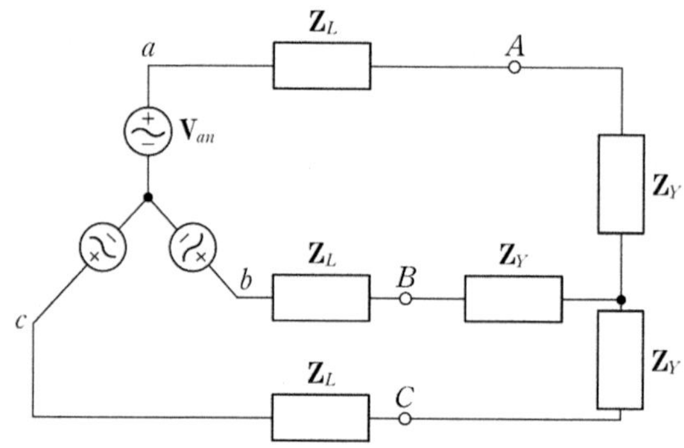

풀이

1) 선전류를 구하면 다음과 같다.

$$I_{aA} = \frac{V_{an}}{Z_Y + Z_L} = \frac{100}{1 + (10 + j5)} = 8.276\angle -24.4°[A_{rms}]$$

$I_{bB} = 8.276\angle -144.4°[A_{rms}]$, $I_{cC} = 8.276\angle 95.6°[A_{rms}]$

2) 하나의 상에서 공급하는 평균전력은 $P_{SP} = V_{eff} I_{eff}\cos(\theta_V - \theta_I)$[W]이므로, 전원이 공급하는 전체 평균전력은 다음과 같다.

$P_S = 3P_P = 3\times(100\times 8.276)\times\cos(-24.4) = 2261$[W]

3) 하나의 상에서 소비되는 평균전력은 $P_{YP} = I_{eff}^2 R$[W]이므로, 전체 부하 임피던스가 소비하는 평균전력은 다음과 같다.

$P_Y = 3P_P = 3I_{eff}^2 R = 3\times(8.276^2\times 10) = 2055$[W]

4) 전원에서 공급되는 평균전력이 부하로 전달되는 효율은 다음과 같다.

$$\text{효율} = \frac{P_Y}{P_S}\times 100 \approx 91[\%]$$

10.6 자기결합과 상호인덕턴스

직류회로 부분에서 인덕터를 소개할 때, 인덕턴스라는 용어를 학습하였다. 이 때의 인덕턴스는 인덕터를 구성하는 도선의 형태 등 인덕터 자신이 가지는 고유한 특성에 의해 결정되었다. 따라서 엄격하게 말하면 기존의 인덕턴스는 자기인덕턴스(self inductance)라고 할 수 있다. 그런데 우리는 도체에 전류가 흐르면 그 주위에는 자기장(magnetic field)이 생성된다는 사실을 알고 있다. 두 개의 루프 회로가 서로 접촉되어 있거나 하나의 루프에 의해 생성된 자기장에 의해 다른 하나의 루프가 영향을 받을 때, 이들은 서로 자기적으로 결합되어 있다고 한다. 이 때 인근 루프에서 발생한 자기장에 의해 영향받은 다른 루프에서 전압이 유도되는데, 이를 정의하기 위하여 상호인덕턴스(mutual inductance)라는 용어를 사용한다. 여기서는 상호인덕턴스에 관하여 학습한다.

인덕터를 정의할 때, 인덕터를 통해 흐르는 전류와 인덕터 양단의 전압 사이에는 수동부호규약에 의해 다음과 같은 관계가 성립함을 알고 있다.

$$v(t) = L\frac{di(t)}{dt} \tag{10.44}$$

그림 10.10을 고려하자.

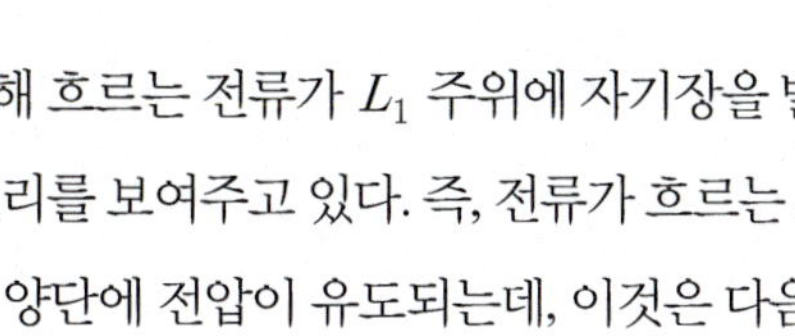

| 그림 10.10 | 인접한 두 인덕터와 상호인덕턴스

그림 10.10은 코일 L_1을 통해 흐르는 전류가 L_1 주위에 자기장을 발생시키고, 이것이 코일 L_2의 양단에 전압을 유도하는 원리를 보여주고 있다. 즉, 전류가 흐르는 코일(L_1) 근처에 또 다른 코일(L_2)이 존재하면 그 코일의 양단에 전압이 유도되는데, 이것은 다음의 식으로 표현된다.

$$v_2(t) = M\frac{di_1(t)}{dt} \tag{10.45}$$

식 (10.45)에서 M은 L_1을 통해 흐르는 전류에 의해 L_2 양단에 전압을 유도하는 의미로 이중첨자를 사용하여 M_{21}이라고도 한다. 그러나 L_2를 통해 흐르는 전류에 의해 L_1 양단에 전압을 유도할 경우의 상호인덕턴스를 M_{12}라고 할 때, 이 둘은 서로 같다. 이것은 에너지 보존법칙으로 증명할 수 있는데, 여기서는 생략한다.

즉,

$$M_{21} = M_{12} = M \tag{10.46}$$

따라서 상호인덕턴스는 회로에서 그림 10.11과 같이 표시한다.

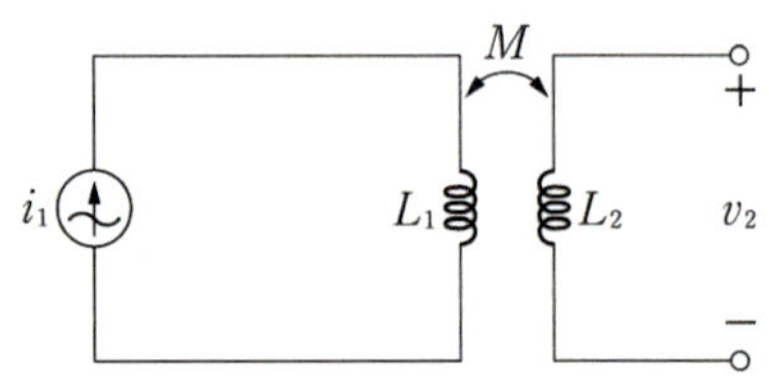

| 그림 10.11 | 상호인덕턴스 M의 표기

그러므로 **상호인덕턴스는 인접한 둘 이상의 코일에서 하나의 코일에 흐르는 전류가 인접한 다른 코일에 전압을 유도하는 역할을 하는 인덕턴스**이므로, 자기인덕턴스와 같이 헨리([H], Henry)의 단위를 사용한다.

상호인덕턴스는 항상 양의 값을 가지지만, 자기유도전압 $L\frac{di}{dt}$와 같이 상호유도전압 $M\frac{di}{dt}$도 양 또는 음의 값을 가질 수 있다. 그러나 $M\frac{di}{dt}$의 극성은 상호 인접한 두 코일의 네 개 단자와 관련이 있다. 즉, 코일을 통해 흐르는 전류의 방향, 각 코일이 물리적으로 감긴 방향 등이 $M\frac{di}{dt}$의 극성을 결정하는데 중요한 역할을 담당한다. 그러나 회로도 상으로는 이들의 물리적 구성 등을 정확하게 나타내기가 어렵다. 그러므로 $M\frac{di}{dt}$의 극성, 유도되는 전압의 부호는 점표시 규약(dot convention)을 사용하여 나나낸다.

점표시 규약으로 표기한 네 가지의 가능한 경우를 그림 10.12에 제시하였다.

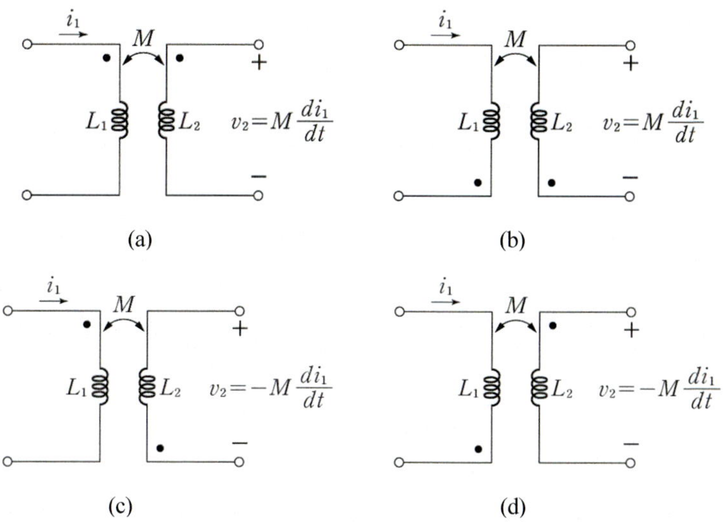

| 그림 10.12 | 점표시 규약에 의한 유도 전압의 부호

그림 10.12(a)는 점이 표시된 단자로 전류가 흘러 들어가면, 인접한 코일에서는 점이 표시된 단자에 양의 전압이 유도된다는 것을 보여준다. 마찬가지로, 그림 10.12(b)는 점이 표시된 단자의 반대 쪽으로 전류가 흘러 들어가면, 인접한 코일에서도 점이 표시된 단자의 반대 쪽에 양의 전압이 유도된다는 것을 보여준다. 그림 10.12(c)는 점이 표시된 단자로 전류가 흘러 들어가면, 인접한 코일의 점이 표시된 단자의 반대 쪽은 음의 전압이 유도된다는 것을 보여주고, 그림 10.12(d)는 점이 표시된 단자의 반대 쪽으로 전류가 흘러 들어가면, 인접한 코일의 점이 표시된 단자에는 음의 전압이 유도된다는 것을 보여준다. 즉, **점표시 규약은 "인접한 두 개 이상의 코일에서 어느 한 코일의 점이 표시된 단자로 전류가 흘러 들어가면, 인접한 코일에서 유도되는 전압의 극성은 점이 표시된 단자 쪽이 양이 된다"**는 것이다. 또는 "인접한 두 개 이상의 코일에서 어느 한 코일의 점이 표시된 단자에서 전류가 흘러 나가면, 인접한 코일에서 유도되는 전압의 극성은 점이 표시된 단자 쪽이 음이 된다"는 것이다.

점표시 규약을 고려하여 그림 10.13의 회로에서 전압 v_1과 v_2를 유도해 보자.

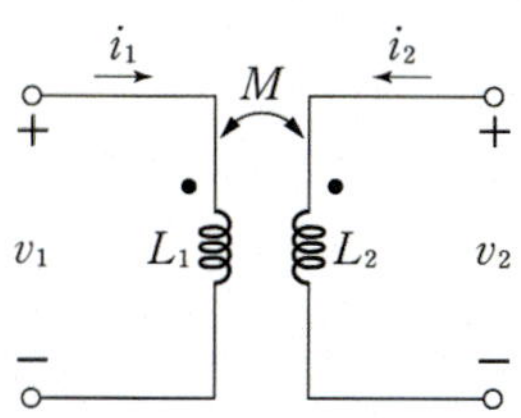

| 그림 10.13 | 인접한 두 코일의 연결과 전압 유도

먼저 v_1을 유도해 보자.

$$v_1 = L_1 \frac{di_1}{dt} + M\frac{di_2}{dt} \tag{10.47}$$

식 (10.47)에서 v_1은 코일 L_1에 의한 자기유도전압 $L_1 \frac{di}{dt}$와 상호인덕턴스 M에 의한 상호유도 전압 $M\frac{di_2}{dt}$의 합이다. 마찬가지로 v_2도 다음과 같이 유도할 수 있다.

$$v_2 = L_2 \frac{di_2}{dt} + M\frac{di_1}{dt} \tag{10.48}$$

식 (10.47) 및 (10.48)에서의 부호는 그림 10.13의 전류의 방향, 전압의 극성, 그리고 점의 위치 등에 의해 결정된다.

예제 10.6

그림에서 v_1과 v_2를 식 (10.47) 및 (10.48)의 형태로 유도하라.

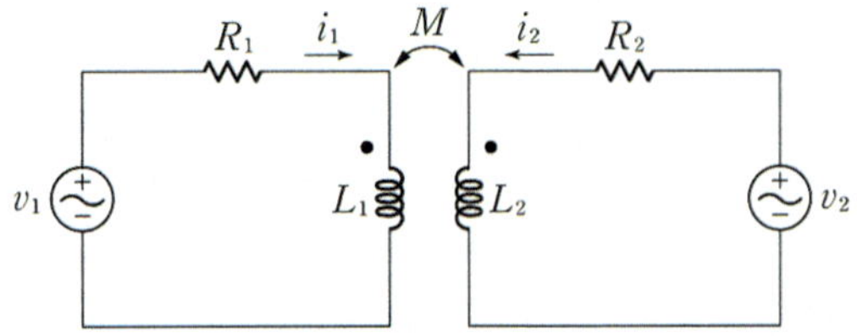

풀이

두 망로에 각각 KVL을 적용하면 다음의 방정식을 유도할 수 있다.

$$v_1 = R_1 i_1 + L_1 \frac{di_1}{dt} + M\frac{di_2}{dt}$$

$$v_2 = R_2 i_2 + L_2 \frac{di_2}{dt} + M\frac{di_1}{dt}$$

예제 10.7

그림에서 $v_2(t)$를 구하라. 단, $v_1(t) = 120\cos(t+45°)$[V]이고, 각 소자에 표기된 값은 저항은 [Ω], 인덕터는 [H]의 단위를 가지는 값이다.

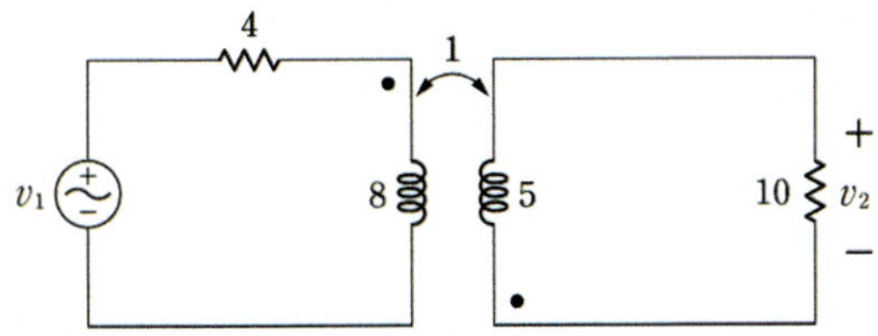

풀이

1) 페이저로 표기된 회로로 바꾸고, 망로 해석법을 적용한다.

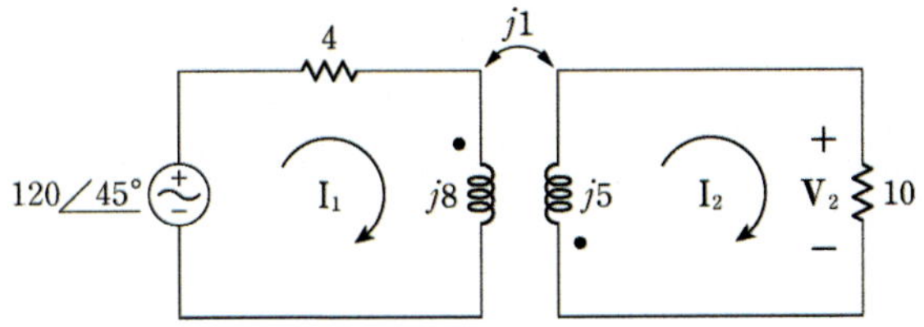

2) 두 망로에 각각 KVL을 적용하면 다음의 두 방정식을 유도할 수 있다.

$120\angle 45° = (4+j8)I_1 + jI_2$

$0 = jI_1 + (10+j5)I_2$

3) 2)에서 구한 두 방정식에 크래머의 법칙 등을 사용하여 I_2를 구하면 다음과 같다.

$I_2 \approx 1.2\angle -135°$[A]

4) 이제 V_2를 구하면,

$V_2 = 10I_2 = \ \approx 12\angle -135°$[V]

5) 그러므로 $v_2(t)$는 다음과 같다.

$v_2(t) = 12\cos(t-135°)$[V]

10.7 자기결합회로의 결합계수

둘 이상의 인덕터가 인접한 곳에 위치할 경우에는 자기인덕턴스에 추가해서 상호인덕턴스가 발생한다는 사실을 알게 되었다. 그렇다면 만약 두 개의 인덕터가 인접하여 상호인덕턴스가 생길 경우에 상호인덕턴스의 크기와 두 인덕터의 자기인덕턴스의 크기 사이에 어떤 관계가 있을 것으로 짐작된다. 여기서는 자기인덕턴스와 상호인덕턴스의 상호 관계 및 두 인덕터의 결합 정도를 나타내는 계수에 관하여 살펴본다.

5장의 식 (5.12)에서 알 수 있듯이 코일에 저장되는 에너지는 다음의 식으로 표현되었다.

$$w(t) = \frac{1}{2}Li^2(t) \tag{10.49}$$

이제 그림 10.13과 같이 자기적으로 결합된 코일에 저장되는 전체 에너지는 다음과 같이 유도될 것이다.

$$w(t) = \frac{1}{2}L_1 i_1^2(t) + \frac{1}{2}L_2 i_2^2(t) \pm M i_1(t) i_2(t) \tag{10.50}$$

식 (10.50)에서 "+" 부호는 그림 10.13과 같이 두 전류가 모두 점이 표시된 쪽으로 흘러 들어가거나 흘러 나오는 경우이고, "−" 부호는 전류의 방향이 서로 다른 경우이다. 즉, 하나의 코일에서는 점이 표시된 쪽으로 전류가 흘러 들어가고, 인접한 다른 코일에서는 점이 표시된 쪽에서 전류가 흘러 나오는 경우 혹은 서로 반대의 경우이다.

식 (10.50)을 유도하는 세부 과정은 생략하였지만, 식 (10.50)에서 중요한 관계식을 유도할 수 있다. 즉, 상호인덕턴스 M의 상한값을 결정할 수 있다.

식 (10.50)은 에너지를 의미하므로, 식 속의 +, −의 부호에 관계없이 최종 값은 항상 양의 값을 가져야 한다. 따라서 다음의 부등식이 성립한다.

$$\frac{1}{2}L_1 i_1^2 + \frac{1}{2}L_2 i_2^2 - M i_1 i_2 \geqq 0 \tag{10.51}$$

식 (10.51)을 완전 제곱의 형태로 변경하면 다음의 식이 된다.

$$\frac{1}{2}(\sqrt{L_1}\, i_1 - \sqrt{L_2}\, i_2)^2 + \sqrt{L_1 L_2}\, i_1 i_2 - M i_1 i_2 \geqq 0 \tag{10.52}$$

식 (10.52)의 좌측 첫 번째 항은 항상 0 혹은 양의 값을 가지므로 다음의 식이 성립한다.

$$\sqrt{L_1 L_2} \geqq M \tag{10.53}$$

즉, **인접한 두 코일 사이의 상호인덕턴스는 두 코일이 가진 자기인덕턴스의 기하평균값보다 클 수는 없다.** 식 (10.53)의 부등식은 i_1과 i_2의 부호가 같다는 가정하에 유도되었지만, 이들의 부호가 다른 경우에는 M의 값이 음이 된다는 사실을 상기하여 식 (10.50)에서 양의 부호를 선택해서 풀이하면 동일한 결과를 유도할 수 있다.

이제 부등식 (10.53)에서 **결합계수(coupling coefficient)**, 즉 두 코일의 결합의 강도를 나타내는 계수를 정의할 수 있다. 즉, 인접한 두 코일 사이의 결합계수 k는 다음과 같이 정의한다.

$$k = \frac{M}{\sqrt{L_1 L_2}} \tag{10.54}$$

식 (10.53)과 (10.54)로부터 결합계수 k는 다음 범위의 값을 가진다.

$$0 \leqq k \leqq 1 \tag{10.55}$$

식 (10.54)로부터 결합계수 k는 상호인덕턴스 M이 가질 수 있는 최댓값에서 얼마나 큰가를 나타내는 척도이며, 하나의 코일에서 발생된 전체 자속에서 다른 코일을 쇄교하는 비율을 나타낸다는 것을 알 수 있다. 즉, **결합계수는 두 코일 사이의 자기적인 결합의 척도**를 나타낸다. 결합계수의 값이 크다는 것은 두 코일이 물리적으로 가깝게 위치하고 있다는 것을 의미하며, 결합계수가 1에 가까운 두 코일은 강하게 결합(tightly coupled)되었다고 한다.

예제 10.8

그림에서 상호인덕턴스 M과 $t=0$에서 시스템에 저장된 총 에너지를 구하라. 단, $i_1(t) = 20\cos(100t - 60°)$[mA], $i_2(t) = 10\cos(100t - 60°)$[mA], 코일에 표기된 인덕턴스는 [H]의 단위를 가지는 값이다.

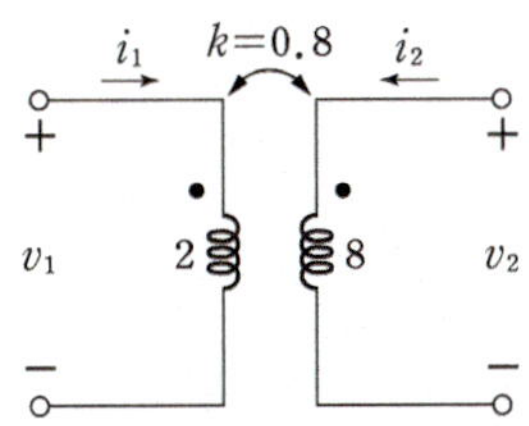

풀이

1) 먼저 상호인덕턴스를 구한다.

$$k = \frac{M}{\sqrt{L_1 L_2}} \rightarrow M = k\sqrt{L_1 L_2} = 3.2[\text{H}]$$

2) $t=0$에서 시스템에 저장된 총 에너지는 다음과 같이 구할 수 있다. 두 전류가 모두 점이 표시된 쪽으로 흘러 들어가므로 식 (10.50)으로부터 총 에너지는 다음과 같다.

$$w(t) = \frac{1}{2}L_1 i_1^2(t) + \frac{1}{2}L_2 i_2^2(t) + Mi_1(t)i_2(t)$$

그리므로, $t=0$에서 시스템에 저장된 총 에너지는

$$\begin{aligned} w(0) &= \frac{1}{2}\times 2\times(20\cos(-60°))^2 + \frac{1}{2}\times 8\times(10\cos(-60°))^2 \\ &\quad + 3.2\times(20\cos(-60°))\times(10\cos(-60°) \\ &= 240[\mu\text{J}] \end{aligned}$$

예제 10.9

그림에서 k, L_1, L_2, M을 구하라. 그리고 $t = 1$[s]에서 결합된 코일에 저장된 총 에너지를 구하라. 단, $\omega = 4$[rad/s]이고, 각 소자에 표기된 값은 전압은 [V], 임피던스는 [Ω]의 단위를 가지는 값이다.

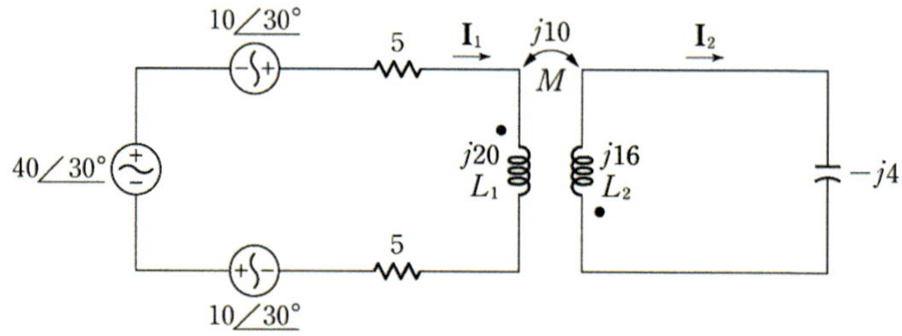

풀이

1) $\omega = 4$[rad/s]이므로, 페이저의 표기를 시간영역의 값으로 변환하면 다음과 같이 구할 수 있다.

$$L_1 = \frac{j20}{j4} = 5[\text{H}],\ L_2 = \frac{j16}{j4} = 4[\text{H}],\ M = \frac{j10}{j4} = 2.5[\text{H}] \rightarrow k = \frac{M}{\sqrt{L_1 L_2}} = 0.56$$

2) $i_1(t)$와 $i_2(t)$는 다음과 같이 망로해석법으로 구할 수 있다.

두 망로에 KVL을 적용하면 다음의 두 식을 얻는다.

$$(10 + j20)\mathbf{I}_1 + j10\mathbf{I}_2 = 60\angle 30°$$

$$j10\mathbf{I}_1 + (j16 - j4)\mathbf{I}_2 = 0$$

$$\rightarrow i_1(t) = 3.9\cos(4t - 19.4°)[\text{A}],\ i_2(t) = 3.254\cos(4t + 160.6°)[\text{A}]$$

3) $t = 1$[s]에서 시스템에 저장된 총 에너지는 다음과 같이 구할 수 있다. 두 전류가 모두 점이 표시된 쪽으로 흘러 들어가므로 식 (10.50)으로부터 총 에너지는 다음과 같다.

$$w(t) = \frac{1}{2}L_1 i_1^2(t) + \frac{1}{2}L_2 i_2^2(t) + Mi_1(t)i_2(t)$$

그리므로, $t = 1$[s]에서 시스템에 저장된 총 에너지는

$$w(1) = 20.73[\text{J}]$$

10.8 선형 변압기

자기결합의 특성을 이용한 실제 장치로 **변압기(transformer)**가 있다. **변압기는 용어 자체가 의미하는 그대로 전압 혹은 전류를 가변할 수 있는 기기 혹은 장치**이다. 여기서는 변압기에 대하여 살펴본다.

변압기는 자기적으로 결합된 두 개 혹은 그 이상의 코일을 가지는 기기 혹은 장치로, 통상적으로 회로 해석의 측면에서는 두 개의 코일이 결합되어 네 개의 단자를 가지는 변압기가 가장 일반적이다. 그러나 실제 변압기는 그림 10.14에 제시하였듯이 여러 개의 코일이 결합되어 여러 개의 단자를 통해서 다양한 전압을 유도할 수 있다.

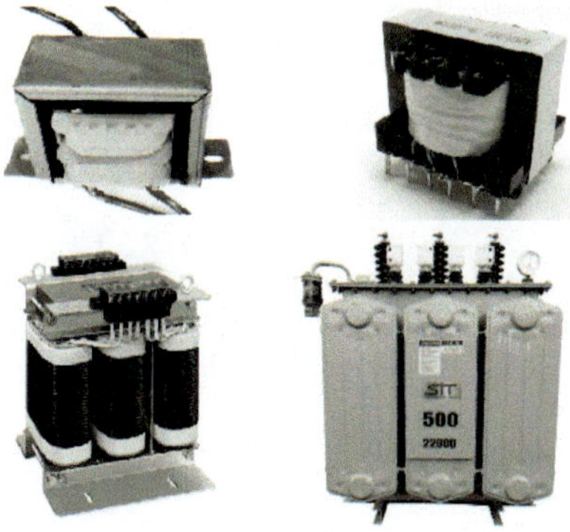

| 그림 10.14 | 여러 가지 변압기

두 개의 코일이 결합되어 네 개의 단자를 가지는 변압기 회로의 예를 그림 10.15에 보였다.

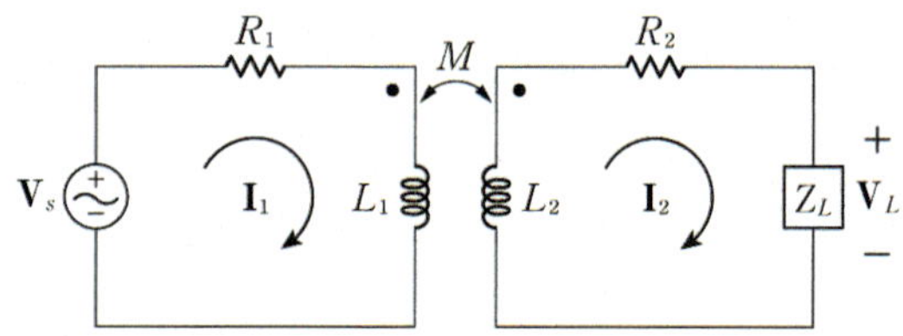

| 그림 10.15 | 변압기 회로의 예

그림 10.15에서 전원 측에 연결된 코일을 1차 권선, 부하 측에 연결된 코일을 2차 권선이라고 하며, L_1과 L_2를 각각 1차 및 2차 코일의 인덕턴스라고 한다. 저항 R_1과 R_2는 각각 1차 측과 2차 측의 코일 저항 혹은 손실 등을 나타낸다. 그리고 변압기에 자성재료가 사용되면 자속과 전류의 관계가 비선형이 되는데, 여기서는 변압기에 자성재료가 사용되지 않은 선형 변압기를 가정한다. 즉, **코일이 자기적으로 선형인 물질에 감겨져 있는 변압기를 선형 변압기**라고 한다.

이제 두 망로에 KVL을 적용하여 망로 방정식을 유도하면 다음과 같다.

$$\mathrm{V}_s = (R_1 + j\omega L_1)\mathrm{I}_1 - j\omega M\mathrm{I}_2 \qquad (10.56)$$

$$0 = (R_2 + j\omega L_2 + \mathrm{Z}_L)\mathrm{I}_2 - j\omega M\mathrm{I}_1 \qquad (10.57)$$

식 (10.56)과 (10.57)을 간략히 표현하기 위하여 다음과 같이 Z_{11}과 Z_{22}를 도입하면, 다음과 같이 표현할 수 있다.

$$\mathrm{Z}_{11} = R_1 + j\omega L_1,\ \mathrm{Z}_{22} = R_2 + j\omega L_2 + \mathrm{Z}_L \qquad (10.58)$$

식 (10.56)과 (10.57)은 다음과 같이 다시 쓸 수 있다.

$$V_s = Z_{11}I_1 - j\omega MI_2 \quad (10.59)$$

$$0 = -j\omega MI_1 + Z_{22}I_2 \quad (10.60)$$

그러므로 회로의 입력 임피던스는 다음과 같이 유도된다.

$$Z_{in} = \frac{V_s}{I_1} = Z_{11} - \frac{(j\omega)^2M^2}{Z_{22}} \quad (10.61)$$
$$= Z_{11} + \frac{\omega^2M^2}{R_{22}+jX_{22}} = Z_{11} + Z_R$$

여기서,

$$Z_R = \frac{\omega^2M^2}{R_{22}+jX_{22}} \quad (10.62)$$

즉, 입력 임피던스는 결합의 정도와 관련이 있는 상호인덕턴스 M의 값이 증가할 경우에는 Z_{11}보다 식 (10.62)의 양만큼 더 증가하게 된다. 이 값은 2차 측의 임피던스가 1차 측에 반사되어 나타난다고 하여 **반사 임피던스(reflected impedance)**라고 한다. 반사 임피던스는 항상 양의 크기를 가지므로, 변압기에서 2차 측의 존재로 인하여 1차 측의 회로에서는 손실이 증가하게 된다.

예제 10.10

그림에서 $Z_{in} = \frac{V_s}{I}$**을 구하라. 그림에서** $\omega = 5[\mathrm{rad/s}]$**이고,** $V_S = 50\angle 60°$[V], $Z_1 = 60 - j100[\Omega]$, $Z_2 = 30 + j40[\Omega]$, $Z_L = 80 + j60[\Omega]$, $L_1 = 4[\mathrm{H}]$, $L_2 = 8[\mathrm{H}]$, $M = 1[\mathrm{H}]$**이다.**

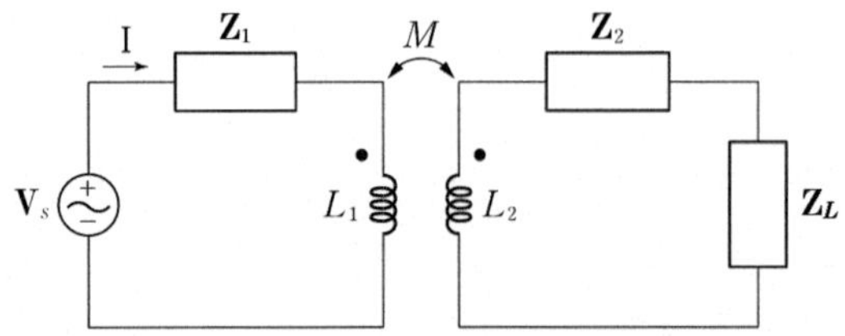

풀이

1) 먼저 L_1, L_2, M의 페이저 값을 구한다:

$L_1 \to j20[\Omega]$, $L_2 \to j40[\Omega]$, $M \to j5[\Omega]$

2) Z_{in}은 식 (10.61)로부터 다음과 같이 구할 수 있다:

$$\begin{aligned} Z_{in} &= \frac{V_s}{I} = Z_{11} - \frac{(j\omega)^2 M^2}{Z_{22}} \\ &= Z_1 + j20 + \frac{5^2}{j40 + Z_2 + Z_L} = 60 - j100 + j20 + \frac{25}{110 + j140} \\ &= 60.1 - j80.1 = 100.1\angle -53.1°[\Omega] \end{aligned}$$

이제 이상적인 선형 변압기를 살펴보자. 이상적인 선형 변압기를 간단히 **이상적인 변압기(ideal transformer)**라고 한다. 이상적인 변압기는 1차측 및 2차측의 자기인덕턴스가 매우 큰 경우로, 결합계수가 1인 경우이다. 즉, **이상적인 변압기는 1차측 및 2차측 코일의 자기인덕턴스가 무한대로 완전 결합된 무손실 변압기**이다. 넓은 주파수대에 걸쳐서 잘 설계된 철심 변압기가 여기에 해당한다.

이상적인 변압기에서는 1차측 및 2차측의 코일에 감긴 코일의 권선수 비인 권선비(turn ratio)라는 용어가 중요하게 사용된다.

그림 10.16에 1차측 및 2차측의 권선수가 각각 N_1과 N_2의 이상적인 변압기인 철심 변압기를 보여주고 있다.

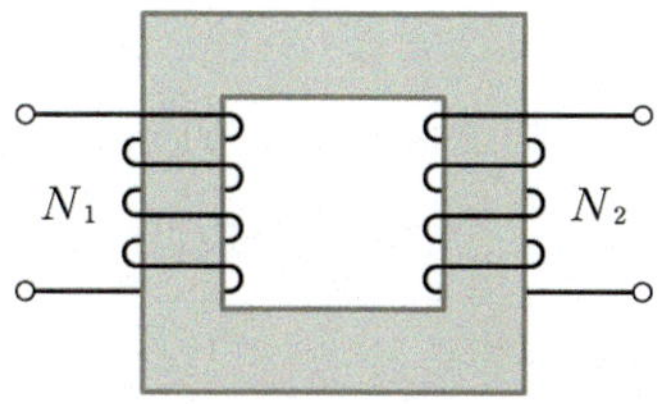

| 그림 10.16 | 권선수가 N_1과 N_2인 이상적인 변압기

그림 10.17은 부하가 연결된 이상적인 변압기를 보여주고 있다.

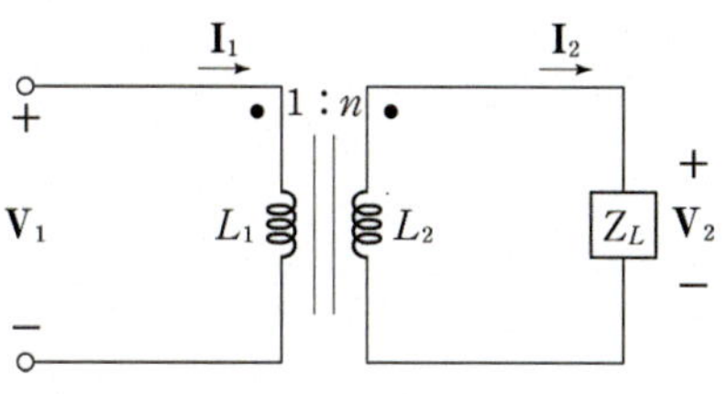

| 그림 10.17 | 부하가 연결된 이상적인 변압기

그림 10.17에서 두 코일 사이의 실선은 자기 결합된 두 코일이 이상적으로 결합된 이상적인 변

압기를 의미하고, n은 권선비로 다음과 같다. 권선비는 변압비라고도 한다.

$$n = \frac{N_2}{N_1} \tag{10.63}$$

전자기유도에 의해 회로 내에 유발되는 전압의 크기는 코일 속을 지나는 자속의 시간적 변화율과 코일의 감은 횟수에 비례한다는 패러데이의 유도법칙(Faraday's law of induction)에 의해 다음의 두 식이 성립한다.

$$v_1 = N_1 \frac{d\phi_1}{dt} \tag{10.64}$$

$$v_2 = N_2 \frac{d\phi_2}{dt} \tag{10.65}$$

이상적인 변압기에서 두 코일을 통해 흐르는 자속이 동일하므로 식 (10.66)이 유도된다.

$$\frac{v_2}{v_1} = \frac{N_2}{N_1} = n \tag{10.66}$$

즉, 2차측 코일에 유도되는 전압의 크기는 권선비에 비례한다. 따라서 n이 1보다 큰 변압기는 2차측의 전압이 1차측의 공급 전압보다 더 크게 유도되므로 **승압 변압기(step-up transformer)**라고 하고, n이 1보다 작은 변압기는 2차측의 전압이 1차측의 공급 전압보다 더 작게 유도되므로 **강압 변압기(step-down transformer)**라고 한다.

그리고 무손실의 이상적인 변압기에서 1차측에서 공급되는 에너지는 모두 2차측에 흡수되므로 다음의 식 (10.67)이 성립한다.

$$i_1 v_1 = i_2 v_2 \tag{10.67}$$

식 (10.66)과 (10.67)을 페이저로 표현하면 다음과 같다.

$$\frac{\mathbf{V}_2}{\mathbf{V}_1} = \frac{N_2}{N_1} = n = \frac{\mathbf{I}_1}{\mathbf{I}_2} \tag{10.68}$$

즉, 2차측 코일에 흐르는 전류의 크기는 권선비에 반비례한다.

다음으로 입력 임피던스를 구해보자. 입력 임피던스는 입력 전압에 대한 입력 전류의 비이므로 다음과 같다.

$$Z_{in} = \frac{V_1}{I_1} = \frac{1}{n^2}\frac{V_2}{I_2} = \frac{Z_L}{n^2} \tag{10.69}$$

즉, 이상적인 변압기의 입력 임피던스는 부하 임피던스에 비례하며, 그 비례 상수는 권선비의 제곱의 역수이다.

지금까지 살펴 본 내용만으로도 이상적인 변압기를 사용할 경우 권선비의 조정을 통하여 2차측의 전압과 전류를 조정할 수 있으며, 임피던스 또한 조정할 수 있다는 것을 알 수 있다. 그러나 이상적인 변압기의 조건 중에서 L_1과 L_2가 무한히 커야된다는 조건, 부하 임피던스가 $j\omega L_2$에 비하여 무시할 수 있을 정도로 작아야만 식 (10.69)가 만족된다는 점도 주의해야 할 부분이다. 이러한 고려사항은 상기 식들을 유도하는 상세과정을 통하여 확인할 수 있지만, 여기서는 생략한다.

그림 10.17의 회로에서 두 개의 망로 방정식을 유도하면 다음과 같다.

$$V_1 = j\omega L_1 I_1 - j\omega M I_2 \tag{10.70}$$

$$0 = -j\omega M I_1 + (Z_L + j\omega L_2) I_2 \tag{10.71}$$

식 (10.70) 및 (10.71)로부터 입력 임피던스를 구하면 다음과 같이 유도된다.

$$\begin{aligned} Z_{\in} &= j\omega L_1 + \frac{\omega^2 M^2}{Z_L + j\omega L_2} \\ &= j\omega L_1 + \frac{\omega^2 L_1 L_2}{Z_L + j\omega L_2} \\ &= j\omega L_1 + \frac{\omega^2 n^2 L_1^2}{Z_L + j\omega n^2 L_1} \\ &= \frac{j\omega L_1 Z_L}{Z_L + j\omega n^2 L_1} \\ &= \frac{Z_L}{Z_L / j\omega L_1 + n^2} \end{aligned} \tag{10.72}$$

식 (10.72)로부터 (10.69)는 이상적인 변압기의 특징에 추가하여 $j\omega L_1$이 Z_L에 비하여 매우 커야 한다는 조건이 요구된다. 따라서 부하임피던스가 아주 클 경우에는 이상적인 변압기 모델을 사용할 수가 없다.

예제 10.11

그림에서 부하저항 R_L에서 소비하는 평균전력을 구하라. 단, $v_s = 50\cos(100t - 45°)[\mathrm{V_{rms}}]$, $R_s = 10[\Omega]$, $R_L = 1[\mathrm{k}\Omega]$**이다.**

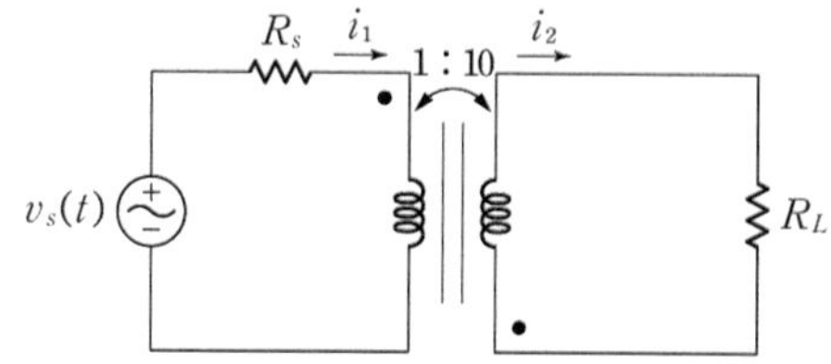

풀이

1) 이상적인 변압기이므로, 입력임피던스는 다음과 같다:

$$\mathrm{Z}_{in} = \frac{\mathrm{Z}_L}{n^2} = \frac{1000}{100} = 10[\Omega]$$

2) I_1으로부터 I_2를 구하면 다음과 같다:

$$\mathrm{I}_1 = \frac{50}{10+10} = 2.5[\mathrm{A_{rms}}] \rightarrow \mathrm{I}_2 = \frac{\mathrm{I}_1}{n} = 250[\mathrm{mA_{rms}}]$$

3) R_L에서 소비하는 평균전력은 다음과 같다:

$$P = R_L|\mathrm{I}_2|^2 = 6.25[\mathrm{W}]$$

예제 10.12

이상적인 변압기의 정격이 4400/220[V], 13.2[kVA]**이고,** 2**차측 권선수는** 10**이다.** 1**차측의 권선수와** 2**차측의 정격전류를 구하라.**

풀이

1) 정격이 4400/220[V]인 이상적인 변압기이므로, $\mathrm{V}_1 = 4400[\mathrm{V}]$, $\mathrm{V}_2 = 220[\mathrm{V}]$, 즉 강압변압기이다. 따라서 권선비는 다음과 같다:

$$n = \frac{\mathrm{V}_2}{\mathrm{V}_1} = 0.05$$

2) 그러므로 1차측의 권선수는 다음과 같다:

$$N_1 = \frac{10}{0.05} = 200\text{회}$$

3) 2차측의 정격전류는 다음과 같다:

$$13200 = \mathrm{V}_1\mathrm{I}_1 = \mathrm{V}_2\mathrm{I}_2 \rightarrow \mathrm{I}_2 = \frac{13200}{220} = 60[\mathrm{A}]$$

두 개 이상의 코일에 의한 자기 결합회로의 해석은 다소 복잡할 수 있다. 이러한 복잡한 해석을 간편하게 하기 위하여 자기결합된 회로를 자기결합이 없는 회로로 변경하는 방법을 살펴보자. 먼저 선형 변압기의 등가회로를 그림 10.18과 같이 가정한다.

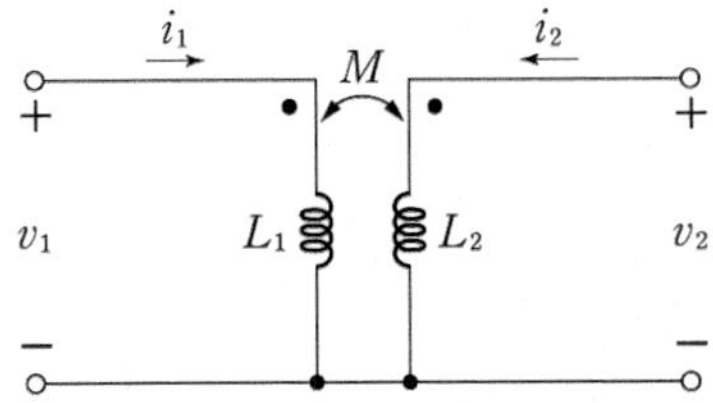

| 그림 10.18 | 선형 변압기의 등가회로

그림 10.18의 회로에서 앞의 과정을 반복하면 다음의 식을 얻을 수 있다.

$$v_1 = L_1\frac{di_1}{dt} + M\frac{di_2}{dt} \tag{10.73}$$

$$v_2 = M\frac{di_1}{dt} + L_2\frac{di_2}{dt} \tag{10.74}$$

식 (10.73)과 (10.74)는 페이저를 사용하여 다음과 같이 행렬로 표현할 수 있다.

$$\begin{bmatrix} \mathrm{V}_1 \\ \mathrm{V}_2 \end{bmatrix} = \begin{bmatrix} j\omega L_1 & j\omega M \\ j\omega M & j\omega L_2 \end{bmatrix} \begin{bmatrix} \mathrm{I}_1 \\ \mathrm{I}_2 \end{bmatrix} \tag{10.75}$$

이제 그림 10.18을 그림 10.19의 등가회로로 변경하고, 식 (10.75)의 행렬식을 구해보자. 그림 10.19 (a)를 T형 등가회로라고 하고, 그림 10.19 (b)를 Π형 등가회로라고 한다.

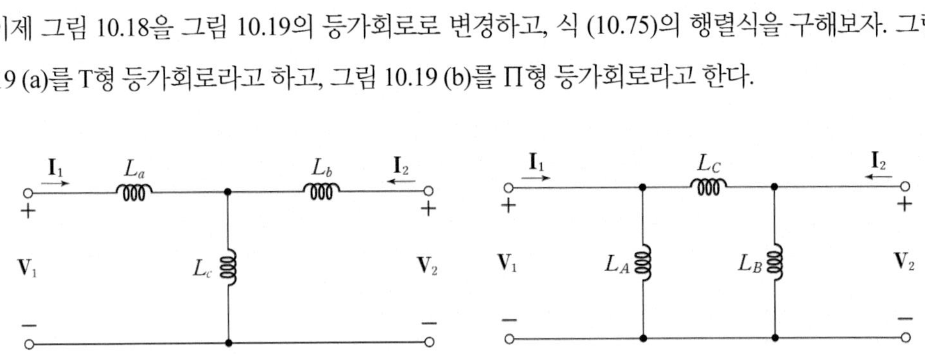

(a) T형 등가회로 (b) Π형 등가회로

| 그림 10.19 | 그림 10.18의 두 가지 등가회로

그림 10.19 (a)에서 식 (10.75) 형태의 행렬식을 유도하면 다음과 같다.

$$\begin{bmatrix} V_1 \\ V_2 \end{bmatrix} = \begin{bmatrix} j\omega(L_a + L_c) & j\omega L_c \\ j\omega L_c & j\omega(L_b + L_c) \end{bmatrix} \begin{bmatrix} I_1 \\ I_2 \end{bmatrix} \tag{10.76}$$

행렬식 (10.75)와 (10.76)을 등가로 두면, 다음의 식을 유도할 수 있다.

$$L_a = L_1 - M\ , \quad L_b = L_2 - M\ , \quad L_c = M \tag{10.77}$$

즉, 자기결합된 그림 10.18을 자기 결합이 되지 않은 그림 10.19 (a)로 등가 변환하여 해석할 수 있으며, 이 경우 L_a, L_b, L_c는 식 (10.77)과 같다. 그림 10.18에서 점의 위치에 따라 M의 부호가 변경될 수 있으며, 만약 M이 음의 값으로 바뀌면 이것은 물리적인 인덕턴스의 값이 음이라는 의미가 아니라, 수학적인 등가 모형에서 음의 값을 가진다는 의미이다.

조금 더 복잡하긴 하지만, 그림 10.19 (b)에서 앞의 과정을 반복하면 다음의 관계식을 얻을 수 있다.

$$L_A = \frac{L_1 L_2 - M^2}{L_2 - M} \tag{10.78}$$

$$L_B = \frac{L_1 L_2 - M^2}{L_1 - M}$$

$$L_C = \frac{L_1 L_2 - M^2}{M}$$

즉, 자기결합된 그림 10.18을 자기 결합이 되지 않은 T형 및 Π형 등가회로로 변경하여 해석해도 동일한 결과를 얻을 수 있다.

예제 10.13

그림의 선형 변압기를 T 등가회로로 변경하라. 단, 코일에 표기된 인덕턴스는 [mH]의 단위를 가지는 값이다.

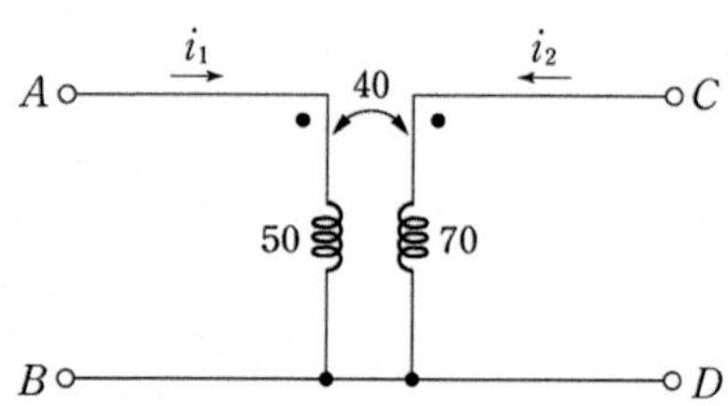

풀이

그림 10.19 (a)의 T 등가회로를 얻기 위하여 식 (10.77)을 사용한다.

$L_a = L_1 - M = 50 - 40 = 10$[mH]

$L_b = L_2 - M = 70 - 40 = 30$[mH]

$L_c = M = 40[\text{mH}]$

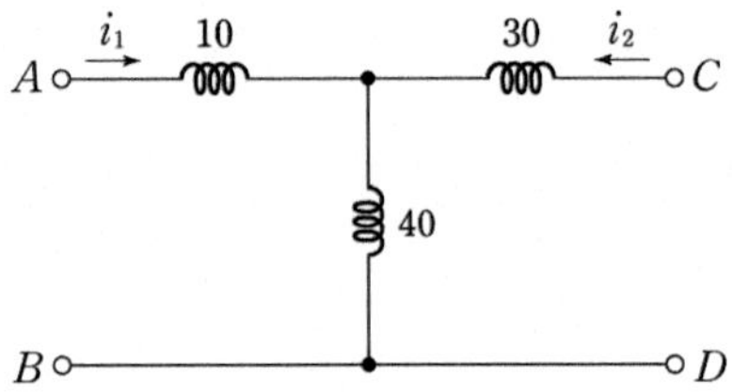

연습문제

1 $V_{ab} = 100\angle 0°[V]$, $V_{bd} = 40\angle 80°[V]$, $V_{ca} = 70\angle 200°[V]$일 때, 다음을 구하라.

① V_{ad}　　② V_{bc}

③ V_{cd}

2 $V_{cn} = 110\angle 200°[V_{rms}]$일 때, 정상순의 3상 전원 V_{an}과 V_{bn}을 구하라.

3 그림 P3에서 공급전력 P_{an}, P_{nb} 및 부하에서 소비하는 전력 $P_{50\Omega}$, $P_{100\Omega}$, $P_{20+j10\Omega}$을 구하라. 단, $f=60$[Hz]이고, 각 소자에 표기된 값은 전압은 $[V_{rms}]$, 임피던스는 $[\Omega]$의 단위를 가지는 값이다.

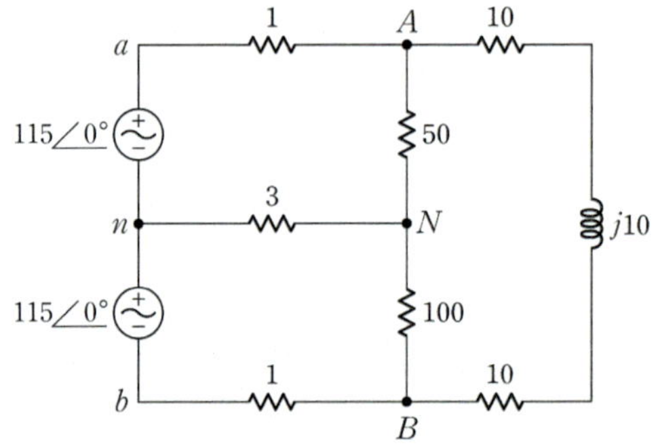

| 그림 P3 |

4 선전압이 $300[V_{rms}]$인 평형 3상 Y-Y 결선 시스템에서 평형의 부하에 공급되는 전체 평균전력이 1200[W]이다. 각 상의 역률이 0.9의 앞선 역률일 때, 하나의 상이 가지는 부하 임피던스를 구하라.

5 2021년 전기/전기공사 **선간전압이** 150[V], **선전류가** $10\sqrt{3}$[A], **역률이** 80[%]**인 평형** 3**상 유도성 부하로 공급되는 무효전력**([VAR])**은?**

① 3600 ② 3000

③ 2700 ④ 1800

6 2021년 전기/전기공사 △-**결선된 대칭** 3**상 부하가** 0.5 [Ω]**인 저항만의 선로를 통해 평형** 3**상 전압원에 연결되어 있다. 이 부하의 소비전력이** 1,800[W]**이고 역률이** 0.8(**지상**)**일 때, 선로에서 발생하는 손실이** 50[W]**이면 부하의 단자전압**[V]**의 크기는?**

① 627 ② 525

③ 326 ④ 225

7 2021년 전기 **동일한 저항** R [Ω] 6**개를 그림과 같이 결선하고 대칭** 3**상 전압** V [V]**를 가하였을 때 전류** I [A]**의 크기는?**

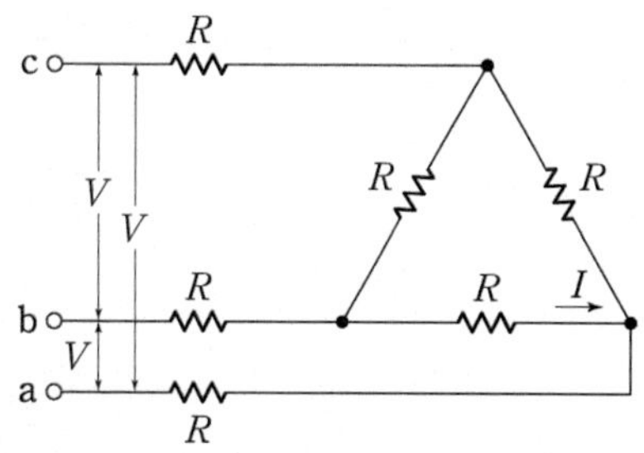

| 그림 P7 |

① V/R ② $V/2R$

③ $V/4R$ ④ $V/5R$

8 2022년 전기 **그림과 같은 부하에 선간전압이 $V_{ab} = 100\angle 30°$(V)인 평형 3상 전압을 가했을 때 선전류 I_a(A)는?**

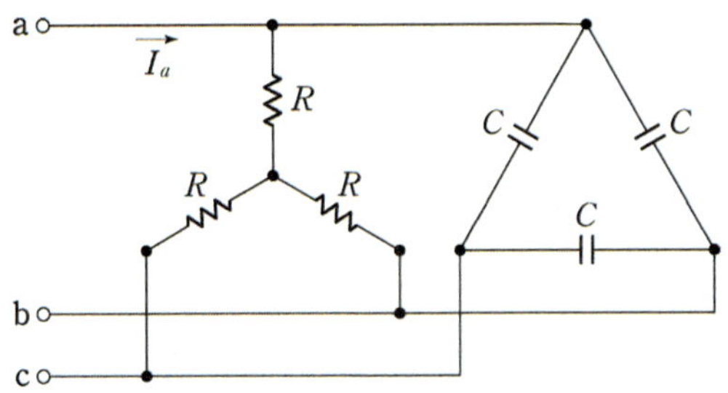

| 그림 P8 |

① $\frac{100}{\sqrt{3}}(\frac{1}{R}+j3\omega C)$ ② $100(\frac{1}{R}+j\sqrt{3}\omega C)$

③ $\frac{100}{\sqrt{3}}(\frac{1}{R}+j\omega C)$ ④ $100(\frac{1}{R}+j\omega C)$

9 2022년 공무원 **다음 회로에서 단자 a, b, c 간에 대칭 3상 선간전압 120 [V]가 인가될 때, 선전류 I_L [A]의 크기는?**

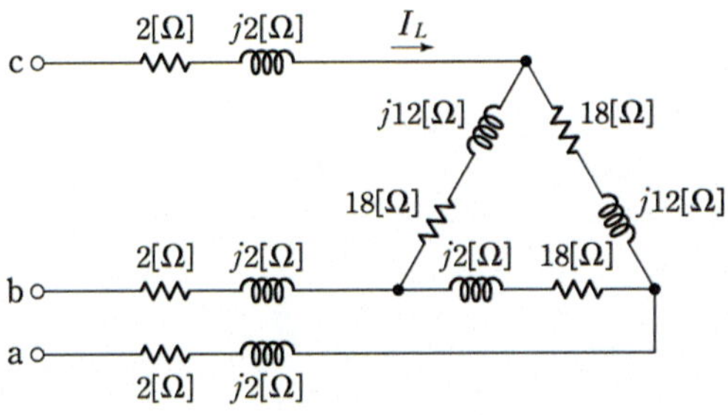

| 그림 P9 |

① $2\sqrt{3}$ ② 4

③ $4\sqrt{3}$ ④ 12

10 2022년 공무원 다음 회로에서 $\frac{I_2}{I_1}$는? (단, I_1과 I_2는 i_1과 i_2의 페이저이다)

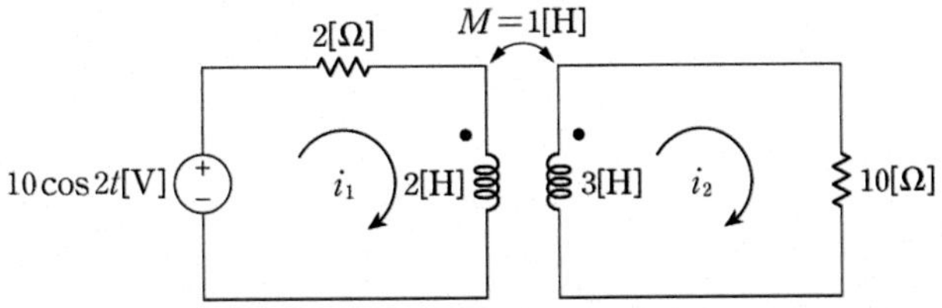

| 그림 P10 |

① $\frac{2}{3}$

② $\frac{3}{2}$

③ $\frac{1}{3-j5}$

④ $3-j5$

CHAPTER 11

라플라스 변환과 회로해석

학습목표

❶ 복소 주파수의 개념을 이해할 수 있다.
❷ 라플라스 변환과 주요 특징을 이해할 수 있다.
❸ 주요 함수의 라플라스 변환 함수를 구할 수 있다.
❹ 주요 라플라스 변환 함수를 시간 영역의 함수로 역변환할 수 있다.
❺ 라플라스 변환, 역변환 쌍을 이용하여 RLC 회로를 해석할 수 있다.

11.1 복소 주파수

페이저를 다루면서 이미 복소 주파수의 일부 개념이 소개되었다. 즉, 페이저에서 주파수, 즉 라디안 주파수는 복소수의 허수부임을 알고 있다. 여기서는 이를 일반화한 경우를 살펴본다.

다음의 지수 감쇠 정현파 함수를 고려하자.

$$\begin{aligned} v(t) &= V_m e^{\sigma t}\cos(\omega t+\theta) \\ &= \frac{1}{2}V_m e^{\sigma t}\left(e^{j(\omega t+\theta)}+e^{-j(\omega t+\theta)}\right) \\ &= \frac{1}{2}V_m e^{j\theta}e^{(\sigma+j\omega)t}+\frac{1}{2}V_m e^{-j\theta}e^{(\sigma-j\omega)t} \\ &= \mathrm{K}_1 e^{\mathrm{s}_1 t}+\mathrm{K}_2 e^{\mathrm{s}_2 t} \end{aligned} \tag{11.1}$$

여기서,

$$\mathrm{K}_1=\frac{1}{2}V_m e^{j\theta},\ \mathrm{K}_2=\frac{1}{2}V_m e^{-j\theta}=\mathrm{K}_1^* \tag{11.2}$$

$$\mathrm{s}_1=\sigma+j\omega,\ \mathrm{s}_2=\sigma-j\omega=\mathrm{s}_1^* \tag{11.3}$$

식 (11.3)에서 s_1과 s_2를 **복소 주파수(complex frequency)**라고 하며, 지수적으로 변하는 정현파를 표현하는데 사용된다. 그리고 σ는 복소 주파수의 실수부로 네퍼 주파수(neper frequency)라고 하고, ω는 복소 주파수의 허수부로 라디안 주파수(radian frequency)라고 하며, 이들의 단위는 각각 [nepers/s], [rad/s]이다. 따라서 복소 주파수의 단위는 [complex nepers / s], 즉 초당 복소 네퍼이다.

이제 식 (11.1)의 특수한 경우를 살펴보자.

1) $\sigma = \omega = 0$

이 경우의 전압은 다음의 식으로 요약된다.

$$v(t) = V_m \cos\theta = V[\mathrm{V}] \tag{11.4}$$

식 (11.4)에서 알 수 있듯이 $\sigma = \omega = 0$인 경우는 직류 전원으로, 복소 주파수는 0이다.

2) $\sigma = 0$

이 경우의 전압은 다음의 식으로 요약된다.

$$v(t) = V_m \cos(\omega t + \theta)[\mathrm{V}] \tag{11.5}$$

식 (11.5)에서 알 수 있듯이 $\sigma = 0$인 경우는 정현파 전원으로, 복소 주파수는 $j\omega$이다.

3) $\omega = 0$

이 경우의 전압은 다음의 식으로 요약된다.

$$v(t) = V_m e^{\sigma t} \cos\theta = V e^{\sigma t}[\mathrm{V}] \tag{11.6}$$

식 (11.6)에서 알 수 있듯이 $\omega = 0$인 경우는 지수 함수 전원으로, 복소 주파수는 $\sigma + j0$이다.

11.2 라플라스 변환

시간 영역의 회로 함수식을 먼저 주파수 영역으로 변환하여 해석한 후에 다시 시간 영역의 함수로 변환하는 회로 해석으로 페이저의 개념을 살펴 보았다. 그러나 페이저에서는 시간 영역의 함수에서 시간(t)이 포함된 항 등을 버리고 특정 부분만 취해서 주파수 영역으로 해석하는 과정을 거쳤다. 따라서 페이저에 의한 방법은 정현파가 아닌 다소 복잡한 교류 전원이 포함된 회로의 해석에는 사용할 수 없다. 여기서는 회로 해석은 물론 자동제어, 미분방정식 등의 분야에서 널리 사용되고 있는 **라플라스 변환(Laplace transform)**에 대하여 학습한다.

라플라스 변환은 프랑스의 천문학자이면서 수학자인 Pierre Simon Laplace (1749–1827)에 의해 처음으로 발표되었으며, 자동제어, 회로이론 등의 미분방정식의 풀이에 널리 응용된다. 라플라스 변환은 시간 영역의 함수를 주파수 영역으로 변환하는 도구이며, 시간영역의 미분방정식이 주파수 영역에서는 사칙연산의 조합인 대수방정식으로 바뀌게 되어 해석과정이 매우 쉽다, 다만, 우리가 원하는 궁극적인 결과는 시간 영역의 함수이므로 주파수 영역에서 해석한 결과는 라플라스 역변환 과정을 통하여 다시 시간 영역의 함수로 변경되어야 하는 어려움은 있다.

회로 해석 분야에 라플라스 변환을 사용할 경우 복잡한 미분방정식이 대수방정식으로 변경되어 해석과정이 용이하다는 장점 외에도 정현파 구동 함수 이외의 다양한 전원에서도 적용할 수 있고, 고유응답과 강제응답, 과도응답과 정장상태응답의 완전응답이 한 번에 모두 구해진다는 장점도 있다.

일반적인 **함수 $f(t)$에 대한 라플라스 변환 및 역변환 식**은 다음과 같이 정의된다.

$$F(s) = \int_{-\infty}^{\infty} e^{-st} f(t) dt \tag{11.7}$$

$$f(t) = \frac{1}{2\pi j} \int_{\sigma_0 - j\infty}^{\sigma_0 + j\infty} e^{st} F(s) ds \tag{11.8}$$

즉, 식 (11.7)은 시간 영역의 일반 함수 $f(t)$를 주파수 영역의 함수 $F(s)$로 변환하는 식이고, 식 (11.8)은 주파수 영역의 $F(s)$를 시간 영역의 함수 $f(t)$로 변환하는 식이다. 특별한 경우가 아닌 이상 이제는 $\mathbf{F}$, $\mathbf{s}$ 와 같이 굵은 글자체로 표현하던 주파수 영역의 함수를 굵은체로 표현하지 않을 것이다. 왜냐하면 표기하는 과정에 불편함이 있으며, 또한 우리가 지금까지 학습한 지식만 가진다면 함수에 표기된 변수가 어떤 내용인지를 대부분 알 수 있기 때문이다.

특별히 식 (11.7)을 **양측(two-sided) 혹은 양방향(bilateral) 라플라스 변환식**이라고 한다. 왜냐하면, 식 (11.7)에서 적분 변수 t의 적분 구간으로 양의 구간은 물론 음의 구간까지를 모두 포함하고 있기 때문이다. 그러나 회로 해석이나 자동제어 등의 응용에서는 $t < 0$인 경우가 존재하지 않거나 의미가 없는 경우가 대부분이다. 다시 말해서 회로 해석의 경우 $t = 0$에서의 초기치 값만 알 수 있다면 그 이전의 시간에 대하여 시간에 따른 시스템의 동작 특성은 중요하지 않다. 그래서 회로 해석이나 자동제어의 경우에는 식 (11.7)의 양측 라플라스 변환식 대신에 다음의 **단측**

(one-sided) **혹은 단방향**(unilateral) **라플라스 변환**을 사용한다. 그러므로 이제 라플라스 변환이라고 하면, 회로 해석의 경우에는 다음과 같이 단측 라플라스 변환을 의미한다는 것을 염두에 두어야 한다.

$$F(s) = \int_{0^-}^{\infty} e^{-st} f(t) dt \tag{11.9}$$

식 (11.9)에서 적분 구간의 하한값으로 0^-를 사용하는 것은 임펄스 함수 등 $t=0$에서 불연속인 함수도 포함하기 위해서이다.

식 (11.8)은 주파수 영역의 라플라스 변환된 함수 $F(s)$를 시간 영역의 함수 $f(t)$로 역변환하는 식으로, 이를 이해하고 구하기 위해서는 복소 해석에 관한 추가적인 지식을 필요로 한다. 그러나 회로 해석의 경우에는 이 식을 실제로 거의 사용하지 않는다. 즉, 라플라스 역변환은 식 (11.8)을 사용하는 대신에 유리함수의 부분분수 전개 등을 통하여 보다 용이하게 구할 수 있는 방법을 택한다.

라플라스 변환 및 역변환 쌍은 간단하게 다음과 같이 표현한다.

$$F(s) = \mathcal{L}[f(t)],\ f(t) = \mathcal{L}^{-1}[F(s)] \tag{11.10}$$

$$f(t) \Leftrightarrow F(s) \tag{11.11}$$

여기서 "모든 시간 함수는 라플라스 변환이 가능한가?"라는 의문이 생길 수 있다. 결론적으로는 모든 함수가 라플라스 변환되지는 않는다. 즉, 라플라스 변환이 존재하기 위해서는 식 (11.9)가 어떤 유한한 값으로 수렴해야 한다. 따라서 **임의의 실수 σ에 대하여 다음의 조건이 만족하는 시간 영역의 함수만이 라플라스 변환이 가능하다.**

$$\int_{0^-}^{\infty} e^{-\sigma t} |f(t)| dt < \infty \tag{11.12}$$

다행스럽게도 회로 해석에 사용되는 대부분의 함수는 식 (11.12)를 만족하므로, 회로 해석에서는 모든 시간 함수가 라플라스 변환된다고 이해하자.

이제 몇 가지 중요한 함수의 라플라스 변환을 구해보자. 먼저 단위 계단함수의 라플라스 변환을 구하면 다음과 같다.

$$\begin{aligned}\mathcal{L}\,[u(t)] &= \int_{0^-}^{\infty} e^{-st}u(t)dt \\ &= \int_{0}^{\infty} e^{-st}dt \\ &= -\frac{1}{s}e^{-st}\Big|_{0}^{\infty} \\ &= \frac{1}{s}\end{aligned} \tag{11.13}$$

즉,

$$u(t) \Leftrightarrow \frac{1}{s} \tag{11.14}$$

다음으로 단위 임펄스함수의 라플라스 변환을 구해보자.

$$\mathcal{L}\,[\delta(t)] = \int_{0^-}^{\infty} e^{-st}\delta(t)dt = e^{-0} = 1 \tag{11.15}$$

즉,

$$\delta(t) \Leftrightarrow 1 \tag{11.16}$$

다음으로 지수함수의 라플라스 변환을 구해보자.

$$\begin{aligned}\mathcal{L}\,[e^{-at}] &= \int_{0^-}^{\infty} e^{-st}e^{-at}dt \\ &= -\frac{1}{s+a}e^{-(s+a)t}\Big|_{0^-}^{\infty} \\ &= \frac{1}{s+a}\end{aligned} \tag{11.17}$$

즉,

$$e^{-at} \Leftrightarrow \frac{1}{s+a} \tag{11.18}$$

예제 11.1

다음 함수의 라플라스 변환을 구하라.

1) **단위 경사함수** $r(t) = tu(t)$

2) **정현함수** $y(t) = \sin\omega t\, u(t)$

풀이

1) $R(s) = \mathcal{L}[tu(t)] = \int_{0^-}^{\infty} te^{-st}dt$

부분적분으로 구할 수 있다: $\int udv = uv - \int vdu$, 여기서, $u = t$, $dv = e^{-st}dt$

그러므로, $\mathcal{L}[tu(t)] = t\dfrac{e^{-st}}{-s}\Big|_0^{\infty} - \int_0^{\infty}\dfrac{e^{-st}}{-s}dt = \dfrac{1}{s^2}$

2)

$$
\begin{aligned}
Y(s) &= \mathcal{L}[\sin\omega t\, u(t)] = \int_0^{\infty}\sin\omega t\, e^{-st}dt \\
&= \int_0^{\infty}\frac{e^{j\omega t} - e^{-j\omega t}}{2j}e^{-st}dt \\
&= \frac{1}{2j}\left(\frac{1}{s - j\omega} - \frac{1}{s + j\omega}\right) \\
&= \frac{\omega}{s^2 + \omega^2}
\end{aligned}
$$

11.3 라플라스 변환의 성질

시간 영역에서의 미분 방정식을 주파수 영역에서의 대수 방정식으로 바꿀 수 있는 라플라스 변환은 교류회로의 해석에서 매우 중요하게 사용된다. 여기서는 라플라스 변환 및 그 역변환에 널리 사용될 라플라스 변환의 여러 가지 성질을 알아본다.

1) 선형성 (linearity)

$f_1(t)$와 $f_2(t)$의 라플라스 변환을 각각 $F_1(s)$, $F_2(s)$라고 할 때, 라플라스 변환은 다음의 선형 특성을 만족한다.

$$
\mathcal{L}[a_1 f_1(t) \pm a_2 f_2(t)] = a_1 F_1(s) \pm a_2 F_2(s) \tag{11.19}
$$

여기서 a_1과 a_2는 상수이다. 선형성의 특성을 다음의 두 식과 같이 상수 곱과 두 함수의 덧셈, 뺄셈 특성으로 구분하기도 한다. 식 (11.20)에서 k는 상수이다.

$$\mathcal{L}[kf(t)] = kF(s) \tag{11.20}$$

$$\mathcal{L}[f(t) \pm g(t)] = F(s) \pm G(s) \tag{11.21}$$

2) 시간 미분 (time differentiation)

어떤 함수 $f(t)$의 시간 도함수 $f'(t)$의 라플라스 변환은 다음과 같다.

$$\mathcal{L}[f'(t)] = sF(s) - f(0^-) \tag{11.22}$$

시간 미분의 특성은 다음과 같이 증명된다.

$$\begin{aligned}\mathcal{L}\left[\frac{df}{dt}u(t)\right] &= \int_{0^-}^{\infty}\frac{df}{dt}e^{-st}dt \\ &= f(t)e^{-st}\Big|_{0^-}^{\infty} - \int_{0^-}^{\infty}f(t)[-se^{-st}]dt \\ &= 0 - f(0^-) + s\int_{0^-}^{\infty}f(t)e^{-st}dt = sF(s) - f(0^-)\end{aligned} \tag{11.23}$$

그리고 함수 $f(t)$의 2차 도함수 $f''(t)$의 라플라스 변환은 다음과 같이 유도된다.

$$\begin{aligned}\mathcal{L}\left[\frac{d^2f}{dt^2}\right] &= s\mathcal{L}[f'(t)] - f'(0^-) = s[sF(s) - f(0^-)] - f'(0^-) \\ &= s^2F(s) - sf(0^-) - f'(0^-)\end{aligned} \tag{11.24}$$

그러므로 함수 $f(t)$의 n차 도함수 $f^{(n)}(t)$의 라플라스 변환은 다음과 같다.

$$\mathcal{L}\left[\frac{d^nf}{dt^n}\right] = s^nF(s) - s^{n-1}f(0^-) - s^{n-2}f'(0^-) - \ldots - sf^{(n-2)}(0^-) - f^{(n-1)}(0^-) \tag{11.25}$$

예제 11.2

$\cos\omega t$의 라플라스 변환을 구하라. 그리고 $\sin\omega t$의 라플라스 변환을 라플라스 변환의 시간 미분 특성으로 유도하라.

풀이

1)

$$\begin{aligned}\mathcal{L}[\cos\omega t] &= \int_{0^-}^{\infty} \cos\omega t\, e^{-st}dt \\ &= \int_{0^-}^{\infty} \frac{e^{j\omega t}+e^{-j\omega t}}{2} e^{-st}dt \\ &= \frac{1}{2}\left(\frac{1}{s-j\omega}+\frac{1}{s+j\omega}\right) \\ &= \frac{s}{s^2+\omega^2}\end{aligned}$$

2) $f(t) = \cos\omega t$이면, $\sin\omega t = -\frac{1}{\omega}f'(t)$이다. 그러므로,

$$\begin{aligned}\mathcal{L}[\sin\omega t] &= -\frac{1}{\omega}\mathcal{L}[f'(t)] = -\frac{1}{\omega}[sF(s)-f(0^-)] \\ &= -\frac{1}{\omega}\left(s\frac{s}{s^2+\omega^2}-1\right) = \frac{\omega}{s^2+\omega^2}\end{aligned}$$

3) 시간 적분 (time integration)

어떤 함수 $f(t)$의 정적분 $\int_0^t f(t)\,dt$의 라플라스 변환은 다음과 같다.

$$\mathcal{L}\left[\int_0^t f(t)dt\right] = \frac{1}{s}F(s) \tag{11.26}$$

이것은 다음과 같이 증명된다.

$$\mathcal{L}\left[\int_0^t f(x)dx\right] = \int_{0^-}^{\infty}\left[\int_0^t f(x)dx\right]e^{-st}dt \tag{11.27}$$

여기서 부분적분을 위하여 임의의 함수 u와 v를 다음과 같이 정의한다.

$$u = \int_0^t f(x)dx,\ du = f(t)dt$$

$$dv = e^{-st}dt,\ v = -\frac{1}{s}e^{-st}$$

이제 식 (11.27)은 다음과 같이 정리된다.

$$\mathcal{L}\left[\int_0^t f(x)dx\right] = \left[\int_0^t f(x)dx\right]\left(-\frac{1}{s}e^{-st}\right)\Big|_{0^-}^{\infty} - \int_0^{\infty}\left(-\frac{1}{s}\right)e^{-st}f(t)dt \tag{11.28}$$
$$= \frac{1}{s}\int_{0^-}^{\infty} f(t)e^{-st}dt = \frac{1}{s}F(s)$$

예제 11.3

식 (11.13)으로부터 u(t)의 라플라스 변환은 $\mathcal{L}[u(t)] = \frac{1}{s}$ 이다. 시간 적분 특성을 사용하여 단위 경사함수의 라플라스 변환을 구하라.

풀이

$\mathcal{L}[t] = \mathcal{L}[\int_0^t u(x)dx] = \frac{1}{s}F(s) = \frac{1}{s}\times\frac{1}{s} = \frac{1}{s^2}$

예제 11.3을 이용하면, $f(t) = t^n$ 의 라플라스 변환은 다음과 같이 유도된다.

$$\mathcal{L}[t^n] = \frac{n!}{s^{n+1}} \tag{11.29}$$

참고로, 적분 $\int_{-\infty}^t f(t)dt$ 의 라플라스 변환은 다음과 같다.

$$\mathcal{L}[\int_{-\infty}^t f(t)dt] = \frac{1}{s}F(s) + \frac{1}{s}\int_{-\infty}^{0^-} f(t)dt \tag{11.30}$$

4) 시간 추이 (time shift)

어떤 함수 $f(t)$의 시간 추이 $f(t-a)u(t-a)$의 라플라스 변환은 다음과 같다. 여기서 $a \geqq 0$ 이다.

$$\mathcal{L}[f(t-a)u(t-a)] = e^{-as}F(s) \tag{11.31}$$

이것은 다음과 같이 증명된다.

$$\mathcal{L}[f(t-a)u(t-a)] = \left[\int_{0^-}^{\infty} f(t-a)u(t-a)e^{-st}dt = \int_{a}^{\infty} f(t-a)e^{-st}dt \right. \tag{11.32}$$
$$= \int_{0^-}^{\infty} f(x)e^{-s(x+a)}dx$$
$$= e^{-as}\int_{0^-}^{\infty} f(x)e^{-sx}dx = e^{-as}F(s)$$

식(11.32)에서 $x = t - a$로 정의하여 $dx = dt$, $t = x + a$를 적용하였고, $t \rightarrow a$일 때 $x \rightarrow 0$이고, $t \rightarrow \infty$ 일 때 $x \rightarrow \infty$를 적용하였다..

5) 주파수 추이 (frequency shift)

어떤 함수 $f(t)$에 지수함수 e^{-at}를 곱한 $e^{-at}f(t)$의 라플라스 변환은 다음과 같다.

$$\mathcal{L}[e^{-at}f(t)] = F(s+a) \tag{11.33}$$

이것은 다음과 같이 증명된다.

$$\mathcal{L}[e^{-at}f(t)u(t)] = \int_{0}^{\infty} e^{-at}f(t)e^{-st}dt \tag{11.34}$$
$$= \int_{0}^{\infty} f(t)e^{-(s+a)t}dt = F(s+a)$$

6) 스케일링 (scaling)

임의의 상수 a에 의하여 스케일링된 함수 $f(at)$의 라플라스 변환은 다음과 같다.

$$\mathcal{L}[f(at)] = \frac{1}{a}F(\frac{s}{a}) \tag{11.35}$$

여기서 a는 $a > 0$인 상수이다. 스케일링 특성은 다음과 같이 증명된다.

$$\mathcal{L}[f(at)] = \int_{0^-}^{\infty} f(at)e^{-st}dt = \int_{0^-}^{\infty} f(x)e^{-x(s/a)}\frac{dx}{a} = \frac{1}{a}\int_{0^-}^{\infty} f(x)e^{-x(s/a)}dx \tag{11.36}$$
$$= \frac{1}{a}F\left(\frac{s}{a}\right)$$

예제 11.4

$\mathcal{L}\,[\cos\omega t] = \dfrac{s}{s^2+\omega^2}$ 일 때, $\cos 2\omega t$의 라플라스 변환을 구하라.

풀이

$\mathcal{L}\,[\cos 2\omega t] = \dfrac{1}{2}\dfrac{(s/2)}{(s/2)^2+\omega^2} = \dfrac{s}{s^2+4\omega^2}$

7) 초기치 정리 (initial value theorem)

어떤 함수 $f(t)$의 초기치는 다음과 같이 그 함수의 라플라스 변환 $F(s)$에 s를 곱한 후, s의 값을 무한대로 접근시킴으로써 구할 수 있다.

$$\lim_{t\to 0^+} f(t) = \lim_{s\to\infty} sF(s) \tag{11.37}$$

이것은 다음과 같이 증명된다. 식 (11.22)로부터,

$$\mathcal{L}\,[\frac{df}{dt}] = sF(s) - f(0^-) = \int_{0^-}^{\infty} e^{-st}\frac{df}{dt}dt \tag{11.38}$$

$$\begin{aligned}\to \lim_{s\to\infty}[sF(s) - f(0^-)] &= \lim_{s\to\infty}\int_{0^-}^{\infty} e^{-st}\frac{df}{dt}dt \\ &= \lim_{s\to\infty}\left[\int_{0^-}^{0^+} e^{-0}\frac{df}{dt}dt + \int_{0^+}^{\infty} e^{-st}\frac{df}{dt}dt\right] \\ &= f(0^+) - f(0^-) + \lim_{s\to\infty}\int_{0^+}^{\infty} e^{-st}\frac{df}{dt}dt \\ &= f(0^+) - f(0^-)\end{aligned} \tag{11.39}$$

8) 최종치 정리 (final value theorem)

어떤 함수 $f(t)$의 최종치는 그 함수의 라플라스 변환 $F(s)$에 s를 곱한 후, s를 0으로 접근시킴으로써 구할 수 있다.

$$\lim_{t\to\infty} f(t) = \lim_{s\to 0} sF(s) \tag{11.40}$$

이것은 다음과 같이 증명된다.

$$\lim_{s\to 0}[sF(s)-f(0^-)] = \lim_{s\to 0}\int_{0^-}^{\infty} e^{-st}\frac{df}{dt}dt \tag{11.41}$$

$$= \int_{0^-}^{\infty} e^{-0}\frac{df}{dt}dt$$

$$= \lim_{t\to\infty}\int_{0^-}^{t} df$$

$$= \lim_{t\to\infty} f(t) - f(0^-)$$

그런데 정현파 함수의 경우 $t\to\infty$ 일 때, 어떤 특정 값으로 수렴하지 않고, +1과 -1 사이를 계속 진동하므로, 최종치 정리는 정현파 함수에는 적용되지 않는다.

라플라스 변환의 주요 성질을 표로 정리하면 표 11.1과 같다.

| 표 11.1 | 라플라스 변환의 주요 성질

$f(t)$	$F(s)$
$f_1(t) \pm f_2(t)$	$F_1(s) \pm F_2(s)$
$kf(t)$	$kF(s)$
$\frac{df}{dt}$	$sF(s)-f(0^-)$
$\frac{d^2f}{dt^2}$	$s^2F(s)-sf(0^-)-f'(0^-)$
$\int_{0^-}^{t} f(t)dt$	$\frac{1}{s}F(s)$
$f(t-a)u(t-a),\ a \ge 0$	$e^{-as}F(s)$
$f(t)e^{-at}$	$F(s+a)$
$tf(t)$	$-\frac{dF(s)}{ds}$
$\frac{f(t)}{t}$	$\int_{s}^{\infty} F(s)ds$
$f(at),\ a \ge 0$	$\frac{1}{a}F\left(\frac{s}{a}\right)$
$f(0^+)$	$\lim_{s\to\infty} sF(s)$
$f(\infty)$	$\lim_{s\to 0} sF(s)$

그리고 주요 함수의 라플라스 변환과 역변환의 쌍을 요약하면 표 11.2와 같다.

| 표 11.2 | 주요 함수의 라플라스 변환 쌍

$f(t)$	F(s)
$\delta(t)$	1
$u(t)$	$\frac{1}{s}$
$tu(t)$	$\frac{1}{s^2}$
$\frac{t^{n-1}}{(n-1)!}u(t),\ n=1, 2, \cdots$	$\frac{1}{s^n}$
$e^{-at}u(t)$	$\frac{1}{s+\alpha}$
$te^{-at}u(t)$	$\frac{1}{(s+\alpha)^2}$
$\frac{t^{n-1}}{(n-1)!}e^{-at}u(t),\ n=1, 2, \cdots$	$\frac{1}{(s+\alpha)^n}$
$\frac{1}{\beta-\alpha}(e^{-at}-e^{-\beta t})u(t)$	$\frac{1}{(s+\alpha)(s+\beta)}$
$\sin\omega t\, u(t)$	$\frac{\omega}{s^2+\omega^2}$
$\cos\omega t\, u(t)$	$\frac{s}{s^2+\omega^2}$
$\sin(\omega t+\theta)u(t)$	$\frac{s\sin\theta+\omega\cos\theta}{s^2+\omega^2}$
$\cos(\omega t+\theta)u(t)$	$\frac{s\cos\theta-\omega\sin\theta}{s^2+\omega^2}$
$e^{-at}\sin\omega t\, u(t)$	$\frac{\omega}{(s+\alpha)^2+\omega^2}$
$e^{-at}\cos\omega t\, u(t)$	$\frac{s+\alpha}{(s+\alpha)^2+\omega^2}$

예제 11.5

다음의 그림은 $f(t) = 3(u(t-2)-u(t-5))$를 나타낸다. 이 함수의 라플라스 변환을 구하라.

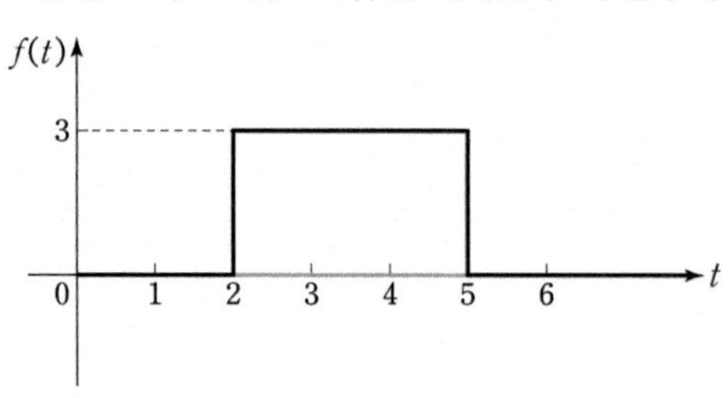

풀이

$$F(s)=\mathcal{L}\left[3(u(t-2)-u(t-5))\right]$$
$$=3\left(\frac{e^{-2s}}{s}-\frac{e^{-5s}}{s}\right)$$
$$=3\left(\frac{e^{-2s}-e^{-5s}}{s}\right)$$

예제 11.6

함수 $f(t) = 5\delta(t)-3u(t)+5e^{-2t}u(t)$의 라플라스 변환을 구하라.

풀이

$$F(s)=\mathcal{L}\left[5\delta(t)-3u(t)+5e^{-2t}u(t)\right]$$
$$=5-\frac{3}{s}+\frac{5}{s+2}$$
$$=\frac{5s^2+12s-6}{s(s+2)}$$

11.4 라플라스 역변환

라플라스 변환에 의하여 시간 영역에 존재하던 미분 혹은 적분의 식들은 모두 덧셈, 뺄셈, 곱셈, 나눗셈의 주파수 영역의 식으로 변경되었다. 그러나 실제로 우리가 얻고자 하는 결과는 시간 영역의 함수이다. 따라서 비록 주파수 영역에서 해석이 완료되었다 하더라도 최종적으로는 시간 영역의 함수로 변환해야 한다. 이 과정에 라플라스 역변환이 요구된다.

라플라스 역변환은 식 (11.8)을 사용하여 구할 수 있다. 그러나 이 식은 복소 함수론 등의 복잡한 수학적 지식을 필요로 한다. 그래서 여기서는 식 (11.8)을 대신하여 보다 쉽게 라플라스 역변환을 할 수 있는 방법을 살펴본다.

만약 라플라스 변환된 함수가 모두 표 11.2와 같은 형태의 함수이면, 누구나 쉽게 표 11.2를 사용하여 라플라스 역변환을 구할 수 있을 것이다. 예를 들어서 주파수 영역의 임의의 함수가 다음과 같다고 하자.

$$F(s)=\frac{1}{s}+\frac{5}{s+4} \tag{11.42}$$

식 (11.42)의 라플라스 역변환은 표 11.2를 참고하여 다음과 같이 쉽게 구할 수 있다.

$$f(t) = (1+5e^{-4t})u(t) \tag{11.43}$$

즉, 주파수 영역에 있는 라플라스 변환 함수의 모든 항들이 표 11.2의 형태를 가지면 쉽게 라플라스 역변환을 찾을 수 있다.

라플라스 변환된 주파수 영역의 함수는 일반적으로 다음과 같이 나타낼 수 있다.

$$F(s) = \frac{N(s)}{D(s)} = \frac{b_m s^m + b_{m-1}s^{m-1} + \cdots + b_1 s + b_0}{s^n + a_{n-1}s^{n-1} + \cdots + a_1 s + a_0} \tag{11.44}$$

여기서 $N(s)$는 분자(numerator) 다항식을 나타내고, $D(s)$는 분모(denominator) 다항식을 나타낸다. 특히 $N(s)=0$는 $F(s)$를 영(zero)으로 만들기 때문에 $N(s)=0$의 근을 **영점(zeros)**이라 하고, 비슷하게 $D(s)=0$의 근을 **극점(poles)**이라 한다. 그리고 $F(s)$를 일반적인 시스템의 전달함수라고 가정하면 $N(s)$의 차수(degree)인 m은 $D(s)$의 차수인 n과 같거나 더 작다. 즉, $n \geq m$이다.

분수, 혹은 다항식의 분수 형태로 표현된 유리함수의 분모가 인수분해될 때, 이 분수나 유리함수를 차수가 더 낮은 간단한 분수나 유리함수의 합이나 차로 나타낼 수 있는데 이것을 **부분분수분해(partial fraction decomposition)** 또는 **부분분수전개(partial fraction expansion)**라고 한다. 부분분수전개를 이용하면 라플라스 역변환을 쉽게 찾을 수 있다. $D(s)$의 근이 다음 세 가지인 경우에 대하여 라플라스 역변환을 찾아보자.

1) 단순 근을 가지는 경우

단순 근(simple roots)은 중근 혹은 그 이상의 중복 근이 아닌 하나의 실수 근(real roots)을 의미한다. 즉, 이 경우에는 식 (11.44)가 다음과 같이 표현된다.

$$F(s) = \frac{b_m s^m + b_{m-1}s^{m-1} + \cdots + b_1 s + b_0}{(s-p_1)(s-p_2)\cdots(s-p_n)} \tag{11.45}$$

여기서 $p_1, p_2, \ldots, p_n$은 서로 다른 실수의 값이다. 즉, $F(s)$가 서로 다른 단순 극을 가지는 경우이다.

$n > m$인 경우, 식 (11.45)는 부분분수전개에 의하여 다음과 같이 표현될 수 있다.

$$F(s) = \frac{k_1}{s-p_1} + \frac{k_2}{s-p_2} + \cdots + \frac{k_n}{s-p_n} \tag{11.46}$$

여기서 $k_1, k_2, \ldots, k_n$은 부분분수전개에 의한 상수이며, $F(s)$의 **유수(residue)**라고 한다. 모

든 유수를 찾기만 하면 라플라스 역변환은 쉽게 구할 수 있다.

이제 유수를 찾는 방법을 살펴보자. 유수를 찾는 방법은 여러 가지가 있다. 먼저 k_1을 구하는 경우를 가정하자. 식 (11.46)의 양변에 $(s-p_1)$을 곱한 후에 식의 양변에 $s=p_1$을 대입하면 우변은 k_1만 남는다. 따라서 k_1은 다음과 같이 구할 수 있다.

$$k_1 = (s-p_1)F(s)|_{s=p_1} \tag{11.47}$$

그러므로 식 (11.46)의 유수 k_i는 다음과 같이 구할 수 있다.

$$k_i = (s-p_i)F(s)|_{s=p_i} \tag{11.48}$$

$\mathcal{L}^{-1}\left[\dfrac{k}{s-p}\right] = ke^{pt}u(t)$를 알고 있으므로, 식 (11.48)에 의해 모든 유수가 구해지면, 식 (11.46)의 라플라스 역변환은 다음과 같다.

$$f(t) = (k_1e^{p_1t} + k_2e^{p_2t} + \cdots + k_ne^{p_nt})u(t) \tag{11.49}$$

예제 11.7

다음 함수의 라플라스 역변환을 구하라.

$$F(s) = \frac{s^2+4s+6}{s^3+6s^2+11s+6}$$

풀이

$F(s)$의 분모를 인수분해하여 부분분수 전개하면 다음과 같다.

$$\begin{aligned}F(s) &= \frac{s^2+4s+6}{(s+1)(s+2)(s+3)} \\ &= \frac{k_1}{s+1}+\frac{k_2}{s+2}+\frac{k_3}{s+3}\end{aligned}$$

$F(s)$의 극점들이 단순 실근을 가지므로 k_1, k_2, k_3는 식(11.48)로 부터 다음과 같이 구할 수 있다.

$$k_1 = (s+1)F(s)|_{s=-1} = \frac{s^2+4s+6}{(s+2)(s+3)}|_{s=-1} = \frac{3}{2}$$

$$k_2 = (s+2)F(s)|_{s=-2} = \frac{4-8+6}{-1} = -2$$

$$k_3 = (s+3)F(s)|_{s=-3} = \frac{9-12+6}{(-2)(-1)} = \frac{3}{2}$$

그러므로, $F(s) = \dfrac{3/2}{s+1}+\dfrac{-2}{s+2}+\dfrac{3/2}{s+3}$

이제 $f(t)$는 표 11.2로 부터 다음과 같이 구할 수 있다.

$$f(t) = \mathcal{L}^{-1}[F(s)] = \left(\frac{3}{2}e^{-t} - 2e^{-2t} + \frac{3}{2}e^{-3t}\right)u(t)$$

2) 중복근을 가지는 경우

먼저 간단하게 $s = p_1$에서 중근을 가지는 경우를 고려하자. 이 경우는 식 (11.44)를 다음과 같이 부분분수전개를 할 수 있다.

$$F(s) = \frac{k_1}{s-p_1} + \frac{k_2}{(s-p_1)^2} + \frac{k_3}{s-p_2} + \frac{k_4}{s-p_3} + \cdots \tag{11.50}$$

식 (11.50)에서 $k_3, k_4, \cdots$는 식 (11.48)을 사용하여 구할 수 있다. 그리고 k_2의 경우에도 다음과 같이 쉽게 구할 수 있다.

$$k_2 = (s-p_1)^2 F(s)\big|_{s=p_1} \tag{11.51}$$

그렇다면 k_1은 어떻게 구할 수 있는가? k_1은 다음과 같이 식 (11.50)의 양변에 $(s-p_1)^2$을 곱한 후, k_2를 제거하기 위하여 양변을 s에 대하여 미분하고, 다시 $s = p_1$을 대입함으로써 구할 수 있다. 즉,

$$k_1 = \frac{d}{ds}\left((s-p_1)^2 F(s)\right)\bigg|_{s=p_1} \tag{11.52}$$

이제 $F(s)$가 r번 반복되는 중복근 p를 가질 경우, 즉, $D(s)$에 $(s-p)^r$을 항으로 가진다면 $F(s)$는 어떻게 부분분수전개하여 라플라스 역변환을 찾을 수 있을지를 살펴보자. $D(s)$에 $(s-p)^r$을 근으로 가지는 경우는 식 (11.44)를 다음과 같이 부분분수전개할 수 있다.

$$F(s) = \frac{k_r}{(s-p)^r} + \frac{k_{r-1}}{(s-p)^{r-1}} + \cdots + \frac{k_2}{(s-p)^2} + \frac{k_1}{(s-p)} + F_1(s) \tag{11.53}$$

식 (11.53)에서 $F_1(s)$는 $s = p$에서 근을 가지지 않는 $F(s)$의 나머지 부분이다. 먼저 k_r은 식 (11.51)을 참고하면 다음과 같이 쉽게 구할 수 있다.

$$k_r = (s-p)^r F(s)\big|_{s=p} \tag{11.54}$$

k_{r-1}은 식 (11.53)의 양변에 $(s-p)^r$을 곱한 후, k_r를 제거하기 위하여 양변을 s에 대하여 미

분하고, 다시 $s=p$를 대입함으로써 구할 수 있다.

$$k_{r-1} = \frac{d}{ds}((s-p)^r F(s))\bigg|_{s=p} \tag{11.55}$$

k_{r-2}는 위 과정을 한 번 더 반복하면 된다. 따라서 k_{r-2}는 다음의 식으로 구할 수 있다.

$$k_{r-2} = \frac{1}{2!}\frac{d^2}{ds^2}((s-p)^r F(s))\bigg|_{s=p} \tag{11.56}$$

같은 방법으로 m번 반복하면 다음과 같이 k_{r-m}을 구할 수 있다.

$$k_{r-m} = \frac{1}{m!}\frac{d^m}{ds^m}((s-p)^r F(s))\bigg|_{s=p} \tag{11.57}$$

그리고 $\mathcal{L}^{-1}\left[\frac{1}{(s-p)^r}\right] = \frac{t^{r-1}e^{pt}}{(r-1)!}u(t)$이므로, 식 (11.53)의 라플라스 역변환은 다음과 같다.

$$f(t) = \left(k_1 e^{pt} + k_2 t e^{pt} + \frac{k_3}{2!}t^2 e^{pt} + \cdots + \frac{k_r}{(r-1)!}t^{r-1}e^{pt}\right)u(t) + f_1(t) \tag{11.58}$$

예제 11.8

다음 함수의 라플라스 역변환을 구하라.

$$F(s) = \frac{s+2}{(s+1)^3(s+3)}$$

풀이

주어진 식을 부분분수전개하면 다음과 같다:

$$F(s) = \frac{k_1}{s+1} + \frac{k_2}{(s+1)^2} + \frac{k_3}{(s+1)^3} + \frac{k_4}{s+3}$$

이제 k_1, k_2, k_3, k_4는 각각 다음과 같이 구할 수 있다:

$$\begin{aligned} k_1 &= \frac{1}{2!}\frac{d^2}{ds^2}[(s+1)^3 F(s)]\bigg|_{s=-1} \\ &= \frac{1}{2}\frac{d}{ds}\left[\frac{s+3-(s+2)}{(s+3)^2}\right]\bigg|_{s=-1} \\ &= \frac{1}{2}\frac{-2(s+3)}{(s+3)^4}\bigg|_{s=-1} = -\frac{1}{8} \end{aligned}$$

$$k_2 = \frac{d}{ds}[(s+1)^3F(s)]\bigg|_{s=-1} = \frac{1}{(s+3)^2}\bigg|_{s=-1} = \frac{1}{4}$$

$$k_3 = (s+1)^3F(s)\big|_{s=-1} = \frac{1}{2}$$

$$k_4 = (s+3)F(s)\big|_{s=-3} = \frac{1}{8}$$

따라서 $f(t)$는 다음과 같이 구해진다:

$$f(t) = [-\frac{1}{8}e^{-t} + \frac{1}{4}te^{-t} + \frac{1}{4}t^2e^{-t} + \frac{1}{8}e^{-3t}]u(t)$$

---

3) 복소근을 가지는 경우

식 (11.44)에서 $N(s)$와 $D(s)$는 모두 실수의 계수를 가진다. 그리고 실수의 계수를 가지는 다항식의 복소근은 항상 복소 공액 쌍의 형태로 존재한다. 즉, $p_1 = -\alpha + j\beta$이 $D(s)$의 하나의 복소근이면, $p_2 = -\alpha - j\beta = p_1^*$ 또한 $D(s)$의 복소근으로 존재한다.

이 때, 식 (11.44)는 다음과 같이 부분분수로 전개할 수 있다.

$$F(s) = \frac{k_1}{s - p_1} + \frac{k_2}{s - p_1^*} + \frac{k_3}{s - p_2} + \cdots \tag{11.59}$$

식 (11.59)는 다음과 같이 표현할 수도 있다.

$$\begin{aligned} F(s) &= \frac{A_1 s + A_2}{s^2 + as + b} + F_1(s) \\ &= \frac{A(s+\alpha)}{(s+\alpha)^2 + \beta^2} + \frac{B\beta}{(s+\alpha)^2 + \beta^2} + F_1(s) \end{aligned} \tag{11.60}$$

즉, 식 (11.60)에서는 $D(s)$의 복소 공액근 $-\alpha \pm j\beta$ 를 하나의 항으로 변경하여 표현하였다. 이렇게 표현할 경우 보다 쉽게 식 (11.59)의 라플라스 역변환을 구할 수 있기 때문이다. 그러나 여기서는 식 (11.60)에 존재하는 계수 A와 B를 구하는 과정이 추가로 요구된다.

$D(s)$가 복소 공액근을 가지는 식 (11.60)의 라플라스 역변환은 다음과 같다.

$$f(t) = e^{-\alpha t}(A\cos\beta t + B\sin\beta t)u(t) + f_1(t) \tag{11.61}$$

예제 11.9

다음 함수의 라플라스 역변환을 구하라.

$$F(s)=\frac{s^2+2}{(s+1)(s^2+2s+2)}$$

풀이

주어진 식을 식 (11.60)의 형태로 부분분수전개하면 다음과 같다:

$$\begin{aligned}F(s)&=\frac{k_1}{s+1}+\frac{A(s+1)+B}{s^2+2s+2}\\&=\frac{k_1}{s+1}+\frac{A(s+1)}{(s+1)^2+1}+\frac{B}{(s+1)^2+1}\end{aligned}$$

먼저 k_1은 다음과 같이 쉽게 구할 수 있다.

$k_1=(s+1)F(s)|_{s=-1}=3$

A와 B는 다음과 같이 구할 수 있다.

$s^2+2=(k_1+A)s^2+(2k_1+2A+B)s+2k_1+A+B$로부터,

$k_1+A=1\rightarrow A=-2$

$2k_1+A+B=2\rightarrow B=-2$

그러므로 라플라스 역변환 결과는 다음과 같다:

$f(t)=e^{-t}(3-2\cos t-2\sin t)u(t)=e^{-t}(3-2\sqrt{2}\,cos(t-45°))u(t)$

4) **유수합 정리** (residue-sum theorem)

부분분수전개에서 계수를 구하는 문제는 유수합 정리를 이용하면 편리하다. 라플라스 변환된 함수에서 단순 실근을 가지는 경우는 식 (11.46)과 같이 부분분수로 전개할 수 있었는데, 여기서 k_1, k_2, ..., k_n을 유수(residue)라고 불렀다. 즉, 유수는 부분분수 전개에서 분모가 s의 1차항으로 전개된 항의 분자에 존재하는 상수값을 의미한다. 이 때 유수합 정리는 다음과 같다.

$$\sum \text{유수}=\lim_{s\to\infty}sF(s) \tag{11.62}$$

예를 들어보자. 만약 [예제 11.8]에서 매우 복잡하게 구한 계수 k_1을 유수합 정리를 이용하면 다음과 같이 쉽게 구할 수 있다. [예제 11.8]에서 $F(s)$는 다음과 같이 부분분수전개되었다.

$$F(s)=\frac{s+2}{(s+1)^3(s+3)}=\frac{k_1}{s+1}+\frac{k_2}{(s+1)^2}+\frac{k_3}{(s+1)^3}+\frac{k_4}{s+3} \tag{11.63}$$

여기서 k_4는 [예제 11.8]에서 설명했듯이 쉽게 구할 수 있다. 그런데 k_1의 풀이과정은 다소 복잡

하였다. 그러나 유수합 정리를 이용하면 다음과 같이 쉽게 구할 수 있다.

식 (11.63)에서 유수는 k_1과 k_4 뿐이다. 그러므로 유수합 정리를 이용하면 다음의 식을 얻는다.

$$k_1 + k_4 = \lim_{s\to\infty} sF(s) = 0 \tag{11.64}$$

그러므로,

$$k_1 = -k_4 = -\frac{1}{8} \tag{11.65}$$

예제 11.10

다음 함수의 라플라스 역변환을 구하라.

$$F(s) = \frac{10s^2 + 4}{s(s+1)(s^2+4s+4)}$$

풀이

주어진 식을 부분분수전개하면 다음과 같다:

$F(s) = \frac{k_1}{s} + \frac{k_2}{s+1} + \frac{k_3}{(s+2)^2} + \frac{k_4}{s+2}$

계수를 구하면 다음과 같다:

$k_1 = sF(s)|_{s=0} = 1$

$k_2 = (s+1)F(s)|_{s=-1} = -14$

$k_3 = (s+2)^2F(s)|_{s=-2} = 22$

k_4는 유수합 정리를 이용하여 구하면 더 쉽다. 즉,

$k_1 + k_2 + k_4 = \lim_{s\to\infty} sF(s) = 0 \rightarrow k_4 = -(k_1 + k_2) = 13$

그러므로 라플라스 역변환 결과는 다음과 같다:

$f(t) = (1 - 14e^{-t} + 13e^{-2t} + 22te^{-2t})u(t)$

11.5 라플라스 변환에 의한 회로 해석

라플라스 변환은 시간 영역에 존재하던 미분, 적분 항들을 주파수 영역에서 곱셈, 나눗셈의 항들로 변환시켰다. 이것은 미분방정식의 해를 구하는 매우 편리한 방법을 제공한다. 더욱이 지수함수 혹은 정현파 함수 형태의 교류 전원이 인가되는 RLC 회로망의 해석에서도 매우 편리한 수단을 제공한다. 이제 라플라스 변환, 역변환을 이용하여 RLC 회로망을 해석해 보자.

페이저를 이용한 회로 해석에서 임피던스 개념을 소개하였다. 이것은 라플라스 변환, 즉 s-영역으로 확장할 수 있다.

1) 저항의 경우

옴의 법칙으로부터 저항에서 전류-전압의 관계식과 그 라플라스 변환은 다음과 같다.

$$v(t) = Ri(t) \quad \Leftrightarrow \quad V(s) = RI(s)$$

즉, 저항의 경우 s-영역에서 임피던스는 R이다.

2) 인덕터의 경우

인덕터에서 전류-전압의 관계식과 그 라플라스 변환은 다음과 같다.

$$v(t) = L\frac{di}{dt} \quad \Leftrightarrow \quad V(s) = L(sI(s) - i(0^-))$$

즉, 인덕터의 s-영역에서 임피던스는 sL이다.

3) 커패시터의 경우

커패시터에서 전류-전압의 관계식과 그 라플라스 변환은 다음과 같다.

$$i(t) = C\frac{dv}{dt} \quad \Leftrightarrow \quad I(s) = C(sV(s) - v(0^-))$$

즉, 인덕터의 s-영역에서 임피던스는 $\frac{1}{sC}$이다.

그림 11.1의 RL회로에서 전류 $i(t)$를 구하는 예를 고려하자. 여기서 각 소자에 표기된 값은 전압은 [V], 저항은 [Ω], 인덕터는 [H]의 단위를 가지는 값이고, 인덕터에 저장된 초기 전류는 $i(0^-) = 5[\mathrm{A}]$라고 가정한다.

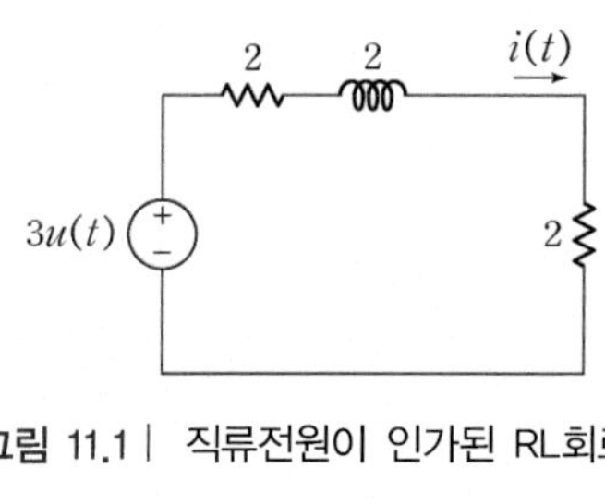

| 그림 11.1 | 직류전원이 인가된 RL회로

그림 11.1의 회로에 KVL을 적용하여 방정식을 유도하면 다음과 같다.

$$3u(t) = 2i + 2\frac{di}{dt} + 2i \tag{11.66}$$

식 (11.66)의 양변을 라플라스 변환하면 식 (11.67)을 얻을 수 있다.

$$\begin{aligned}\frac{3}{s} &= 2(sI(s) - i(0^-)) + 4I(s) \\ &= (2s+4)I(s) - 10\end{aligned} \tag{11.67}$$

그러므로,

$$I(s) = \frac{5s + 3/2}{s(s+2)} = \frac{k_1}{s} + \frac{k_2}{s+2} \tag{11.68}$$

k_1, k_2는 다음과 같이 구할 수 있다.

$$k_1 = sI(s)\big|_{s=0} = 0.75,\ k_2 = (s+2)I(s)\big|_{s=-2} = 4.25 \tag{11.69}$$

그러므로 $i(t)$는 라플라스 역변환에 의해서 다음과 같이 구할 수 있다.

$$i(t) = (0.75 + 4.25e^{-2t})u(t)[\mathrm{A}] \tag{11.70}$$

예제 11.11

그림에서 커패시터 양단의 전압을 구하라. 단, 각 소자에 표기된 값은 전압은 [V], 저항은 [Ω], 커패시터는 [F]의 단위를 가지고, 커패시터의 초기 전압은 $v(0^-) = 9[\mathrm{V}]$로 가정한다.

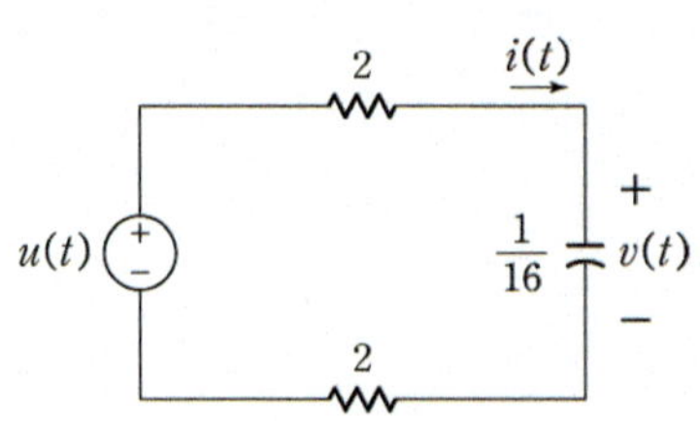

풀이

1) KVL과 커패시터의 전압-전류 관계식으로부터 다음의 식을 유도할 수 있다.

$1 = 2i + v + 2i,\ i = \frac{1}{16}\frac{dv}{dt}$

그러므로, $v - 1 + \frac{1}{4}\frac{dv}{dt} = 0$

2) 양변을 라플라스 변환하면 다음의 식을 얻는다.

$$V(s)-\frac{1}{s}+\frac{1}{4}(sV(s)-v(0^-))=0$$

이를 정리하면 다음과 같다.

$$V(s)=\frac{1}{s}+\frac{8}{s+4}$$

3) 그러므로 $v(t)$는 라플라스 역변환에 의해서 다음과 같이 구할 수 있다.

$$v(t) = (1+8e^{-4t})u(t)\,[\text{V}]$$

그림 11.2의 RL회로에서 전류 $i(t)$와 $v(t)$를 구하는 예를 고려하자. 여기서 $v_s(t)=3e^{-8t}u(t)$ [V], $R=1\,[\Omega]$, $L=2$ [H]이고, 인덕터에 저장된 초기 전류는 $i(0^-)=1\,[\text{A}]$로 가정한다.

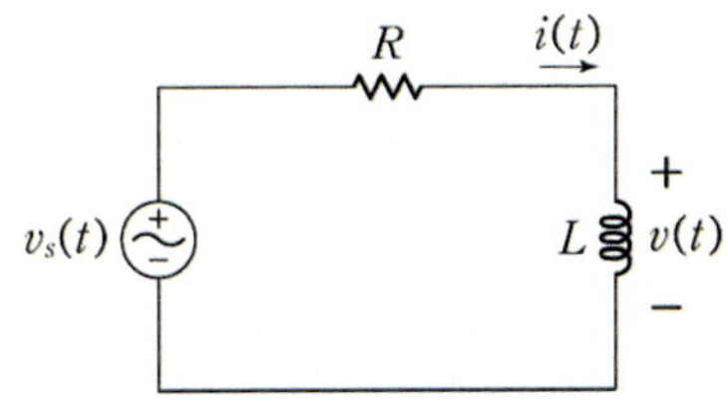

| 그림 11.2 | 지수함수 전원이 인가된 RL회로

그림 11.2의 회로에 KVL을 적용하여 방정식을 유도하면 다음과 같다.

$$3e^{-8t}u(t)=i(t)+v(t) \tag{11.71}$$

그리고 인덕터 양단의 전압은 다음과 같다.

$$v(t)=2\frac{di}{dt} \tag{11.72}$$

식 (11.71) 및 (11.72)의 양변을 라플라스 변환하면 다음의 식들을 얻을 수 있다.

$$\frac{3}{s+8}=I(s)+V(s) \tag{11.73}$$

$$V(s)=2(sI(s)-i(0^-))=2sI(s)-2 \tag{11.74}$$

먼저 $I(s)$를 구하기 위하여 식 (11.74)를 식 (11.73)에 대입하여 정리하면 다음의 식을 얻는다.

$$I(s) = \frac{s+19/2}{(s+1/2)(s+8)} = \frac{k_1}{s+1/2} + \frac{k_2}{s+8} \tag{11.75}$$

k_1, k_2는 다음과 같이 구할 수 있다.

$$k_1 = (s+1/2)I(s)\big|_{s=-1/2} = 1.2,\ k_2 = (s+8)I(s)\big|_{s=-8} = -0.2 \tag{11.76}$$

그러므로 $i(t)$는 라플라스 역변환에 의해서 다음과 같이 구할 수 있다.

$$i(t) = (1.2e^{-0.5t} - 0.2e^{-8t})u(t)[\mathrm{A}] \tag{11.77}$$

다음으로 $V(s)$를 구하기 위하여 식 (11.73)과 식 (11.74)를 사용하면 다음의 식을 얻는다.

$$V(s) = \frac{2(s-4)}{(s+1/2)(s+8)} = \frac{k_3}{s+1/2} + \frac{k_4}{s+8} \tag{11.78}$$

k_3, k_4는 다음과 같이 구할 수 있다.

$$k_3 = (s+1/2)V(s)\big|_{s=-1/2} = -1.2,\ k_4 = (s+8)V(s)\big|_{s=-8} = 3.2 \tag{11.79}$$

그러므로 $v(t)$는 라플라스 역변환에 의해서 다음과 같이 구할 수 있다.

$$v(t) = (-1.2e^{-0.5t} + 3.2e^{-8t})u(t)[\mathrm{V}] \tag{11.80}$$

식 (11.80)의 전압은 식 (11.72)와 식 (11.77)을 사용해서도 동일한 결과를 얻을 수 있다.

예제 11.12

그림에서 초기 저장에너지가 0일 경우를 가정하여 인덕터 양단의 전압을 구하라. 단, 각 소자에 표기된 값은 전압은 [V], 저항은 [Ω], 인덕터는 [H], 커패시터는 [F]의 단위를 가지는 값이다.

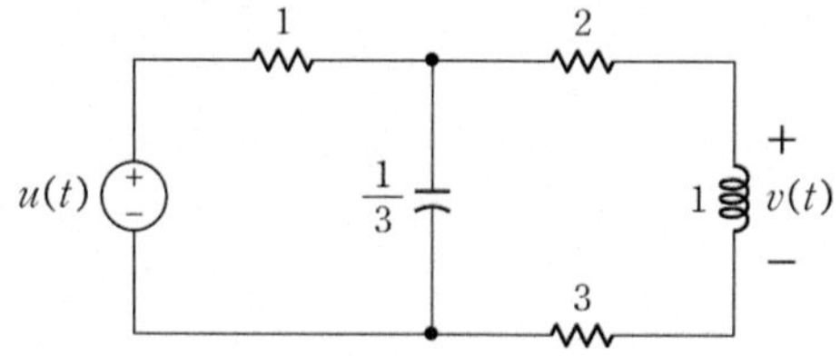

풀이

1) 주어진 회로를 라플라스 변환한 회로로 변경하면 다음의 회로가 된다.

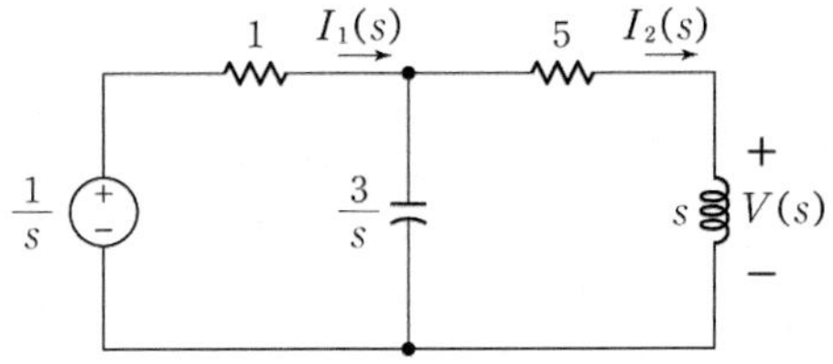

2) 망로 해석법을 적용하기 위하여 라플라스 변환된 회로에서 두 개의 망로 방정식을 유도하면 다음과 같다.

$$\frac{1}{s}=I_1+\frac{3}{s}(I_1-I_2)$$

$$5I_2+sI_2+\frac{3}{s}(I_2-I_1)=0$$

3) 2)에서 구한 두 식으로부터 $I_2(s)$는 다음과 같이 구해진다.

$$I_2=\frac{3}{s^3+8s^2+18s}$$

4) $V=sI_2$이므로,

$$V=\frac{3}{s^2+8s+18}=\frac{(3/\sqrt{2})\sqrt{2}}{(s+4)^2+(\sqrt{2})^2}$$

5) 그러므로 $v(t)$는 라플라스 역변환에 의해서 다음과 같이 구할 수 있다.

$$v(t)=(\frac{3}{\sqrt{2}}e^{-4t}\sin\sqrt{2}\,t)\,u(t)\,[\text{V}]$$

그림 11.3의 RLC회로에서 $v_o(t)$를 구하는 예를 고려하자. 여기서 $v_s(t)=10\cos 2t\,u(t)$이고, 각 소자에 표기된 값은 전압은 [V], 저항은 [Ω], 인덕터는 [H], 커패시터는 [F]의 단위를 가지는 값이며, 인덕터와 커패시터에 저장된 초기 에너지는 0이라고 가정한다.

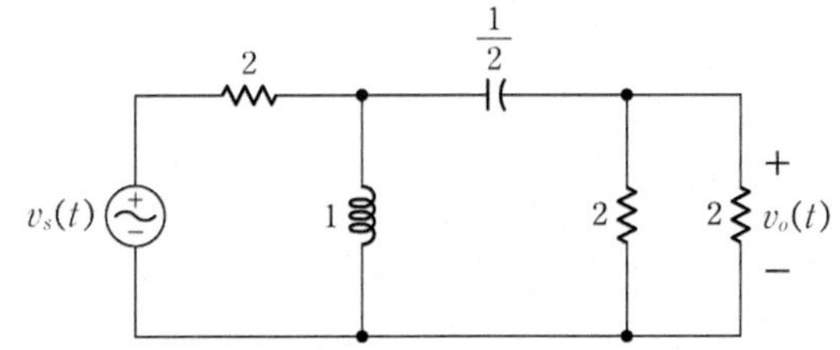

| 그림 11.3 | 정현파 전원이 인가된 RLC회로

그림 11.3의 회로를 라플라스 변환한 회로로 변경하면 그림 11.4와 같다.

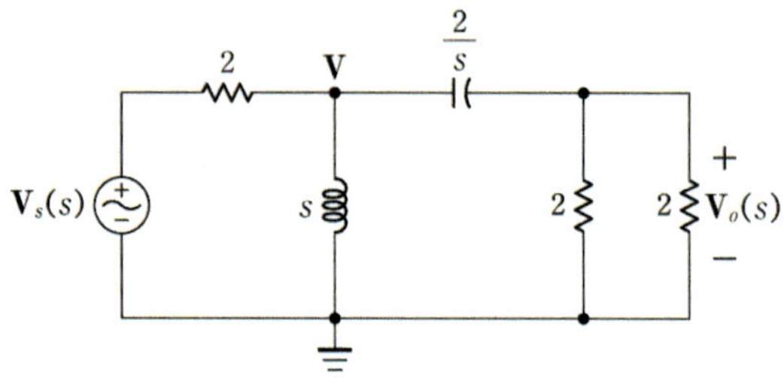

| 그림 11.4 | 그림 11.3의 라플라스 변환 회로

그림 11.4 회로에 마디 해석법을 적용하면 다음의 두 방정식을 얻을 수 있다.

$$\frac{V - V_s}{2} + \frac{V}{s} + \frac{V - V_o}{2/s} = 0 \tag{11.81}$$

$$\frac{V_o - V}{2/s} + \frac{V_o}{2} + \frac{V_o}{2} = 0 \tag{11.82}$$

$v_s(t) = 10\cos 2t\,u(t)$로부터 $V_s = \dfrac{10s}{s^2+4}$이므로, 식 (11.81)과 (11.82)로부터 V_o는 다음과 같이 정리된다.

$$\begin{aligned} V_o &= \frac{s^2}{3s^2+4s+4} V_s \\ &= \frac{s^2}{3s^2+4s+4}\frac{10s}{s^2+4} \end{aligned} \tag{11.83}$$

그러므로, $v_o(t)$는 라플라스 역변환에 의해 다음과 같이 구해진다,

$$v_o(t) \;=\; (3.54\cos(2t+45^\circ) + 1.44e^{-(2/3)t}\cos(\frac{2\sqrt{2}}{3}t - 45^\circ))u(t)\ [\mathrm{V}] \tag{11.85}$$

그림 11.3 및 11.4의 회로 해석은 망로 해석법으로도 쉽게 구할 수 있다.

연습문제

1 다음 함수를 라플라스 변환하라.

① $f_1(t) = \cosh\omega t$

② $f_2(t) = \dfrac{\sin\omega t}{\omega t}$

③ $f_3(t) = e^{-at}t^{n-1}$

④ $f_4(t) = \sin(\omega t + 2\theta)$

2 그림 P2의 반파 정현파 함수를 시간 함수 $f(t)$로 표현하고, $f(t)$의 라플라스 변환을 구하라.

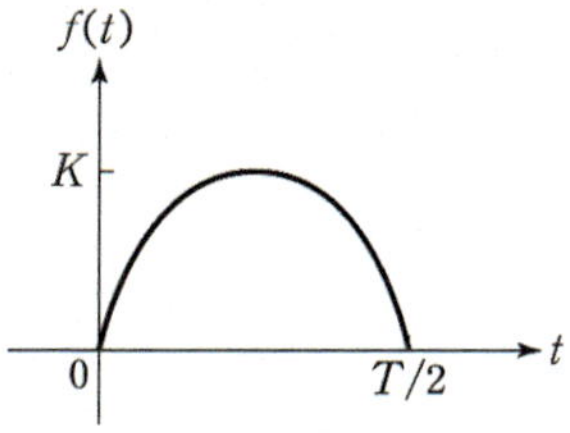

| 그림 P2 |

3 $f(t)$는 임의의 주기함수이고, $f_1(t)$는 그 주기 함수의 한 주기$(0 < t < T)$ 동안의 함수라고 할 때, $F(s)$를 $F_1(s)$의 함수로 유도하라.

4 라플라스 변환의 중요한 특징의 하나인 다음 등식을 증명하라.

$$\mathcal{L}[tf(t)] = -\frac{dF(s)}{ds}$$

5 그림 P5는 주기함수이다. 각 주기함수의 라플라스 변환을 구하라.

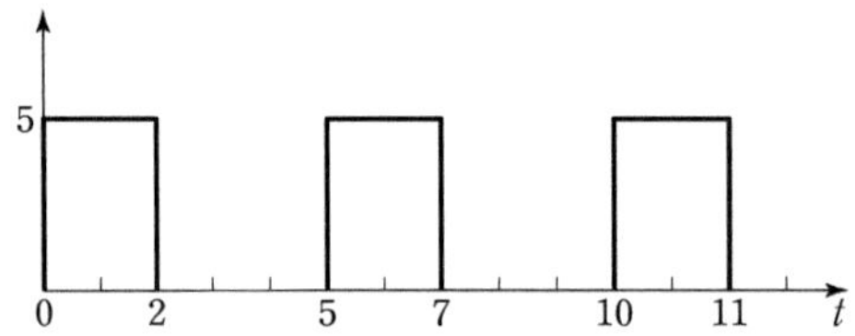

| 그림 P5 |

6 그림 P6에서 $v(t)$를 구하라. 단, 각 소자에 표기된 값은 전압은 [V], 저항은 [Ω], 인덕터는 [H], 커패시터는 [F]의 단위를 가지는 값이다.

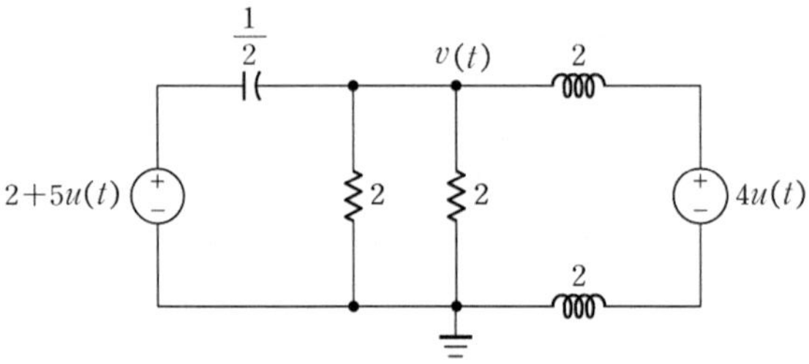

| 그림 P6 |

7. 2021년 전기/전기공사 그림과 같은 함수의 라플라스 변환은?

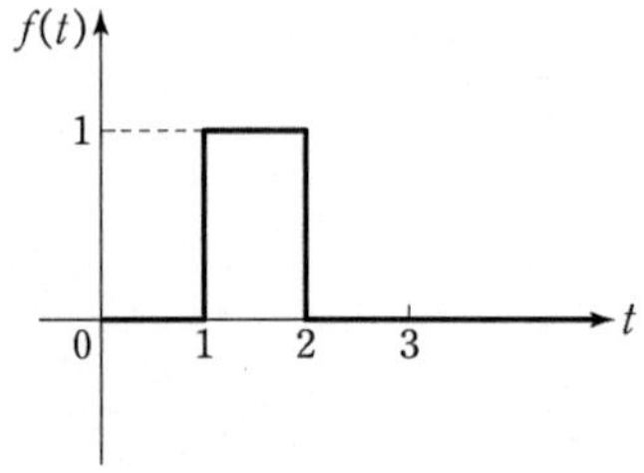

| 그림 P7 |

① $\frac{1}{s}(e^{s}-e^{2s})$ ② $\frac{1}{s}(e^{-s}-e^{-2s})$

③ $\frac{1}{s}(e^{-2s}-e^{-s})$ ④ $\frac{1}{s}(e^{-s}+e^{-2s})$

8. 2022년 공무원 다음 회로에 주어진 입력전압 $v_i(t)$가 인가될 때, $t=3$ [sec]에서 회로에 흐르는 전류 $i(3)$[A]은? (단, $t=0$에서 커패시터 전압은 0이다)

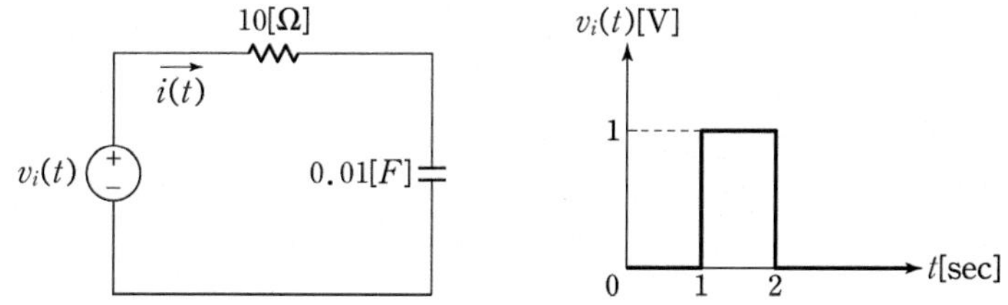

| 그림 P8 |

① $\frac{1}{10}e^{-10}(e^{-10}-1)$

② $\frac{1}{10}e^{-10}(1-e^{-10})$

③ $\frac{1}{10}(e^{-10}-1)$

④ $\frac{1}{10}(1-e^{-10})$

9. 2022년 공무원 다음 회로에서 전류 $i(t)$[A]는?

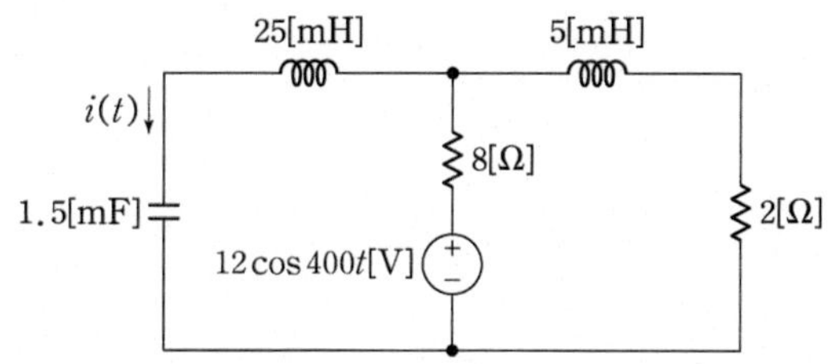

| 그림 P9 |

① $\frac{\sqrt{2}}{8}\cos(400t+45°)$ ② $\frac{\sqrt{2}}{8}\cos(400t-45°)$

③ $\frac{\sqrt{2}}{4}\cos(400t+45°)$ ④ $\frac{\sqrt{2}}{4}\cos(400t-45°)$

10. 2024년 공무원 다음 회로의 전달함수 $H(s) = \frac{V_o(s)}{V_i(s)}$는? (단, 입력전압 $v_i(t)$는 각주파수가 ω [rad/sec]인 정현파 전압원이고, $V_i(s)$와 $V_o(s)$는 각각 $v_i(t)$와 $v_o(t)$의 라플라스 변환이다)

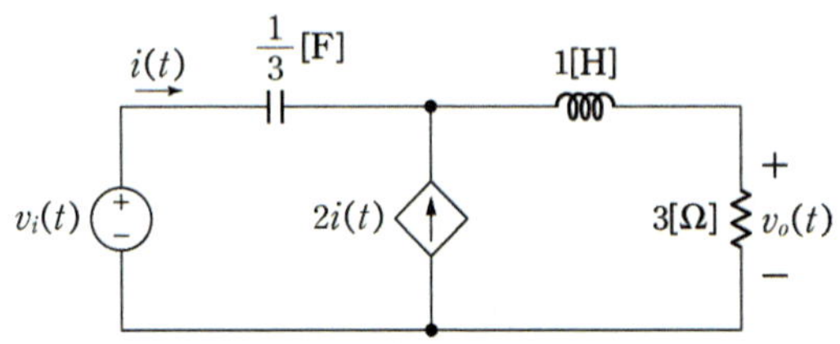

| 그림 P10 |

① $\frac{s^2}{s^2+3s+1}$　　② $\frac{3s}{s^2+3s+1}$

③ $\frac{9s}{s^2+3s+1}$　　④ $\frac{s^2+3s}{s^2+3s+1}$

CHAPTER 12

2-포트 회로망

학습목표

1. 회로망에서 단자(terminal)와 포트(port)의 의미를 이해할 수 있다.
2. y-정수, z-정수, h-정수, t-정수 등 다양한 2-포트 회로망의 구성을 이해할 수 있다.
3. 2-포트 회로망의 상호 연결을 활용하여 복잡한 회로를 해석할 수 있다.

12.1 포트와 단자

인가된 전원의 종류에 관계없이 회로망은 종종 복잡하게 구성된다. 그런데 이들 회로망을 자세하게 분석하면 둘 이상의 간단한 회로망으로 분리할 수도 있다. 여기서는 먼저 회로망의 구성에서 단자(terminal)와 포트(port)의 구분, 그리고 1-포트 회로망을 살펴본다.

그림 12.1의 회로망을 고려하자.

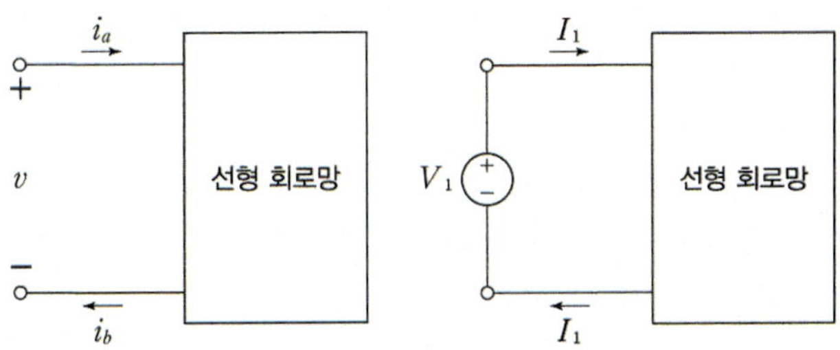

| 그림 12.1 | 1-포트 회로망

그림 12.1의 회로망을 **1-포트 회로망(one-port network)**이라고 한다. 여기서 포트는 회로망으로 전류 등의 신호가 들어가고 나오는 **단자 쌍(terminal pair)**을 말한다. 즉, 단자는 하나의 선이지만, 포트는 두 개의 단자로 구성되는 단자 쌍이다. 그러므로 그림 12.1의 회로망은 **두 개의 단자가 쌍을 이루어서 하나의 포트를 구성하고 있는 회로망**이다. 이것을 간단히 1-포트 회로망이라고 한다.

그림 12.1의 1-포트 회로망에서 회로망으로 유입되는 전류와 유출되는 전류는 같다. 즉,

$$i_a(t) = i_b(t) \tag{12.1}$$

그림 12.1에서 선형 회로망에 n 개의 망로가 존재한다고 가정하면 다음과 같이 n 개의 망로 방정식을 유도할 수 있다.

$$\begin{aligned} z_{11}I_1 + z_{12}I_2 + \cdots z_{1n}I_n &= V_1 \\ z_{21}I_1 + z_{22}I_2 + \cdots z_{2n}I_n &= V_2 \\ &\cdots \\ z_{n1}I_1 + z_{n2}I_2 + \cdots z_{nn}I_n &= V_n \end{aligned} \tag{12.2}$$

식 (12.2)는 행렬을 사용하여 다음과 같이 나타낼 수 있다.

$$\mathrm{ZI} = \mathrm{V} \tag{12.3}$$

전원 V_1만이 1-포트 회로망의 포트에 연결되어 있고, 선형 회로망 내부는 종속 전원과 수동소자로만 구성되어 있다면, $V_2 = V_3 = \cdots = V_n = 0$이고 I_1은 다음과 같이 구해진다.

$$I_1 = \frac{\begin{vmatrix} V_1 & z_{12} & z_{13} & \cdots & z_{1n} \\ 0 & z_{22} & z_{23} & \cdots & z_{2n} \\ & & \cdots & & \\ 0 & z_{n2} & z_{n3} & \cdots & z_{nn} \end{vmatrix}}{\begin{vmatrix} z_{11} & z_{12} & z_{13} & \cdots & z_{1n} \\ z_{21} & z_{22} & z_{23} & \cdots & z_{2n} \\ & & \cdots & & \\ z_{n1} & z_{n2} & z_{n3} & \cdots & z_{nn} \end{vmatrix}} \tag{12.4}$$

식 (12.4)는 다음과 같이 간단하게 표현할 수 있다.

$$I_1 = \frac{V_1 \Delta_{11}}{\Delta_Z} \tag{12.5}$$

여기서,

$$\Delta_Z = \begin{vmatrix} z_{11} & z_{12} & z_{13} & \cdots & z_{1n} \\ z_{21} & z_{22} & z_{23} & \cdots & z_{2n} \\ & & \cdots & & \\ z_{n1} & z_{n2} & z_{n3} & \cdots & z_{nn} \end{vmatrix}, \quad \Delta_{11} = \begin{vmatrix} z_{22} & z_{23} & \cdots & z_{2n} \\ z_{32} & z_{33} & \cdots & z_{3n} \\ & \cdots & & \\ z_{n2} & z_{n3} & \cdots & z_{nn} \end{vmatrix} \tag{12.6}$$

즉, Δ_Z는 Z 계수의 **행렬식(determinant)**이고, Δ_{11}은 **소행렬식(minor 혹은 minor determinant)**이다. 즉, Δ_{11}은 원래의 행렬식이었던 $n \times n$ 행렬식 Δ_Z에서 1행 1열을 제외하고 만들어진 $(n-1) \times (n-1)$ 행렬식이다. 이제 1-포트 회로망의 입력 임피던스 Z_{in}은 다음과 같이 구할 수 있다.

$$Z_{in} = \frac{V_1}{I_1} = \frac{\Delta_Z}{\Delta_{11}} \tag{12.7}$$

예제 12.1

그림의 1-포트 회로망에서 입력 임피던스를 구하라. 단, 각 소자에 표기된 값은 전류는 [A], 저항은 [Ω]의 단위를 가지는 값이다.

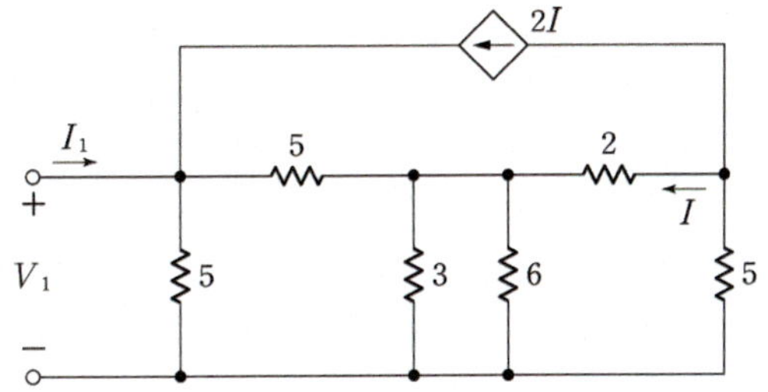

풀이

1) 주어진 회로에 망로 전류를 표기하고, 네 개의 망로 방정식을 유도하면 다음과 같다:

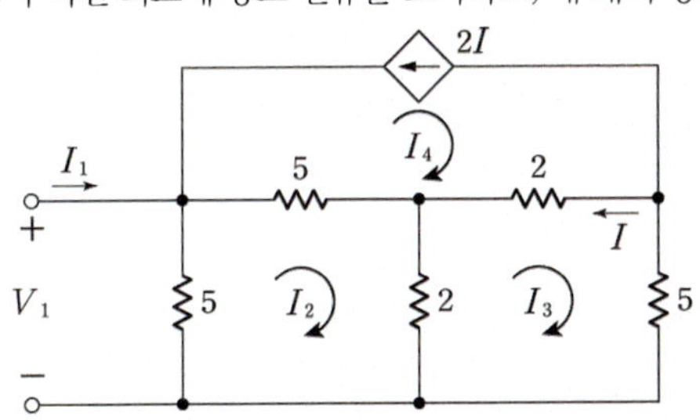

$5I_1 - 5I_2 = V_1$

$-5I_1 + 12I_2 - 2I_3 - 5I_4 = 0$

$-2I_2 + 9I_3 - 2I_4 = 0$

$I_4 = -2I = -2(I_4 - I_3) \rightarrow -2I_3 + 3I_4 = 0$

2) 네 개의 망로 방정식으로부터, Δ_Z와 Δ_{11}을 구하면 다음과 같다:

$\Delta_Z = 645, \; \Delta_{11} = 244$

3) 그러므로 입력 임피던스는 다음과 같다:

$Z_{in} = \dfrac{V_1}{I_1} = \dfrac{\Delta_Z}{\Delta_{11}} = 0.38[\Omega]$

12.2 y-정수 회로망

포트가 두 개, 즉 단자 쌍이 두 개인 회로망을 **2-포트 회로망**이라고 한다. 2-포트 회로망은 여러 가지 방법으로 표현할 수 있는데, 먼저 전류와 전압의 관계식으로부터 어드미턴스 정수를 가지는 2-포트 회로망을 살펴본다.

전자, 통신, 자동제어 등 대부분의 전기 및 전자관련 시스템들은 입력 포트를 통하여 신호를 받아들여서 설계된 회로에 의하여 처리된 후, 출력 포트를 통하여 그 결과가 출력된다. 이러한 시스템은 입력포트와 출력포트의 두 포트를 가지게 되므로 **2-포트 회로망(two-port network)**이라고 부른다. 2-포트 회로망은 두 쌍의 단자를 가지므로 **2-단자 쌍 회로망(two-terminal pair network)**, 혹은 네 개의 단자를 가지므로 **4단자망(four-terminal network)**이라고도 불린다.

2-포트 회로망을 그림으로 표현하면 그림 12.2와 같다. 두 쌍의 단자를 가지는 2-포트 회로망에서는 두 쌍의 단자 각각에서 전류-전압 관계가 규정되어야 하므로, 2-포트 회로망을 분석하기 위해서는 네 개의 파라미터(parameter)가 필요하다.

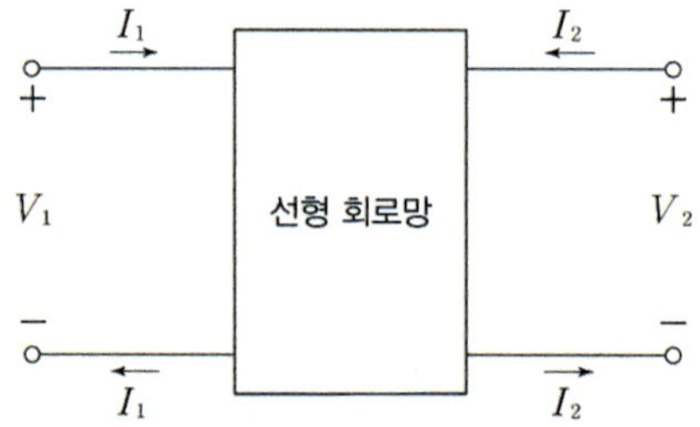

| 그림 12.2 | 2-포트 회로망

그림 12.2의 2-포트 회로망에서 I_1 및 V_1이 표기된 왼쪽을 입력 포트, I_2 및 V_2가 표기된 오른쪽을 출력 포트라고 한다. 그림 12.2의 2-포트 회로망에서 선형 회로망의 내부에는 별도의 독립 전원을 가지지 않는다고 가정했으므로 V_1 및 V_2에 전원을 인가하면 I_1 및 I_2는 다음과 같이 유도된다.

$$I_1 = y_{11} V_1 + y_{12} V_2 \tag{12.8}$$
$$I_2 = y_{21} V_1 + y_{22} V_2$$

즉, 각 포트에서의 전류 I_1과 I_2는 두 개의 독립 전원 V_1과 V_2의 중첩 성분으로 표현된다. 식 (12.8)을 행렬 방정식으로 표현하면 다음의 식 (12.9)과 같다.

$$\begin{bmatrix} I_1 \\ I_2 \end{bmatrix} = \begin{bmatrix} y_{11} \; y_{12} \\ y_{21} \; y_{22} \end{bmatrix} \begin{bmatrix} V_1 \\ V_2 \end{bmatrix} \tag{12.9}$$

여기서, y_{11}, y_{12}, y_{21}, y_{22}는 모두 어드미턴스(admittance)의 차원(dimension)을 가지므로 이들을 2-포트 회로망의 **어드미턴스 파라미터**라고 부른다. 어드미턴스 파라미터를 **y–파라미터 혹은 y–정수**라고도 한다.

이제 이들 어드미턴스 정수 각각의 물리적인 의미를 살펴보자. 먼저 V_2를 0, 즉 출력 포트를 단락시키면 식 (12.8)로부터 다음의 두 식을 얻는다.

$$I_1 = y_{11} V_1 \big|_{V_2 = 0} \tag{12.10}$$

$$I_2 = y_{21} V_1 \big|_{V_2 = 0}$$

즉,

$$y_{11} = \frac{I_1}{V_1}\bigg|_{V_2 = 0} \tag{12.11}$$

$$y_{21} = \frac{I_2}{V_1}\bigg|_{V_2 = 0}$$

그러므로 y_{11}은 출력포트를 단락했을 때의 입력 어드미턴스이고, y_{21}은 출력 포트를 단락했을 때의 입력 측에서 출력 측으로의 순방향 전달(transfer) 어드미턴스로 정의할 수 있다.

다음으로 V_1을 0, 즉 입력 포트를 단락시키면 식 (12.8)로부터 다음의 두 식을 얻는다.

$$I_1 = y_{12} V_2 \big|_{V_1 = 0} \tag{12.12}$$

$$I_2 = y_{22} V_2 \big|_{V_1 = 0}$$

즉,

$$y_{12} = \frac{I_1}{V_2}\bigg|_{V_1 = 0} \tag{12.13}$$

$$y_{22} = \frac{I_2}{V_2}\bigg|_{V_1 = 0}$$

그러므로 y_{12} 및 y_{22}는 각각 입력 포트를 단락했을 때의 출력 측에서 입력 측으로 전달되는 역방향 어드미턴스와 출력 어드미턴스로 정의할 수 있다. 이들을 요약하면 다음과 같다.

$$y_{11} = \left.\frac{I_1}{V_1}\right|_{V_2=0} \quad : \text{출력 단락 입력 어드미턴스}$$

$$y_{12} = \left.\frac{I_1}{V_2}\right|_{V_1=0} \quad : \text{입력 단락 역방향 전달 어드미턴스}$$

$$y_{21} = \left.\frac{I_2}{V_1}\right|_{V_2=0} \quad : \text{출력 단락 순방향 전달 어드미턴스}$$

$$y_{22} = \left.\frac{I_2}{V_2}\right|_{V_1=0} \quad : \text{입력 단락 출력 어드미턴스}$$

즉, y-정수는 단락 회로 어드미턴스 정수(short-circuit admittance parameters)이다. 그리고 y-정수에서 $y_{12} = y_{21}$이 만족되면 **양방향성 회로(bilateral circuit) 혹은 쌍향성 회로**라고 한다. 쌍향성 회로에서는 다음의 상호 정리(reciprocity theorem)가 성립한다.

"어떤 수동 선형 쌍향성 회로에서 가지 1의 단일 전압원 V_1에 의해서 가지 2에 전류 I_2가 흐를 경우, 가지 1의 전압원을 가지 2로 옮기면 가지 1에 전류 I_2를 흐르게 한다."

즉, 어떤 선형의 양방향성 회로에서 이상적인 전압원과 이상적인 전류계의 위치를 서로 바꾸어도 전류계의 눈금은 바뀌지 않는다. $y_{12} = y_{21}$의 성질은 종속 전원이 없는 선형 회로망에서 항상 성립하며, 이를 가역 회로망이라고도 한다.

그림 12.3의 2-포트 회로망에서 y-정수를 구해보자.

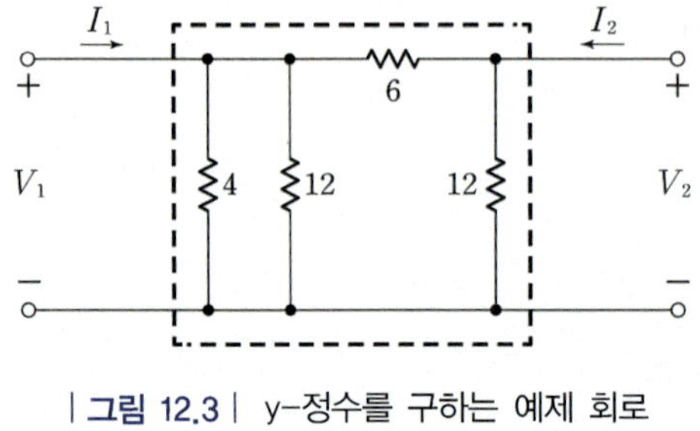

| 그림 12.3 | y-정수를 구하는 예제 회로

y-정수는 식 (12.11) 및 (12.13)을 통해서 다음과 같이 구할 수 있다.

$$y_{11} = \left.\frac{I_1}{V_1}\right|_{V_2=0} = \frac{1}{3//6} = 0.5[\mathrm{S}]$$

$$y_{12} = \left.\frac{I_1}{V_2}\right|_{V_1=0} = -\frac{1}{6} = -0.17[\mathrm{S}]$$

$$y_{21} = \left.\frac{I_2}{V_1}\right|_{V_2=0} = -\frac{1}{6} = -0.17[\mathrm{S}]$$

$$y_{22} = \left.\frac{I_2}{V_2}\right|_{V_1=0} = \frac{6+12}{6\times 12} = 0.25[\mathrm{S}]$$

이것은 다음과 같이 6[Ω] 저항 양단에 KCL을 적용하여 한 번에 구할 수도 있다.

$$I_1 = \frac{V_1}{3} + \frac{V_1 - V_2}{6} = \left(\frac{1}{3} + \frac{1}{6}\right)V_1 - \frac{1}{6}V_2 = 0.5V_1 - 0.17V_2 \quad (12.14)$$

$$I_2 = \frac{V_2}{12} + \frac{V_2 - V_1}{6} = -\frac{1}{6}V_1 + \left(\frac{1}{6} + \frac{1}{12}\right)V_2 = -0.17V_1 + 0.25V_2 \quad (12.15)$$

그러므로, 그림 12.3 회로망의 y-정수는 다음과 같다.

$$Y = \begin{bmatrix} 0.5 & -0.17 \\ -0.17 & 0.25 \end{bmatrix} \quad (12.16)$$

식 (12.14)와 (12.15)로부터 양방향성 회로망은 그림 12.4와 같이 Π 등가 회로망으로 변경할 수 있다.

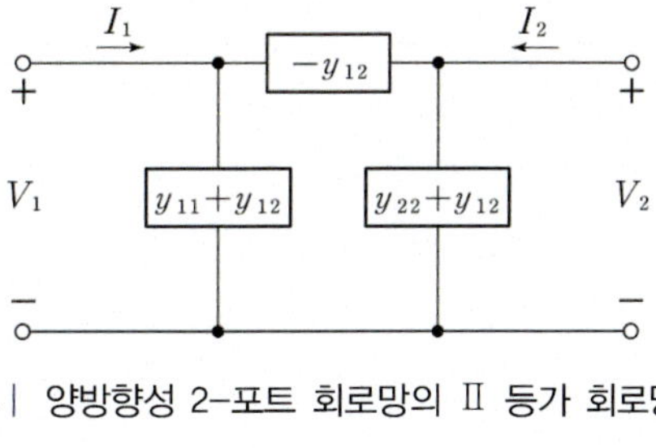

| 그림 12.4 | 양방향성 2-포트 회로망의 Π 등가 회로망과 y-정수

예제 12.2

그림의 2-포트 회로망에서 y-정수를 구하라. 단, 각 소자에 표기된 값은 전류는 [A], 저항은 [Ω]의 단위를 가지는 값이다.

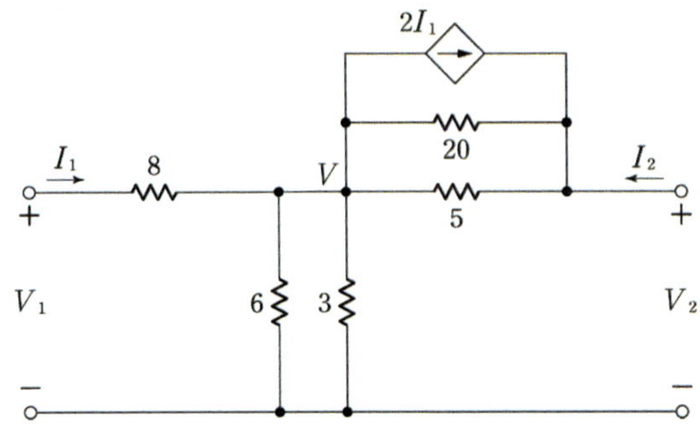

풀이

1) 6[Ω]과 3[Ω] 병렬저항의 아래쪽을 기준 마디로 정한다.

2) 1)에서 정한 마디 전압 V에서 KCL을 적용하면 다음의 방정식을 얻을 수 있다.

$$I_1 = \frac{V}{2} + \frac{V - V_2}{4} + 2I_1$$

3) 8[Ω] 저항을 통해 흐르는 전류 I_1은 다음과 같이 구할 수 있다:

$$I_1 = \frac{V_1 - V}{8} \rightarrow V = V_1 - 8I_1$$

4) 3)에서 얻은 식을 2)의 식에 대입하여 정리하면 다음 식을 얻는다:

$$I_1 = \frac{-8I_1 + V_1}{2} + \frac{-8I_1 + V_1 - V_2}{4} + 2I_1$$

$$\rightarrow I_1 = \frac{3}{20}V_1 - \frac{1}{20}V_2, \text{ 즉 } y_{11} = \frac{3}{20}, \; y_{12} = -\frac{1}{20}$$

5) V_2마디에서 KCL을 적용하면 다음의 식을 얻는다.

$$V = -4(I_2 + 2I_1) + V_2$$

6) 3)과 5)는 둘 다 V에 관한 등식이므로,

$$V_1 - 8I_1 = -8I_1 - 4I_2 + V_2$$

7) 6)을 I_2의 식으로 표현하면 다음과 같다:

$$I_2 = -\frac{1}{4}V_1 + \frac{1}{4}V_2, \text{ 즉 } y_{21} = -\frac{1}{4}, \; y_{22} = \frac{1}{4}$$

8) $y_{12} \neq y_{21}$이며, 이것은 회로망에 종속 전원이 포함되어 있기 때문이다.

12.3 z-정수 회로망

2-포트 회로망에서 전압을 독립변수, 전류를 종속변수로 표현한 경우가 y-정수 회로망 방정식이었다. 여기서는 전류를 독립변수, 전압을 종속변수로 가지는 회로망 방정식의 z-정수에 대하여 살펴본다.

그림 12.2의 2-포트 회로망에서 선형 회로망의 내부에는 별도의 독립 전원을 가지지 않는다고 가정했으므로 I_1 및 I_2에 전원을 인가하면 V_1 및 V_2는 다음과 같이 유도된다.

$$V_1 = z_{11}I_1 + z_{12}I_2 \qquad (12.17)$$
$$V_2 = z_{21}I_1 + z_{22}I_2$$

즉, 각 포트에서의 전압 V_1과 V_2는 두 개의 독립 전원 I_1과 I_2의 중첩 성분으로 표현된다. 식 (12.17)을 행렬 방정식으로 표현하면 다음의 식 (12.18)과 같다.

$$\begin{bmatrix} V_1 \\ V_2 \end{bmatrix} = \begin{bmatrix} z_{11} & z_{12} \\ z_{21} & z_{22} \end{bmatrix} \begin{bmatrix} I_1 \\ I_2 \end{bmatrix} \qquad (12.18)$$

여기서, z_{11}, z_{12}, z_{21}, z_{22}는 모두 임피던스(impedance)의 차원을 가지므로 이들을 2-포트 회로망의 **임피던스 파라미터**라고 부른다. 임피던스 파라미터를 **z-파라미터 혹은 z-정수**라고도 한다.

이제 이들 임피던스 정수 각각의 물리적인 의미를 살펴보자. 먼저 I_2를 0, 즉 출력 포트를 개방시키면 식 (12.17)로부터 다음의 두 식을 얻는다.

$$V_1 = z_{11}I_1 \big|_{I_2=0} \qquad (12.19)$$
$$V_2 = z_{21}I_1 \big|_{I_2=0}$$

즉,

$$z_{11} = \left.\frac{V_1}{I_1}\right|_{I_2=0} \qquad (12.20)$$

$$z_{21} = \left.\frac{V_2}{I_1}\right|_{I_2=0}$$

그러므로 z_{11}은 출력포트를 개방했을 때의 입력 임피던스이고, z_{21}은 출력 포트를 개방했을 때의 입력 측에서 출력 측으로의 순방향 전달(transfer) 임피던스로 정의할 수 있다.

다음으로 I_1을 0, 즉 입력 포트를 개방시키면 식 (12.17)로부터 다음의 두 식을 얻는다.

$$V_1 = z_{12} I_2 \big|_{I_1 = 0} \tag{12.21}$$
$$V_2 = z_{22} I_2 \big|_{I_1 = 0}$$

즉,

$$z_{12} = \left.\frac{V_1}{I_2}\right|_{I_1 = 0} \tag{12.22}$$

$$z_{22} = \left.\frac{V_2}{I_2}\right|_{I_1 = 0}$$

그러므로 z_{12} 및 z_{22}는 각각 입력 포트를 개방했을 때의 출력 측에서 입력 측으로의 역방향 전달 임피던스와 출력 임피던스로 정의할 수 있다. 이들을 요약하면 다음과 같다.

$$z_{11} = \left.\frac{V_1}{I_1}\right|_{I_2 = 0} \text{: 출력 개방 입력 임피던스}$$

$$z_{12} = \left.\frac{V_1}{I_2}\right|_{I_1 = 0} \text{: 입력 개방 역방향 전달 임피던스}$$

$$z_{21} = \left.\frac{V_2}{I_1}\right|_{I_2 = 0} \text{: 출력 개방 순방향 전달 임피던스}$$

$$z_{22} = \left.\frac{V_2}{I_2}\right|_{I_1 = 0} \text{: 입력 개방 출력 임피던스}$$

즉, z-정수는 개방 회로 임피던스 정수(open-circuit impedance parameters)이다. 그리고 z-정수에서 양방향성 회로의 조건은 $z_{12} = z_{21}$이다.

그림 12.3의 y-정수를 구하기 위한 예제 회로망에서 z-정수를 구해보자. z-정수는 식 (12.20) 및 (12.22)를 통해서 다음과 같이 구할 수 있다.

$$z_{11} = \left.\frac{V_1}{I_1}\right|_{I_2 = 0} = 3//(6+12) = 2.57[\Omega]$$

$$z_{12} = \left. \frac{V_1}{I_2} \right|_{I_1 = 0} = 3 \times \frac{12}{(3+6)+12} = 1.71[\Omega]$$

$$z_{21} = \left. \frac{V_2}{I_1} \right|_{I_2 = 0} = 12 \times \frac{3}{3+(6+12)} = 1.71[\Omega]$$

$$z_{22} = \left. \frac{V_2}{I_2} \right|_{I_1 = 0} = (3+6)//12 = \frac{9 \times 12}{9+12} = 5.14[\Omega]$$

y-정수와 마찬가지로 z-정수 또한 여러 가지 방법으로 구할 수 있다. 그림 12.3의 회로를 그림 12.5와 같이 6[Ω] 저항을 통해 흐르는 전류를 I 라고 가정하고 망로 방정식을 구해보자.

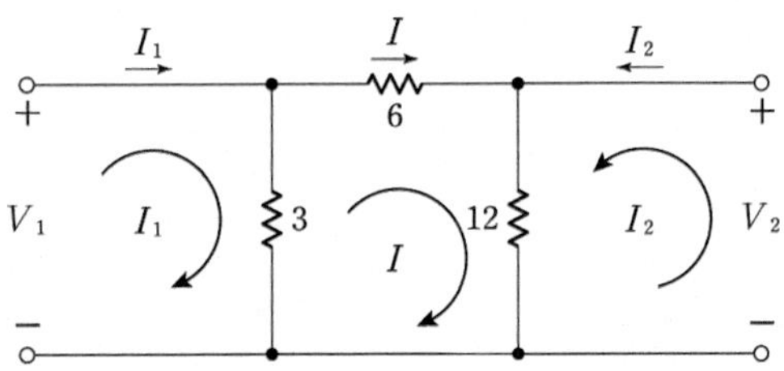

| 그림 12.5 | 망로 해석을 위해 그림 12.3에 망로 전류를 표기한 회로

세 개의 망로에 KVL을 적용하면, 다음 세 개의 망로 방정식을 얻을 수 있다.

$$V_1 = 3(I_1 - I) \tag{12.23}$$

$$3(I - I_1) + 6I + 12(I + I_2) = 0 \rightarrow I = \frac{1}{7}I_1 - \frac{4}{7}I_2 \tag{12.24}$$

$$V_2 = 12(I + I_2) \tag{12.25}$$

식 (12.24)를 각각 식 (12.23) 및 (12.25)에 대입하여 정리하면 다음과 같이 두 개의 z-정수 방정식으로 유도된다.

$$V_1 = \frac{18}{7}I_1 + \frac{12}{7}I_2 \tag{12.26}$$

$$V_2 = \frac{12}{7}I_1 + \frac{36}{7}I_2 \tag{12.27}$$

그러므로, 그림 12.3 혹은 그림 12.5 회로망의 z-정수는 다음과 같다.

$$Z = \begin{bmatrix} 2.57 & 1.71 \\ 1.71 & 5.14 \end{bmatrix}$$

예제 12.3

그림의 2-포트 회로망에서 z-정수를 구하라. 단, 소자에 표기된 저항은 [Ω]의 단위를 가지는 값이다.

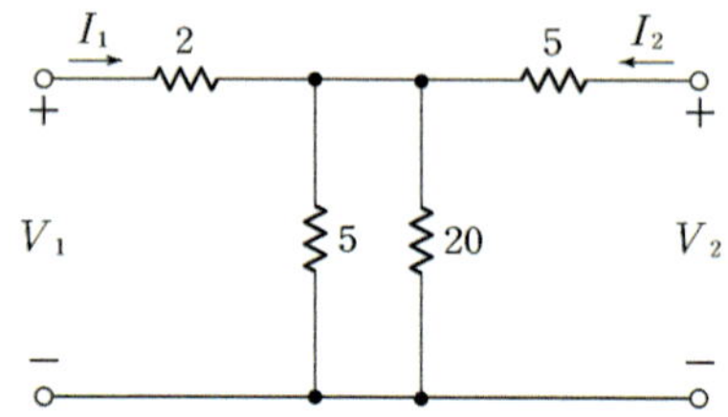

풀이

1) 두 망로에 망로 방정식을 유도하면 다음과 같이 쉽게 구해진다:

$V_1 = 2I_1 + 4(I_1 + I_2) = 6I_1 + 4I_2$

$V_2 = 5I_2 + 4(I_2 + I_1) = 4I_1 + 9I_2$

2) 그러므로 Z-정수는 다음과 같다.

$$Z = \begin{bmatrix} 6 & 4 \\ 4 & 9 \end{bmatrix}$$

y-정수 회로망에서와 유사하게 양방향성 회로망은 z-정수를 사용하여 그림 12.6과 같이 T 등가 회로망으로 변경할 수 있다.

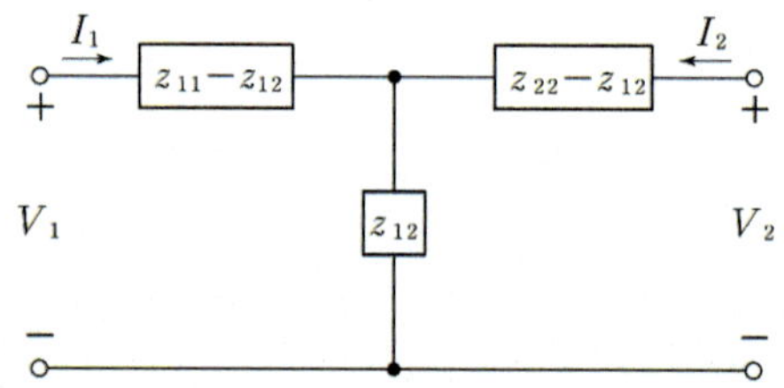

| 그림 12.6 | 양방향성 2-포트 회로망의 T 등가 회로망과 z-정수

예제 12.3을 그림 12.6으로 풀이하면 z-정수는 바로 구할 수 있다. 즉, 예제 12.3의 회로와 그림 12.6을 비교하면, $z_{12} = 4[\Omega]$, 그리고 $z_{11} - z_{12} = 2[\Omega]$으로부터 $z_{11} = 6[\Omega]$, $z_{22} - z_{12} = 5[\Omega]$으로부터 $z_{22} = 9[\Omega]$이다.

12.4 h-정수 회로망

2-포트 회로망에서 전압 V_1과 V_2, 전류 I_1과 I_2의 4개 변수를 사용하여 두 변수는 종속변수로, 나머지 두 변수는 독립변수로 정의하는 방정식은 여섯 가지가 가능하다. 여기서는 V_1과 I_2를 종속변수, I_1과 V_2를 독립변수로 하는 회로망 방정식을 살펴본다.

그림 12.7의 이상적인 변압기에서 2-포트 회로망 방정식을 유도하면 다음과 같다.

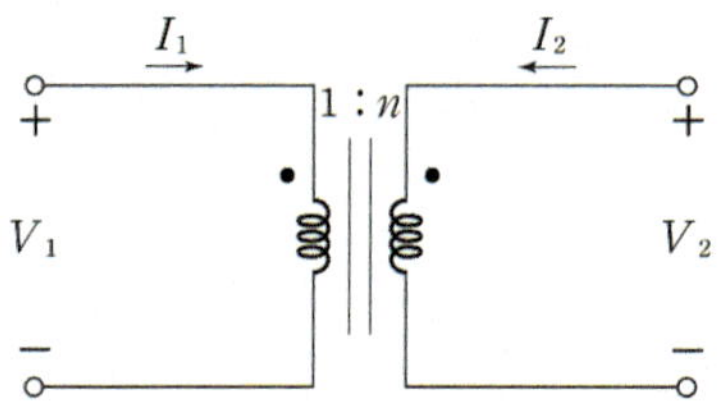

| 그림 12.7 | 이상적인 변압기 회로

$$\begin{aligned} V_1 &= \frac{1}{n} V_2 \\ I_1 &= -nI_2 \end{aligned} \tag{12.28}$$

즉, 이상적인 변압기에서는 y-정수 혹은 z-정수가 존재하지 않는다. 이런 경우를 위하여 또 다른 정수를 정의한다.

2-포트 회로망에서 V_1과 I_2를 종속변수, I_1과 V_2를 독립변수로 사용하는 방정식은 다음과 같이 정의할 수 있다.

$$\begin{aligned} V_1 &= h_{11}I_1 + h_{12}V_2 \\ I_2 &= h_{21}I_1 + h_{22}V_2 \end{aligned} \tag{12.29}$$

이를 행렬 방정식으로 표현하면 다음의 식 (12.30)과 같다.

$$\begin{bmatrix} V_1 \\ I_2 \end{bmatrix} = \begin{bmatrix} h_{11} & h_{12} \\ h_{21} & h_{22} \end{bmatrix} \begin{bmatrix} I_1 \\ V_2 \end{bmatrix} \tag{12.30}$$

여기서, $h_{11}, h_{12}, h_{21}, h_{22}$는 서로 다른 차원을 가진다. h_{11}과 h_{22}는 각각 [Ω]과 [S]의 차원을 가지고, h_{12}와 h_{21}은 무차원이면서 각각 전압이득과 전류이득의 의미를 가진다. 즉, h-정수에는 서로 다른 차원과 서로 다른 종류의 이득을 가지는 정수들이 섞여 있다. 그래서 식 (12.29) 혹은

(12.30)으로 표현되는 2-포트 회로망 방정식을 **h-정수** 혹은 **하이브리드(hybrid)-정수** 회로망 방정식이라고 한다.

이제 이들 하이브리드 정수 각각의 물리적인 의미를 살펴보자. 먼저 V_2를 0, 즉 출력 포트를 단락시키면 식 (12.29)로부터 다음의 두 식을 얻는다.

$$V_1 = h_{11} I_1 \big|_{V_2 = 0} \qquad (12.31)$$
$$I_2 = h_{21} I_1 \big|_{V_2 = 0}$$

즉,

$$h_{11} = \left.\frac{V_1}{I_1}\right|_{V_2 = 0} \quad [\Omega] \qquad (12.32)$$
$$h_{21} = \left.\frac{I_2}{I_1}\right|_{V_2 = 0}$$

그러므로 h_{11}은 출력 포트를 단락했을 때의 입력 임피던스이고, h_{21}은 출력 포트를 단락했을 때의 순방향 전류 이득으로 정의할 수 있다.

다음으로 I_1을 0, 즉 입력 포트를 개방시키면 식 (12.29)로부터 다음의 두 식을 얻는다.

$$V_1 = h_{12} V_2 \big|_{I_1 = 0} \qquad (12.33)$$
$$I_2 = h_{22} V_2 \big|_{I_1 = 0}$$

즉,

$$h_{12} = \left.\frac{V_1}{V_2}\right|_{I_1 = 0} \qquad (12.34)$$
$$h_{22} = \left.\frac{I_2}{V_2}\right|_{I_1 = 0} \quad [\mathrm{S}]$$

그러므로 h_{12} 및 h_{22}는 각각 입력 포트를 개방했을 때의 역방향 전압 이득과 출력 어드미턴스로 정의할 수 있다. 이들을 요약하면 다음과 같다.

$$h_{11} = \left.\frac{V_1}{I_1}\right|_{V_2=0} \quad : \text{출력 단락 입력 임피던스}$$

$$h_{12} = \left.\frac{V_1}{V_2}\right|_{I_1=0} \quad : \text{입력 개방 역방향 전압 이득}$$

$$h_{21} = \left.\frac{I_2}{I_1}\right|_{V_2=0} \quad : \text{출력 단락 순방향 전류 이득}$$

$$h_{22} = \left.\frac{I_2}{V_2}\right|_{I_1=0} \quad : \text{입력 개방 출력 어드미턴스}$$

h-정수 회로망에서 양방향성 회로의 특성을 만족하는 조건은 $h_{12} =- h_{21}$이다.

그림 12.3의 y-정수를 구하기 위한 예제 회로망에서 h-정수를 구해보자.

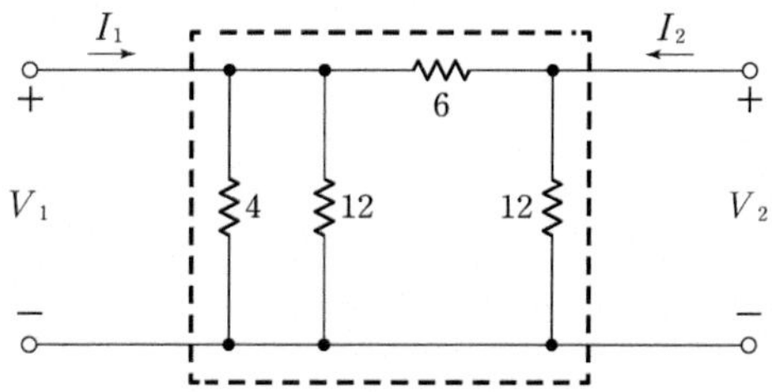

| 그림 12.8 | h-정수를 구하기 위한 그림 12.3

$$h_{11} = \left.\frac{V_1}{I_1}\right|_{V_2=0} = 3//6 = 2[\Omega]$$

$$h_{12} = \left.\frac{V_1}{V_2}\right|_{I_1=0} = \frac{3}{3+6} = 0.33$$

$$h_{21} = \left.\frac{I_2}{I_1}\right|_{V_2=0} = -\frac{3}{3+6} = -0.33$$

$$h_{22} = \left.\frac{I_2}{V_2}\right|_{I_1=0} = \frac{1}{(3+6)//12} = \frac{9+12}{9\times 12} = 0.19[\mathrm{S}]$$

즉,

$$H = \begin{bmatrix} 2 & 0.33 \\ -0.33 & 0.19 \end{bmatrix}$$

예제 12.4

그림의 2-포트 회로망에서 h-정수를 구하라. 단, 소자에 표기된 저항은 [Ω]의 단위를 가지는 값이다.

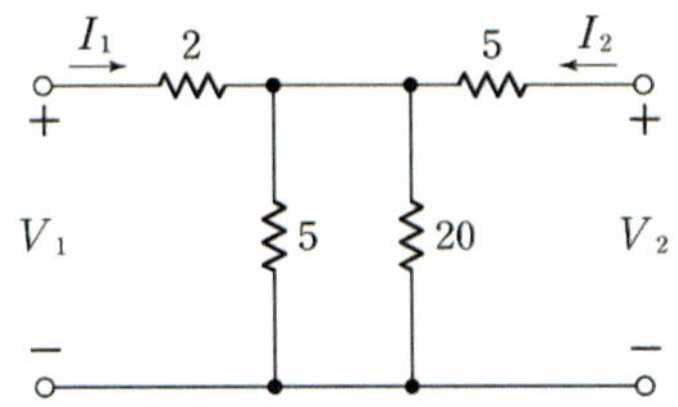

풀이

$$h_{11} = \left.\frac{V_1}{I_1}\right|_{V_2=0} = 2 + 4//5 = 4.22[\Omega]$$

$$h_{12} = \left.\frac{V_1}{V_2}\right|_{I_1=0} = \frac{4}{4+5} = 0.44$$

$$h_{21} = \left.\frac{I_2}{I_1}\right|_{V_2=0} = -\frac{4}{4+5} = -0.44$$

$$h_{22} = \left.\frac{I_2}{V_2}\right|_{I_1=0} = \frac{1}{4+5} = 0.11[\mathrm{S}]$$

h−정수는 트랜지스터의 모델에서 널리 활용되며, 여기서는 그림 12.9와 같이 h_{11}, h_{12}, h_{21}, h_{22} 대신에 각각 h_i, h_r, h_f, h_o가 자주 사용된다.

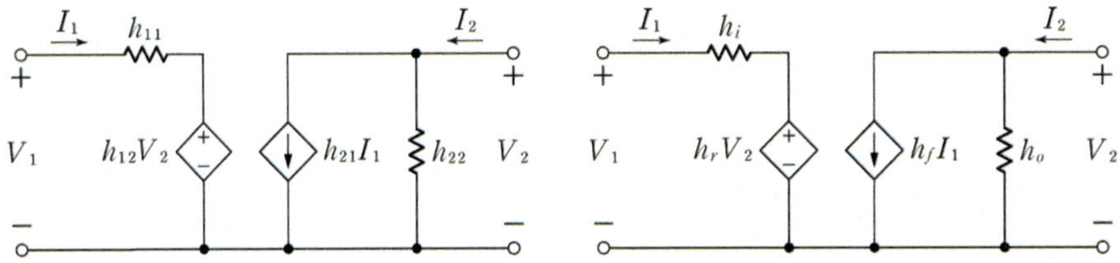

| 그림 12.9 | 트랜지스터 모델과 h−정수

식 (12.29)와 (12.30)에서 알 수 있듯이 h−정수는 V_1과 I_2를 종속변수, I_1과 V_2를 독립변수로 사용하였다. 이를 반대로 사용하는 경우, 즉 I_1과 V_2를 종속변수로, V_1과 I_2를 독립변수로 하는 방정식을 표현해 보자.

$$\begin{aligned} I_1 &= g_{11}V_1 + g_{12}I_2 \\ V_2 &= g_{21}V_1 + g_{22}I_2 \end{aligned} \tag{12.35}$$

이를 행렬 방정식으로 표현하면 다음의 식 (12.36)과 같다.

$$\begin{bmatrix} I_1 \\ V_2 \end{bmatrix} = \begin{bmatrix} g_{11} & g_{12} \\ g_{21} & g_{22} \end{bmatrix} \begin{bmatrix} V_1 \\ I_2 \end{bmatrix} \tag{12.36}$$

여기서, g_{11}, g_{22}는 각각 [S], [Ω]의 차원을 가지고, g_{12}, g_{21}은 무차원이다. 이것을 **역 하이브리드-정수(inverse hybrid parameters) 혹은 g-정수**라고 한다. 그러나 g-정수는 널리 사용되지 않으므로 여기서는 자세한 설명을 생략한다.

12.5 t-정수 회로망

2-포트 회로망에서 출력단이 다른 입력단과 직접 연결되는 경우를 캐스케이드(cascade) 연결이라고 한다. 여기서는 V_1과 I_1을 종속변수, V_2와 $-I_2$를 독립변수로 하는 2-포트 회로망 방정식을 살펴본다.

2-포트 회로망에서 V_1과 I_1을 종속변수, V_2와 $-I_2$를 독립변수로 하는 회로망 방정식은 다음과 같이 정의할 수 있다.

$$\begin{aligned} V_1 &= t_{11} V_2 - t_{12} I_2 \\ I_1 &= t_{21} V_2 - t_{22} I_2 \end{aligned} \tag{12.37}$$

이를 행렬 방정식으로 표현하면 다음의 식 (12.38)과 같다.

$$\begin{bmatrix} V_1 \\ I_1 \end{bmatrix} = \begin{bmatrix} t_{11} & t_{12} \\ t_{21} & t_{22} \end{bmatrix} \begin{bmatrix} V_2 \\ -I_2 \end{bmatrix} \text{ 또는 } \begin{bmatrix} V_1 \\ I_1 \end{bmatrix} = \begin{bmatrix} A & B \\ C & D \end{bmatrix} \begin{bmatrix} V_2 \\ -I_2 \end{bmatrix} \tag{12.38}$$

여기서는 t_{11}과 t_{22}는 무차원, 그리고 t_{12}는 [Ω], t_{21}은 [S]의 차원을 가진다. 식 (12.37) 혹은 (12.38)로 표현되는 2-포트 회로망 방정식은 **전송-정수(transmission parameters), t-정수, 혹은 ABCD-정수** 회로망 방정식이라고 한다.

이제 이들 ABCD 정수 각각의 물리적인 의미를 살펴보자. 먼저 I_2를 0, 즉 출력 포트를 개방시키면 식 (12.37)로부터 다음의 두 식을 얻는다.

$$\begin{aligned} V_1 &= t_{11} V_2 \big|_{I_2=0} \\ I_1 &= t_{21} V_2 \big|_{I_2=0} \end{aligned} \tag{12.39}$$

즉,

$$t_{11} = \left.\frac{V_1}{V_2}\right|_{I_2 = 0} \tag{12.40}$$

$$t_{21} = \left.\frac{I_1}{V_2}\right|_{I_2 = 0} \quad [\mathrm{S}]$$

그러므로 t_{11}은 출력 포트를 개방했을 때의 역방향 전압 이득이고, t_{21}은 출력 포트를 개방했을 때의 역방향 전달 어드미턴스로 정의할 수 있다.

다음으로 V_2를 0, 즉 출력 포트를 단락시키면 식 (12.37)로부터 다음의 두 식을 얻는다.

$$V_1 = -\, t_{12} I_2 \big|_{V_2 = 0} \tag{12.41}$$

$$I_1 = -\, t_{22} I_2 \big|_{V_2 = 0}$$

즉,

$$t_{12} = -\left.\frac{V_1}{I_2}\right|_{V_2 = 0} \quad [\Omega] \tag{12.42}$$

$$t_{22} = -\left.\frac{I_1}{I_2}\right|_{V_2 = 0}$$

그러므로 t_{12} 및 t_{22}는 각각 출력 포트를 단락했을 때의 마이너스 역방향 전달 임피던스, 마이너스 역방향 전류 이득으로 정의할 수 있다. 이들을 요약하면 다음과 같다.

$$t_{11} = \left.\frac{V_1}{V_2}\right|_{I_2 = 0}$$: 출력 개방 역방향 전압 이득

$$t_{12} = -\left.\frac{V_1}{I_2}\right|_{V_2 = 0}$$: 출력 단락 마이너스 역방향 전달 임피던스

$$t_{21} = \left.\frac{I_1}{V_2}\right|_{I_2 = 0}$$: 출력 개방 역방향 전달 어드미턴스

$$t_{22} = -\left.\frac{I_1}{I_2}\right|_{V_2 = 0}$$: 출력 단락 마이너스 역방향 전류 이득

예제 12.5

그림의 2-포트 회로망에서 t-정수를 구하라. 단, 소자에 표기된 저항은 [Ω]의 단위를 가지는 값이다.

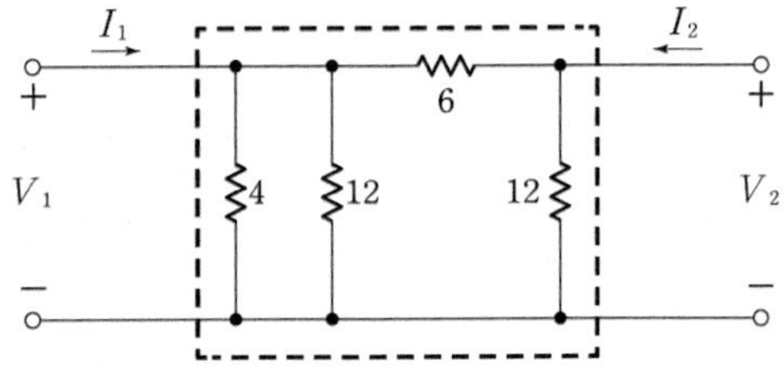

풀이

1) 식 (12.40)과 (12.42)를 이용하여 구할 수 있다:

$$t_{11} = \left.\frac{V_1}{V_2}\right|_{I_2=0} = \frac{V_1}{\frac{12}{6+12}V_1} = 1.5$$

$$t_{12} = -\left.\frac{V_1}{I_2}\right|_{V_2=0} = \frac{6I_2}{I_2} = 6[\Omega]$$

$$t_{21} = \left.\frac{I_1}{V_2}\right|_{I_2=0} = \frac{(\frac{1}{3}V_1 + \frac{1}{12}V_2)}{V_2} = \frac{(\frac{1}{3}\times\frac{18}{12}V_2 + \frac{1}{12}V_2)}{V_2} = \frac{7}{12}[\mathrm{S}]$$

$$t_{22} = -\left.\frac{I_1}{I_2}\right|_{V_2=0} = \frac{I_1}{\frac{3}{3+6}I_1} = 3$$

2) 식 (12.14)와 (12.15)를 이용하여 구할 수 있다:

즉, $I_1 = \frac{1}{2}V_1 - \frac{1}{6}V_2$과 $I_2 = -\frac{1}{6}V_1 + \frac{1}{4}V_2$를 적절히 조합하면 다음의 두 방정식을 유도할 수 있다:

$$V_1 = \frac{3}{2}V_2 - 6I_2$$

$$I_1 = \frac{7}{12}V_2 - 3I_2$$

그러므로, $T = \begin{bmatrix} 1.5 & 6 \\ 0.58 & 3 \end{bmatrix}$ 이다.

식 (12.37)과 (12.38)에서 알 수 있듯이 t−정수는 V_1과 I_1을 종속변수, V_2와 I_2를 독립변수로 하는 2−포트 회로망 방정식에서 유도되었다. 이제 V_1과 I_1을 독립변수, V_2와 I_2를 종속변수로 하는 2−포트 회로망 방정식을 정의해 보자,

$$V_2 = aV_1 - bI_1 \qquad (12.43)$$
$$I_2 = cV_1 - dI_1$$

이를 행렬 방정식으로 표현하면 다음의 식 (12.38)과 같다.

$$\begin{bmatrix} V_2 \\ I_2 \end{bmatrix} = \begin{bmatrix} a & b \\ c & d \end{bmatrix} \begin{bmatrix} V_1 \\ -I_1 \end{bmatrix} \tag{12.44}$$

식 (12.43) 혹은 (12.44)를 **역 전송-정수(inverse transmission parameters) 혹은 abcd-정수**라고 한다. 그러나 abcd-정수는 널리 사용되지 않으므로 여기서는 자세한 설명을 생략한다.

12.6 2-포트 회로망의 상호 연결

2-포트 회로망에서 입력포트의 V_1과 I_1, 출력포트의 V_2와 I_2를 사용하여 여섯 가지의 회로망 정수를 살펴 보았다. 이제 이들 회로망 정수 상호간의 관계와 하나의 회로망에서 두 개 이상의 2-포트 회로망의 상호 연결에 관하여 살펴본다.

2-포트 회로망의 여섯 개 정수 중에서 네 개의 정수가 널리 활용된다. 여기서는 이들 네 개 정수 상호간의 관계를 살펴본다.

먼저 y-정수와 z-정수 사이의 관계를 살펴보자. y-정수는 식 (12.8) 및 (12.9)에 의해 다음과 같이 표현되었다.

$$\begin{aligned} I_1 &= y_{11} V_1 + y_{12} V_2 \\ I_2 &= y_{21} V_1 + y_{22} V_2 \end{aligned}, \quad Y = \begin{bmatrix} y_{11} & y_{12} \\ y_{21} & y_{22} \end{bmatrix} \tag{12.45}$$

그리고 z-정수는 식 (12.17) 및 (12.18)에 의해 다음과 같이 표현되었다.

$$\begin{aligned} V_1 &= z_{11} I_1 + z_{12} I_2 \\ V_2 &= z_{21} I_1 + z_{22} I_2 \end{aligned}, \quad Z = \begin{bmatrix} z_{11} & z_{12} \\ z_{21} & z_{22} \end{bmatrix} \tag{12.46}$$

이들 두 방정식을 행렬식으로 표현하고, 식 (12.46)을 (12.45)에 대입하여 정리하면 다음의 식을 얻을 수 있다.

$$I = YV = YZI \tag{12.47}$$

여기서,

$$I = \begin{bmatrix} I_1 \\ I_2 \end{bmatrix}, \ V = \begin{bmatrix} V_1 \\ V_2 \end{bmatrix} \tag{12.48}$$

그러므로

$$Y = Z^{-1} = \frac{\begin{bmatrix} z_{22} & -z_{12} \\ -z_{21} & z_{11} \end{bmatrix}}{\Delta_Z} = \begin{bmatrix} \dfrac{z_{22}}{\Delta_Z} & \dfrac{-z_{12}}{\Delta_Z} \\ \dfrac{-z_{21}}{\Delta_Z} & \dfrac{z_{11}}{\Delta_Z} \end{bmatrix} = \begin{bmatrix} y_{11} & y_{12} \\ y_{21} & y_{22} \end{bmatrix} \tag{12.49}$$

여기서, $\Delta_Z = z_{11}z_{22} - z_{12}z_{21}$ 이다. 즉, y-정수와 z-정수 사이에는 식 (12.49)의 관계가 있다. 따라서 주어진 2-포트 회로망에서 y-정수보다 z-정수를 구하는 과정이 쉬운 경우는 먼저 z-정수를 구한 다음 식 (12.49)를 사용하여 y-정수를 구하면 된다.

식 (12.47)에서 다음의 식 (12.50)도 성립하므로, 식 (12.51)을 사용하여 y−정수로부터 z−정수를 구할 수 있다.

$$Z = Y^{-1} \tag{12.50}$$

$$Z = Y^{-1} = \begin{bmatrix} \dfrac{y_{22}}{\Delta_Y} & \dfrac{-y_{12}}{\Delta_Y} \\ \dfrac{-y_{21}}{\Delta_Y} & \dfrac{y_{11}}{\Delta_Y} \end{bmatrix} = \begin{bmatrix} z_{11} & z_{12} \\ z_{21} & z_{22} \end{bmatrix} \tag{12.51}$$

여기서, $\Delta_Y = y_{11}y_{22} - y_{12}y_{21}$ 이다.

나머지 정수들도 연립방정식의 적절한 조작으로 정수 상호간의 관계를 유도할 수 있다. 여기서는 h−정수와 z−정수 사이의 관계를 유도하는 사례만 추가로 제시한다.

z−정수를 정의한 연립방정식은 다음과 같다.

$$V_1 = z_{11}I_1 + z_{12}I_2$$
$$V_2 = z_{21}I_1 + z_{22}I_2$$

여기서 두 번째 식을 I_2에 관한 식으로 정리하면, 다음의 식을 얻는다.

$$I_2 = -\frac{z_{21}}{z_{22}}I_1 + \frac{1}{z_{22}}V_2 \tag{12.52}$$

식 (12.51)을 첫 번째 식에 대입하여 정리하면, 다음의 식을 얻는다.

$$V_1 = \frac{z_{11}z_{22} - z_{12}z_{21}}{z_{22}} I_1 + \frac{z_{12}}{z_{22}} V_2 = \frac{\Delta_Z}{z_{22}} I_1 + \frac{z_{12}}{z_{22}} V_2 \tag{12.53}$$

식 (12.52)와 (12.53)을 h−정수를 정의하는 연립방정식인 식 (12.29)와 비교하면 다음과 같다.

$$H = \begin{bmatrix} h_{11} & h_{12} \\ h_{21} & h_{22} \end{bmatrix} = \begin{bmatrix} \dfrac{\Delta_Z}{z_{22}} & \dfrac{z_{12}}{z_{22}} \\ -\dfrac{z_{21}}{z_{22}} & \dfrac{1}{z_{22}} \end{bmatrix} \tag{12.54}$$

자주 사용되는 2−포트 회로망의 네 개의 정수 상호간의 관계를 요약하면 표 12.1과 같다.

| 표 12.1 | 2−포트 회로망의 정수 사이의 관계

	Y		Z		H		T	
Y	y_{11}	y_{12}	$\frac{z_{22}}{\Delta_Z}$	$\frac{-z_{12}}{\Delta_Z}$	$\frac{1}{h_{11}}$	$\frac{-h_{12}}{h_{11}}$	$\frac{t_{22}}{t_{12}}$	$\frac{-\Delta_T}{t_{12}}$
	y_{21}	y_{22}	$\frac{-z_{21}}{\Delta_Z}$	$\frac{z_{11}}{\Delta_Z}$	$\frac{h_{21}}{h_{11}}$	$\frac{\Delta_H}{h_{11}}$	$\frac{-1}{t_{12}}$	$\frac{t_{11}}{t_{12}}$
Z	$\frac{y_{22}}{\Delta_Y}$	$\frac{-y_{12}}{\Delta_Y}$	z_{11}	z_{12}	$\frac{\Delta_H}{h_{22}}$	$\frac{h_{12}}{h_{22}}$	$\frac{t_{11}}{t_{21}}$	$\frac{\Delta_T}{t_{21}}$
	$\frac{-y_{21}}{\Delta_Y}$	$\frac{y_{11}}{\Delta_Y}$	z_{21}	z_{22}	$\frac{-h_{21}}{h_{22}}$	$\frac{1}{h_{22}}$	$\frac{1}{t_{21}}$	$\frac{t_{22}}{t_{21}}$
H	$\frac{1}{y_{11}}$	$\frac{-y_{12}}{y_{11}}$	$\frac{\Delta_Z}{z_{22}}$	$\frac{z_{12}}{z_{22}}$	h_{11}	h_{12}	$\frac{t_{12}}{t_{22}}$	$\frac{\Delta_T}{t_{22}}$
	$\frac{y_{21}}{y_{11}}$	$\frac{\Delta_Y}{y_{11}}$	$\frac{-z_{21}}{z_{22}}$	$\frac{1}{z_{22}}$	h_{21}	h_{22}	$\frac{-1}{t_{22}}$	$\frac{t_{21}}{t_{22}}$
T	$\frac{-y_{22}}{y_{21}}$	$\frac{-1}{y_{21}}$	$\frac{z_{11}}{z_{21}}$	$\frac{\Delta_Z}{z_{21}}$	$\frac{-\Delta_H}{h_{21}}$	$\frac{-h_{11}}{h_{21}}$	t_{11}	t_{12}
	$\frac{-\Delta_Y}{y_{21}}$	$\frac{-y_{11}}{y_{21}}$	$\frac{1}{z_{21}}$	$\frac{z_{22}}{z_{21}}$	$\frac{-h_{22}}{h_{21}}$	$\frac{-1}{h_{21}}$	t_{21}	t_{22}

예제 12.6

그림의 2-포트 회로망에서 y-정수는 식 (12.16)에서 제시하였듯이 다음과 같이 구했다.

$$Y = \begin{bmatrix} 0.5 & -0.17 \\ -0.17 & 0.25 \end{bmatrix} = \begin{bmatrix} \frac{1}{2} & -\frac{1}{6} \\ -\frac{1}{6} & \frac{1}{4} \end{bmatrix}$$

표 12.1을 사용해서 z-정수, h-정수, t-정수를 모두 구하고, 이들을 본문에서 구한 결과와 일치하는지를 확인하라. 단, 소자에 표기된 저항은 [Ω]의 단위를 가지는 값이다.

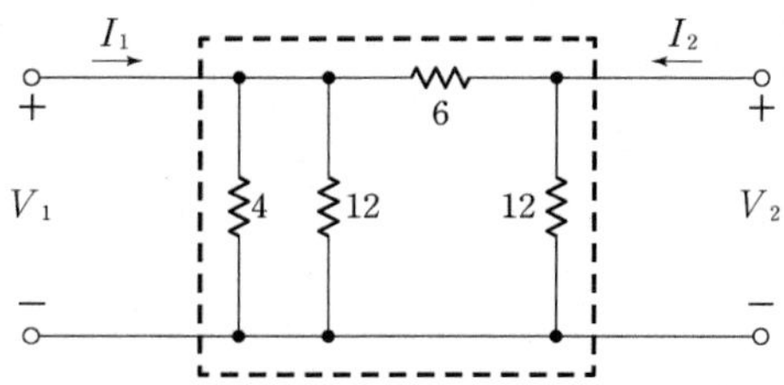

풀이

1) 먼저 $\Delta_Y = y_{11}y_{22} - y_{12}y_{21}$를 구한다.

$$\Delta_Y = y_{11}y_{22} - y_{12}y_{21} = \frac{1}{8} - \frac{1}{36} = \frac{7}{72}$$

2) 먼저 z−정수는 표 12.1로부터 다음과 같이 구해진다. 이것은 식 (12.26) 및 (12.27)에서 구한 결과와 같다.

$$\begin{bmatrix} z_{11} & z_{12} \\ z_{21} & z_{22} \end{bmatrix} = \begin{bmatrix} \frac{y_{22}}{\Delta_Y} & \frac{-y_{12}}{\Delta_Y} \\ \frac{-y_{21}}{\Delta_Y} & \frac{y_{11}}{\Delta_Y} \end{bmatrix} = \begin{bmatrix} \frac{1/4}{7/72} & \frac{1/6}{7/72} \\ \frac{1/6}{7/72} & \frac{1/2}{7/72} \end{bmatrix} = \begin{bmatrix} 2.57 & 1.71 \\ 1.71 & 5.14 \end{bmatrix}$$

3) 마찬가지로 표 12.1로부터 h−정수를 구하면 다음과 같다.

$$H = \begin{bmatrix} h_{11} & h_{12} \\ h_{21} & h_{22} \end{bmatrix} = \begin{bmatrix} \frac{1}{y_{11}} & \frac{-y_{12}}{y_{11}} \\ \frac{y_{21}}{y_{11}} & \frac{\Delta_Y}{y_{11}} \end{bmatrix} = \begin{bmatrix} 2 & 0.33 \\ -0.33 & 0.19 \end{bmatrix}$$

이것은 본문에서 구한 결과와 같다.

4) 마지막으로 t-정수를 구하면 다음과 같다.

$$T = \begin{bmatrix} t_{11} & t_{12} \\ t_{21} & t_{22} \end{bmatrix} = \begin{bmatrix} \frac{-y_{22}}{y_{21}} & \frac{-1}{y_{21}} \\ \frac{-\Delta_Y}{y_{21}} & \frac{-y_{11}}{y_{21}} \end{bmatrix} = \begin{bmatrix} 1.5 & 6 \\ 0.58 & 3 \end{bmatrix}$$

이것은 예제 12.5의 결과와 같다.

복잡한 회로망은 여러 개의 부회로망으로 분리할 수 있는데, 이 때 분리되는 회로망이 지금까지 학습한 2-포트 회로망의 하나이면, 전체 회로망의 해석은 매우 간단해 질 수 있다. 예를 들어서 매우 복잡한 회로망이 그림 12.10과 같이 두 개의 병렬 접속된 2-포트 회로망으로 분리되는 경우를 살펴보자.

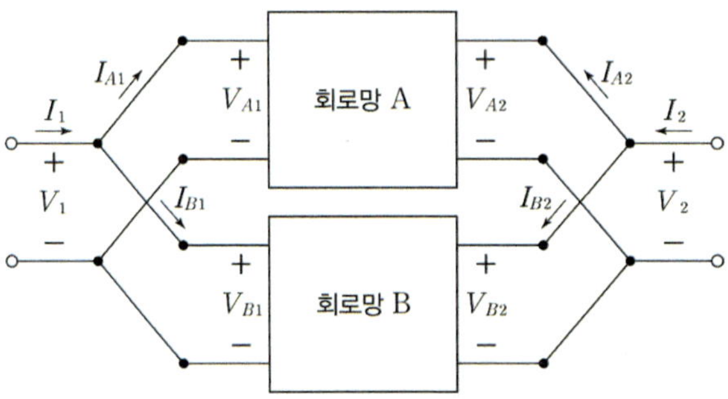

| 그림 12.10 | 병렬 연결된 두 개의 2-포트 회로망

그림 12.10에서 회로망 A와 회로망 B는 다소 복잡하게 연결되어 있으나, 두 회로망 각각의 입력 포트 및 출력 포트에 걸리는 전압은 동일하고, 각 회로망으로 흘러 들어가는 전류는 서로 다르기 때문에 두 개의 2-포트 회로망은 병렬 연결되었다는 것을 알 수 있다.

그림 12.10에서 전압과 관련한 식을 유도해 보자.

$$V_1 = V_{A1} = V_{B1} \tag{12.55}$$
$$V_2 = V_{A2} = V_{B2}$$

즉,

$$V = V_A = V_B \tag{12.56}$$

여기서,

$$V = \begin{bmatrix} V_1 \\ V_2 \end{bmatrix},\ V_A = \begin{bmatrix} V_{A1} \\ V_{A2} \end{bmatrix},\ V_B = \begin{bmatrix} V_{B1} \\ V_{B2} \end{bmatrix} \tag{12.57}$$

다음으로 전류와 관련한 식을 유도해 보자.

$$I_1 = I_{A1} + I_{B1} \tag{12.58}$$
$$I_2 = I_{A2} + I_{B2}$$

즉,

$$I = I_A + I_B \tag{12.59}$$

여기서,

$$I = \begin{bmatrix} I_1 \\ I_2 \end{bmatrix}, \quad I_A = \begin{bmatrix} I_{A1} \\ I_{A2} \end{bmatrix}, \quad I_B = \begin{bmatrix} I_{B1} \\ I_{B2} \end{bmatrix} \tag{12.60}$$

그리고 그림 12.9의 회로망 A에서 y-정수를 정의하는 방정식은 다음과 같이 정의할 수 있다.

$$\begin{aligned} I_{A1} &= y_{A11} V_{A1} + y_{A12} V_{A2} \\ I_{A2} &= y_{A21} V_{A1} + y_{A22} V_{A2} \end{aligned} \tag{12.61}$$

즉,

$$I_A = Y_A \; V_A \tag{12.62}$$

여기서,

$$Y_A = \begin{bmatrix} y_{A11} & y_{A12} \\ y_{A21} & y_{A22} \end{bmatrix} \tag{12.63}$$

마찬가지로 회로망 B에서도 다음의 y-정수 방정식을 정의할 수 있다.

$$\begin{aligned} I_{B1} &= y_{B11} V_{B1} + y_{B12} V_{B2} \\ I_{B2} &= y_{B21} V_{B1} + y_{B22} V_{B2} \end{aligned} \tag{12.64}$$

즉,

$$I_B = Y_B V_B \tag{12.65}$$

여기서,

$$Y_B = \begin{bmatrix} y_{B11} & y_{B12} \\ y_{B21} & y_{B22} \end{bmatrix} \tag{12.66}$$

이제 (12.59)를 사용하여 다음의 관계식을 유도할 수 있다.

$$\begin{aligned} I &= I_A + I_B \\ &= Y_A V_A + Y_B V_B \\ &= Y_A V_A + Y_B V_A \\ &= (Y_A + Y_B) V_B \\ &= (Y_A + Y_B) V \\ &= YV \end{aligned} \tag{12.67}$$

즉, 두 개의 2-포트 회로망이 병렬 접속되어 있을 경우에 전체 회로망의 y-정수는 각각의 회로망의 y-정수의 합과 같다.

$$Y = Y_A + Y_B \tag{12.68}$$

다음으로 그림 12.11과 같이 두 개의 직렬 접속된 2-포트 회로망으로 분리되는 경우를 살펴보자.

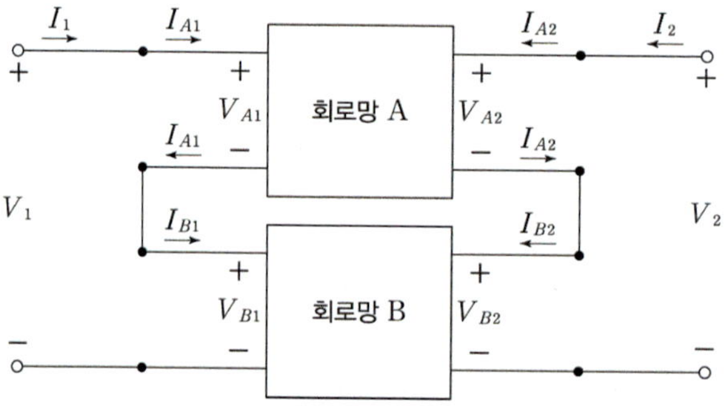

| 그림 12.11 | 직렬 연결된 두 개의 2-포트 회로망

그림 12.11의 회로망 A와 회로망 B는 병렬 연결된 것처럼 보이지만, 실제로는 직렬 접속되어 있다. 왜냐하면, 두 회로망을 통해 흐르는 전류가 동일하고, 각 회로망의 양단에 걸리는 전압은 서로 다르기 때문이다.

이제 그림 12.11로부터 다음의 식들을 유도할 수 있다.

$$\begin{aligned} V_1 &= V_{A1} + V_{B1} \\ V_2 &= V_{A2} + V_{B2} \end{aligned} \tag{12.69}$$

즉,

$$V = V_A + V_B \tag{12.70}$$

그리고

$$
\begin{aligned}
I_1 &= I_{A1} = I_{B1} \\
I_2 &= I_{A2} = I_{B2}
\end{aligned}
\tag{12.71}
$$

즉,

$$
I = I_A = I_B \tag{12.72}
$$

다음으로 그림 12.10의 회로망 A에서 z-정수를 정의하는 방정식은 다음과 같이 정의할 수 있다.

$$
\begin{aligned}
V_{A1} &= z_{A11}I_{A1} + z_{A12}I_{A2} \\
V_{A2} &= z_{A21}I_{A1} + z_{A22}I_{A2}
\end{aligned}
\tag{12.73}
$$

즉,

$$
V_A = Z_A\, I_A \tag{12.74}
$$

여기서,

$$
Z_A = \begin{bmatrix} z_{A11} & z_{A12} \\ z_{A21} & z_{A22} \end{bmatrix} \tag{12.75}
$$

마찬가지로 회로망 B에서도 다음의 z-정수 방정식을 정의할 수 있다.

$$
\begin{aligned}
V_{B1} &= z_{B11}I_{B1} + z_{B12}I_{B2} \\
V_{B2} &= z_{B21}I_{B1} + z_{B22}I_{B2}
\end{aligned}
\tag{12.76}
$$

즉,

$$
V_B = Z_B\, I_B \tag{12.77}
$$

여기서,

$$
Z_B = \begin{bmatrix} z_{B11} & z_{B12} \\ z_{B21} & z_{B22} \end{bmatrix} \tag{12.78}
$$

식 (12.70), (12.72), (12.74), 그리고 (12.77)로부터 다음의 관계식을 유도할 수 있다.

$$\begin{aligned} V &= V_A + V_B \\ &= Z_A I_A + Z_B I_B \\ &= Z_A I_A + Z_B I_A \\ &= (Z_A + Z_B) I_B \\ &= (Z_A + Z_B) I \\ &= ZI \end{aligned} \tag{12.79}$$

즉, 두 개의 2-포트 회로망이 직렬 접속되어 있을 경우에 전체 회로망의 z-정수는 각각의 회로망의 z-정수의 합과 같다.

$$Z = Z_A + Z_B \tag{12.80}$$

마지막으로 그림 12.12와 같이 두 개의 2-포트 회로망이 캐스케이드(cascade) 연결 형태로 분리되는 경우를 살펴보자. 캐스케이드 연결은 직결 접속 혹은 종속결합 등으로도 불린다.

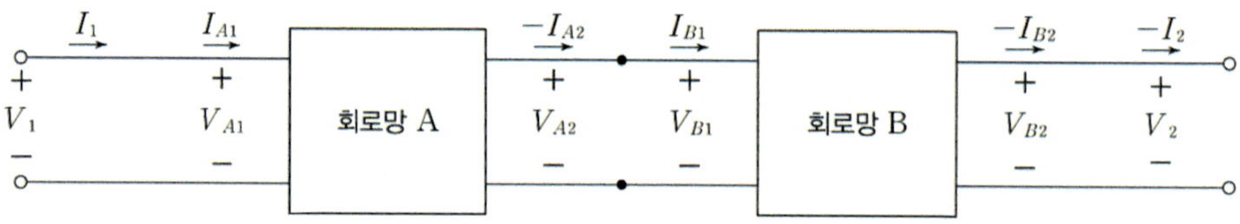

| 그림 12.12 | 캐스케이드 연결된 두 개의 2-포트 회로망

그림 12.12의 회로망 A와 회로망 B는 직렬로 연결된 것처럼 보이지만, 실제로는 그렇지 않다. 왜냐하면 직렬 연결의 기본 요건이 서로 다른 두 소자 혹은 회로망에 동일한 전류가 흘러야 하는데, 이 접속에서는 분명히 두 전류 I_1과 I_2는 동일한 전류가 아니다. 이러한 연결을 캐스케이드 연결이라고 한다.

캐스케이드 연결된 두 개의 2-포트 회로망의 관계식 유도를 위해서는 행렬 형태의 표현이 더 편리하다. 즉, 식 (12.37)을 참고하여 그림 12.12의 2-포트 회로망에서 t-정수 방정식은 다음과 같이 정의할 수 있다.

$$\begin{bmatrix} V_{A1} \\ I_{A1} \end{bmatrix} = \begin{bmatrix} t_{A11} & t_{A12} \\ t_{A21} & t_{A22} \end{bmatrix} \begin{bmatrix} V_{A2} \\ -I_{A2} \end{bmatrix} = T_A \begin{bmatrix} V_{A2} \\ -I_{A2} \end{bmatrix} \tag{12.81}$$

$$\begin{bmatrix} V_{B1} \\ I_{B1} \end{bmatrix} = \begin{bmatrix} t_{B11} & t_{B12} \\ t_{B21} & t_{B22} \end{bmatrix} \begin{bmatrix} V_{B2} \\ -I_{B2} \end{bmatrix} = T_B \begin{bmatrix} V_{B2} \\ -I_{B2} \end{bmatrix} \tag{12.82}$$

그리고 그림 12.11로부터 다음의 식들이 성립한다.

$$I_1 = I_{A1},\ -I_{A2} = I_{B1},\ -I_{B2} = -I_2$$
$$V_1 = V_{A1},\ V_{A2} = V_{B1},\ V_{B2} = V_2$$

그러므로,

$$\begin{bmatrix} V_1 \\ I_1 \end{bmatrix} = \begin{bmatrix} t_{11} & t_{12} \\ t_{21} & t_{22} \end{bmatrix} \begin{bmatrix} V_2 \\ -I_2 \end{bmatrix} = T\begin{bmatrix} V_2 \\ -I_2 \end{bmatrix} \tag{12.83}$$
$$= \begin{bmatrix} V_{A1} \\ I_{A1} \end{bmatrix} = T_A\begin{bmatrix} V_{A2} \\ -I_{A2} \end{bmatrix} = T_A\begin{bmatrix} V_{B1} \\ I_{B1} \end{bmatrix} = T_A T_B\begin{bmatrix} V_{B2} \\ -I_{B2} \end{bmatrix} = T_A T_B\begin{bmatrix} V_2 \\ -I_2 \end{bmatrix}$$

즉, 두 개의 2-포트 회로망이 캐스케이드 접속되어 있을 경우에 전체 회로망의 t-정수는 각각의 회로망의 t-정수의 행렬곱과 같다.

$$T = T_A T_B \tag{12.84}$$

지금까지 살펴 본 두 개의 2-포트 회로망의 접속에 대해서는 다음과 같이 요약할 수 있다. **복잡한 회로망이 두 개의 병렬 연결된 2-포트 회로망으로 분리될 경우에는 y-정수, 두 개의 직렬 연결된 2-포트 회로망으로 분리될 경우에는 z-정수, 두 개의 캐스케이드 연결된 2-포트 회로망으로 분리될 경우에는 t-정수 해석법으로 각각 해석하면 매우 쉽게 해석할 수 있다.**

예제 12.7

그림의 2-포트 회로망에서 y-정수를 구하라. 단, 소자에 표기된 값은 [S]의 단위를 가지는 어드미턴스이다.

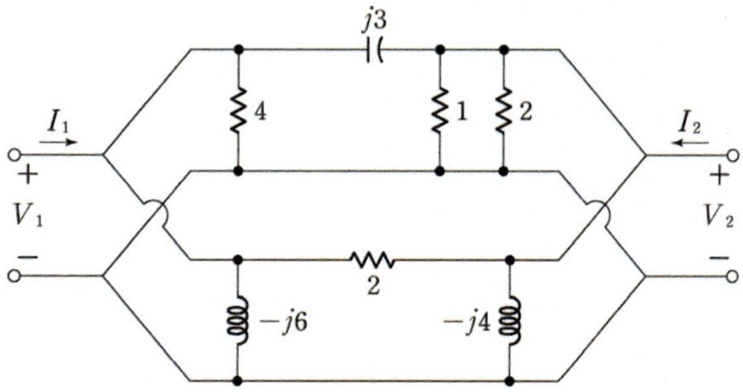

풀이

1) 주어진 회로망은 두 개의 2-포트 회로망이 병렬 접속된 경우이므로 식 (12.68)을 사용하면 된다. 또한 각각의 2-포트 회로망에 대한 y-정수는 그림 12.4의 Π 등가 회로망을 고려하면 쉽게 구할 수 있다.

2) 위쪽의 2-포트 회로망을 회로망 A, 아래쪽의 2-포트 회로을 회로망 B라고 하면, 그림 12.4의 Π 등가 회로망과 비교에 의하여 Y_A 및 Y_B는 다음과 같이 쉽게 구해진다.

$y_{A12} = -j3 = y_{A21}$

$y_{A11} + y_{A12} = 4 \rightarrow y_{A11} = 4 + j3$

$y_{A22} + y_{A12} = 3 \rightarrow y_{A22} = 3 + j3$

$\rightarrow Y_A = \begin{bmatrix} 4+j3 & -j3 \\ -j3 & 3+j3 \end{bmatrix}$

$y_{B12} = -2 = y_{B21}$

$y_{B11} + y_{B12} = -j6 \rightarrow y_{B11} = 2 - j6$

$y_{B22} + y_{B12} = -j4 \rightarrow y_{B22} = 2 - j4$

$\rightarrow Y_B = \begin{bmatrix} 2-j6 & -2 \\ -2 & 2-j4 \end{bmatrix}$

3) 전체 회로망의 y-정수는 식 (12.68)로부터 다음과 같이 구해진다.

$$Y = Y_A + Y_B = \begin{bmatrix} 6-j3 & -2-j3 \\ -2-j3 & 5-j1 \end{bmatrix}$$

예제 12.8

그림의 2-포트 회로망에서 t-정수를 구하라. 단, 소자에 표기된 저항은 [Ω]의 단위를 가지는 값이다.

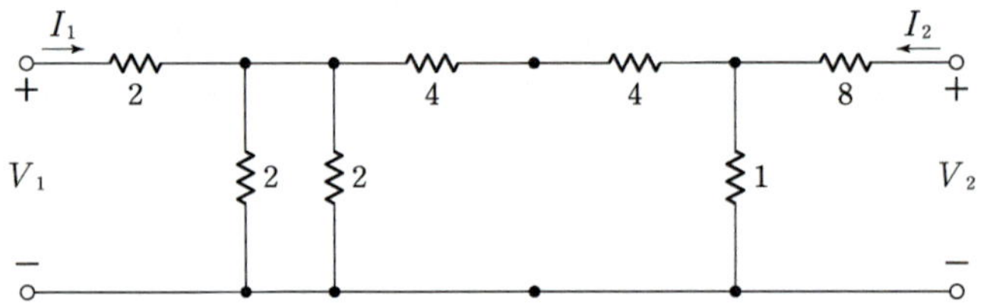

풀이

1) 두 개의 T형 2-포트 회로망이 캐스케이드로 연결된 회로망이다. 좌측의 T형 회로망을 회로망 A, 우측의 T형 회로망을 회로망 B라고 하면, 각 회로망의 t-정수는 다음과 같이 구해진다.

$T_A = \begin{bmatrix} 3 & 14 \\ 1 & 5 \end{bmatrix},\ T_B = \begin{bmatrix} 5 & 44 \\ 1 & 9 \end{bmatrix}$

2) 전체 회로망의 t−정수는 식 (12.84)로부터 다음과 같이 구해진다.

$$T = T_A T_B = \begin{bmatrix} 29 & 258 \\ 10 & 89 \end{bmatrix}$$

연습문제

1 그림 P1에서 y-정수의 y_{12}와 y_{21}을 구하고, $y_{12} = y_{21}$ 여부를 확인하라. 단, 각 저항에 표기된 값은 [Ω]의 단위를 가지는 값이다.

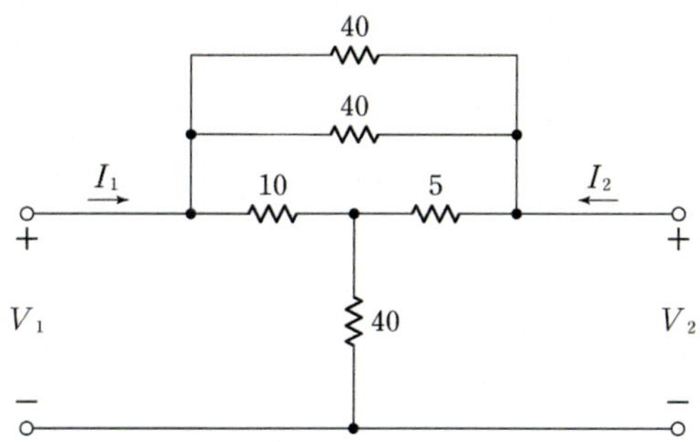

| 그림 P1 |

2 그림 P2에서 y-정수를 구하라. 단, 각 소자에 표기된 Y_1, Y_2, Y_3는 어드미턴스이다.

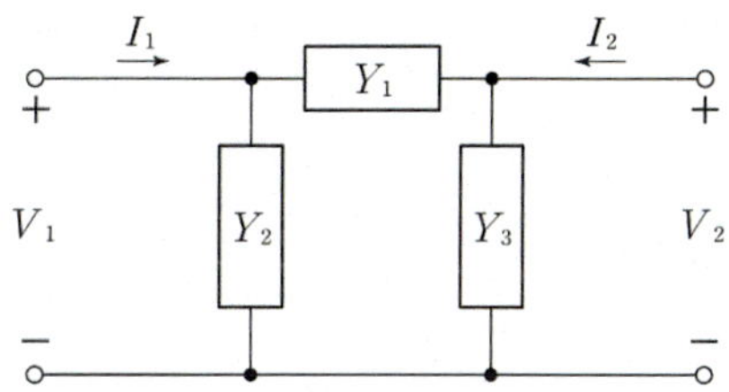

| 그림 P2 |

3 그림 P3에서 z-정수를 구하라. 단, 각 소자에 표기된 값은 전압은 [V], 저항은 [Ω]의 단위를 가지는 값이다.

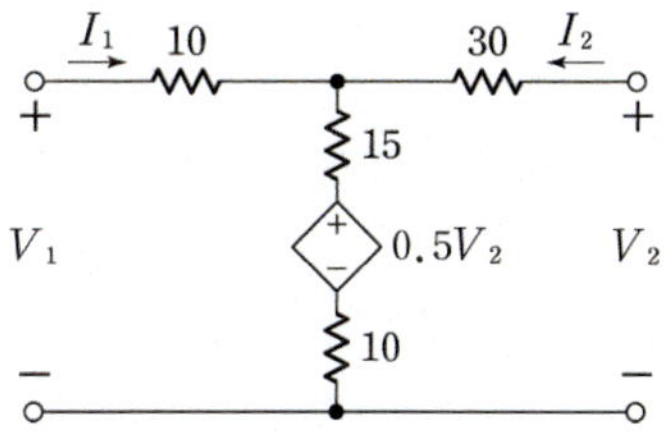

| 그림 P3 |

4 그림 P4에서 z-정수를 모두 구하라. 단, 각 소자에 표기된 값은 전류는 [A], 저항은 [Ω]의 단위를 가지는 값이다.

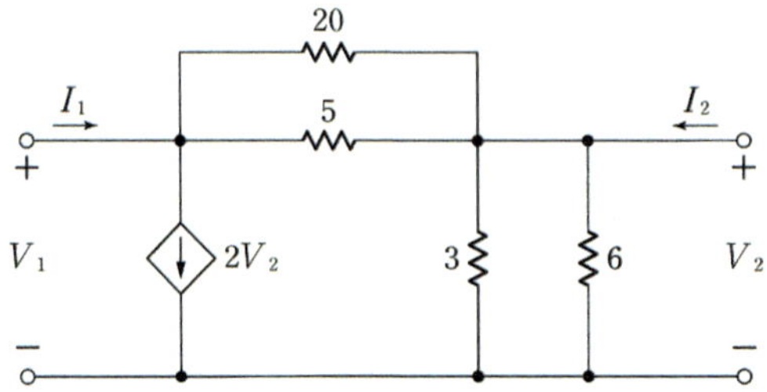

| 그림 P4 |

5 그림 P5에서 h-정수를 구하라. 단, 각 소자에 표기된 저항은 [Ω]의 단위를 가지는 값이다.

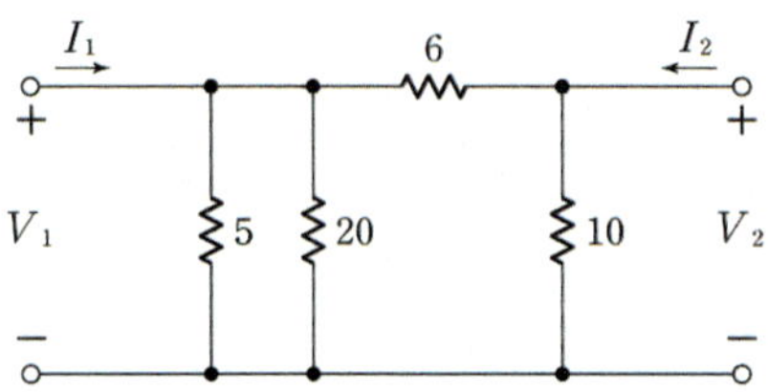

| 그림 P5 |

6 그림 P6에서 t-정수를 구하라. 단, 각 소자에 표기된 Z_a, Z_b, Z_c는 임피던스이다.

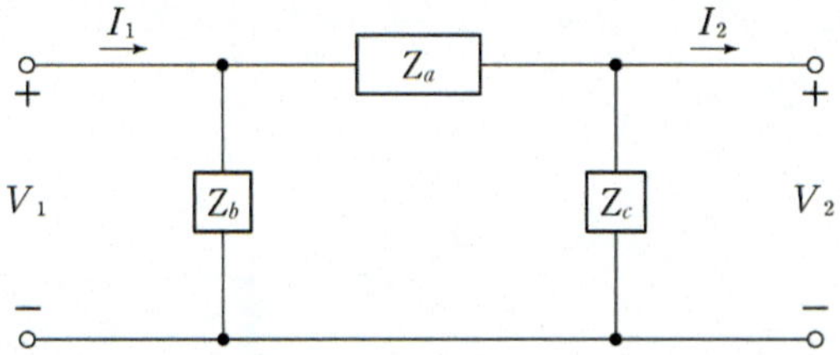

| 그림 P6 |

7 그림 P7의 양방향성 2－포트 회로망에서 t－정수가 주어질 때, Z_1, Z_2, Z_3을 각각 A, B, C, D의 t－정수의 함수로 유도하라.

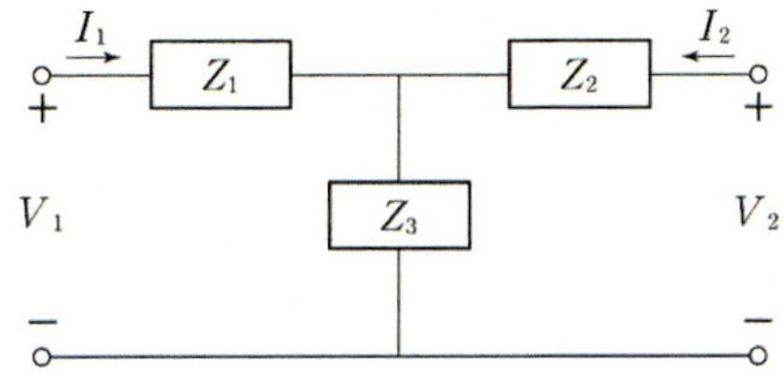

| 그림 P7 |

8. 2021년 전기/전기공사 그림과 같은 H형 4단자 회로망에서 4단자 정수(전송파라미터) A는? (단, V_1은 입력전압이고, V_2는 출력전압이고, A는 출력 개방 시 회로망의 전압 이득 $(\frac{V_1}{V_2})$ 이다.)

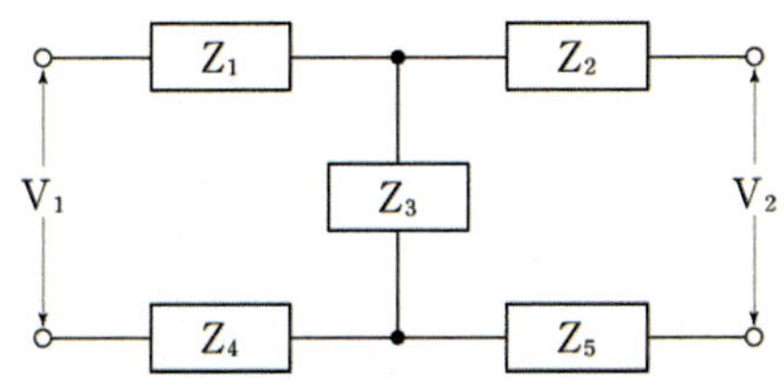

| 그림 P8 |

① $\dfrac{Z_1+Z_2+Z_3}{Z_3}$ ② $\dfrac{Z_1+Z_3+Z_4}{Z_3}$

③ $\dfrac{Z_2+Z_3+Z_5}{Z_3}$ ④ $\dfrac{Z_3+Z_4+Z_5}{Z_3}$

9. 2022년 공무원 다음 회로의 어드미턴스 파라미터 $\begin{bmatrix} y_{11} & y_{12} \\ y_{21} & y_{22} \end{bmatrix}$ 중 y_{22}[S]는?

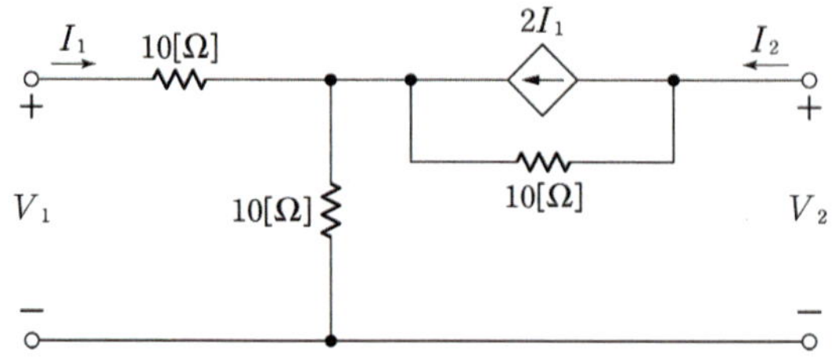

| 그림 P9 |

① $\dfrac{1}{25}$　　② $\dfrac{1}{15}$

③ 15　　④ 25

10. 2022년 공무원 임피던스 파라미터가 포함된 다음 회로에서 최대전력을 전달하기 위한 부하 임피던스 $Z_L[\Omega]$은? (단, $z_{11} = 20\ [\Omega]$, $z_{12} = 50\ [\Omega]$, $z_{21} = 40\ [\Omega]$, $z_{22} = 100\ [\Omega]$이다)

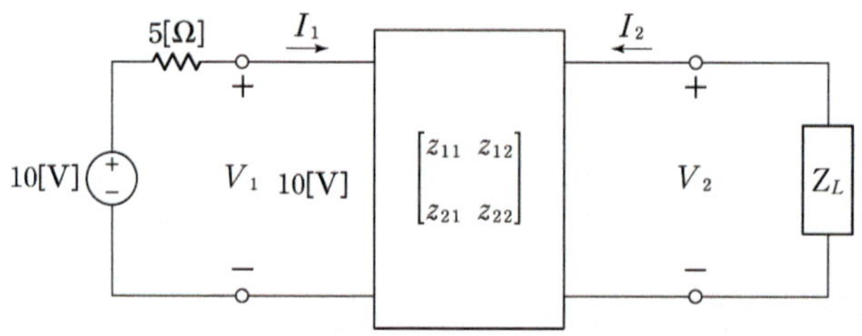

| 그림 P10 |

① 10　　② 20

③ 30　　④ 40

연습문제답

CHAPTER 1

3. $V = V_s = 7[\mathrm{V}]$, $I = -5V = -35[\mathrm{A}]$

4. −25[W], 10[W], −15[W], 10[W], 10[W], 10[W] 전력의 총합 = 0

5. −75[W], 50[W], 35[W], −10[W]

CHAPTER 2

1. (a) 1[A], (b) 4[A], (c) 0[A]

2. $v_1 = 5[\mathrm{V}]$, $v_2 = 0[\mathrm{V}]$, $v_3 = 10[\mathrm{V}]$, $v_4 = 10[\mathrm{V}]$

3. $15[\Omega]$

4. $V = -21[\mathrm{V}]$

5. $v = 15[\mathrm{V}]$, $i = 2[\mathrm{A}]$

6. ③

7. ②

8. ④

CHAPTER 3

1. −2[A]

2. 37.33[W]

3. 130.6[W]

4. 15[W]

5. 96[W]

6. 12[W]

7. 104.2[V]

8. ②

9. ③

10. ②

CHAPTER 4

1. $I=-25[\mu A]$
2. $V_T=20[V]$, $R_T=6[\Omega]$
3. 10[A]
4. 10[V]
5. ③
6. ④
7. ④
8. ③
9. ④
10. ①

CHAPTER 5

1. 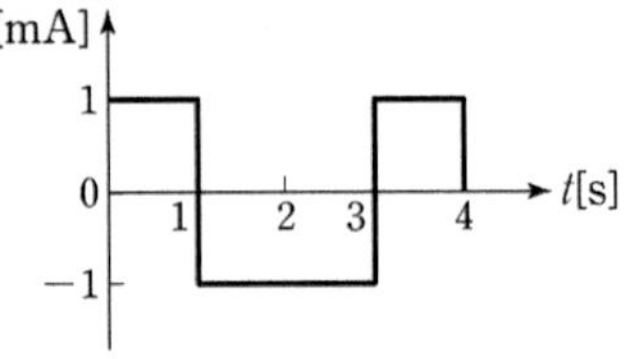

2. $W_1=\frac{1}{2}C_1V_1^2=16[\mu J]$, $W_2=\frac{1}{2}C_2V_2^2=128[\mu J]$
3. $L_{eq}=10[H]$
   $C_{eq}=15[pF]$
4. $v_i=-\frac{R_1}{R_f}v_o-R_1C\frac{dv_o}{dt}$

   이상 연산증폭기는 입력의 옵셋 전압이 0이지만, 실제로는 0이 아니다. 그러나 이것은 연산증폭기에 의해 큰 값으로 증폭되어 출력에 오류를 유발할 수 있으므로, 이를 줄이기 위해 커패시터와 병렬로 저항 R_f를 연결하며, 이렇게 하면 DC에서 이득이 $\frac{-R_f}{R_1}$으로 제한된다.
5. ④
6. ①
7. ④
8. ②

CHAPTER 6

1. $v(t)=15e^{-5t}[V]$
2. $v(t)=5e^{\frac{1}{60}t}[V]$

3. $i(t)=2e^{-2t}$[A]

4. $v(t)=-7e^{-2t}$[V]

5. $t>0$일 때, $v(t)=28-8e^{-10t}$[V]

6. ④

7. ①

8. ④

9. ①

10. ②

CHAPTER 7

1. $i_C(\infty)=0$[A], $i_L(\infty)=-2$[A], $i_R(\infty)=4$[A]

   $v_C(\infty)=20$[V], $v_L(\infty)=0$[V], $v_R(\infty)=20$[V]

   $i_C(0^+)=0$[A], $i_L(0^+)=-6$[A], $i_R(0^+)=0$[A]

   $v_C(0^+)=0$[V], $v_L(0^+)=0$[A], $v_R(0^+)=0$[V]

   $\dfrac{di_C(0^+)}{dt}=0$[A/s], $\dfrac{di_L(0^+)}{dt}=0$[A/s], $\dfrac{di_R(0^+)}{dt}=0$[A/s]

   $\dfrac{dv_C(0^+)}{dt}=20$[V/s], $\dfrac{dv_L(0^+)}{dt}=20$[V/s], $\dfrac{dv_R(0^+)}{dt}=0$[V/s]

2. $v_C(t)=-e^{-0.9t}(5\cos 10t+0.45\sin 10t)$[V]

3. $i(t)=-e^{-9t}(\cos 4.36t+0.69\sin 4.36t)$[A]

4. $v(t)=-5.16e^{-854t}+30.16e^{-146t}$[V]

5. $v(t)=2(e^{-3t}-e^{-10t})$[V]

6. $v(t)=12e^{-2t}-4e^{-3t}+4$[V]

7. ①

8. ④

9. ①

10. ③

CHAPTER 8

1. ① 위상 $=-35°$, $\mathrm{T}=\dfrac{2\pi}{\omega}=62.8$[ms]

   ② 위상 $=-50°$, $\mathrm{T}=\dfrac{2\pi}{\omega}=0.21$[s]

   ③ 위상 $=-60°$, $\mathrm{T}=\dfrac{2\pi}{\omega}=0.13$[s]

   ④ 위상 $=-20°$, $\mathrm{T}=\dfrac{2\pi}{\omega}=41.9$[ms]

2. ① 위상차 = 5°, $v_1(t)$

   ② 위상차 = 80°, $i_2(t)$

3. ① $\mathrm{V} = 40\angle -60°$[V]

   ② $\mathrm{I} = 100\angle -40°$[mA]

4. ① $v(t) = -40\cos(\omega t - 40°)$[V] 또는 $v(t) = 40\cos(\omega t + 140°)$[V]

   ② $i(t) = 10\cos(\omega t + 40°)$[mA]

5. $\mathrm{Z_{in}} = 4.26 + j4.93 = 6.5\angle 49.2°$[Ω]

6. $i(t) = 20\cos 100t$[A]

7. $v(t) = 35.36\cos(100t - 105°)$[V]

8. ②

9. ②

10. ①

CHAPTER 9

1. 삼각파: $\dfrac{V_m}{\sqrt{3}}$, $\dfrac{V_m}{2}$, 1.15, 1.73

   구형파: V_m, V_m, 1, 1

2. $P_{20\Omega} = 160$[W], $P_{j10\Omega} = 0$[W], $P_{-j5\Omega} = 0$[W],

   $P_{4A} = 367.8$ [W], $P_{4A} = -207.8$ [W]

3. $Z_L = 20$[Ω], $P_{\max} = 31.25$[W]

4. S = (138.48 − j55.82)[VA]

5. ③

6. ①

7. ③

8. ②

9. ②

10. ③

CHAPTER 10

1. ① $114.0\angle 20.2°$[V], ② $41.8\angle 145.0°$[V], ③ $44.0\angle 20.6°$[V]

2. $\mathrm{V}_{an} = 110\angle 80°[\mathrm{V_{rms}}]$, $\mathrm{V}_{bn} = 110\angle -40°[\mathrm{V_{rms}}]$

3. $\mathrm{P}_{an} = 1216$[W] $\mathrm{P}_{nb} = 1107$[W], $\mathrm{P}_{50\Omega} = 206$[W], $\mathrm{P}_{100\Omega} = 117$[W], $\mathrm{P}_{20+j10\Omega} = 1763$[W]

4. $67.5\angle -25.84°$[Ω]

5. ③

6. ④

7. ③

8. ①

9. ③

10. ③

CHAPTER 11

1. ① $F_1(s)=\dfrac{s}{s^2-\omega^2}$

   ② $F_2(s)=\dfrac{1}{\omega}tan^{-1}\dfrac{\omega}{s}$

   ③ $F_3(s)=\dfrac{(n-1)!}{(s+a)^n}$

   ④ $F_4(s)=\dfrac{\omega\cos2\theta+s\sin2\theta}{s^2+\omega^2}$

2. $f(t)=K\sin\omega t\,u(t)+K\sin\omega(t-T/2)\,u(t-T/2)$

   $F(s)=\dfrac{K\omega}{s^2+\omega^2}(1+e^{-Ts/2})$

3. $F(s)=\dfrac{F_1(s)}{1-e^{-Ts}}$

5. $\dfrac{5(1-e^{-2s})}{s(1-e^{-5s})}$

6. $v(t)\ =\ (4+6.9e^{-1.7t}-5.9e^{-0.3t})u(t)$[V]

7. ②

8. ①

9. ④

10. ②

CHAPTER 12

1. $y_{12}\ =\ -0.1115$[S], $y_{21}\ =\ -0.1115$[S] $\rightarrow y_{12}=y_{21}$

2. $Y=\begin{bmatrix} Y_1+Y_2 & -Y_1 \\ -Y_1 & Y_1+Y_3 \end{bmatrix}$

3. $Z=\begin{bmatrix} 60 & 80 \\ 50 & 110 \end{bmatrix}$

4. $Z=\begin{bmatrix} \frac{6}{5} & -\frac{14}{5} \\ \frac{2}{5} & \frac{2}{5} \end{bmatrix}$

5. $H=\begin{bmatrix} 2.4 & 0.4 \\ -0.4 & 0.2 \end{bmatrix}$

6. $T=\begin{bmatrix} 1+\dfrac{Z_a}{Z_c} & Z_a \\ \dfrac{Z_a+Z_b+Z_c}{Z_bZ_c} & 1+\dfrac{Z_a}{Z_b} \end{bmatrix}$

7. $Z_1=\dfrac{A-1}{C}$, $Z_2=\dfrac{D-1}{C}$, $Z_3=\dfrac{1}{C}$

8. ②

9. ①

10. ②